建筑工程质量与安全管理
（第2版）

主　编　杨树峰　施秀凤　桂慧龙
副主编　窦存杰　劳锦洪　林　勇
参　编　张克敏　白玉堂　杨　哲
主　审　吴承霞　高　华

北京理工大学出版社
BEIJING INSTITUTE OF TECHNOLOGY PRESS

内 容 提 要

本书共分为两篇，第一篇为建筑工程质量管理，包括七个模块，主要内容包括质量管理基础知识、地基与基础工程质量检验、主体结构工程质量检验、屋面工程质量检验、装饰装修工程质量检验、装配式结构工程施工质量检验、BIM技术在工程质量管理中的应用；第二篇为建筑工程安全管理，包括三个模块，主要内容包括安全管理基础知识、施工安全技术措施、施工现场管理与文明施工。每一任务后面都附有小结、课外参考资料、思考题和实训练习，每小节都有结合课程内容的思政元素，便于读者学习和理解本书的核心内容。

本书可作为高等院校建筑工程技术等相关专业的教材，也可作为建筑施工企业施工员、质量员、安全员等技术岗位的培训用书和建筑工程技术人员的参考用书。

图书在版编目（CIP）数据

建筑工程质量与安全管理 / 杨树峰，施秀凤，桂慧龙主编.--2版.--北京：北京理工大学出版社，2023.8

ISBN 978-7-5763-2463-1

Ⅰ.①建… Ⅱ.①杨… ②施… ③桂… Ⅲ.①建筑工程－工程质量－质量管理－高等学校－教材 ②建筑工程－安全管理－高等学校－教材 Ⅳ.①TU71

中国国家版本馆CIP数据核字（2023）第105929号

出版发行 / 北京理工大学出版社有限责任公司
社　　址 / 北京市丰台区四合庄路6号院
邮　　编 / 100070
电　　话 / （010）68914775（总编室）
　　　　　（010）82562903（教材售后服务热线）
　　　　　（010）68944723（其他图书服务热线）
网　　址 / http://www.bitpress.com.cn
经　　销 / 全国各地新华书店
印　　刷 / 河北鑫彩博图印刷有限公司
开　　本 / 787毫米×1092毫米　1/16
印　　张 / 20　　　　　　　　　　　　　　　　　　责任编辑 / 申玉琴
字　　数 / 533千字　　　　　　　　　　　　　　　　文案编辑 / 申玉琴
版　　次 / 2023年8月第2版　2023年8月第1次印刷　　责任校对 / 周瑞红
定　　价 / 89.00元　　　　　　　　　　　　　　　　责任印制 / 王美丽

前言

本书从高等教育理念和要求出发，结合高等教育的教学特点和专业需要，紧紧围绕"职业技能培养"的指导思想，按照学生零距离"上岗"、服务"就业"的要求，与企业合作开发进行编写。

本书在编写过程中充分体现以学生就业为导向、以能力为本位，素质教育优先，贯彻党的教育方针，立德树人，坚持为党育人、为国育才；以专业理论知识"够用"为尺度，精选教材内容。本书主要具有以下特点：

（1）课程思政围绕立德树人根本任务，专业内容与素质教育有机结合。

（2）按照建筑施工的流程设置各模块，帮助学生系统掌握理论基础知识。

（3）易于理解。每个模块分为不同的任务，任务前有内容概况、知识目标、能力目标、素质目标、引领案例，课后有小结、课外参考资料、素质拓展、思考题、实训练习，可使学生加深对所学知识的理解。

（4）突出实务操作的内容。无论是模块主线还是案例，都按照实际操作讲解，体现了教、学、做一体化的特点，具有很强的实践性。

（5）紧跟社会变革。低碳环保装配式建筑的出现，BIM技术的应用，对建筑工程施工管理提出了新的要求，本书对装配式建筑施工质量的管理及BIM技术在工程质量管理中的应用进行了介绍。

本书在内容和语言表达上力求通俗易懂、简明实用、符合实际。

本书由广州城建职业学院杨树峰、施秀凤、桂慧龙担任主编；广州城建职业学院窦存杰，广州市第三建筑工程有限公司劳锦洪、广东河海工程咨询有限公司林勇担任副主编；广东东华职业学院张克敏、广东顺水工程建设监理公司白玉堂、中国水利水电第六工程局有限公司杨哲参与本书的编写工作，全书由杨树峰负责统稿。具体编写分工如下：模块1和模块5由杨树峰编写，模块7和模块8由施秀凤编写，模块3和模块9由桂慧龙编写，模块6由林勇编写，模块2和模块4由窦存杰编写，张克敏负责模块1和模块6的工程资料收集整理工作，劳锦洪教授负责模块8的企业工程资料收集整理及负责统筹所有企业资料收集工作，白玉堂负责模块2~模块5的企业工程资料收集整理工作，杨哲负责模块9和模块10的企业工程资料收集整理工作。中国水利水电第六工程局、广州市第三建筑工程有限公司、广东河海工程咨询有限公司、佛山顺水工程建设监理公司、广州东华职业学院等单位为本书提供工程资料及教学案例，在此一并表示感谢！

由于编者水平和经验有限，书中难免存在疏漏和不妥之处，敬请广大读者批评指正。

编　者

目 录

第一篇 建筑工程质量管理

模块 1

质量管理基础知识

质量管理是指确定质量方针、目标和职责，并通过质量体系中的质量策划、控制、保证和改进来实现的全部活动。

质量管理的发展大致经历了 3 个阶段，即质量检验阶段（20 世纪 20 年代到 40 年代）、统计质量控制阶段（20 世纪 40 年代到 60 年代）、全面质量管理阶段（20 世纪 60 年代至今）。

我国自 1978 年开始推行全面质量管理，并取得了一定成效。自全面实施工程建设监理制以来，质量管理由国家统一领导进行宏观控制（建设行政主管部门、质量监督机构）、微观管理（工程建设监理），形成了全国统一的，以市场和用户需要为基准、以专管与群管相结合、以行政措施为手段的管理方式。

全面质量管理包括以下几项：

（1）全面的质量：包括产品质量、服务质量、成本质量。

（2）全过程的质量：是指质量贯穿于生产的全过程，用工作质量来保证产品质量。

（3）全员参与的质量：对员工进行质量教育，强调全员把关，组成质量管理小组。

（4）全企业的质量：目的是建立企业质量保证体系。

任务 1 建筑工程质量管理

→ 知识树

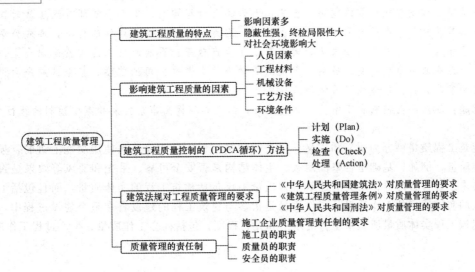

◎ 内容概况

本任务主要介绍建筑工程质量管理的特点、影响工程质量的因素、工程质量控制的方法，以及国家法律法规对工程质量管理的规定、质量管理的责任。

💡 知识目标

了解工程质量管理的特点；熟悉影响工程质量的因素；掌握工程质量控制的方法；深刻理解国家法律法规对工程质量管理的规定；掌握施工员、质检员在建筑工程质量与安全管理中的职责。

⚙ 能力目标

能利用工程质量管理的理论知识，处理工程质量问题。

💡 素质目标

树立质量意识，强化质量管理，弘扬工匠精神。

📖 引领案例

魏文王问名医扁鹊说："你们家兄弟三人，都精于医术，到底哪一位医术最好呢？"扁鹊回答："长兄最好，中兄次之，我最差。"文王吃惊地问："你的名气最大，为何反而长兄医术最高呢？"扁鹊惭愧地说："我扁鹊治病，是治病于病情严重之时。一般人都看到我在经脉上穿针管来放血、在皮肤上敷药等大手术，所以以为我的医术高明，名气因此响遍全国。我中兄治病，是治病于病情初起之时。一般人以为他只能治轻微的小病，所以他的名气只及于本乡里。而我长兄治病，是治病于病情发作之前。由于一般人不知道他事先能铲除病因，所以觉得他水平一般，但在医学专家看来他水平最高。"

质量管理如同医生看病，治标不能忘固本。许多企业悬挂着"质量是企业的生命"的标语，而现实中却存在"头痛医头、脚痛医脚"的质量管理误区。造成这种"重结果轻过程"的现象是因为：结果控制者因为改正了管理错误，得到员工和领导的认可；而默默无闻的过程控制者不容易引起员工和领导的重视。最终导致管理者对表面文章乐此不疲，而对预防式的事前控制和事中控制敬而远之。

单纯事后控制存在严重的危害。首先，因为缺乏过程控制，生产下游环节无法及时向上游环节反馈整改意见，造成大量资源浪费；其次，因为上游环节缺乏详细的标准，造成公司各部门之间互相扯皮，影响公司凝聚力，大大降低了生产效率；再次，员工的质量意识会下降，警惕性下降造成质量事故频发；最后，严重的质量事故会影响公司的信誉，甚至造成失去订单或带来巨额索赔，给公司造成严重的经济损失。

问题：既然事前控制和事中控制如此重要，那么如何提高事前控制和事中控制的执行力呢？

建筑工程质量可分为狭义和广义。狭义的建筑工程质量主要是从使用功能上讲的，强调的是实体质量，例如，基础是否坚固耐久、主体结构是否安全可靠、采光和通风等效果是否达到预定要求、是否合理等；广义的建筑工程质量不仅包括建筑工程的实体质量，而且包括形成建筑工程的实体质量的工作质量。工作质量是指参与建筑工程的建设者在整个建设过程中，为了保证建筑工程实体质量所从事工作的水平和完善程度，包括社会工作质量、生产过程工作质量。

1.1 建筑工程质量的特点

与一般的产品质量相比，建筑工程质量具有影响因素多，隐蔽性强、终检局限性大，对社会环境影响大等特点。

1. 影响因素多

从筹建开始的决策、设计、材料、机械、环境、施工工艺、管理制度，以及参建人员素质等均直接或间接地影响建筑工程质量。因此，它具有影响因素多的特点。

2. 隐蔽性强、终检局限性大

目前建筑工程存在的质量问题，一般事后从表面上看质量很好，但是这时可能混凝土已经失去了强度，钢筋已经被锈蚀得完全失去了作用，诸如此类的建筑工程质量问题在工程终检时是很难通过肉眼判断出来的，有时即使使用了检测仪器和工具，也不一定能准确地发现问题。

3. 对社会环境影响大

与建筑工程规划、设计、施工质量的好坏有着密切联系的不仅是建筑的使用者，而且是整个社会。建筑工程质量不但直接影响人民群众的生产、生活，而且还影响着社会可持续发展的环境，特别是有关绿化、环保和噪声等方面的问题。

1.2 影响建筑工程质量的因素

在业主建设资金充足的情况下，影响建筑工程质量的因素归纳起来主要有五个方面，即人（Man）、材料（Material）、机械（Machine）、方法（Method）和环境（Environment），简称 4M1E 因素。

1. 人员因素

人是生产经营活动的主体，人员的素质将直接和间接地对规划、决策、勘察、设计和施工的质量产生影响，而规划是否合理，决策是否正确，设计是否符合所需要的质量功能，施工能否满足合同、规范、技术标准的需要等，都将对建筑工程质量产生不同程度的影响，所以，人员素质是影响工程质量的一个重要因素。

2. 工程材料

工程材料泛指构成工程实体的各类建筑材料、构配件、半成品等，它是工程建设的物质条件。工程材料选用是否合理、产品是否合格、材质是否经过检验、保管使用是否得当等，都将直接影响工程的质量。

3. 机械设备

机械设备可分为两类：一是指组成工程实体及配套的工艺设备和各类机具，如电梯；二是指施工过程中使用的各类机具设备，如各类测量仪器和计量器具等，简称施工机具设备。机械设备产品质量的优劣，直接影响工程质量。

4. 工艺方法

工艺方法是指施工现场采用的施工方案，包括技术方案和组织方案。前者如施工工艺和作业方法；后者如施工区段空间划分及施工流向顺序、劳动组织等。在工程施工中，施工方案是否合理，施工工艺是否先进，施工操作是否正确，都将对工程质量产生重大的影响。大力推进采用新技术、新工艺、新方法，不断提高工艺技术水平，是保证工程质量稳定提高的重要因素。

5. 环境条件

环境条件是指对工程质量特性起重要作用的环境因素，包括：工程技术环境，如工程地质、水文、气象等；工程作业环境，如施工环境作业面大小、防护等；工程管理环境，主要是指工程实施的合同结构与管理关系的确定等；周边环境，如工程邻近的地下管线、建(构)筑物等。环境条件往往对工程质量产生特定的影响。

1.3 建筑工程质量控制的(PDCA 循环)方法

PDCA 循环是指由计划(Plan)、实施(Do)、检查(Check)和处理(Action)四个阶段组成的工作循环。它是一种科学管理程序和方法，其工作步骤如下。

1. 计划(Plan)

计划阶段包含以下四个步骤：

第一步，分析质量现状，找出存在的质量问题。首先，要分析企业范围内的质量通病，也就是工程质量上的常见病和多发病；其次，针对工程中的一些技术复杂、难度大的项目，质量要求高的项目，以及新工艺、新技术、新结构、新材料等项目，要依据大量的数据和情报资料，让数据说话，用数理统计方法来分析反映问题。

第二步，分析产生质量问题的原因和影响因素。这一步也要依据大量的数据，应用数理统计方法，并召开有关人员和有关问题的分析会议，最后，绘制成因果分析图。

第三步，找出影响质量的主要因素。为找出影响质量的主要因素，可采用的方法有两种：一是利用数理统计方法和图表；二是当数据不容易取得或受时间限制来不及取得时，可根据有关问题分析会的意见来确定。

第四步，制定改善质量的措施，提出行动计划，并预计效果。在进行这一步时，要反复考虑并明确回答以下"5W1H"问题：

(1)为什么要采取这些措施？为什么要这样改进？即要回答采取措施的原因。(Why)

(2)改进后能达到什么目的？有什么效果？(What)

(3)改进措施在何处(哪道工序、哪个环节、哪个过程)执行？(Where)

(4)什么时间执行，什么时间完成？(When)

(5)由谁负责执行？(Who)

(6)用什么方法完成？用哪种方法比较好？(How)

2. 实施(Do)

实施阶段只有一个步骤，即第五步。

第五步，组织对质量计划或措施的执行。怎样组织计划措施的执行呢？首先，要做好计划的交底和落实。落实包括组织落实、技术落实和物资材料落实。有关人员还要经过训练、实习，须经考核合格。其次，计划的执行，要依靠质量管理体系。

3. 检查(Check)

检查阶段也只有一个步骤，即第六步。

第六步，检查采取措施的效果。也就是检查作业是否按计划要求去做，哪些做对了，哪些还没有达到要求，哪些有效果，哪些还没有效果。

4. 处理(Action)

处理阶段包含两个步骤，即第七步和第八步。

第七步，总结经验，巩固成绩。即经过上一步检查后，把确有效果的措施在实施中取得的好经验，通过修订相应的工艺文件、工艺规程、作业标准和各种质量管理的规章制度加以总结，把成绩巩固下来。

第八步，提出尚未解决的问题。通过检查，把效果还不显著或还不符合要求的那些措施，作为遗留问题，反映到下一循环中。

PDCA循环是不断进行的，每循环一次，就实现一定的质量目标，解决一定的问题，使质量水平有所提高。如此周而复始，不断循环，将使质量水平不断提高。

1.4 建筑法规对工程质量管理的要求

1.《中华人民共和国建筑法》对质量管理的要求

第五十二条 建筑工程勘察、设计、施工的质量必须符合国家有关建筑工程安全标准的要求，具体管理办法由国务院规定。

第五十五条 建筑工程实行总承包的，工程质量由工程总承包单位负责，总承包单位将建筑工程分包给其他单位的，应当对分包工程的质量与分包单位承担连带责任。分包单位应当接受总承包单位的质量管理。

第五十八条 建筑施工企业对工程的施工质量负责。

建筑施工企业必须按照工程设计图纸和施工技术标准施工，不得偷工减料。工程设计的修改由原设计单位负责，建筑施工企业不得擅自修改工程设计。

第五十九条 建筑施工企业必须按照工程设计要求、施工技术标准和合同的约定，对建筑材料、建筑构配件和设备进行检验，不合格的不得使用。

第六十条 建筑物在合理使用寿命内，必须确保地基基础工程和主体结构的质量。

建筑工程竣工时，屋顶、墙面不得留有渗漏、开裂等质量缺陷；对已发现的质量缺陷，建筑施工企业应当修复。

第六十一条 交付竣工验收的建筑工程，必须符合规定的建筑工程质量标准，有完整的工程技术经济资料和经签署的工程保修书，并具备国家规定的其他竣工条件。

建筑工程竣工经验收合格后，方可交付使用；未经验收或者验收不合格的，不得交付使用。

第六十二条 建筑工程实行质量保修制度。

建筑工程的保修范围应当包括地基基础工程、主体结构工程、屋面防水工程和其他土建工程，以及电气管线、上下水管线的安装工程，供热、供冷系统工程等项目；保修的期限应当按照保证建筑物合理寿命年限内正常使用，维护使用者合法权益的原则确定。具体的保修范围和最低保修期限由国务院规定。

第七十四条 建筑施工企业在施工中偷工减料的，使用不合格的建筑材料、建筑构配件和设备的，或者有其他不按照工程设计图纸或者施工技术标准施工的行为的，责令改正，处以罚款；情节严重的，责令停业整顿，降低资质等级或者吊销资质证书；造成建筑工程质量不符合规定的质量标准的，负责返工、修理，并赔偿因此造成的损失；构成犯罪的，依法追究刑事责任。

第七十五条 建筑施工企业违反本法规定，不履行保修义务或者拖延履行保修义务的，责令改正，可以处以罚款，并对在保修期内因屋顶、墙面渗漏、开裂等质量缺陷造成的损失，承担赔偿责任。

2.《建设工程质量管理条例》对质量管理的要求

第三条 建设单位、勘察单位、设计单位、施工单位、工程监理单位依法对建设工程质量负责。

第二十六条 施工单位对建设工程的施工质量负责。

施工单位应当建立质量责任制，确定工程项目的项目经理、技术负责人和施工管理负责人。

建设工程实行总承包的，总承包单位应当对全部建设工程质量负责；建设工程勘察、设计、施工、设备采购的一项或者多项实行总承包的，总承包单位应当对其承包的建设工程或者采购的设备的质量负责。

第二十七条 总承包单位依法将建设工程分包给其他单位的，分包单位应当按照分包合同的约定对其分包工程的质量向总承包单位负责，总承包单位与分包单位对分包工程的质量承担连带责任。

第二十八条　施工单位必须按照工程设计图纸和施工技术标准施工，不得擅自修改工程设计，不得偷工减料。

施工单位在施工过程中发现设计文件和图纸有差错的，应当及时提出意见和建议。

第二十九条　施工单位必须按照工程设计要求、施工技术标准和合同约定，对建筑材料、建筑构配件、设备和商品混凝土进行检验，检验应当有书面记录和专人签字；未经检验或者检验不合格的，不得使用。

第三十条　施工单位必须建立健全施工质量的检验制度，严格工序管理，做好隐蔽工程的质量检查和记录。隐蔽工程在隐蔽前，施工单位应当通知建设单位和建设工程质量监督机构。

第三十一条　施工人员对涉及结构安全的试块、试件以及有关材料，应当在建设单位或者工程监理单位监督下现场取样，并送具有相应资质等级的质量检测单位进行检测。

第三十二条　施工单位对施工中出现质量问题的建设工程或者竣工验收不合格的建设工程，应当负责返修。

第三十三条　施工单位应当建立健全教育培训制度，加强对职工的教育培训；未经教育培训或者考核不合格的人员，不得上岗作业。

第三十六条　工程监理单位应当依照法律、法规以及有关技术标准、设计文件和建设工程承包合同，代表建设单位对施工质量实施监理，并对施工质量承担监理责任。

第三十七条　工程监理单位应当选派具备相应资格的总监理工程师和监理工程师进驻施工现场。

未经监理工程师签字，建筑材料、建筑构配件和设备不得在工程上使用或者安装，施工单位不得进行下一道工序的施工。未经总监理工程师签字，建设单位不拨付工程款，不进行竣工验收。

第三十八条　监理工程师应当按照工程监理规范的要求，采取旁站、巡视和平行检验等形式，对建设工程实施监理。

第六十四条　违反本条例规定，施工单位在施工中偷工减料的，使用不合格的建筑材料、建筑构配件和设备的，或者有不按照工程设计图纸或者施工技术标准施工的其他行为的，责令改正，处工程合同价款百分之二以上百分之四以下的罚款；造成建设工程质量不符合规定的质量标准的，负责返工、修理，并赔偿因此造成的损失；情节严重的，责令停业整顿，降低资质等级或者吊销资质证书。

第六十五条　违反本条例规定，施工单位未对建筑材料、建筑构配件、设备和商品混凝土进行检验，或者未对涉及结构安全的试块、试件以及有关材料取样检测的，责令改正，处 10 万元以上 20 万元以下的罚款；情节严重的，责令停业整顿，降低资质等级或者吊销资质证书；造成损失的，依法承担赔偿责任。

第六十六条　违反本条例规定，施工单位不履行保修义务或者拖延履行保修义务的，责令改正，处 10 万元以上 20 万元以下的罚款，并对在保修期内因质量缺陷造成的损失承担赔偿责任。

第七十四条　建设单位、设计单位、施工单位、工程监理单位违反国家规定，降低工程质量标准，造成重大安全事故，构成犯罪的，对直接责任人员依法追究刑事责任。

第七十七条　建设、勘察、设计、施工、工程监理单位的工作人员因调动工作、退休等原因离开该单位后，被发现在该单位工作期间违反国家有关建设工程质量管理规定，造成重大工程质量事故的，仍应当依法追究法律责任。

3.《中华人民共和国刑法》对质量管理的要求

第一百三十七条　建设单位、设计单位、施工单位、工程监理单位违反国家规定，降低工程质量标准，造成重大安全事故的，对直接责任人员，处五年以下有期徒刑或者拘役，并处罚金；后果特别严重的，处五年以上十年以下有期徒刑，并处罚金。

1.5　质量管理的责任制

1. 施工企业质量管理责任制的要求

（1）把涉及质量保证的各项工作责任和权利，明确而具体地落实到各部门、各人员。

（2）目标明确、职责分明、权责一致。即有什么权利就应负相应的责任，有什么责任就必须掌握相应的权利。

（3）制定企业各级人员的质量责任制。包括企业总经理、总工程师、质量工程师、工程项目经理、项目技术负责人、质量检查员、班组长、操作者等，都应落实相应的质量责任。

（4）制定企业有关部门的质量责任制。包括计划部门、技术部门、施工管理部门、材料设备管理部门、财务部门、劳资部门、教育培训部门等，都应落实相应的质量责任。

2. 施工员的职责

（1）在项目经理的直接领导下开展工作，熟悉施工图纸及有关规范、标准，参与图纸会审、技术核定并做好记录。

（2）参加编制各项施工组织设计方案和施工安全、质量、技术方案，编制各单项工程进度计划及人力、物力计划和机具、用具、设备计划，并负责贯彻执行。

（3）负责施工作业班组的安全技术交底。编制学习资料，组织职工按期开会学习，合理安排、科学引导、顺利完成本工程的各项施工任务。

（4）编制文明工地实施方案，根据本工程施工现场合理规划布局现场平面图，安排、实施、创建文明工地。

（5）负责组织测量放线、参与技术复核。

（6）参与制订并调整施工进度计划、施工资源需求计划，编制施工作业计划。

（7）参与做好施工现场组织协调工作，合理调配生产资源；落实施工作业计划。

（8）参与现场经济技术签证、成本控制及成本核算。

（9）负责施工平面布置的动态管理。

（10）参与质量、环境与职业健康安全的预控。

（11）负责施工作业的质量、环境与职业健康安全过程控制，参与隐蔽、分项、分部和单位工程的质量验收。

（12）参与质量、环境与职业健康安全问题的调查，提出整改措施并监督落实。

（13）负责编写施工日志、施工记录等相关施工资料。

（14）负责汇总、整理和移交施工资料。

3. 质量员的职责

（1）熟悉施工图及有关规范标准，参加图纸会审，掌握技术要点。

（2）参与进行施工质量策划，参与制定质量管理制度。

（3）参与材料、设备的采购。负责核查进场材料、设备的质量保证资料，监督进场材料的抽样复验。

（4）负责监督、跟踪施工试验，负责计量器具的符合性审查。

（5）参与施工图会审和施工方案审查。参与制订工序质量控制措施。

（6）负责工序质量检查和关键工序、特殊工序的旁站检查，参与交接检验、隐蔽验收、技术复核。

(7)负责检验批和分项工程的质量验收、评定，参与分部工程和单位工程的质量验收、评定。

(8)参与制定质量通病预防和纠正措施。

(9)负责监督质量缺陷的处理。

(10)参与质量事故的调查、分析和处理。

(11)负责质量检查的记录，编制质量资料，并汇总、整理、移交质量资料。

4. 安全员的职责

(1)参与施工组织设计中有关安全措施的编制，并熟悉与工程有关的安全规范和法规，熟悉施工工艺流程。

(2)负责建立健全本工程有关的安全管理制度。

(3)有计划地进行安全生产方针、政策、法规和安全技术知识，安全技术操作规程的教育。

(4)检查各级安全技术交底情况。

(5)对施工现场每天进行安全巡回检查并做好记录。

(6)检查班组安全生产活动情况。

(7)参与并督促有关施工设备及安全防护措施的验收工作。

(8)参与日常的安全检查。

(9)参与项目每星期的安全生产检查并填写安全生产检查表。

(10)检查落实各种安全生产合同的签订工作。

(11)积极配合上级主管部门对项目的安全生产大检查，并就检查出的问题进行定人、定时间、定措施整改。

(12)负责安全生产资料的编制、收集、整理、归档工作。

(13)参加每天的碰头会，就当天有关安全生产情况进行通报。

小　结

建筑工程质量管理的特点是影响因素多、隐蔽性强、终检局限性大、对社会环境影响大、建筑工程项目周期长等；影响工程质量的因素是人、材料、机械、方法和环境五个方面；工程质量控制的方法是 PDCA 循环法，即由计划(Plan)、实施(Do)、检查(Check)和处理(Action)四个阶段组成的工作循环。

课外参考资料

1.《中华人民共和国建筑法》.
2.《建设工程质量管理条例》.
3.《中华人民共和国刑法》.

素质拓展

高质量发展

高质量发展是 2017 年中国共产党第十九次全国代表大会首次提出的新表述，表明中国经济由高速增长阶段转向高质量发展阶段。

2020 年 10 月，党的十九届五中全会提出，"十四五"时期经济社会发展要以推动高质量发展为主题，这是根据我国发展阶段、发展环境、发展条件变化作出的科学判断。各级政府坚定不移贯彻新发展理念，以深化供给侧结构性改革为主线，坚持质量第一、效益优先，切实转变发展方式，推动质量变革、效率变革、动力变革，使发展成果更好惠及全体人民，不断实现人民对美好生活的向往。

工程的质量是确定建筑工程建设成败的关键。质量的优劣，直接影响工程建成后的应用。工程建设质量的好坏，不仅影响建立施工单位的信誉和效益，更与人们的生活、工作息息相关。工程建设质量是参建各方管理的重点，也是参建各方共同的职责。参建人员要担当起应尽的责任。

思考题

1. 全面质量管理的核心是什么？
2. 概括工程质量的重要性。
3. 试述成品保护的意见，并列举出至少三个成品保护的事例。

实训练习

分析影响建筑工程质量的因素

1. 实训目的：通过分析影响建筑工程质量的因素，找出控制建筑工程质量的技术要点。
2. 能力及要求：基本具备分析和解决问题的能力，写出书面分析报告。
3. 实训步骤：收集有关技术资料及工程实际信息，阅读教材及查阅相关技术资料，进行分析，撰写分析报告。
4. 注意事项：注意掌握分析报告的格式，选择某一个具体工程实例来分析。
5. 讨论：以较为典型的分析报告的内容展开讨论并总结成果。

任务 2　建筑工程质量验收的划分

➡ 知识树

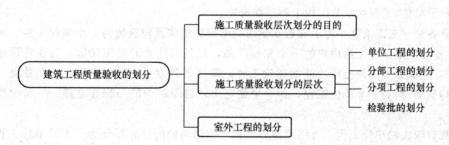

◎ 内容概况

本任务主要介绍建筑工程质量验收的划分，包括单位（子单位）工程的划分、分部（子分部）工程的划分、分项工程的划分、检验批的划分、室外工程的划分。

熟悉单位(子单位)工程、分部(子分部)工程、分项工程及室外单位(子单位)工程的划分原则；掌握"统一标准"中建筑工程分部(子分部)工程、分项工程划分的规定。

能正确划分分部工程、子分部工程、分项工程和检验批等验收层次。

养成良好的职业素养，弘扬工匠精神。

某工程项目开工前，监理工程师要求施工单位制订分项工程和检验批的划分方案，并上报监理部审核。

问题：你知道为什么要有这个要求吗？

2.1　施工质量验收层次划分的目的

通过验收批和中间验收层次及最终验收单位的确定，实施对工程施工质量的过程控制和终端把关，确保工程施工质量达到工程项目决策阶段所确定的质量目标和水平。

2.2　施工质量验收划分的层次

可将建筑规模较大的单体工程和具有综合使用功能的综合性建筑物工程划分为若干个子单位工程进行验收。在分部工程中，按相近工作内容和系统划分为若干个子分部工程。每个子分部工程中包括若干个分项工程。每个分项工程中包含若干个检验批，检验批是工程施工质量验收的最小单位。

建筑工程质量验收划分为单位(子单位)工程、分部(子分部)工程、分项工程和检验批四个层次。

1. 单位工程的划分

单位(子单位)工程的划分应按下列原则确定：

(1)具备独立施工条件并能形成独立使用功能的建筑物及构筑物为一个单位工程。建筑工程的单位工程是承建单位交给用户的一个完整产品，要具有独立的使用功能。凡在建设过程中能独立施工，完成后能形成使用功能的建筑工程，即可划分为一个单位工程。一个独立、单一的建筑物(构筑物)均为一个单位工程，如一个住宅小区建筑群中的一栋住宅楼、一所学校的一栋教学楼等。

(2)规模较大的单位工程，可将其能形成独立使用功能的部分划分为一个子单位工程。随着经济发展和施工技术进步，自中华人民共和国成立以来，又涌现了大量建筑规模较大的单体工程和具有综合使用功能的综合性建筑物，几万平方米的建筑物比比皆是，十万平方米以上的建筑物也不少。这些建筑物的施工周期一般较长，受多种因素的影响。如：后期建设资金不足，部分停工缓建，已建成可使用部分需投入使用，以发挥投资效益；规模特别大的工程，一次性验收也不方便等。因此，可将此类工程划分为若干个子单位工程进行验收。子单位工程一般可以根据工程建筑设计分区、结构缝的设置位置、使用功能的显著差异等实际情况划分，在施工前可由建设、监理、施工单位共同商议确定，并据此收集、整理施工技术资料并进行验收。

2. 分部工程的划分

分部工程的划分应按下列原则确定：

(1)分部工程的划分应按专业性质、建筑部位确定。如建筑与结构工程划分为地基与基础、主体结构、建筑装饰装修、建筑屋面四个分部工程；建筑设备安装工程按专业性质划分为给水排水及供暖、建筑电气、智能建筑、通风与空调、建筑节能、电梯六个分部工程。

(2)当分部工程较大或较复杂时，可按材料种类、施工特点、施工程序、专业系统及类别等划分若干子分部工程。随着生产、工作、生活条件要求的提高，建筑物的内部设施也越来越多样化，建筑物相同部位的设计也呈多样化，新型材料大量涌现。加之施工工艺和技术的发展，分项工程越来越多。因此，按建筑物的主要部位和专业划分分部工程已不再适应要求，故在分部工程中，按相近工作内容和系统划分若干子分部工程，这样，既有利于正确评价建筑工程质量，也有利于进行验收。

3. 分项工程的划分

分项工程应按主要工种、材料、施工工艺、设备类别等进行划分。如混凝土结构工程中按主要工种可分为模板工程、钢筋工程、混凝土工程等分项工程；按施工工艺又可分为预应力、现浇结构、装配式结构等分项工程。

分项工程的划分要视工程的具体情况而定，既要便于质量管理和工程质量控制，又要便于质量验收。划分得太小增加工作量，划分得太大验收通不过，返工量太大；大小悬殊，又使验收结果可比性差。

《建筑工程施工质量验收统一标准》(GB 50300—2013)对建筑工程分部、分项工程的划分作出了规定，见表1.1。

表 1.1　建筑工程分部工程、分项工程的划分

序号	分部工程	子分部工程	分项工程
1	地基与基础	地基	素土、灰土地基，砂和砂石地基，土工合成材料地基，粉煤灰地基，强夯地基，注浆地基，预压地基，砂石桩复合地基，高压旋喷注浆地基，水泥土搅拌桩地基，土和灰土挤密桩复合地基，水泥粉煤灰碎石桩复合地基，夯实水泥土桩复合地基
		基础	无筋扩展基础，钢筋混凝土扩展基础，筏形与箱形基础，钢结构基础，钢管混凝土结构基础，型钢混凝土结构基础，钢筋混凝土预制桩基，泥浆护壁成孔灌注桩基，干作业成孔桩基，长螺旋钻孔压灌桩基，沉管灌注桩基，钢桩基，锚杆静压桩基，岩石锚杆基础，沉井与沉箱基础
		基坑支护	灌注桩排桩围护墙，板桩围护墙，咬合桩围护墙，型钢水泥土搅拌墙，土钉墙，地下连续墙，水泥土重力式挡墙，内支撑，锚杆，与主体结构相结合的基坑支护
		地下水控制	降水与排水，回灌
		土方	土方开挖，土方回填，场地平整
		边坡	喷锚支护，挡土墙，边坡开挖
		地下防水	主体结构防水，细部构造防水，特殊施工法结构防水，排水，注浆

序号	分部工程	子分部工程	分项工程
2	主体结构	混凝土结构	模板，钢筋，混凝土，预应力，现浇结构，装配式结构
		砌体结构	砖砌体，混凝土小型空心砌块砌体，石砌体，配筋砌体，填充墙砌体
		钢结构	钢结构焊接，紧固件连接，钢零部件加工，钢构件组装及预拼装，单层钢结构安装，多层及高层钢结构安装，钢管结构安装，预应力钢索和膜结构，压型金属板，防腐涂料涂装，防火涂料涂装
		钢管混凝土结构	构件现场拼装，构件安装，钢管焊接，构件连接，钢管内钢筋骨架，混凝土
		型钢混凝土结构	型钢焊接，紧固件连接，型钢与钢筋连接，型钢构件组装及预拼装，型钢安装，模板，混凝土
		铝合金结构	铝合金焊接，紧固件连接，铝合金零部件加工，铝合金构件组装，铝合金构件预拼装，铝合金框架结构安装，铝合金空间网格结构安装，铝合金面板，铝合金幕墙结构安装，防腐处理
		木结构	方木与原木结构，胶合木结构，轻型木结构，木结构的防护
3	建筑装饰装修	建筑地面	基层铺设，整体面层铺设，板块面层铺设，木、竹面层铺设
		抹灰	一般抹灰，保温层薄抹灰，装饰抹灰，清水砌体勾缝
		外墙防水	外墙砂浆防水，涂膜防水，透气膜防水
		门窗	木门窗安装，金属门窗安装，塑料门窗安装，特种门安装，门窗玻璃安装
		吊顶	整体面层吊顶，板块面层吊顶，格栅吊顶
		轻质隔墙	板材隔墙，骨架隔墙，活动隔墙，玻璃隔墙
		饰面板	石板安装，陶瓷板安装，木板安装，金属板安装，塑料板安装
		饰面砖	外墙饰面砖粘贴，内墙饰面砖粘贴
		幕墙	玻璃幕墙安装，金属幕墙安装，石材幕墙安装，陶板幕墙安装
		涂饰	水性涂料涂饰，溶剂型涂料涂饰，美术涂饰
		裱糊与软包	裱糊，软包
		细部	橱柜制作与安装，窗帘盒和窗台板制作与安装，门窗套制作与安装，护栏和扶手制作与安装，花饰制作与安装
4	屋面	基层与保护	找坡层和找平层，隔汽层，隔离层，保护层
		保温与隔热	板状材料保温层，纤维材料保温层，喷涂硬泡聚氨酯保温层，现浇泡沫混凝土保温层，种植隔热层，架空隔热层，蓄水隔热层
		防水与密封	卷材防水层，涂膜防水层，复合防水层，接缝密封防水
		瓦面与板面	烧结瓦和混凝土瓦铺装，沥青瓦铺装，金属板铺装，玻璃采光顶铺装
		细部构造	檐口，檐沟和天沟，女儿墙和山墙，落水口，变形缝，伸出屋面管道，屋面出入口，反梁过水孔，设施基座，屋脊，屋顶窗

序号	分部工程	子分部工程	分项工程
5	建筑给水排水及供暖	室内给水系统	给水管道及配件安装，给水设备安装，室内消火栓系统安装，消防喷淋系统安装，防腐，绝热，管道冲洗、消毒，试验与调试
		室内排水系统	排水管道及配件安装，雨水管道及配件安装，防腐，试验与调试
		室内热水系统	管道及配件安装，辅助设备安装，防腐，绝热，试验与调试
		卫生器具	卫生器具安装，卫生器具给水配件安装，卫生器具排水管道安装，试验与调试
		室内供暖系统	管道及配件安装，辅助设备安装，散热器安装，低温热水地板辐射供暖系统安装，电加热供暖系统安装，燃气红外辐射供暖系统安装，热风供暖系统安装，热计量及调控装置安装，试验与调试，防腐，绝热
		室外给水管网	给水管道安装，室外消火栓系统安装，试验与调试
		室外排水管网	排水管道安装，排水管沟与井池，试验与调试
		室外供热管网	管道及配件安装，系统水压试验，土建结构，防腐，绝热，试验与调试
		建筑饮用水供应系统	管道及配件安装，水处理设备及控制设施安装，防腐，绝热，试验与调试
		建筑中水系统及雨水利用系统	建筑中水系统、雨水利用系统管道及配件安装，水处理设备及控制设施安装，防腐，绝热，试验与调试
		游泳池及公共浴池水系统	管道及配件系统安装，水处理设备及控制设施安装，防腐，绝热，试验与调试
		水景喷泉系统	管道系统及配件安装，防腐，绝热，试验与调试
		热源及辅助设备	锅炉安装，辅助设备及管道安装，安全附件安装，换热站安装，防腐，绝热，试验与调试
		检测与控制仪表	检测仪器及仪表安装，试验与调试

序号	分部工程	子分部工程	分项工程
6	通风与空调	送风系统	风管与配件制作，部件制作，风管系统安装，风机与空气处理设备安装，风管与设备防腐，旋流风口、岗位送风口、织物(布)风管安装，系统调试
		排风系统	风管与配件制作，部件制作，风管系统安装，风机与空气处理设备安装，风管与设备防腐，吸风罩及其他空气处理设备安装，厨房、卫生间排风系统安装，系统调试
		防排烟系统	风管与配件制作，部件制作，风管系统安装，风机与空气处理设备安装，风管与设备防腐，排烟风阀(口)、常闭正压风口、防火风管安装，系统调试
		除尘系统	风管与配件制作，部件制作，风管系统安装，风机与空气处理设备安装，风管与设备防腐，除尘器与排污设备安装，吸尘罩安装，高温风管绝热，系统调试
		舒适性空调系统	风管与配件制作，部件制作，风管系统安装，风机与空气处理设备安装，风管与设备防腐，组合式空调机组安装，消声器、静电除尘器、换热器、紫外线灭菌器等设备安装，风机盘管、变风量与定风量送风装置、射流喷口等末端设备安装，风管与设备绝热，系统调试
		恒温恒湿空调系统	风管与配件制作，部件制作，风管系统安装，风机与空气处理设备安装，风管与设备防腐，组合式空调机组安装，电加热器、加湿器等设备安装，精密空调机组安装，风管与设备绝热，系统调试
		净化空调系统	风管与配件制作，部件制作，风管系统安装，风机与空气处理设备安装，风管与设备防腐，净化空调机组安装，消声器、静电除尘器、换热器、紫外线灭菌器等设备安装，中、高效过滤器及风机过滤器单元等末端设备清洗与安装，洁净度测试，风管与设备绝热，系统调试
		地下人防通风系统	风管与配件制作，部件制作，风管系统安装，风机与空气处理设备安装，风管与设备防腐，过滤吸收器，防爆波活门，防爆超压排气活门等专用设备安装，系统调试
		真空吸尘系统	风管与配件制作，部件制作，风管系统安装，风机与空气处理设备安装，风管与设备防腐，管道安装，快速接口安装，风机与滤尘设备安装，系统压力试验及调试

序号	分部工程	子分部工程	分项工程
6	通风与空调	冷凝水系统	管道系统及部件安装，水泵及附属设备安装，管道冲洗，管道、设备防腐，板式热交换器，辐射板及辐射供热、供冷地埋管，热泵机组设备安装，管道、设备绝热，系统压力试验及调试
		空调(冷、热)水系统	管道系统及部件安装，水泵及附属设备安装，管道冲洗，管道、设备防腐，冷却塔与水处理设备安装，防冻伴热设备安装，管道、设备绝热，系统压力试验及调试
		冷却水系统	管道系统及部件安装，水泵及附属设备安装，管道冲洗，管道、设备防腐，系统灌水渗漏及排放试验，管道、设备绝热
		土壤源热泵换热系统	管道系统及部件安装，水泵及附属设备安装，管道冲洗，管道、设备防腐，埋地换热系统与管网安装，管道、设备绝热，系统压力试验及调试
		水源热泵换热系统	管道系统及部件安装，水泵及附属设备安装，管道冲洗，管道、设备防腐，地表水源换热管与管网安装，除垢设备安装，管道、设备绝热，系统压力试验及调试
		蓄能系统	管道系统及部件安装，水泵及附属设备安装，管道冲洗，管道、设备防腐，蓄水罐与蓄冰槽、罐安装，管道、设备绝热，系统压力试验及调试
		压缩式制冷(热)设备系统	制冷机组及附属设备安装，管道、设备防腐，制冷剂管道及部件安装，制冷剂灌注，管道、设备绝热，系统压力试验及调试
		吸收式制冷设备系统	制冷机组及附属设备安装，管道、设备防腐，系统真空试验，溴化锂溶液加灌，蒸汽管道系统安装，燃气或燃油设备安装，管道、设备绝热，试验及调试
		多联机(热泵)空调系统	室外机组安装，室内机组安装，制冷剂管路连接及控制开关安装，风管安装，冷凝水管道安装，制冷剂灌注，系统压力试验及调试
		太阳能供暖空调系统	太阳能集热器安装，其他辅助能源、换热设备安装，蓄能水箱、管道及配件安装，防腐，绝热，低温热水地板辐射采暖系统安装，系统压力试验及调试
		设备自控系统	温度、压力与流量传感器安装，执行机构安装调试，防排烟系统功能测试，自动控制及系统智能控制软件调试

序号	分部工程	子分部工程	分项工程
7	建筑电气	室外电气	变压器、箱式变电所安装，成套配电柜、控制柜(屏、台)和动力、照明配电箱(盘)及控制柜安装，梯架、支架、托盘和槽盒安装，导管敷设，电缆敷设，管内穿线和槽盒内敷线，电缆头制作、导线连接和线路绝缘测试，普通灯具安装，专用灯具安装，建筑照明通电试运行，接地装置安装
		变配电室	变压器、箱式变电所安装，成套配电柜、控制柜(屏、台)和动力、照明配电箱(盘)安装，母线槽安装，梯架、支架、托盘和槽盒安装，电缆敷设，电缆头制作、导线连接和线路绝缘测试，接地装置安装，接地干线敷设
		供电干线	电气设备试验和试运行，母线槽安装，梯架、支架、托盘和槽盒安装，导管敷设，电缆敷设，管内穿线和槽盒内敷线，电缆头制作、导线连接和线路绝缘测试，接地干线敷设
		电气动力	成套配电柜、控制柜(屏、台)和动力配电箱(盘)安装，电动机、电加热器及电动执行机构检查接线，电气设备试验和试运行，梯架、支架、托盘和槽盒安装，导管敷设，电缆敷设，管内穿线和槽盒内敷线，电缆头制作、导线连接和线路绝缘测试
		电气照明	成套配电柜、控制柜(屏、台)和照明配电箱(盘)安装，梯架、支架、托盘和槽盒安装，导管敷设，管内穿线和槽盒内敷线，塑料护套线直敷布线，钢索配线，电缆头制作、导线连接和线路绝缘测试，普通灯具安装，专用灯具安装，开关、插座、风扇安装，建筑照明通电试运行
		备用和不间断电源	成套配电柜、控制柜(屏、台)和动力、照明配电箱(盘)安装，柴油发电机组安装，不间断电源装置及应急电源装置安装，母线槽安装，导管敷设，电缆敷设，管内穿线和槽盒内敷线，电缆头制作、导线连接和线路绝缘测试，接地装置安装
		防雷及接地	接地装置安装，防雷引下线及接闪器安装，建筑物等电位连接，浪涌保护器安装
8	智能建筑	智能化集成系统	设备安装，软件安装，接口及系统调试，试运行
		信息接入系统	安装场地检查
		用户电话交换系统	线缆敷设，设备安装，软件安装，接口及系统调试，试运行
		信息网络系统	计算机网络设备安装，计算机网络软件安装，网络安全设备安装，网络安全软件安装，系统调试，试运行
		综合布线系统	梯架、托盘、槽盒和导管安装，线缆敷设，机柜、机架、配线架安装，信息插座安装，链路或信道测试，软件安装，系统调试，试运行
		移动通信室内信号覆盖系统	安装场地检查
		卫星通信系统	安装场地检查
		有线电视及卫星电视接收系统	梯架、托盘、槽盒和导管安装，线缆敷设，设备安装，软件安装，系统调试，试运行

序号	分部工程	子分部工程	分项工程
8	智能建筑	公共广播系统	梯架、托盘、槽盒和导管安装，线缆敷设，设备安装，软件安装，系统调试，试运行
		会议系统	梯架、托盘、槽盒和导管安装，线缆敷设，设备安装，软件安装，系统调试，试运行
		信息导引及发布系统	梯架、托盘、槽盒和导管安装，线缆敷设，显示设备安装，机房设备安装，软件安装，系统调试，试运行
		时钟系统	梯架、托盘、槽盒和导管安装，线缆敷设，设备安装，软件安装，系统调试，试运行
		信息化应用系统	梯架、托盘、槽盒和导管安装，线缆敷设，设备安装，软件安装，系统调试，试运行
		建筑设备监控系统	梯架、托盘、槽盒和导管安装，线缆敷设，传感器安装，执行器安装，控制器、箱安装，中央管理工作站和操作分站设备安装，软件安装，系统调试，试运行
		火灾自动报警系统	梯架、托盘、槽盒和导管安装，线缆敷设，探测器类设备安装，控制器类设备安装，其他设备安装，软件安装，系统调试，试运行
		安全技术防范系统	梯架、托盘、槽盒和导管安装，线缆敷设，设备安装，软件安装，系统调试，试运行
		应急响应系统	设备安装，软件安装，系统调试，试运行
		机房	供配电系统，防雷与接地系统，空气调节系统，给水排水系统，综合布线系统，监控与安全防范系统，消防系统，室内装饰装修，电磁屏蔽，系统调试，试运行
		防雷与接地	接地装置，接地线，等电位连接，屏蔽设施，电涌保护器，线缆敷设，系统调试，试运行
9	建筑节能	围护系统节能	墙体节能，幕墙节能，门窗节能，屋面节能，地面节能
		供暖空调设备及管网节能	供暖节能，通风与空调设备节能，空调与供暖系统冷热源节能，空调与供暖系统管网节能
		电气动力节能	配电节能，照明节能
		监控系统节能	监测系统节能，控制系统节能
		可再生能源	地源热泵系统节能，太阳能光热系统节能，太阳能光伏节能
10	电梯	电力驱动的曳引式或强制式电梯	设备进场验收，土建交接检验，驱动主机，导轨，门系统，轿厢，对重，安全部件，悬挂装置，随行电缆，补偿装置，电气装置，整机安装验收
		液压电梯	设备进场验收，土建交接检验，液压系统，导轨，门系统，轿厢，对重，安全部件，悬挂装置，随行电缆，电气装置，整机安装验收
		自动扶梯、自动人行道	设备进场验收，土建交接检验，整机安装验收

4. 检验批的划分

分项工程可由一个或若干个检验批组成，检验批可根据施工及质量控制和专业验收需要按楼层、施工段、变形缝等进行划分。

(1)建筑工程的地基基础分部工程中的分项工程一般划分为一个检验批。

(2)有地下层的基础工程可按不同地下层划分检验批。

(3)屋面分部工程中的分项工程不同楼层屋面可划分为不同的检验批。

(4)单层建筑工程中的分项工程可按变形缝等划分检验批，多层及高层建筑工程中主体分部的分项工程可按楼层或施工段来划分检验批。

(5)其他分部工程中的分项工程一般按楼层划分检验批。

(6)对于工程量较少的分项工程可统一划分为一个检验批。

(7)安装工程一般按一个设计系统或组别划分为一个检验批。

(8)室外工程统一划分为一个检验批。散水、台阶、明沟等含在地面检验批中。

分项工程划分成检验批进行验收有利于及时纠正施工中出现的质量问题，确保工程质量，也符合施工实际需要。施工前，应由施工单位制订分项工程和检验批的划分方案，并由监理单位审核。

2.3 室外工程的划分

根据《建筑工程施工质量验收统一标准》(GB 50300—2013)的要求，室外工程可根据专业类别和工程规模划分单位工程、分部工程，见表1.2。

表 1.2　室外工程单位工程、分部工程的划分

单位工程	子单位工程	分部工程
室外设施	道路	路基、基层、面层、广场与停车场、人行道、人行地道、挡土墙、附属构筑物
	边坡	土石方、挡土墙、支护
附属建筑及室外环境	附属建筑	车棚、围墙、大门、挡土墙
	室外环境	建筑小品、亭台、水景、连廊、花坛、场坪绿化、景观桥

小 结

建筑工程质量验收划分为单位(子单位)工程、分部(子分部)工程、分项工程和检验批四个层次；建筑工程项目分部工程的划分按专业性质、建筑部位确定一般有十个；分项工程的划分，要视工程的具体情况而定，既要便于质量管理和工程质量控制，又要便于质量验收；检验批可根据施工及质量控制和专业验收需要按楼层、施工段、变形缝等进行划分。

课外参考资料

《建筑工程施工质量验收统一标准》(GB 50300—2013).

《建筑工程施工质量
验收统一标准》

社会主义核心价值观及职业素养

党的十八大提出，倡导富强、民主、文明、和谐，倡导自由、平等、公正、法治，倡导爱国、敬业、诚信、友善，积极培育和践行社会主义核心价值观。

富强、民主、文明、和谐是国家层面的价值目标。

自由、平等、公正、法治是社会层面的价值取向。

爱国、敬业、诚信、友善是公民个人层面的价值准则。

职业素养最重要的一点就是爱岗敬业。做任何工作都离不开敬业，对待工作、对待事业应该像对待自己的事情一样，全身心投入，让事业蒸蒸日上。

建筑工程质量验收划分的粗细关系到后期施工质量的管理及工程计价等工作，要具有良好的职业素养，工作必须细心、耐心，要增强责任感、使命感。

思考题

1. 建筑工程质量验收的依据是什么？
2. 建筑工程质量验收划分为哪几个层次？具体内容有哪些？
3. 简述建筑工程施工质量验收程序与组织。

实训练习

总结"统一标准"对建筑工程质量验收工作的作用。

1. 实训目的：通过学习，深刻理解基本要求，指导今后的实际工作。
2. 能力及要求：具有正确按照"统一标准"要求分析和解决问题的能力，写出总结报告。
3. 实训步骤：收集有关技术资料及工程实际信息，阅读教材及查阅相关技术资料，进行分析，撰写总结报告。
4. 注意事项：注意掌握总结报告的格式。
5. 讨论：分组讨论"统一标准"在建筑工程质量验收工作中的作用，形成会议纪要。

任务3 建筑工程质量验收

知识树

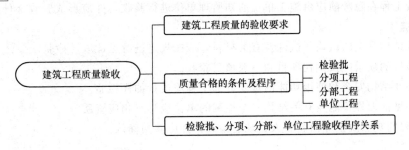

本任务主要介绍建筑工程质量验收的要求、工程质量合格的条件、验收的程序。

知识目标

了解相关表格的填写要求；掌握建筑工程质量验收要求；掌握检验批、分项工程、分部工程、单位工程质量合格条件；熟悉施工单位自我评定的检查验收程序与组织；掌握工程质量验收程序和组织。

能力目标

能够填写相关的验收记录表；能够熟知工程质量合格条件。

素质目标

树立质量意识，具备遵法依规和实事求是的职业操守，具备细心耐心的能力，弘扬工匠精神。

引领案例

某市南苑北里小区 22 号楼为 6 层混合结构住宅楼，设计采用混凝土小型砌块砌墙，墙体加芯柱，竣工验收合格后，用户入住。但用户在使用过程中(五年后)，发现墙体中没有芯柱，只发现了少量钢筋，而没有浇筑混凝土，最后经法定检测单位采用红外线照相法统计，发现大约有 82% 的墙体中未按设计要求加芯柱，只在一层部分墙体中有芯柱，造成了重大的质量隐患。

问题：

1. 该混合结构住宅楼工程质量验收合格应符合什么规定？

2. 该工程已交付使用(五年)，施工单位是否需要对此问题承担责任？为什么？

3.1　建筑工程质量的验收要求

建筑工程质量验收应符合以下规定：

(1)建筑工程施工质量应符合《建筑工程施工质量验收统一标准》(GB 50300—2013)和相关专业验收规范的规定。

(2)建筑工程施工应符合工程勘察、设计文件的要求。

(3)参加工程施工质量验收的各方人员应具备相应的资格。

(4)工程质量的验收均应在施工单位自检合格的基础上进行。

(5)隐蔽工程在隐蔽前应由施工单位通知监理单位进行验收，并应形成验收文件，验收合格后方可继续施工。

(6)涉及结构安全的试块、试件及有关材料，应按规定进行见证取样检验。

(7)检验批的质量应按主控项目和一般项目验收。

(8)对涉及结构安全和使用功能的重要分部工程应进行抽样检验。

(9)承担见证取样检测及有关结构安全检测的单位应具有相应资质。

(10)工程的观感质量应由验收人员现场检查，并应共同确认。

建筑工程质量验收时，一个单位工程最多可划分为六个层次，即单位工程、子单位工程、分部工程、子分部工程、分项工程和检验批。对于每个层次的验收，国家标准只给出了合格条件，没有给出优良标准，也就是说，现行国家质量验收标准为强制性标准，对于工程质量验收只设"合格"一个质量等级，工程质量在评定合格的基础上，希望评定更高质量等级的，可按照另外制定的推荐性标准执行。

3.2 检验批质量合格的条件及程序

检验批是工程质量验收的基本单元（最小单位），是分项工程、分部工程和单位工程施工质量验收的基础。检验批是施工过程中条件相同并有一定数量的材料、构配件或安装项目。如果一个分项工程需要验评多次，那么每次验评就称为一个检验批。行业规定：每个检验批的检验部位必须完全相同。检验批只做检验，不作评定。

（1）检验批通常按下列原则划分：

1）检验批内质量基本均匀一致，抽样应符合随机性和真实性的原则。

2）贯彻过程控制的原则，按施工次序、便于质量验收和控制关键工序的需要划分检验批。

（2）检验批合格质量应符合下列规定：

1）主控项目的质量经抽样检验均应合格。

2）一般项目的质量经抽样检验合格。当采用计数抽样时，合格点率应符合有关专业验收规范的规定，且不得存在严重缺陷。对于计数抽样的一般项目，正常检验一次、二次抽样可分别按表1.3、表1.4判定。

3）具有完整的施工操作依据、质量验收记录。

表 1.3 一般项目正常检验一次抽样判定

样本容量	合格判定数	不合格判定数	样本容量	合格判定数	不合格判定数
5	1	2	32	7	8
8	2	3	50	10	11
13	3	4	80	14	15
20	5	6	125	21	22

表 1.4 一般项目正常检验二次抽样判定

抽样次数	样本容量	合格判定数	不合格判定数	抽样次数	样本容量	合格判定数	不合格判定数
（1）	3	0	2	（1）	20	3	6
（2）	6	1	2	（2）	40	9	10
（1）	5	0	3	（1）	32	5	9
（2）	10	3	4	（2）	64	12	13
（1）	8	1	3	（1）	50	7	11
（2）	16	4	5	（2）	100	18	19
（1）	13	2	5	（1）	80	11	16
（2）	26	6	7	（2）	160	26	27

注：（1）和（2）表示抽样次数，（2）对应的样本容量为二次抽样的累计数量。

（3）检验批检查数量应满足下列要求：

检验批抽样样本应随机抽取，满足分布均匀、具有代表性的要求，抽样数量不应低于有关专业验收规范及表1.5的规定。

明显不合格的个体可不纳入检验批，但必须进行处理，使其满足有关专业验收规范的规定，对处理的情况应予以记录并重新验收。

表1.5　检验批最小抽样数量

检验批的容量	最小抽样数量	检验批的容量	最小抽样数量
2～15	2	151～280	13
16～25	3	281～500	20
26～50	5	501～1 200	32
51～90	6	1 201～3 200	50
91～150	8	3 201～10 000	80

（4）主控项目（dominant item）。主控项目是对检验批的基本质量起决定性作用的检验项目，是确保工程安全和使用功能的重要检验项目，是对安全、卫生、环境保护和公众利益起关键作用的检验项目，是确定该检验批主要性能的检验项目。

1）主控项目验收内容：

①建筑材料、构配件及建筑设备的技术性能与进场复验要求，如水泥、钢材的质量，预制楼板、墙板、门窗等构配件的质量，风机等设备的质量等。

②涉及结构安全、使用功能的检测项目，如混凝土、砂浆的强度，钢结构的焊缝强度，管道的压力试验，风管的系统测定与调整，电气的绝缘、接地测试，电梯的安全保护、试运转结果等。

③一些重要的允许偏差项目，必须控制在允许偏差限值之内。

2）主控项目验收要求。主控项目中所有子项必须全部符合各专业验收规范规定的质量指标，方能判定该主控项目质量合格；反之，只要其中某一子项甚至某一抽查样本检验后达不到要求，即可判定该检查项目质量不合格，则该检验批拒收。总之，主控项目中某一子项甚至某一抽查样本的检查结果若为不合格时，即行使对检验批质量的否决权。因此，主控项目检查的内容必须全部合格。对主控项目不合格的检验批，应严格按规定整改或作返工处理，直到验收合格为止。

（5）一般项目（general item）。一般项目是指除主控项目外的检验项目。

1）一般项目验收内容：

①用数据规定的允许偏差项目，可以存在一定范围的偏差。检验批验收是按照抽样检查评价质量是否合格的，抽样检查的数量中有80%的检查点、位置、项目的结果符合设计要求或偏差在验收范围允许范围内，可评价此检验批质量合格，即允许有20%的检查点的偏差值超出验收规范允许偏差值，但其允许程度也是有限的，通常不得超过验收规范规定值的1.5倍。

②对不能确定偏差值的项目，允许有一定的缺陷，一般以缺陷数量区分。对于检验批发现的这些缺陷，能整改的应整改，不能整改的如缺陷不超过限制范围，检验批可以通过验收。

③检验批验收时一些无法定量的项目采取定性验收。如碎拼大理石地面的颜色协调、油漆施工中的光亮和光滑都是定性验收的。

2）一般项目验收要求。一般项目也是应该达到检验要求的，只不过对少数不影响工程安全和使用功能的项目可以适当放宽；有些一般项目虽不像主控项目那样重要，但对工程安全、使用功能及外表美观都有较大影响。所以，规定一般项目的合格判定条件为抽查样本的80%及以上(个别项目为90%以上，如混凝土结构中梁、板构件上部纵向受力钢筋保护层厚度等)符合各专业验收规范规定的质量指标，其余样本的缺陷通常不超过规定允许偏差值的1.5倍(个别规范规定为1.2倍，如钢结构验收范围等)。具体应根据各专业验收规范的规定执行。

(6)具有完整的施工操作依据和质量检查记录。检验批合格质量的要求，除主控项目和一般项目的质量经抽样检验符合要求外，其施工操作依据的技术标准亦应符合设计、验收规范的要求。采用企业标准的不能低于国家、行业标准。质量控制资料反映了检验批从原材料到最终验收的操作依据、检查情况以及保证质量所必需的管理制度等。对其完整性的检查，实际上是对工程控制的确认，这是检验批合格的前提。

只有上述两项均符合要求，该检验批质量方能判定为合格。若其中一项不符合要求，则该检验批质量不得判定为合格。

在检验批验收时，若一部分有养护龄期的检测项目或试件不能提供检测数据指标，可先对其他项目进行评价，并根据施工质量管理与控制状况暂时进行中间验收，同意施工单位进入下道工序施工，待检测数据提供后，依据检测数据得出质量结论并填入验收记录。如检测数据显示不合格，或对材料、构配件和工程性能的检测数据有质疑，可进行取样复检、鉴定或现场检验，并以复检或鉴定的结果为准。

检验批质量验收记录应由施工项目专业质量检查员填写，专业监理工程师组织项目专业质量检查员、专业工长等进行验收。检验批质量验收记录见表1.6。

3.3　分项工程质量合格的条件及程序

(1)分项工程质量验收合格应符合下列规定：

1)所含检验批的质量均应验收合格。

2)所含检验批的质量验收记录应完整。

(2)分项工程质量验收要求。分项工程是由所含性质、内容一样的检验批汇集而成，是在检验批的基础上进行验收的。实际上分项工程质量验收是一个汇总统计的过程，并无新的内容和要求，因此，在分项工程质量验收时应注意以下几项。

1)核对检验批的部位、区段是否覆盖分项工程的全部范围，是否有缺陷的部位没有验收到。

表1.6　检验批质量验收记录

单位(子单位)工程名称			分部(子分部)工程名称			分项工程名称		
施工单位			项目负责人			检验批容量		
分包单位			分包单位项目负责人			检验批部位		
施工依据				验收依据				
		验收项目	设计要求及规范规定	最小/实际抽样数量		检查记录		检查结果
主控项目	1							
	2							
	3							
	4							
	5							

		验收项目	设计要求及规范规定	最小/实际抽样数量	检查记录	检查结果
主控项目	6					
	7					
	8					
	9					
	10					
一般项目	1					
	2					
	3					
	4					
	5					
施工单位检查结果					专业工长：项目专业质量检查员： 年 月 日	
监理单位验收结论					专业监理工程师： 年 月 日	

2）一些在检验批中无法检验的项目，在分项工程中直接验收，如砖砌体工程中的全高垂直度、砂浆强度的评定等。

3）检验批验收记录的内容及签字人是否正确、齐全。

分项工程质量应由专业监理工程师组织施工单位项目专业技术负责人等进行验收，填写分项工程质量验收记录，见表1.7。

表1.7 分项工程质量验收记录

单位(子单位)工程名称			分部(子分部)工程名称			
分项工程数量			检验批数量			
施工单位			项目负责人		项目技术负责人	
分包单位			分包单位项目负责人		分包内容	
序号	检验批名称	检验批容量	部位/区段	施工单位检查结果	监理单位验收结论	
1						
2						
3						
4						
5						
6						
7						

序号	检验批名称	检验批容量	部位/区段	施工单位检查结果	监理单位验收结论
8					
9					
10					
11					
12					
说明：					
施工单位 检查结果			项目专业技术负责人： 年　月　日		
监理单位 验收结论			专业监理工程师： 年　月　日		

3.4 分部工程质量合格的条件及程序

（1）分部工程质量验收合格应符合下列规定：

1）所含分项工程的质量均应验收合格。

2）质量控制资料应完整。

3）有关安全、节能、环境保护和主要使用功能的抽样检验结果应符合相应规定。

4）观感质量应符合要求。观感质量验收并不给出"合格"或"不合格"的结论，而是给出"好""一般""差"的总体评价。

（2）分部工程质量验收要求。分部工程的验收是在其所含各分项工程验收的基础上进行的。首先分部工程的各分项必须已验收合格且相应的质量控制资料文件必须完善，这是验收的基本条件。另外，由于各分项工程性质不尽相同，因此作为分部工程不能简单地组合加以验收，必须增加以下两类检查项目。

1）对于涉及安全和使用功能的地基基础、主体结构、有关安全及重要使用功能的安装分部工程进行有关见证取样试验或抽样检测。

2）对于观感质量验收，这类检查往往难以定量，只能以观察、触摸或抽样检测的方式进行，并由个人的主观印象判断，对于"差"的检查点应通过返修处理等补救。

分部工程质量应由总监理工程师组织施工单位项目负责人和有关的勘察、设计单位项目负责人等进行验收，并应按表 1.8 的规定记录。

表 1.8 分部工程质量验收记录

单位(子单位) 工程名称		分部(子分部) 工程数量		分项工程 数量	
施工单位		项目负责人		技术(质量) 负责人	
分包单位		分包单位 负责人		分包内容	
序号	分部(子分部)工程名称	检验批数量	施工单位检查结果	监理单位验收结论	
1					
2					
3					
4					
5					
6					
7					
8					
	质量控制资料				
	安全和功能检验结果				
	观感质量检验结果				
综合 验收 结论					
施工单位 项目负责人: 年 月 日	勘察单位 项目负责人: 年 月 日		设计单位 项目负责人: 年 月 日	监理单位 总监理工程师: 年 月 日	

注:1. 地基与基础分部工程的验收应由施工、勘察、设计单位项目负责人和监理单位总监理工程师参加并签字。
　　2. 主体结构、节能分部工程的验收应由施工、设计单位项目负责人和监理单位总监理工程师参加并签字。

3.5　单位工程质量合格的条件及程序

(1)单位工程质量验收合格应符合下列规定:

1)所含分部工程的质量均应验收合格。

2)质量控制资料应完整。

3）所含分部工程中有关安全、节能、环境保护和主要使用功能的检验资料应完整。

4）主要使用功能的抽查结果应符合相关专业验收规范的规定。

5）观感质量应符合要求。

（2）单位工程质量验收要求。单位工程质量验收，总体上是一个统计性的审核和综合性的评价，是通过核查分部工程验收质量控制资料和有关安全、功能检测资料，进行必要的主要功能项目的复核及抽测，以及总体工程观感质量的现场实物质量验收。

单位工程质量验收也是单位工程竣工验收，是建筑工程投入使用前最后一次验收，是工程质量控制的最后一道把关，对工程质量进行整体综合评价，也是对施工单位成果的综合检验。

单位工程中的分包工程完工后，分包单位应对所承包的工程项目进行自检，并应按《建筑工程施工质量验收统一标准》（GB 50300—2013）规定的程序进行验收。验收时，总包单位应派人参加。分包单位应将所分包工程的质量控制资料整理完整后，移交给总包单位。

单位工程完工后，施工单位应组织有关人员进行自检。总监理工程师应组织各专业监理工程师对工程质量进行竣工预验收。存在施工质量问题时，应由施工单位及时整改。

整改完毕后，由施工单位向建设单位提交工程竣工报告，申请工程竣工验收。

建设单位收到工程竣工报告后，由建设单位项目负责人组织监理、施工、设计、勘察等单位项目负责人进行单位工程验收。

单位工程质量竣工验收应按表1.9的规定记录，单位工程质量控制资料核查应按表1.10的规定记录，单位工程安全和功能检验资料核查及主要功能抽查应按表1.11的规定记录，单位工程观感质量检查应按表1.12的规定记录。

表1.9中的验收记录由施工单位填写，验收结论由监理单位填写。综合验收结论经参加验收各方共同商定，由建设单位填写，应对工程质量是否符合设计文件和相关标准的规定及总体质量水平作出评价。

表 1.9　单位工程质量竣工验收记录

工程名称		结构类型		层数/建筑面积	
施工单位		技术负责人		开工日期	
项目负责人		项目技术负责人		完工日期	
序号	项目	验收记录		验收结论	
1	分部工程验收	共　　　分部，经查，符合设计及标准规定　　　分部			
2	质量控制资料核查	共　　项，经核查符合规定　　项			
3	安全和使用功能核查及抽查结果	共核查　　项，符合规定　　项，共抽查　　项，符合规定　　项，经返工处理符合规定　　项			
4	观感质量验收	共核查　　项，达到"好"和"一般"的　　项，经返修处理符合要求的　　项			
综合验收结论					

参加验收单位	建设单位	监理单位	施工单位	设计单位	勘察单位
	（公章）	（公章）	（公章）	（公章）	（公章）
	项目负责人： 　年 月 日	总监理工程师： 　年 月 日	项目负责人： 　年 月 日	项目负责人： 　年 月 日	项目负责人： 　年 月 日

注：单位工程验收时，验收签字人员应由相应单位的法人代表书面授权。

表 1.10　单位工程质量控制资料核查记录

工程名称				施工单位				
序号	项目	资料名称	份数	施工单位		监理单位		
				核查意见	核查人	核查意见	核查人	
1	建筑与结构	图纸会审记录、设计变更通知单、工程洽商记录						
2		工程定位测量、放线记录						
3		原材料出厂合格证书及进场检验、试验报告						
4		施工试验报告及见证检测报告						
5		隐蔽工程验收记录						
6		施工记录						
7		地基、基础、主体结构检验及抽样检测资料						
8		分项、分部工程质量验收记录						
9		工程质量事故调查处理资料						
10		新技术论证、备案及施工记录						
1	给水排水与供暖	图纸会审记录、设计变更通知单、工程洽商记录						
2		原材料出厂合格证书及进场检验、试验报告						
3		管道、设备强度试验、严密性试验报告						
4		隐蔽工程验收记录						
5		系统清洗、灌水、通水、通球试验报告						
6		施工记录						
7		分项、分部工程质量验收记录						
8		新技术论证、备案及施工记录						

工程名称			施工单位				
序号	项目	资料名称	份数	施工单位		监理单位	
				核查意见	核查人	核查意见	核查人
1	通风与空调	图纸会审记录、设计变更通知单、工程洽商记录					
2		原材料出厂合格证书及进场检验、试验报告					
3		制冷、空调、水管道强度试验、严密性试验记录					
4		隐蔽工程验收记录					
5		制冷设备运行调试记录					
6		通风、空调系统调试记录					
7		施工记录					
8		分项、分部工程质量验收记录					
9		新技术论证、备案及施工记录					
1	建筑电气	图纸会审记录、设计变更通知单、工程洽商记录					
2		原材料出厂合格证书及进场检验、试验报告					
3		设备调试记录					
4		接地、绝缘电阻测试记录					
5		隐蔽工程验收记录					
6		施工记录					
7		分项、分部工程质量验收记录					
8		新技术论证、备案及施工记录					
1	智能建筑	图纸会审记录、设计变更通知单、工程洽商记录					
2		原材料出厂合格证书及进场检验、试验报告					
3		隐蔽工程验收记录					
4		施工记录					
5		系统功能测定及设备调试记录					
6		系统技术、操作和维护手册					
7		系统管理、操作人员培训记录					
8		系统检测报告					
9		分项、分部工程质量验收记录					
10		新技术论证、备案及施工记录					

工程名称				施工单位				
序号	项目	资料名称		份数	施工单位		监理单位	
					核查意见	核查人	核查意见	核查人
1	建筑节能	图纸会审记录、设计变更通知单、工程洽商记录						
2		原材料出厂合格证书及进场检验、试验报告						
3		隐蔽工程验收记录						
4		施工记录						
5		外墙、外窗节能检验报告						
6		设备系统节能检测报告						
7		分项、分部工程质量验收记录						
8		新技术论证、备案及施工记录						

结论：

施工单位项目负责人：　　　　　　　　　　　　　　总监理工程师：

　　　　　　年　　月　　日　　　　　　　　　　　　　　　　年　　月　　日

表 1.11　单位工程安全和功能检验资料核查及主要功能抽查记录

工程名称			施工单位				
序号	项目	安全和功能检查项目	份数	核查意见	抽查结果	核查(抽查)人
1	建筑与结构	地基承载力检验报告				
2		桩基承载力检验报告				
3		混凝土强度试验报告				
4		砂浆强度试验报告				
5		主体结构尺寸、位置抽查记录				
6		建筑物垂直度、标高、全高测量记录				
7		屋面淋水或蓄水试验记录				
8		地下室渗漏水检测记录				
9		有防水要求的地面蓄水试验记录				
10		抽气(风)道检查记录				
11		外窗气密性、水密性、耐风压检测报告				
12		幕墙气密性、水密性、耐风压检测报告				
13		建筑物沉降观测测量记录				
14		节能、保温测试记录				
15		室内环境检测报告				
16		土壤氡气浓度检测报告				

工程名称			施工单位				
序号	项目	安全和功能检查项目		份数	核查意见	抽查结果	核查(抽查)人
1	给水排水与供暖	给水管道通水试验记录					
2		暖气管道、散热器压力试验记录					
3		卫生器具满水试验记录					
4		消防管道、燃气管道压力试验记录					
5		排水干管通球试验记录					
6		锅炉试运行、安全阀及报警联动测试记录					
1	通风与空调	通风、空调系统试运行记录					
2		风量、温度测试记录					
3		空气能量回收装置测试记录					
4		洁净室洁净度测试记录					
5		制冷机组试运行调试记录					
1	建筑电气	建筑照明通电试运行记录					
2		灯具固定装置及悬吊装置的载荷强度试验记录					
3		绝缘电阻测试记录					
4		剩余电流动作保护器测试记录					
5		应急电源装置应急持续供电记录					
6		接地电阻测试记录					
7		接地故障回路阻抗测试记录					
1	智能建筑	系统试运行记录					
2		系统电源及接地检测报告					
3		系统接地检测报告					
1	建筑节能	外墙节能构造检查记录或热工性能检验报告					
2		设备系统节能性能检查记录					
1	电梯	运行记录					
2		安全装置检测报告					

结论:

施工单位项目负责人: 　　　　　　　　　　　　　总监理工程师:

　　　　　年　月　日　　　　　　　　　　　　　　　　　　年　月　日

注:抽查项目由验收组协商确定。

表 1.12　单位工程观感质量检查记录

工程名称			施工单位		
序号		项目	抽查质量状况		质量评价
1	建筑与结构	主体结构外观	共检查　点，好　点，一般　点，差　点		
2		室外墙面	共检查　点，好　点，一般　点，差　点		
3		变形缝、雨水管	共检查　点，好　点，一般　点，差　点		
4		屋面	共检查　点，好　点，一般　点，差　点		
5		室内墙面	共检查　点，好　点，一般　点，差　点		
6		室内顶棚	共检查　点，好　点，一般　点，差　点		
7		室内地面	共检查　点，好　点，一般　点，差　点		
8		楼梯、踏步、护栏	共检查　点，好　点，一般　点，差　点		
9		门窗	共检查　点，好　点，一般　点，差　点		
10		雨罩、台阶、坡道、散水	共检查　点，好　点，一般　点，差　点		
1	给水排水与供暖	管道接口、坡度、支架	共检查　点，好　点，一般　点，差　点		
2		卫生器具、支架、阀门	共检查　点，好　点，一般　点，差　点		
3		检查口、扫除口、地漏	共检查　点，好　点，一般　点，差　点		
4		散热器、支架	共检查　点，好　点，一般　点，差　点		
1	通风与空调	风管、支架	共检查　点，好　点，一般　点，差　点		
2		风口、风阀	共检查　点，好　点，一般　点，差　点		
3		风机、空调设备	共检查　点，好　点，一般　点，差　点		
4		管道、阀门、支架	共检查　点，好　点，一般　点，差　点		
5		水泵、冷却塔	共检查　点，好　点，一般　点，差　点		
6		绝热	共检查　点，好　点，一般　点，差　点		
1	建筑电气	配电箱、盘、板、接线盒	共检查　点，好　点，一般　点，差　点		
2		设备器具、开关、插座	共检查　点，好　点，一般　点，差　点		
3		防雷、接地、防火	共检查　点，好　点，一般　点，差　点		
1	智能建筑	机房设备安装及布局	共检查　点，好　点，一般　点，差　点		
2		现场设备安装	共检查　点，好　点，一般　点，差　点		
1	电梯	运行、平层、开关门	共检查　点，好　点，一般　点，差　点		
2		层门、信号系统	共检查　点，好　点，一般　点，差　点		
3		机房	共检查　点，好　点，一般　点，差　点		
观感质量综合评价					

结论：

施工单位项目负责人：　　　　　　　　　　　　　　　　　　总监理工程师：

　　　　　　　　年　月　日　　　　　　　　　　　　　　　　　　　年　月　日

注：1. 对质量评价为差的项目应进行返修；

　　2. 观感质量现场检查原始记录应作为本表附件。

3.6 检验批、分项、分部、单位工程验收程序关系

检验批、分项、分部、单位工程验收程序关系见表1.13。

表 1.13 检验批、分项、分部、单位工程验收程序关系

序号	验收表的名称	质量自检人员	质量检查评定人员		质量验收人员
			验收组织人	参加验收人员	
1	施工现场质量管理检查记录表	项目经理	项目经理	项目技术负责人分包单位负责人	总监理工程师
2	检验批质量验收记录	班组长专业质量检验员	监理工程师	班组长分包项目技术负责人项目技术负责人	监理工程师（建设单位项目专业技术负责人）
3	分项工程质量验收记录	专业质量检验员项目技术负责	监理工程师	项目技术负责人分包项目技术负责人项目专业质量检验员	监理工程师（建设单位项目专业技术负责人）
4	分部工程质量验收记录	项目经理分包单位项目经理	总监理工程师	施工单位项目经理、技术负责人、质量负责人勘察、设计单位项目负责人	总监理工程师（建设单位项目负责人）
5	单位工程质量竣工验收记录	项目经理	建设单位	施工单位项目经理总监理工程师勘察、设计单位负责人	建设单位项目负责人
6	单位工程质量控制资料核查记录	项目技术负责人	项目经理	分包单位项目经理监理工程师项目技术负责人	总监理工程师（建设单位项目负责人）
7	单位工程安全和功能检验资料核查及主要功能抽查记录	项目技术负责人	项目经理	分包单位项目经理监理工程师项目技术负责人	总监理工程师（建设单位项目负责人）
8	单位工程观感质量检查记录	项目技术负责人	项目经理	分包单位项目经理监理工程师项目技术负责人	总监理工程师（建设单位项目负责人）

小　结

本任务主要介绍了主控项目、一般项目验收的要求、合格的标准，以及检验批、分部工程、分项工程、单位工程验收合格标准和检验程序。

课外参考资料

1.《建筑工程施工质量验收统一标准》(GB 50300—2013).

2.《建筑地基基础工程施工质量验收标准》(GB 50202—2018).

3.《砌体结构工程施工质量验收规范》(GB 50203—2011).

4.《混凝土结构工程施工质量验收规范》(GB 50204—2015).

5.《钢结构工程施工质量验收标准》(GB 50205—2020).

6.《木结构工程施工质量验收规范》(GB 50206—2012).

7.《屋面工程质量验收规范》(GB 50207—2012).

8.《地下防水工程质量验收规范》(GB 50208—2011).

9.《建筑地面工程施工质量验收规范》(GB 50209—2010).

10.《建筑装饰装修工程质量验收标准》(GB 50210—2018).

11.《建筑给水排水及采暖工程施工质量验收规范》(GB 50242—2002).

12.《通风与空调工程施工质量验收规范》(GB 50243—2016).

13.《建筑电气工程施工质量验收规范》(GB 50303—2015).

14.《电梯工程施工质量验收规范》(GB 50310—2002).

15.《智能建筑工程质量验收规范》(GB 50339—2013).

16.《建筑节能工程施工质量验收标准》(GB 50411—2019).

素质拓展

遵规守规

俗话说："没有规矩，不成方圆"。遵规守规是成为一名优秀人才的基础。国有国法，家有家规，工程建设也有相关的规范和标准。

我国的社会主义市场经济是法制经济，要求一切经济活动都必须依法进行。建筑行业正是由于建筑规范的作用，约束着建设者的活动，使建筑业文明有序的正常运行。因此我们必须学好、用好、遵守好相关规范，真正地提高建筑规范方面的意识，增强对建筑规范的重视，让建筑规范更好地服务于建筑建造的全过程，包括方案、设计、施工等，从而提高建筑的适用性、安全性，使其更好地服务人们。

思考题

1. 试述检验批验收合格的条件。

2. 试述分项工程验收合格的条件。

3. 试述单位工程验收合格的条件。

4. 试述单位工程竣工验收的组织与程序。

阅读某工程检验批、分项、分部工程的质量检验结果资料。

1. 实训目的：通过阅读工程验收资料，掌握验收要求，积累经验，指导今后的实际工作。

2. 能力及要求：注意学习检验批、分项工程的质量验收表格与其填写方法，以及相关责任主体的评定结论、签字格式等，写出学习体会。

3. 实训步骤：收集有关技术资料及工程实际信息，阅读教材及查阅相关技术资料，进行分析，撰写学习体会。

任务 4 建筑工程质量事故处理

➡ 知识树

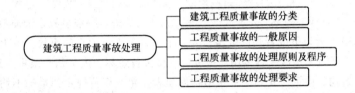

✦ 内容概况

本任务主要介绍工程质量事故的分类，产生事故的原因，事故处理的程序、原则及要求。

📖 知识目标

了解工程质量事故的分类；熟悉工程质量事故产生的原因；掌握工程质量事故处理的方法。

⚙ 能力目标

能够对工程中发生的质量事故进行处理。

📖 素质目标

树立质量意识，具备遵法依规和实事求是的职业操守，培养勇于担当的品质。

📖 引领案例

某单位科研楼工程，框架结构，地上 2 层，建筑面积为 10 266 m²，2019 年 7 月 20 日开工，2021 年 5 月 20 日竣工。本工程屋面采用卷材防水，防水保护层采用水泥预制砖。在连续潮湿、高温的天气下，防水卷材和屋面砖发生了起鼓与变形。

问题:

1. 本案例发生的事件是否属于工程质量事故?

2. 发生此事件后该如何处理?

凡是质量达不到国家规定标准要求的工程,必须进行返修、加固或报废,造成直接经济损失在 5 000 元(含 5 000 元)以上的称为质量事故;经济损失不足 5 000 元者,称为工程质量问题。

"缺陷"是指建筑工程中经常发生的和普遍存在的一些工程质量问题。工程质量缺陷不同于质量事故,但是质量事故开始时往往表现为一般质量缺陷并常被忽视。随着建筑物的使用或时间的推移,质量缺陷逐渐发展,就有可能演变为事故,待认识到问题的严重性时,则往往处理困难或无法补救。因此,对质量缺陷均应认真分析,找出原因,进行必要的处理。

4.1　建筑工程质量事故的分类

建筑工程项目的建设,具有综合性、可变性、多发性等特点,导致建筑工程质量事故更具复杂性,工程质量事故的分类方法可有很多种。

(1)依据事故发生的阶段划分,可分为施工过程中发生的事故、使用过程中发生的事故、改建扩建发生的事故。

(2)依据事故发生的部位划分,可分为地基基础事故、主体结构事故、装修工程事故等。

(3)依据结构类型划分,可分为砌体结构事故、混凝土结构事故、钢结构事故、组合结构事故。

(4)依据事故的严重程度划分,可分为一般事故、重大事故。一般事故是指补救当中经济损失一次在 1 万元以上、10 万元以下或者人员重伤 2 人以下,且无人员死亡的事故。重大事故是指在工程建设过程中,由于责任过失造成工程倒塌、报废、机械设备毁坏、人员伤亡或重大经济损失的事故,具体现象如下:建筑物、构筑物或其他主要结构倒塌者;超过规范规定的基础不均匀沉降、建筑倾斜、结构开裂、主体结构强度严重不足,影响结构安全和建筑物使用寿命,造成不可补救的永久性缺陷者;影响建筑设备及相应系统的使用功能(如漏雨、变形过大、隔热隔声效果不好等),造成永久性缺陷者;一次性返工达到一定数额者。重大工程质量事故分为以下四个等级:

1)死亡 30 人以上;或直接经济损失 300 万元以上为一级重大事故。

2)死亡 10 人以上、29 人以下;或直接经济损失 100 万元以上,不满 300 万元为二级重大事故。

3)死亡 3 人以上、9 人以下;或重伤 20 人以上;或直接经济损失 30 万元以上,不满 100 万元为三级重大事故。

4)死亡 2 人以下,或重伤 3 人以上、19 人以下;或直接经济损失 10 万元以上,不满 30 万元为四级重大事故。

超过一级重大事故也称为特别重大事故。

4.2　工程质量事故的一般原因

造成工程质量事故发生的原因是多方面的、复杂的,既有经济和社会的原因,也有技术的原因,归纳起来可分为以下几个方面。

(1)违背基本建设程序。基本建设程序是工程项目建设活动规律的客观反映,是我国经济建设经验的总结。《建设工程质量管理条例》明确指出,从事建设工程活动,必须严格执行基本建设程序,坚持先勘察、后设计、再施工的原则。县级以上人民政府及其有关部门不得超越权限审批建设项目或者擅自简化基本建设程序。但是,在具体的建设过程中,违反基本建设程序的现象屡禁不止,如"七无"工程——无立项、无报建、无开工许可、无招投标、无资质、无监理、无验收，"三边"工程——边勘察、边设计、边施工。另外，腐败现象及地方保护也是造成工程质量事故的原因之一。

（2）工程地质勘察失误或地基处理失误。地质勘察过程中钻孔间距太大，不能反映实际地质情况，勘察报告不准确、不详细，未能查明诸如孔洞、墓穴、软弱土层等地层特征，致使地基基础设计时采用不正确的方案，造成地基不均匀沉降、结构失稳、上部结构开裂，甚至倒塌。

（3）设计问题。结构方案不正确，计算简图与结构实际受力不符；荷载或内力分析计算有误；忽视构造要求，沉降缝、伸缩缝设置不符合要求；有些结构的抗倾覆、抗滑移未作验算；有的盲目套用图纸，这些是导致工程事故的直接原因。

（4）施工过程中的问题。施工管理人员及技术人员的素质差是造成工程质量事故的又一个主要原因。主要表现在以下几个方面：

1）缺乏基本的业务知识，不具备上岗操作的技术资质，盲目蛮干。

2）不按照图纸施工，不遵守会审纪要、设计变更及其他技术核定制度和管理制度，主观臆断。

3）施工管理混乱，施工组织、施工工艺技术措施不当，违章作业。不重视质量检查及验收工作，一味赶进度、赶工期。

4）建筑材料及制品质量低劣，使用不合格的工程材料、半成品、构件等。

5）施工中忽视结构理论问题，例如，不严格控制施工荷载，造成构件超载开裂；不控制砌体结构的自由高度（高厚比），造成砌体在施工过程中失稳破坏；模板与支架、脚手架设置不当发生破坏等。

（5）自然条件影响。建筑施工露天作业多，受自然因素影响大，暴雨、雷电、大风及气温高低等都会对工程质量造成很大影响。

（6）建筑物使用不当。有些建筑物在使用过程中，需要改变其使用功能，增大使用荷载；或者需要增加使用面积，在原有建筑物上部增层改造；或者随意凿墙开洞，削弱承重结构的截面面积等；这些都超出了原设计规定，埋下了工程事故的隐患。

4.3　工程质量事故的处理原则及程序

《中华人民共和国建筑法》明确规定：任何单位和个人对建筑工程质量事故、质量缺陷都有权向建设行政主管部门或者其他有关部门进行检举、控告、投诉。

重大质量事故发生后，事故发生单位必须以最快的方式，向上级建设行政主管部门和事故发生地的市、县级建设行政主管部门及检察、劳动部门报告，并以最快的速度采取有效措施抢救人员和财产，严格保护事故现场，防止事故扩大，24小时之内写出书面报告，逐级上报。重大事故的调查由事故发生地的市、县级以上建设行政主管部门或国务院有关主管部门组成调查小组负责进行。

重大事故处理完毕后，事故发生单位应尽快写出详细的事故处理报告，并逐级上报。

特别重大事故的处理程序应按国务院发布的《特别重大事故调查程序暂行规定》及有关要求进行。

质量事故处理的一般工作程序：事故调查→事故原因分析→结构可靠性鉴定→事故调查报告→事故处理设计→施工方案确定→施工→检查验收→结论。若处理后仍不合格，需要重新进行事故处理设计及施工直至合格。有些质量事故在进行事故处理前需要先采取临时防护措施，以防事故扩大。

对于事故的处理，往往涉及单位、个人的名誉，涉及法律责任及经济赔偿等，事故的有关者常常试图减少自己的责任，干扰正常的调查工作。所以，对事故的调查分析，一定要排除干扰，以法律、法规为准绳，以事实为依据，按公正、客观的原则进行。

4.4 工程质量事故的处理要求

(1)不合格产品控制应按以下要求处理：

1)控制不合格物资进入项目施工现场，严禁不合格工序或分项工程未经处置而转入下道工序或分项工程施工。

2)对发现的不合格产品和过程，应按规定进行鉴别、标识、记录、评价，隔离和处置。

3)应进行不合格评审。

4)不合格处置应根据不合格严重程度，按返工、返修、让步接收或降级使用、拒收或报废四种情况进行处理。构成等级质量事故的不合格，应按国家法律、行政法规进行处置。

5)对返修或返工后的产品，应按规定重新进行检验和试验，并应保存记录。

6)进行不合格让步接收时，工程施工项目部应向发包方提出书面让步接收申请，记录不合格程度和返修的情况，双方签字确认让步接收协议和接收标准。

7)对影响建筑主体结构安全和使用功能不合格的产品，应邀请发包方代表或监理工程师、设计人，共同确定处理方案，报工程所在地建设主管部门批准。

8)检验人员必须按规定保存不合格控制的记录。

(2)当建筑工程施工质量不符合规定时，应按下列规定进行处理：

1)经返工或返修的检验批，应重新进行验收。

2)经有资质的检测机构检测鉴定能够达到设计要求的检验批，应予以验收。

3)经有资质的检测机构检测鉴定达不到设计要求、但经原设计单位核算认可能够满足安全和使用功能的检验批，可予以验收。

4)经返修或加固处理的分项、分部工程，满足安全及使用功能要求时，可按技术处理方案和协商文件的要求予以验收。

经返修或加固处理仍不能满足安全或使用要求的分部工程及单位工程，严禁验收。

小 结

工程质量事故按其严重程度划分，可分为一般事故、重大事故、特别重大事故。事故处理的程序：事故调查→事故原因分析→结构可靠性鉴定→事故调查报告→事故处理设计→施工方案确定→施工→检查验收→结论，但组织调查的单位不同。

课外参考资料

1.《建设工程质量管理条例》.

2.《工程建设施工企业质量管理规范》(GB/T 50430—2017).

《工程建设施工企业
质量管理规范》

素质拓展

实事求是

"实事求是"一词，最初出现于东汉史学家班固撰写的《汉书·河间献王刘德传》，该书讲的是西汉景帝第三子河间献王刘德"修学好古，实事求是"。明朝王阳明在宋代朱熹"格物便是致知""理在事中"的基础上，提出了"知行合一"的观点，倡导"实事求是"的学风。"实事求是"原本指一种严谨的治学态度和方法，也是中国古代学者治学治史的座右铭。

毛泽东在中国革命的实践中，反对主观主义，尤其是反对教条主义，把马克思主义的普遍真理与中国革命具体实践相结合，确立了实事求是的思想路线。

毛泽东在《改造我们的学习》中指出，"实事"就是客观存在着的一切事物；"是"就是客观事物的内部联系，即规律性；"求"就是我们去研究。

邓小平在改革开放和现代化建设的新的历史时期，坚持和发展马克思主义、毛泽东思想，重新确立了实事求是的思想路线。

我们对待建筑工程质量事故的处理必须"实事求是"。

思考题

1. 简述质量事故的处理程序。
2. 简述工程质量不合格产品的控制要求。

实训练习

收集 2～3 个工程质量事故处理案例，并写出学习体会。

模块 2

地基与基础工程质量检验

地基与基础工程是建筑工程九大分部工程之一，可划分为无支护土方、有支护土方、地基处理、桩基、地下防水、混凝土基础、砌体基础、劲钢（管）混凝土、钢结构等子分部工程。

任务 1　土方工程质量检验

🔵 知识树

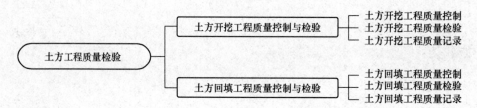

⊕ 内容概况

本任务主要学习工程施工前期准备工作、定位放线、土方开挖、基坑（槽）及土方回填的质量控制与检验。

💡 知识目标

了解土方工程的施工特点；熟悉土方工程施工过程的质量控制；掌握土方（子分部）分项工程质量验收标准；规范填写检验批质量验收记录。

⚙ 能力目标

能够依据设计要求和施工质量检验标准，对土方工程施工前期准备、定位放线、土方开挖、基坑（槽）及土方回填的材料和施工质量进行质量检查、控制及验收等。

💡 素质目标

工程质量关乎人民群众的生命安全，也影响着工程的可靠性。通过学习土方开挖、回填工程质量控制与检验内容，帮助学生梳理土方工程质量检验流程和内容，提高学生质量意识，培养学生严谨的工作态度。

📖 引领案例

某土方开挖工程，承包方开挖前向监理方口头申请开挖，监理考虑到开挖场地平整、无其他建筑物，没有表示异议。在开挖过程中，由于降雨较大，基坑支护失效导致基坑坍塌，未造成人员伤亡。

问题：

1. 承包方的做法有哪些不当之处？造成的损失应由谁来负责？

2. 在土方开挖前和开挖过程中应做好哪些工作？

3. 开挖完成后，如何开展验槽工作？

1.1 土方开挖工程质量控制与检验

1.1.1 土方开挖工程质量控制

1. 土方工程施工前的准备工作

土方工程施工前的准备工作是一项非常重要的基础性工作，准备工作充分与否对土方工程施工能否顺利进行起着决定性的作用。土方工程施工前的准备工作概括起来主要有以下几个方面的内容：

(1)工程定位与放线的控制与检查。

(2)施工现场及其周围环境因素的调查。

(3)编制土方开挖方案。

(4)土方施工放线。

(5)在挖方前应做好地面排水和降低地下水水位等工作。

2. 土方开挖过程中的质量控制

(1)土方开挖前，应检查地下、地上障碍物是否按有关规定与要求进行了清理，并办理了有关手续。

(2)土方开挖应严格按批准的施工方案进行。

(3)土方开挖时，应遵循"开槽支撑，先撑后挖，分层开挖，严禁超挖"的原则，并在施工过程中检查开挖的顺序、平面位置、水平标高、边坡坡度、排水及降低地下水水位系统，并随时观测周围的环境变化。

(4)机械开挖应由深而浅，基底及边坡应预留一层150～300 mm厚的土层并用人工清底、修坡、找平，以保证基底标高和边坡坡度正确，避免超挖和土层遭受扰动。

(5)基坑(槽)挖至设计标高后，对原土表面不得扰动。

1.1.2 土方开挖工程质量检验

1. 验槽

基坑(槽)开挖完成并钎探后，应组织有关单位进行验槽。验槽时应注意以下问题：

(1)进行表面检查验收，观察土的分布、走向情况是否符合勘察报告和设计的要求；是否挖到原(老)土，槽底土颜色是否均匀一致，如有异常应结合地基钎探情况，会同设计等单位进行处理。

(2)基坑的验收，主要检查基坑位置、基坑尺寸(特别是基底尺寸)、基底标高、基底平整度、基底土质、基土是否受扰动、地下水水位情况、探孔深度及边坡(支护)稳定性等。

（3）检查钎探记录，探孔应进行编号，钎探深度应达到设计要求，统一表格内应分别注明每300 mm锤击数和总锤击数，并应绘制钎探平面图。

（4）验槽完成后，应填写地基验槽检查记录、地基处理记录、地基验收记录等。

2. 土方开挖工程质量检验标准

土方开挖工程质量检验标准见表2.1。

表2.1　土方开挖工程质量检验标准　　　　　　　　　　　　mm

项目	序号	检查项目	允许偏差或允许值					检验方法
			柱基基坑基槽	挖方场地平整		管沟	地(路)面基层	
				人工	机械			
主控项目	1	标高	−50	±30	±50	−50	−50	水准仪
	2	长度、宽度(由设计中心线向两边量)	+200 −50	+300 −100	+500 −150	+100	—	经纬仪，用钢尺量
	3	边坡	设计要求					观察或用坡度尺检查
一般项目	1	表面平整度	20	20	50	20	20	用2 m靠尺和楔形塞尺检查
	2	基底土性	设计要求					观察或土样分析

注：地(路)面基层的偏差只适用于直接在挖、填方上做地(路)面的基层。

1.1.3　土方开挖工程质量记录

（1）工程定位测量记录。

（2）基槽验线记录。

（3）地基验槽检查记录。

（4）地基处理记录、地基验收记录。

（5）钎探记录（附钎探孔位平面布置图）。

（6）隐蔽工程记录、有关设计变更和补充设计的图纸或文件。

（7）土方开挖工程检验批质量验收记录。

（8）土方开挖分项工程质量验收记录。

（9）隐蔽工程必须经过中间验收，并做好隐蔽工程记录，包括以下几项：

1）基坑（槽）或管沟开挖竣工图和基土情况。

2）对不良基土采取的处理措施（如换土、泉眼或洞穴的处理、地下水的排除等）。

3）排水盲沟的设置情况。

1.2　土方回填工程质量控制与检验

1.2.1　土方回填工程质量控制

1. 原材料质量控制

（1）土料。填方土料应符合设计要求，保证填方的强度和稳定性。

（2）石屑。石屑中应不含有机质，最大颗粒不大于50 mm，碾压前宜充分洒水湿透，以提高压实效果。

2. 施工过程质量控制

(1)土方回填前应清除基底垃圾、树根等杂物,抽除坑穴积水、淤泥,验收基底标高。

(2)检查回填土方土质及含水率是否符合要求,填方土料应按设计要求验收后方可填入。

(3)在土方回填过程中,根据试验确定土料最佳含水量、摊铺厚度、碾压及夯实遍数,对填筑过程进行严格控制(土质、土料含水量、摊铺厚度、碾压、夯实遍数,以及边角部位的夯实质量是质量控制的关键环节)。填筑厚度及压实遍数应根据土质、压实系数及所用机具确定。如无试验依据,应符合表2.2的规定。

表2.2 填土施工时的分层厚度及压实遍数

压实机具	分层厚度/mm	每层压实遍数
平碾	250～300	6～8
振动压实机	250～350	3～4
柴油打夯机	200～250	3～4
人工打夯	<200	3～4

(4)基坑(槽)回填应在相对两侧或四周同时进行回填和夯实。

(5)回填管沟时,应用人工先将管子周围填土夯实,并应从管道两边同时进行,直到管顶0.5 m以上时,在不损坏管道的情况下,方可用机械填土回填夯实。管道下方若夯填不实,易造成管道受力不均匀而折断、渗漏。

1.2.2 土方回填工程质量检验

填方施工结束后,应检查标高、边坡坡度、压实程度等。检验标准应符合表2.3的规定。

表2.3 填土工程质量检验标准 　　　　　　　　　　　　　　mm

项目	序号	检查项目	允许偏差或允许值					检验方法
			柱基基坑基槽	场地平整		管沟	地(路)面基础层	
				人工	机械			
主控项目	1	标高	−50	±30	±50	−50	−50	水准仪
	2	分层压实系数	设计要求					按规定方法
一般项目	1	回填土料	20	20	50	20	20	取样检查或直观鉴别
	2	分层厚度及含水量	设计要求					水准仪及抽样检查
	3	表面平整度	20	20	30	20	20	用靠尺或水准仪

1.2.3 土方回填工程质量记录

(1)土方回填工程施工方案。

(2)填方工程基底处理记录。

(3)地基处理设计变更单或技术核定单。

（4）隐蔽工程验收记录。

（5）回填土料取样或工地直观鉴别记录。

（6）最优含水量选定根据或试验报告。

（7）每层填土分层压实系数测试报告和取样分布图。

（8）土方回填工程检验批质量验收记录。

小　结

为了保证土方开挖的工作质量，开挖施工前应做好开挖准备工作（准备工作是保证工作质量的前提），开挖过程中应按照施工组织设计规定的工艺要求组织施工，施工结束按照本书介绍的方法进行工程质量的检验。

课外参考资料

1.《建筑工程施工质量验收统一标准》（GB 50300—2013）．

2.《建筑地基基础工程施工质量验收标准》（GB 50202—2018）．

3.《建筑施工手册》编写组．建筑施工手册[M]．5版．北京：中国建筑工业出版社，2013．

4. 广东省建设工程质量安全监督检测总站．广东省房屋建筑工程竣工验收技术资料统一用表（2016版）填写范例与指南[M]．武汉：华中科技大学出版社，2017．

素质拓展

工程质量的重要性

陕西宝鸡某基坑施工过程中，土方坍塌导致3人被埋，经抢救无效死亡。发生此类事件不仅会给家庭带来无法弥补的伤痛，还会给企业造成经济损失，影响企业的发展。作为未来行业的从业者，要学好专业知识，认识到土方工程质量检验的重要性，增强安全意识，提升综合素养，避免在日后工作中因知识匮乏、不遵守规章制度导致工程出现质量事故。

思考题

1. 土方开挖施工方案的主要项目有哪些？

2. 验槽时哪些参建单位应参与？

3. 土方回填前的隐蔽工程验收项目有哪些？

实训练习

1. 实训目的：通过阅读工程验收资料，掌握验收要求，积累经验，指导今后的实际工作。

2. 能力及要求：学习土方开挖、土方回填检验批、分项工程的质量验收表格与其填写方法，以及相关责任主体的评定结论、签字格式等。

3. 实训步骤：收集有关技术资料及工程实际信息，阅读教材及查阅相关技术资料，进行分析，撰写学习体会。

任务 2 地基工程质量检验

知识树

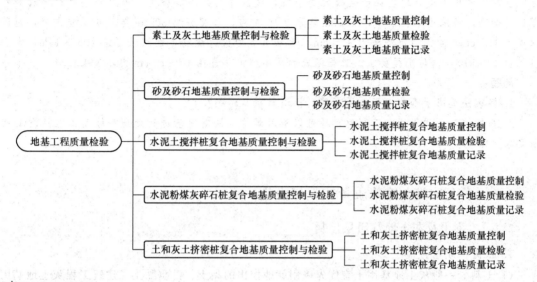

内容概况

本任务主要学习素土及灰土地基、砂及砂石地基、水泥土搅拌桩复合地基、水泥粉煤灰碎石桩复合地基、土和灰土挤密桩复合地基的质量控制与检验。

知识目标

理解地基及基础处理工程的施工特点和常见地基及基础处理工程施工阶段的材料要求；熟悉地基及基础处理工程施工过程的质量控制、工程质量验收的内容；掌握常见地基及基础处理工程的质量验收标准；规范填写检验批质量验收记录。

能力目标

能够依据设计要求和施工质量标准，对灰土、砂石等不同地基类型以及加固工程的材料和施工过程质量进行控制；具有参与编制专项施工方案的能力；能够根据不同的工程特点，独立地进行施工技术和安全技术交底；具有进行地基及基础处理工程检验的能力，并能够规范填写相应的检查验收记录。

素质目标

工程质量的把控程度直接关系到工程的好坏，需要工作人员细心、严谨。通过学习地基工程质量检验内容，提高学生对各类地基质量控制、检验、记录标准的认识，培养学生正确、文明施工的思想意识。

广州市从化区某商品楼，建筑在冲填土的暗浜范围内，通过勘察表明，场地内有一池塘，塘底淤泥未挖除，冲填土龄期达 45 年以上并且处于欠固结状态，地基承载力标准值为 60～80 kPa，往往在较低的压力下，地基就产生较大的下沉，使沉降长期不能稳定。采用砂垫层对该软弱地基进行处理。砂采用中、粗砂，卵石的含量为 10 左右，每回夯填 30 cm 厚，采用蛙式夯，撼砂深度为 100 cm，竣工后沉降量为 7.5 cm，地基承载力大大提高，经测试可达 106.3 kPa，大于设计值 100 kPa，满足工程要求。工程完成后两年内沉降量在 10～12 cm 内，效果良好。

问题：

1. 换填法适用于哪些工程地质问题？换填材料有哪些？

2. 当换填法不适用所在工程时，还可以采用哪些方法对地基进行处理？地基工程处理的质量要求有哪些？

2.1 素土及灰土地基质量控制与检验

2.1.1 素土及灰土地基质量控制

1. 原材料质量控制

(1)土料。一般灰土地基用土宜优先采用就地挖出的黏土、粉质黏土。建筑工程灰土地基用土，塑性指数宜为 8～20，对灰土要求较高的重要工程，其塑性指数不宜小于 13。

(2)石灰。石灰应用三级以上新鲜的块灰，氧化钙、氧化镁的含量越高越好，使用前 1～2 d 消解并过筛，其颗粒不得大于 5 mm，且不应夹有未熟化的生石灰块粒及其他杂质，也不得含有过多水分，宜松散而滑腻(粉粒细，不应呈膏状)，质量应符合《建筑生石灰》(JC/T 479—2013)的规定。

2. 施工过程质量控制

(1)素土及灰土地基施工前应进行验槽，合格后方可进行施工，同时还应检查原材料。

(2)施工前应检查槽底是否有积水、淤泥，清除干净并干燥后再施工。

(3)灰土配合比应符合设计规定，一般为 3∶7 或 2∶8(石灰与土的体积比)，采用人工翻抖，不少于三遍，以使其均匀。灰土的土料宜用黏土、粉质黏土。

(4)施工过程中应严格控制分层铺设的厚度、分段施工时上下两层的搭接长度、夯实时加水量(最优含水量可通过击实试验确定)、夯压遍数及压实系数。

分层厚度可参考表 2.4 所示的相关数值。

表 2.4　灰土最大虚铺厚度

序号	夯实机具	质量/t	厚度/mm	备注
1	石夯、木夯	0.04～0.08	200～250	人力送夯，落距 400～500 mm，每夯搭接半夯
2	轻型夯实机械	—	200～250	蛙式或柴油打夯机
3	压路机	机重 6～10	200～300	双轮

(5)灰土分段施工时，不得在墙角、柱基及承重墙下接缝；上、下两层灰土的接缝间距不得小于 500 mm；接缝处应夯密压实，并做成直槎。

(6)灰土应当日铺填夯压，如当天夯压不完需隔日施工留槎时，应在留槎处保留 300～500 mm 虚铺灰土不夯(压)，待次日接槎时与新铺灰土拌和重铺后再进行夯(压)。

（7）灰土基层有高低差时，台阶上下层间压槎宽度应不小于灰土地基厚度。

（8）最优含水量可通过击实试验确定，一般为14％～18％，施工现场控制以"手握成团、落地开花"为好。

（9）夯打（压）遍数应根据设计要求的干土密度和现场试验确定，一般不少于3遍。

（10）用蛙式打夯机夯打灰土时，要求后行压前行的半行，并循序渐进。

（11）灰土回填每层夯（压）实后，应根据规范进行环刀取样，测出灰土的质量密度，达到设计要求时，才能进行上一层灰土的铺摊。

（12）雨期施工时，应采取适当的防雨、排水措施，以保证灰土在基槽（坑）内无积水的状态下进行打夯。

2.1.2 素土及灰土地基质量检验

（1）灰土干密度。夯（压）实后灰土的密实度采用环刀取样试验检测，其干密度应符合设计要求，设计无要求时应符合表2.5的规定。

表2.5 灰土干密度标准

序号	土料种类	塑性指数范围	干密度/(t·m⁻³)
1	粉土	4～10	1.55
2	粉质黏土	10～17	1.50
3	黏土	17～20	1.45

（2）检验标准。灰土地基的质量验收标准应符合表2.6的规定。

表2.6 灰土地基质量检验标准

项目	序号	检查项目	允许偏差或允许值		检查方法
			单位	数值	
主控项目	1	地基承载力	设计要求		按规定方法
	2	配合比	设计要求		按拌和时的体积比
	3	压实系数	设计要求		现场实测
一般项目	1	石灰粒径	mm	≤5	筛选法
	2	土料有机质含量	％	≤5	试验室焙烧法
	3	土颗粒粒径	mm	≤15	筛分法
	4	含水量（与要求的最优含水量比较）	％	±2	烘干法
	5	分层厚度偏差（与设计要求比较）	mm	±50	水准仪

2.1.3 素土及灰土地基质量记录

（1）土和生石灰试验报告。

（2）配合比试验记录。

（3）每层环刀法与贯入法检测报告及取点图。

（4）地基强度载荷试验报告。

（5）最优含水量检测记录和施工含水量实测记录。

（6）灰土地基分项质量检验记录（每个验收批提供一个记录）。

（7）灰土地基工程检验批质量验收记录。

2.2 砂及砂石地基质量控制与检验

砂及砂石地基是指在原土上分层填以砂或砂石并夯（压、振）实，使填土密实后构成的地基。

2.2.1 砂及砂石地基质量控制

1. 原材料质量控制

（1）碎石。碎石宜选用天然级配的砂砾石（或碎石、卵石）混合物，其粒径不应大于 50 mm，含量应在 50%以内，不含植物残体、垃圾等杂质，含泥量应小于 5%。

（2）砂。砂宜选用颗粒级配良好、质地坚硬的中砂、粗砂、砾砂或石屑，粒径小于 2 mm 的部分不应超过总重的 45%；当选用粉细砂或石粉（粒径小于 0.075 mm 的部分不超过总重的 9%）时，应掺入占总重 25%～35%的碎石或卵石。砂的含泥量应小于 5%，兼作排水垫层时，含泥量不超过 3%；石屑应经筛分分类，含粉量不得大于 10%，含泥量应小于 5%。

2. 施工过程质量控制

（1）施工前应检查砂、石等原材料的质量以及砂、石拌和的均匀程度。

（2）砂、石等原材料质量、配合比应符合设计要求，砂、石应搅拌均匀（施工中不得出现大量的或比较集中的石堆或砂窝）。

（3）铺设前先应验槽，将基底表面的浮土、淤泥、杂物等清理干净，地基槽底如有孔洞、沟、井、墓穴等应先填实，确保基底无积水。

（4）施工过程中必须严格控制分层厚度以及分段施工时搭接部分的压实情况；含水量、虚铺厚度、压实遍数是影响夯填质量的重要因素，是质量控制的重要环节。

（5）每一层垫层施工完毕，经检验合格后方可进行上一层施工。

（6）垫层铺设完毕（地基的承载力检测符合要求），应立即进行下道工序的施工，严禁人员及车辆在砂石层面上行走，必要时应在垫层上铺板行走。

（7）冬期施工时，砂石材料中不得夹有冰块，并应采取措施防止砂石内水分冻结。砂和砂石地基每层铺筑厚度及最优含水量可参考表 2.7 所示的数值。

表 2.7　砂和砂石地基每层铺筑厚度及最优含水量

项次	捣实方法	每层铺筑厚度/mm	施工时最优含水量/%	施工说明	备注
1	平振法	200～250	15～20	用平板式振捣器往复振捣	不宜用于细砂或含泥量较大的砂所铺筑的砂垫层
2	夯实法	150～200	8～12	1）用木夯或机械夯；2）木夯重 40 kg，落距 400～500 mm；3）一夯压半夯，全面夯实	适用于砂石垫层
3	碾压法	250～350	8～12	6～10 t 压路机往复碾压，一般不少于 4 遍	1）适用于大面积砂石垫层；2）不宜用于地下水水位以下的砂垫层

注：在地下水水位以下的垫层其最下层的铺筑厚度可比上表层增加 50 mm。

2.2.2　砂及砂石地基质量检验

砂及砂石地基的质量检验标准应符合表 2.8 的规定。

表 2.8　砂及砂石地基质量检验标准

项目	序号	检查项目	允许偏差或允许值		检查方法
			单位	数值	
主控项目	1	地基承载力	设计要求		按规定方法
	2	配合比	设计要求		按拌和时的体积比或质量比
	3	压实系数	设计要求		现场实测
一般项目	1	砂石料有机质含量	%	≤5	焙烧法
	2	砂石料含泥量	%	≤5	水洗法
	3	石料粒径	mm	≤100	筛分法
	4	含水量（与最优含水量比较）	%	±2	烘干法
	5	分层厚度（与设计要求比较）	mm	±50	水准仪

2.2.3　砂及砂石地基质量记录

（1）垫层隐蔽工程质量验收记录。

（2）砂石的试验报告和配合比检查记录。

（3）每层环刀法与贯入法所测压实系数检测报告及取点图。

（4）最优含水量检测记录和施工含水量实测记录。

（5）地基强度载荷试验报告。

（6）砂及砂石地基分项质量检验记录（每个验收批提供一个记录）。

（7）砂及砂石地基工程检验批质量验收记录。

2.3　水泥土搅拌桩复合地基质量控制与检验

水泥土搅拌桩复合地基是利用水泥作为固体剂，通过搅拌机械将其与地基土强制搅拌，硬化后与桩间土和褥垫层构成了复合地基。桩是施工和检验的主要对象。

2.3.1　水泥土搅拌桩复合地基质量控制

1. 原材料质量控制

（1）水泥。水泥宜采用 32.5 级的普通硅酸盐水泥。水泥进场时，应检查产品标签、生产厂家、产品批号、生产日期等，并按批量、批号取样送检。其出厂日期不得超过三个月。

（2）外加剂。所采用外加剂须具备合格证与质保单，并能满足各项设计参数的要求。

2. 施工过程质量控制

水泥土搅拌桩的施工工艺可分为浆液搅拌法（以下简称湿法）和粉体搅拌法（以下简称干法）。其适用于处理淤泥、淤泥质土、素填土、黏性土（软塑和可塑）、粉细砂（稍密、中密）、粉土（稍密、中密）、中粗砂（松散、稍密）和砾砂、黄土等土层。

水泥土搅拌法用于处理泥炭土、有机质含量较高或 pH 值小于 4 的酸性土、塑性指数大于 25 的黏土或在腐蚀性环境中，以及无工程经验的地区采用时，必须通过现场和室内试验确定其适用性。

水泥土搅拌桩复合地基施工质量控制的要点如下：

（1）水泥土搅拌法施工现场事先应予以平整，必须清除地上和地下的障碍物。

（2）水泥土搅拌桩施工前应根据设计进行工艺性试桩，数量不得少于3根，多头搅拌不得少于3组。

（3）搅拌头翼片的枚数、宽度、与搅拌轴的垂直夹角、搅拌头的回转数、提升速度应相互匹配，钻头每转一圈的提升（或下沉）量以1.0～1.5 cm为宜，以确保加固深度范围内土体的任何一点均能经过20次以上的搅拌。

（4）竖向承载搅拌桩施工时，停浆（灰）面应高于桩顶设计标高300～500 mm。

（5）施工中应保持搅拌桩机底盘的水平和导向架的竖直，搅拌桩的垂直偏差不得超过1%；桩位的偏差不得大于50 mm；成桩直径和桩长不得小于设计值。

（6）水泥土搅拌法施工的主要步骤应为以下几项：

1）搅拌机械就位、调平。

2）预搅下沉至设计加固深度。

3）边喷浆（粉）边搅拌提升直至预定的停浆（灰）面。

4）重复搅拌下沉至设计加固深度。

5）根据设计要求，喷浆（粉）或仅搅拌提升直至预定的停浆（灰）面。

6）关闭搅拌机械。

（7）湿法施工应符合下列要求：

1）水泥浆液到达喷浆口的出口压力不应小于10 MPa。

2）施工前，应确定灰浆泵输浆量、灰浆经输浆管到达搅拌机喷浆口的时间和起吊设备提升速度等施工参数，并根据设计要求通过工艺性成桩试验确定施工工艺。

3）所使用的水泥都应过筛，制备好的浆液不得离析，泵送必须连续。

4）搅拌机喷浆提升的速度和次数必须符合施工工艺的要求，并应有专人记录。

5）当水泥浆液到达出浆口后，应喷浆搅拌30 s，在水泥浆与桩端土充分搅拌后，再开始提升搅拌头。

6）搅拌机预搅下沉时不宜冲水，当遇到硬土层下沉太慢时，方可适量冲水，但应考虑冲水对桩身强度的影响。

7）施工时如因故停浆，应将搅拌头下沉至停浆点以下0.5 m处，待恢复供浆时再喷浆搅拌提升。

8）壁状加固时，相邻桩的施工时间间隔不宜超过24 h。

（8）干法施工应符合下列要求：

1）喷粉施工前应仔细检查搅拌机械、供粉泵、送气（粉）管路、接头和阀门的密封性、可靠性。

2）水泥土搅拌法（干法）喷粉施工机械必须配置经国家计量部门确认的具有能瞬时检测并记录出粉量的粉体计量装置及搅拌深度自动记录仪。

3）搅拌头每旋转一周，其提升高度不得超过16 mm。

4）搅拌头的直径应定期复核检查，其磨耗量不得大于10 mm。

5）当搅拌头到达设计桩底以上1.5 m时，应立即开启喷粉机提前进行喷粉作业。

6）成桩过程中因故停止喷粉，应将搅拌头下沉至停灰面以下1 m处，待恢复喷粉时再喷粉搅拌提升。

施工过程中应做好施工记录和计量记录，并对照规定的施工工艺对每根桩进行质量评定。检查重点是喷浆压力、水泥用量、桩长、搅拌头转数和提升速度、复搅次数和复搅深度、停浆处理方法等。

2.3.2 水泥土搅拌桩复合地基质量检验

水泥土搅拌桩地基为复合地基，桩是主要的施工对象，首先应检验桩的质量。水泥土搅拌桩地基质量标准应符合表2.9的规定。

表 2.9　水泥土搅拌桩地基质量检验标准

项目	序号	检查项目	允许偏差或允许值		检查方法
			单位	数值	
主控项目	1	水泥及外渗剂质量	设计要求		查产品合格证书或抽样送检
	2	水泥用量	参数指标		查看流量计
	3	桩体强度	设计要求		按规定办法
	4	地基承载力	设计要求		按规定办法
一般项目	1	机头提升速度	m/min	≤0.5	量机头上升距离及时间
	2	桩底标高	mm	±200	测机头深度
	3	桩顶标高	mm	+200 −50	水准仪(最上部 500 mm 不计入)
	4	桩位偏差	mm	<50	用钢尺量
	5	桩径		<0.04D	用钢尺量，D 为桩径
	6	垂直度	%	≤1.5	经纬仪
	7	搭接	mm	>200	用钢尺量

2.3.3　水泥土搅拌桩复合地基质量记录

(1)水泥、外掺剂的产品合格证书、出厂质量证明书和抽样送检试验报告。

(2)水泥土搅拌桩复合地基工程现场施工记录资料。

(3)水泥土搅拌桩复合地基工程隐蔽检查资料。

(4)水泥土搅拌桩桩体强度试验报告。

(5)水泥土搅拌桩复合地基承载力检验报告。

(6)水泥土搅拌桩复合地基分项质量检验记录(每个验收批提供一个记录)。

(7)水泥土搅拌桩复合地基工程检验批质量验收记录表。

(8)水泥土搅拌桩复合地基工程基桩竣工平面图及桩顶标高图。

(9)地质勘察报告、基础设计文件。

(10)施工技术交底资料。

(11)当地建设主管部门或规范要求的其他资料。

2.4　水泥粉煤灰碎石桩复合地基质量控制与检验

水泥粉煤灰碎石桩(CFG桩)是用长螺旋钻机钻孔或沉管桩机成孔后，将水泥、粉煤灰及碎石混合搅拌后，泵压或经下料斗投入孔内，构成密实的桩体。这是由水泥粉煤灰碎石桩、桩间土、褥垫层构成的一种复合地基。

2.4.1　水泥粉煤灰碎石桩复合地基质量控制

1. 原材料质量控制

(1)水泥。

(2)粉煤灰。

(3)砂或石屑。

(4)碎石。

2. 施工过程质量控制

(1)施工前应对水泥、粉煤灰、砂及碎石等原材料和成桩机械进行检验。

(2)施工前应根据工程实际确定施工作业面标高，施工现场应事前予以平整，必须清除地上、地下一切障碍物。

(3)水泥、粉煤灰、砂及碎石等原材料应符合设计要求，施工时按试验室提供的配合比配制混合料(采用商品混凝土时应有符合设计要求的商品混凝土出厂合格证)。

(4)施工前应进行成桩工艺和成桩质量试验，确定工艺参数，包括水泥粉煤灰碎石混合物填充量、钻杆提管速度、电动机工作电流等。

(5)在施工过程中必须随时检查施工记录和计量记录，并对照规定的施工工艺对每根桩进行质量评定。检查重点是：桩身混合料的配合比、坍落度和提拔钻杆速度(或提拔套管速度)、成孔深度、混合料灌入量等。

(6)提拔钻杆(或套管)的速度必须与泵入混合料的速度相配，遇到饱和砂土和饱和粉土不得停机待料，否则容易产生缩颈或断桩或爆管现象(长螺旋钻孔，管内压混合料成桩施工时，当混凝土泵停止泵灰后应降低拔管速度)，而且不同土层中提拔的速度不同，砂性土、砂质黏土、黏土中提拔的速度为 1.2～1.5 m/min，在淤泥质土中应当放慢；当遇到松散饱和粉土、粉细砂或淤泥质土，当桩距较小时宜采取隔桩跳打措施。

(7)施工桩顶标高应高出设计标高 0.5 m。

(8)由沉管方法成孔时，应注意新施工桩对已成桩的影响，避免挤桩。

(9)长螺旋钻孔管内压混合料成桩施工时，桩顶标高应低于钻机工作面标高，以避免在机械清理停机面的余土时碰撞桩头造成断桩。

(10)在成桩过程中，应按规定留置试块，每台机械、每台班不应少于一组。

(11)冬期施工时，混合料入口温度不得低于 5 ℃，对桩头和桩间土应采取保温措施。

(12)清土和截桩时，应采用小型机械或人工剔除等措施，不得造成桩顶标高以下桩身断裂或桩间土扰动。

(13)褥垫层铺设宜采用静力压实法，当基础底面以下桩间土含水量较低时，也可采用动力夯实法，夯实度不应大于 0.9。

(14)施工结束后，应对桩顶标高、桩位、桩体质量、地基承载力以及褥垫层的质量做检查。

(15)复合地基检验应在桩体强度符合试验荷载条件时进行，一般宜在施工结束 28 d 后进行。

2.4.2 水泥粉煤灰碎石桩复合地基质量检验

水泥粉煤灰碎石桩地基为复合地基，桩是主要施工对象，首先应检验桩的质量。水泥粉煤灰碎石桩复合地基的质量标准应符合表 2.10 的规定。

表 2.10 水泥粉煤灰碎石桩复合地基质量检验标准

项目	序号	检查项目	允许偏差或允许值		检查方法
			单位	数值	
主控项目	1	原材料	设计要求		查产品合格证书或抽样送检
	2	桩径	mm	−20	用钢尺量或计算填料量
	3	桩身强度	设计要求		查 28 d 试块强度
	4	地基承载力	设计要求		按规定的办法

项目	序号	检查项目	允许偏差或允许值		检查方法
			单位	数值	
一般项目	1	桩身完整性	按桩基检测技术规范		按桩基检测技术规范
	2	桩位偏差	满堂布桩≤0.40D 条基布桩≤0.25D		用钢尺量，D 为桩径
	3	桩垂直度	%	≤1.5	用经纬仪测桩管
	4	桩长	mm	+100	测桩管长度或垂球测孔深
	5	褥垫层夯填度		≤0.9	用钢尺量

注：1. 夯填度是指夯实后的褥垫层厚度与虚体厚度的比值。
     2. 桩径允许偏差负值是指个别断面。

2.4.3 水泥粉煤灰碎石桩复合地基质量记录

(1)水泥、外加剂的产品合格证书、出厂质量证明书和抽样送检试验报告。

(2)砂、石产品合格证书和抽样送检试验报告。

(3)水泥粉煤灰碎石桩复合地基工程现场施工记录资料。

(4)水泥粉煤灰碎石桩复合地基工程隐蔽检查资料。

(5)水泥粉煤灰碎石桩桩体强度试验报告。

(6)水泥粉煤灰碎石桩复合地基承载力检验报告。

(7)水泥粉煤灰碎石桩复合地基分项质量检验记录(每个验收批提供一个记录)。

(8)水泥粉煤灰碎石桩复合地基工程检验批质量验收记录。

(9)水泥粉煤灰碎石桩复合地基工程基桩竣工平面图及桩顶标高图。

(10)地质勘察报告、基础设计文件。

(11)施工技术交底资料。

(12)当地建设主管部门或规范要求的其他资料。

2.5 土和灰土挤密桩复合地基质量控制与检验

土和灰土挤密桩复合地基是在原土中成孔后分层填以素土或灰土并夯实，使填土压密，同时挤密周围土体，构成坚实的地基。土和灰土挤密桩地基是一种复合地基，桩是施工和检验的主要对象。

2.5.1 土和灰土挤密桩复合地基质量控制

1. 原材料质量控制

(1)土料。土料可采用就地挖出的黏性土及塑性指数大于 4 的粉土，不得含有有机杂质或用耕植土；土料应过筛，其颗粒不应大于 15 mm。

(2)石灰。石灰应用Ⅲ级以上新鲜的块灰，使用前 1～2 d 消解并过筛，其颗粒不应大于 5 mm，不得夹有未熟化的生石灰块粒及其他杂质，也不得含有过多的水分。

其他要求同灰土地基。

2. 施工过程质量控制

(1)桩施工一般采取先将基坑挖好，预留 0.5～0.7 m 厚土层，冲击成孔，然后在坑内施工灰土桩。

（2）施工前对土及灰土的质量、桩孔放样位置等进行检查。

（3）施工前应在现场进行成孔、夯填工艺和挤密效果试验，以确定填料厚度、最优含水量、夯击次数及干密度等施工参数质量标准。

（4）桩施工顺序应先外排后里排，同排内应间隔1～2孔进行；对大型工程可采取分段施工，以免因振动挤压造成相邻孔缩孔成为坍孔。

（5）填料含水量如过大（或过小），宜预干（或预湿）处理后再填入。

（6）施工过程中应随时抽查土及灰土的质量，以防发生质量变异。

（7）在施工过程中必须对桩孔直径、桩孔深度、夯击次数、填料的含水量等进行检查，并做好记录。

（8）施工结束后，应检验成桩的质量及地基承载力。

2.5.2 土和灰土挤密桩复合地基质量检验

土和灰土挤密桩复合地基质量检验标准应符合表2.11的规定。

表2.11 土和灰土挤密桩复合地基质量检验标准

项目	序号	检查项目	允许偏差或允许值		检查方法
			单位	数值	
主控项目	1	桩体及桩间土干密度	设计要求		现场取样检查
	2	桩长	mm	＋500	测桩管长度或垂球测孔深
	3	地基承载力	设计要求		按规定的方法
	4	桩径	mm	－20	用钢尺量
一般项目	1	土料有机质含量	％	≤5	试验室焙烧法
	2	石灰粒径	mm	≤5	筛分法
	3	桩位偏差	满堂布桩≤0.40D 条基布桩≤0.25D		用钢尺量，D 为桩径
	4	垂直度	％	≤1.5	用经纬仪测桩管
	5	桩径	mm	－20	用钢尺量

注：桩径允许偏差负值是指个别断面。

2.5.3 土和灰土挤密桩复合地基质量记录

（1）土和生石灰试验报告。

（2）配合比试验记录。

（3）土和灰土挤密桩复合地基工程现场施工记录资料。

（4）桩和桩间土干密度检测报告及取点图。

（5）土和灰土挤密桩复合地基承载力检验报告。

（6）土和灰土挤密桩复合地基分项质量检验记录（每个验收批提供一个记录）。

（7）土和灰土挤密桩复合地基工程检验批质量验收记录。

（8）地质勘察报告、基础设计文件。

（9）施工技术交底资料。

（10）当地建设主管部门或规范要求的其他资料。

小 结

素土及灰土地基、砂及砂石地基、水泥土搅拌桩复合地基、水泥粉煤灰碎石桩复合地基、土和灰土挤密桩复合地基是工程常用的人工处理后地基，它们的质量好坏关系到后期上部结构的安全，是工程质量控制与检验的重点，应从材料质量、施工工艺、成品质量进行控制，控制指标及检验方法是工程技术人员应掌握的知识和技能。

课外参考资料

1.《建筑工程施工质量验收统一标准》(GB 50300—2013).

2.《建筑地基基础工程施工质量验收标准》(GB 50202—2018).

3.《劲性复合桩技术规程》(JGJ/T 327—2014).

4.《水泥土复合管桩基础技术规程》(JGJ/T 330—2014).

5.《建筑施工手册》编写组. 建筑施工手册[M].5 版. 北京：中国建筑工业出版社, 2013.

6. 广东省建设工程质量安全监督检测总站. 广东省房屋建筑工程竣工验收技术资料统一用表(2016 版)填写范例与指南[M]. 武汉：华中科技大学出版社, 2017.

素质拓展

从地基，看自己

基础下面承受建筑物全部荷载的土体或岩体称为地基。地基不属于建筑的组成部分，但它对保证建筑物的坚固耐久具有非常重要的作用，是地球的一部分。

天然地基承载力不能满足上部建筑物的荷载要求，需对地基进行处理，使其达到要求。做人也是这样，当能力不能满足需要时，就要不断提高自己的能力，否则就会被淘汰。

思考题

1. 水泥土搅拌桩适用于哪些工程地质情况，其有何优缺点？

2. 请写出水泥粉煤灰碎石桩(CFG 桩)的施工工艺流程，并写出每个施工过程的质量控制要点。

3. 水泥土搅拌桩湿法施工时的质量控制要点有哪些？

4. 土和灰土挤密桩复合地基在施工过程中应形成哪些施工资料？

实训练习

1. 实训目的：通过阅读工程验收资料，掌握验收要求，积累经验，指导今后的实际工作。

2. 能力及要求：注意学习素土及灰土地基、砂及砂石地基、水泥土搅拌桩复合地基、水泥粉煤灰碎石桩复合地基、土和灰土挤密桩复合地基检验批、分项工程的质量验收表格及其填写方法，以及相关责任主体的评定结论、签字格式等。写出学习体会。

3. 实训步骤：收集有关技术资料及工程实际信息，阅读教材及查阅相关技术资料，进行分析，撰写学习体会。

任务3 桩基础工程质量检验

知识树

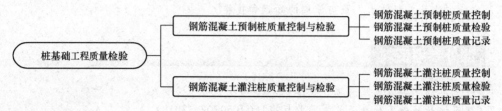

桩基础工程质量检验 —— 钢筋混凝土预制桩质量控制与检验 —— 钢筋混凝土预制桩质量控制 / 钢筋混凝土预制桩质量检验 / 钢筋混凝土预制桩质量记录

钢筋混凝土灌注桩质量控制与检验 —— 钢筋混凝土灌注桩质量控制 / 钢筋混凝土灌注桩质量检验 / 钢筋混凝土灌注桩质量记录

内容概况

桩基础是一种深基础，一般由设置于土中的桩和承接上部结构的承台组成。桩基础工程是地基与基础分部工程的子分部工程。根据类型不同，它又可划分为静力压桩、预应力离心管桩、钢筋混凝土预制桩、钢桩、钢筋混凝土灌注桩等分项工程。本任务主要学习钢筋混凝土预制桩和灌注桩的质量控制与检验。

知识目标

理解桩基础工程施工特点和桩基础工程施工阶段的材料要求；熟悉桩基础工程施工过程的质量控制要点和桩基础工程质量验收的内容；掌握桩基础工程质量验收标准；规范填写检验批质量验收记录。

能力目标

能够依据设计要求和施工质量标准，对桩基础工程桩的原材料质量、施工过程质量进行控制；具有参与编制桩基础工程专项施工方案的能力；能够参考有关资料独立编制桩基础工程施工技术交底；能够依据有关规范标准对桩基础工程施工质量进行检验和验收，并能够规范填写检验批质量验收记录。

素质目标

通过学习桩基础工程质量检验内容，了解桩基础工程质量控制、质量检验、质量记录过程对人身财产安全的影响，提高学生对桩基础工程质量检验的重视程度。

引领案例

某21层商住两用综合楼采用泥浆护壁机械钻孔灌注桩。主楼部分65根，直径为1 000 mm；辅楼部分23根，直径为800 mm。设计单桩竖向承载力特征值分别为5 820 kN和3 800 kN。桩基础施工完毕混凝土养护28天后，首先采用低应变法检测全部桩的桩身完整性，发现桩身混凝土质量有问题的桩共8根(直径为1 000 mm的5根，800 mm的3根)。对19根桩(包括低应变法检测有质量问题的8根桩)进行钻芯法检测发现：有1根桩至−7.0 m桩顶设计标高处无混凝土。有1根桩端未进入较完整灰岩层。有2根桩端底部沉渣超厚(均为泥浆)，分别为232 mm、267 mm。

有1根为断桩、2根桩身夹泥、5根桩桩身有1处以上桩芯混凝土破碎不连续。

设计要求的桩身混凝土抗压强度等级为C30，个别芯样混凝土抗压强度只有22 MPa。各选取1根(直径为1 000 mm)沉渣超厚的、1根(直径为1 000 mm)桩芯混凝土破碎不连续的、1根(直径为800 mm)桩身含泥的桩进行静载试验检验竖向抗压承载力，数值分别为4 560 kN、4 220 kN、2 950 kN，达不到设计要求值。

问题：

1. 试分析出现上述质量问题的原因。
2. 试说出解决上述质量问题的处理措施。

3.1 钢筋混凝土预制桩质量控制与检验

钢筋混凝土预制桩是指在地面预先制作成型并通过锤击或静压的方法沉至设计标高而形成的桩。

3.1.1 钢筋混凝土预制桩质量控制

1. 原材料质量控制

混凝土预制桩可在工厂生产，也可在现场支模预制。桩体在现场预制时，原材料质量应符合下列要求：

(1)粗集料应采用质地坚硬的卵石、碎石，其粒径宜用5～40 mm连续级配，含泥量不大于2%，无垃圾及杂物。

(2)细集料应选用质地坚硬的中砂，含泥量不大于3%，无有机物、垃圾、泥块等杂物。

(3)水泥宜用强度等级为32.5、42.5的硅酸盐水泥或普通硅酸盐水泥，必须有出厂质量证明书和水泥现场取样复试试验报告，合格后方准使用。

(4)钢筋应具有出厂质量证明书和钢筋现场取样复试试验报告，合格后方准使用。

(5)拌和用水应用一般饮用水或洁净的自然水。

(6)混凝土配合比依据现场材料和设计要求强度，采用经试验室试配后确定的混凝土配合比。

2. 成品桩质量要求

(1)预制桩钢筋骨架的质量检验标准应符合表2.12的规定。

表 2.12　预制桩钢筋骨架质量检验标准　　　　　　　　　　　　mm

项目	序号	检查项目	允许偏差或允许值	检查方法
主控项目	1	主筋距桩顶距离	±5	用钢尺量
	2	多节桩锚固钢筋位置	5	用钢尺量
	3	多节桩预埋铁件	±3	用钢尺量
	4	主筋保护层厚度	±5	用钢尺量
一般项目	1	主筋间距	±5	用钢尺量
	2	桩尖中心线	10	用钢尺量
	3	箍筋间距	±20	用钢尺量
	4	桩顶钢筋网片	±10	用钢尺量
	5	多节桩锚固钢筋长度	±10	用钢尺量

（2）采用工厂生产的成品桩时，桩进场后应进行外观及尺寸检查，要有产品合格证书。

3. 施工过程质量控制

（1）做好桩定位放线检查复核工作，施工过程中应对每根桩桩位进行复核（特别是定位桩的位置），桩位的放样允许偏差：群桩为 20 mm，单排桩为 10 mm。

（2）认真编制和审查钢筋混凝土预制桩的专项施工方案；施工时应认真逐级进行施工技术和安全技术交底。

（3）压桩时的压力数值是判断桩基承载力的依据，也是指导压桩施工的一项重要参数。

（4）打桩时，对于桩尖进入坚硬土层的端承桩，以控制贯入度为主，以桩尖进入持力层深度或桩尖标高为参考；桩尖位于软土层中的摩擦型桩，应以控制桩尖设计标高为主，贯入度可作为参考。

（5）打桩时，采用重锤低速击桩和软桩垫施工，以减少锤击应力。

（6）打桩时，在已有建（构）筑物群中以及地下管线和交通道路边施工时，应采取措施防止造成损坏。

（7）静力压桩法施工前，应了解施工现场土层土质情况，检查装机设备，以免压桩时中途中断，造成土层固结，使压桩困难。

（8）静力压桩，当桩压至接近设计标高时，不可过早停压，应使压桩一次成功，以免造成压不下或超压现象。

（9）在施工过程中必须随时检查施工记录，并对照规定的施工工艺对每根桩进行质量检查。其检查重点包括压力值、接桩间歇时间、桩体垂直度、沉桩情况、桩顶完整状况、接桩质量等。

（10）要保证桩体垂直度，就要认真检查桩机就位情况，保证桩架稳定垂直。

（11）施工机组要在打桩施工记录中详细记录沉桩情况及桩顶完整状况。

（12）接桩时若电焊质量较差，接头在锤击过程中易断开，尤其是接头对接的两端面不平整时，电焊更不容易保证质量，因此有必要对重要工程作 X 光拍片检查。

（13）接桩时宜选用半成品硫黄胶泥，浇筑温度应控制在 140 ℃～150 ℃。

（14）施工结束后，应对承载力及桩体质量做检验。

（15）混凝土桩的龄期对抗裂性有影响，这是经过长期试验得出的结果。

3.1.2 钢筋混凝土预制桩质量检验

1. 检验数量

对于主控项目，其检验数量的相关规定如下：

（1）承载力检验。关于静载荷试验桩的数量，如果施工区域地质条件单一，当地又有足够的实践经验，可根据实际情况按设计确定，并应符合下列要求：

1）当设计有要求或满足下列条件之一时，施工前应采用静载试验确定单桩竖向抗压承载力特征值：地基基础设计等级为甲级、乙级的桩基；地质条件复杂，桩施工质量可靠性低；本地区采用的新桩型或新工艺。

检测数量：在同一条件下不应少于 3 根，且不宜少于总桩数的 1%；当工程桩总数在 50 根以内时，不应少于 2 根。

2）对单位工程内且在同一条件下的工程桩，当符合下列规定条件之一时，应采用单桩竖向抗压承载力静载试验进行验收检测：地基基础设计等级为甲级的桩基；地质条件复杂，桩施工质量可靠性低；本地区采用的新桩型或新工艺；挤土群桩施工时产生挤土效应。

抽检数量：不应少于总桩数的 1%，且不少于 3 根；当总桩数在 50 根以内时，不应少于 2 根。

对上述规定条件外的工程桩，当采用竖向抗压静载试验进行验收承载力检测时，抽检数量宜按本数量要求执行。

3)对上述规定条件外的预制桩,可采用高应变法进行单桩竖向抗压承载力验收检测。当有本地区相近条件的对比验证资料时,高应变法也可作为上述规定条件下单桩竖向抗压承载力验收检测的补充。

抽检数量:不宜少于总桩数的5%,且不得少于5根。

4)打入式预制桩有下列条件要求之一时,应采用高应变法进行试打桩的打桩过程监测:控制打桩过程中的桩身应力;选择沉桩设备和确定工艺参数;选择桩端持力层。

检测数量:在相同施工工艺和相近地质条件下,试打桩数量不应少于3根。

(2)混凝土桩的桩身完整性检测。桩身质量的检验方法很多,可按国家现行行业标准《建筑基桩检测技术规范》(JGJ 106—2014)所规定的方法执行。打入预制桩的质量容易控制,问题也较易发现,抽查数可较灌注桩少。

1)柱下三桩或三桩以下的承台。

抽检数量:不得少于1根。

2)地基基础设计等级为甲级。

抽检数量:不应少于总桩数的30%,且不得少于20根;其他桩基工程的抽检数量不应少于总桩数的20%,且不得少于10根。

3)当出现异常情况(指施工质量有疑问的桩、设计方认为重要的桩、局部地质条件出现异常的桩及施工工艺不同的桩)的桩数较多或为了全面了解整个工程基桩的桩身完整性情况时,应适当增加抽检数量。

(3)单桩竖向抗拔、水平承载力检测。对于承受拔力和水平力较大的桩基,应进行单桩竖向抗拔、水平承载力检测。

检测数量:不应少于总桩数的1%,且不应少于3根。

(4)单桩承载力和桩身完整性验收抽样检测的受检桩选择应符合下列规定:

1)施工质量有疑问的桩;

2)设计方认为重要的桩;

3)局部地质条件出现异常的桩;

4)施工工艺不同的桩;

5)承载力验收检测时适量选择完整性检测中判定的Ⅲ类桩;

6)同类型桩宜均匀随机分布。

(5)除单桩承载力和桩身完整性验收外,其他主控项目应全部检查。

对于一般项目,除已明确规定外,其他可按20%抽查,但混凝土灌注桩应全部检查。

2. 检验标准

钢筋混凝土预制桩工程质量检验标准见表2.13。

表 2.13　钢筋混凝土预制桩质量检验标准

项目	序号	检查项目	允许偏差或允许值		检查方法
			单位	数值	
主控项目	1	桩体质量检验	按《建筑基桩检测技术规范》		按《建筑基桩检测技术规范》
	2	桩位偏差	见表2.14		用钢尺量
	3	承载力	按《建筑基桩检测技术规范》		按《建筑基桩检测技术规范》

项目	序号	检查项目		允许偏差或允许值		检查方法
				单位	数值	
一般项目	1	砂、石、水泥、钢材等原材料（现场预制时）		符合设计要求		查出厂质保文件或抽样送检
	2	混凝土配合比及强度（现场预制时）		符合设计要求		检查称量及查试块记录
	3	成品桩外形		表面平整，颜色均匀，掉角深度＜10 mm，蜂窝面积小于总面积0.5%		直观
	4	成品桩裂缝（收缩裂缝或成吊、装运、堆放引起的裂缝）		深度＜20 mm，宽度＜0.25 mm，横向裂缝不超过边长的一半		裂缝测定仪，该项在地下水有侵蚀地区及锤击数超过500击的长桩不适用
	5	成品桩尺寸	横截面边长	mm	±5	用钢尺量
			桩顶对角线差	mm	＜10	用钢尺量
			桩尖中心线	mm	＜10	用钢尺量
			桩身弯曲矢高		＜1/1 000l	用钢尺量，l为桩长
			桩顶平整度	mm	＜2	用水平尺量
	6	电焊接桩	焊缝质量		见表2.15	见表2.15
			电焊结束后停歇时间	min	＞1.0	秒表测定
			上下节平面偏差	mm	＜10	用钢尺量
			节点弯曲矢高		＜1/1 000l	用钢尺量，l为两节桩长
	7	硫黄胶泥接桩：胶泥浇筑时间		min	＜2	秒表测定
		浇筑后停歇时间		min	＞7	秒表测定
	8	桩顶标高		mm	±50	水准仪
	9	停锤标准		设计要求		现场实测或查沉桩记录

打（压）入桩（预制混凝土方桩、先张法预应力管桩、钢桩）的桩位偏差，必须符合表2.14、表2.15的规定。斜桩倾斜度的偏差不得大于倾斜角正切值的15%（倾斜角是桩的纵向中心线与铅垂线间夹角）。

表 2.14　预制桩（钢桩）桩位的允许偏差　　　　　　　　　　　　　　　　　　　mm

序号	项目		允许偏差
1	盖有基础梁的桩	垂直基础梁的中心线	100＋0.01H
		沿基础梁的中心线	150＋0.01H
2	桩数为1～3根桩基中的桩		100
3	桩数为4～16根桩基中的桩		1/2桩径或边长
4	桩数大于16根桩基中的桩	最外边的桩	1/3桩径或边长
		中间桩	1/2桩径或边长
注：H为施工现场地面标高与桩顶设计标高的距离。			

表 2.15　钢桩施工质量检验标准

项目	序号	检查项目	允许偏差或允许值		检查方法
			单位	数值	
主控项目	1	桩位偏差	见表 2.14		用钢尺量
	2	承载力	按基桩检测技术规范		按《建筑基桩检测技术规范》
一般项目	1	电焊接桩焊接：			
		（1）上下节端部错口			
		（外径≥700 mm）	mm	≤3	用钢尺量
		（外径≤700 mm）	mm	≤2	用钢尺量
		（2）焊缝咬边深度		≤0.5	焊缝检查仪
		（3）焊缝加强层高度	mm	2	焊缝检查仪
		（4）焊缝加强层宽度	mm	2	焊缝检查仪
		（5）焊缝电焊质量外观	无气孔，无焊瘤，无裂缝		直观
		（6）焊缝探伤检验	满足设计要求		按设计要求
	2	电焊结束后停歇时间	min	>1.0	秒表测定
	3	节点弯曲矢高		<1/1 000l	用钢尺量，l 为两节桩长
	4	桩顶标高	mm	±50	水准仪
	5	停锤标准	设计要求		用钢尺量或沉桩记录

桩基础工程的桩位验收，除设计有规定外，应按下述要求进行：

（1）当桩顶设计标高与施工现场标高相同时，或桩基础施工结束后有可能对桩位进行检查时，桩基础工程的验收应在施工结束后进行。

（2）当桩顶设计标高低于施工场地标高，送桩后无法对桩位进行检查时，对打入桩可在每根桩桩顶沉至场地标高时进行中间验收，待全部桩施工结束，承台或底板开挖到设计标高后，再做最终验收。中间验收有利于区分打桩及土方承包商的责任。

3.1.3　钢筋混凝土预制桩质量记录

（1）经审定的桩基础工程施工组织设计、实施中的变更情况。

（2）工程地质勘察报告、桩基础工程图纸会审记录、设计变更记录、技术核定单、材料代用签证单等。

（3）开工报告、技术交底。

（4）桩基础工程定位放线和定位放线验收记录。

（5）钢材质量证明书、水泥出厂检验报告、电焊条质量证明书。

（6）现场预制桩的钢筋物理性能检验报告，钢筋焊接检验报告，混凝土预制桩（钢筋骨架）工程检验批质量验收记录，水泥物理性能检验报告，砂、石检测报告，混凝土配合比通知单，现场混凝土计量和坍落度检验记录，钢筋骨架隐蔽工程验收记录，混凝土施工记录，混凝土试件抗压强度报告，混凝土强度验收统计表。

(7)成品桩的出厂合格证及进场后对该批成品桩的检验记录。

(8)打桩施工记录或汇总表、桩位中间验收记录、每根桩的接桩记录和硫黄胶泥试件试验报告或焊接桩的探伤报告。

(9)桩基础工程隐蔽工程验收记录。

(10)混凝土预制桩工程检验批质量验收记录、分项工程质量验收记录。

(11)工程竣工质量验收报告、桩基础检测报告。

(12)桩基础施工总结或技术报告。

(13)桩基础工程竣工图(包括桩号、桩位偏差、桩顶标高、桩身垂直度)。

3.2 钢筋混凝土灌注桩质量控制与检验

灌注桩是直接在桩位上就地成孔，然后在孔内安放钢筋笼，最后灌注混凝土而成的桩。

3.2.1 钢筋混凝土灌注桩质量控制

1. 原材料质量控制

(1)粗集料应采用质地坚硬的卵石、碎石，其粒径宜用5～40 mm连续级配，含泥量不大于2％，无垃圾及杂物。

(2)细集料应选用质地坚硬的中砂，含泥量不大于3％，无有机物、垃圾、泥块等杂物。

(3)水泥宜采用强度等级为32.5、42.5级的硅酸盐水泥或普通硅酸盐水泥，使用前必须有出厂质量证明书和水泥现场取样复试试验报告，合格后方准使用。

(4)钢筋应具有出厂质量证明书和钢筋现场取样复试试验报告，合格后方准使用。

(5)拌和用水应为一般饮用水或洁净的自然水。

(6)混凝土配合比依据现场材料和设计要求强度，采用经试验室试配后出具的混凝土配合比。

2. 施工过程质量控制

(1)施工前，施工单位应当根据工程具体情况编制专项施工方案，监理单位应当编制切实可行的监理实施细则。

(2)灌注桩每道工序开始前，应逐级做好安全技术和施工技术交底，并认真履行签字手续。

(3)灌注桩施工前，应先做好建筑物的定位和测量放线工作，施工过程中应对每根桩位复查(特别是定位桩的位置)，以确保桩位正确。

(4)施工前应对水泥、砂、石子(如现场搅拌)、钢材等原材料进行检查，对进场的机械设备、施工组织设计中制订的施工顺序、监测手段(包括仪器、方法等)也应进行检查。

(5)桩施工前，应进行"试成孔"。

(6)试孔结束后应检查孔径、垂直度、孔壁稳定性、沉渣厚度等是否符合要求。

(7)泥浆护壁成孔桩成孔过程中要检查钻机就位的垂直度和平面位置，开孔前应对钻头直径和钻具长度进行量测，并记录备查，还要检查护壁泥浆的容积密度及成孔后沉渣的厚度(影响钻孔灌注成桩质量的泥浆的性能指标主要是容积密度和黏度)。

(8)钢筋笼宜分段制作，连接时50％的钢筋接头应错开焊接，并对钢筋笼立焊的质量要特别加强检查控制，确保钢筋接头质量。

(9)孔壁坍塌一般是因预先未料到的复杂的不良地质情况、钢护筒未按规定埋设、泥浆黏度不够、护壁效果不佳、孔口周围排水不良或下钢筋笼及升降机具时碰撞孔壁等因素造成的，易造成埋、卡钻事故，应高度重视并采取相应措施予以解决。

（10）扩径、缩径都是由于成孔直径不规则出现扩孔或缩孔及其他不良地质现象引起的。

（11）混凝土的坍落度对成桩质量有直接影响，坍落度合理的混凝土可有效地保证混凝土的灌注性、连续性和密实性，坍落度一般应控制在 18～22 cm 范围内。

（12）导管底端在混凝土面以下的深度是否合理关系到成桩质量的好坏，必须予以严格控制。

3.2.2 钢筋混凝土灌注桩质量检验

（1）混凝土灌注桩钢筋笼质量检验标准。混凝土灌注桩钢筋笼质量检验标准见表 2.16。

表 2.16 混凝土灌注桩钢筋笼质量检验标准   mm

项目	序号	检验项目	允许偏差或允许值	检验方法
主控项目	1	主筋间距	±10	用钢尺量
	2	长度	+100	用钢尺量
一般项目	1	钢筋材质检验	设计要求	抽样送检
	2	箍筋间距	±20	用钢尺量
	3	直径	±10	用钢尺量

（2）灌注桩的平面位置和垂直度的允许偏差。灌注桩的平面位置和垂直度的允许偏差应符合表 2.17 的规定。

表 2.17 灌注桩的平面位置和垂直度允许偏差

序号	成孔方法		桩径允许偏差/mm	垂直度允许偏差/%	桩位允许偏差/mm	
					1～3 根、单排桩基垂直于中心线方向和群桩基础的边桩	条形桩基沿中心线方向和群桩基础的中间桩
1	泥浆护壁钻孔桩	$D \leqslant 1\,000$ mm	±50	<1	$D/6$，且不大于 100	$D/4$，且不大于 150
		$D > 1\,000$ mm	±50		$100 + 0.01H$	$150 + 0.01H$
2	套管成孔灌注桩	$D \leqslant 500$ mm	−20	<1	70	150
		$D > 500$ mm			100	150
3	干成孔灌注桩		−20	<1	70	150
4	人工挖孔桩	混凝土护壁	+50	<0.5	50	150
		钢套管护壁	+50	<1	100	200

注：1. 桩径允许偏差的负值是指个别断面。

2. 采用复打、反插法施工的桩，其桩径允许偏差不受本表限制。

3. H 为施工现场地面标高与桩顶设计标高的距离，D 为设计桩径。

（3）混凝土灌注桩质量检验标准。混凝土灌注桩质量检验标准见表2.18。

表2.18 混凝土灌注桩质量检验标准

项目	序号	检查项目	允许偏差或允许值		检查方法
			单位	数值	
主控项目	1	桩位	见表2.17		基坑开挖前量护筒，开挖后量桩中心
	2	孔深	mm	＋300	只深不浅，用重锤测，或测钻杆、套管长度。嵌岩桩位确保进入设计要求的嵌岩深度
	3	桩体质量检验	按《建筑基桩检测技术规范》。如钻芯取样，大直径嵌岩桩应钻至桩尖下50 cm		按《建筑基桩检测技术规范》
	4	混凝土强度	设计要求		试件报告或钻芯取样送检
	5	承载力	按《建筑基桩检测技术规范》		按《建筑基桩检测技术规范》
一般项目	1	垂直度	见表2.17		测套管或钻杆，或用超声波探测，干施工时吊垂球
	2	桩径	见表2.17		井径仪或超声波检测，干施工时用钢尺量，人工挖孔桩不包括内衬厚度
	3	泥浆比重（黏土或砂性土中）	1.15～1.20		用比重计测，清孔后在距孔底50 cm处取样
	4	泥浆面标高（高于地下水水位）	m	0.5～1.0	目测
	5	沉渣厚度：端承桩摩擦桩	mm mm	≤50 ≤150	用沉渣仪或重锤测量
	6	混凝土坍落度：水下灌注干施工	mm mm	160～220 70～100	坍落度仪
	7	钢筋笼安装深度	mm	±100	用钢尺量
	8	混凝土充盈系数	＞1		检查每根桩的实际灌注量
	9	桩顶标高	mm	＋30 －50	水准仪，需扣除桩顶浮浆层及劣质桩体

3.2.3 钢筋混凝土灌注桩质量记录

（1）经审定的桩基础工程施工组织设计、实施中的变更情况。

（2）工程地质勘察报告、桩基础工程图纸会审记录、设计变更记录、技术核定单、材料代用签证单等。

（3）开工报告、技术交底、桩基础工程定位放线和定位放线验收记录。

（4）钢材质量证明书、水泥出厂检验报告、电焊条质量证明书。

（5）现场预制桩的钢筋物理性能检验报告，钢筋焊接检验报告，混凝土预制桩（钢筋骨架）工程检验批质量验收记录，水泥物理性能检验报告，砂、石检测报告，混凝土配合比通知单，现场混凝土计量和坍落度检验记录，钢筋骨架隐蔽工程验收记录，混凝土施工记录，混凝土试件抗压强度报告，混凝土强度验收统计表。

（6）成品桩的出厂合格证及进场后对该批成品桩的检验记录。

（7）打桩施工记录或汇总表，桩位中间验收记录，每根桩、每节桩的接桩记录，硫黄胶泥试件试验报告或焊接桩的探伤报告。

（8）桩基工程隐蔽工程验收记录。

（9）混凝土预制桩工程检验批质量验收记录，分项工程质量验收记录。

（10）工程竣工质量验收报告、桩基检测报告。

（11）桩基础施工总结或技术报告。

（12）桩基础工程竣工图（包括桩号、桩位偏差、桩顶标高、桩身垂直度）。

小 结

桩基础是一种深基础，一般由设置于土中的桩和承接上部结构的承台组成。桩基础工程是地基与基础分部工程的子分部工程。常用的桩使用材料是钢筋混凝土，钢筋混凝土桩根据成桩的方式可分为预制桩和灌注桩；它们的施工工艺不同，质量控制和检验的方法也不同。

课外参考资料

1.《建筑工程施工质量验收统一标准》(GB 50300—2013).

2.《建筑地基基础工程施工质量验收标准》(GB 50202—2018).

3.《预应力混凝土异型预制桩技术规程》(JGJ/T 405—2017).

4.《建筑施工手册》编写组．建筑施工手册[M].5 版．北京：中国建筑工业出版社，2013.

5. 广东省建设工程质量安全监督检测总站．广东省房屋建筑工程竣工验收技术资料统一用表（2016 版）填写范例与指南[M].武汉：华中科技大学出版社，2017.

素质拓展

扣好人生的第一粒扣子

基础工程施工的重要性对于工程建设过程来说，就好比青年人要扣好人生的第一粒扣子一样，如果第一粒扣子扣错了，剩下的扣子都会扣错。桩基础工程是建筑工程的基础，桩基础工程质量直接影响建筑结构的安全和人身财产安全；同时，桩基础工程属于隐蔽性工程，施工环境、施工工艺较为复杂，即使发现问题也很难修复，为了保证其耐久性，以及施工工作的顺利进行，要对桩基础工程进行质量检验，确保桩基础工程质量在安全范围内。

上海中心大厦于 2015 年建成，以 632 m 的高度成为中国第一高楼。上海中心大厦地处上海浦东新区陆家嘴金融中心区，该处的软土地基非常软，类似一块豆腐，无法承受建筑物的重量，为了解决这一难题，保证自重为 85 万 t 超高层建筑的绝对安全，上海中心主楼采用 955 根钢筋混凝土钻孔灌注桩来支撑大楼的重量，其中桩的长度为 88 m，桩径为 1 m，每根桩的重量达到

1 000 t。钻孔灌注桩的质量决定着上海中心大厦的稳固性，桩的质量检测无疑是一个非常重要的环节。

思考题

1. 主控项目和一般项目有什么区别？钢筋混凝土预制桩钢筋骨架及钢筋混凝土预制桩主控项目分别有哪些？
2. 请简述钢筋混凝土灌注桩施工工艺流程，并写出每个施工过程的质量控制要点。

实训练习

1. 实训目的：通过阅读工程验收资料，掌握验收要求，积累经验，指导今后的实际工作。
2. 能力及要求：注意学习预制桩钢筋骨架、预制桩、灌注桩钢筋骨架、灌注桩检验批、分项工程的质量验收表格及其填写方法，以及相关责任主体的评定结论、签字格式等。写出学习体会。
3. 实训步骤：收集有关技术资料及工程实际信息，阅读教材及查阅相关技术资料，进行分析，撰写学习体会。

任务 4 地下防水工程质量检验

➡ 知识树

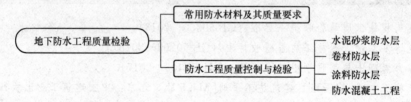

⊕ 内容概况

地下防水工程是地基与基础分部工程的子分部工程。根据地下防水工程的类型不同，地下防水工程可以划分为水泥砂浆防水层、卷材防水层、涂料防水层、防水混凝土、细部构造等分项工程。本任务主要学习常用防水材料、水泥砂浆防水层、卷材防水层、涂料防水层、防水混凝土工程的质量控制与检验。

📖 知识目标

理解地下防水工程的施工特点和地下防水工程施工阶段的材料要求；熟悉地下防水工程施工过程的质量控制以及地下防水子分部工程质量验收的内容；掌握地下防水工程质量验收标准；规范填写检验批质量验收记录。

⚙ 能力目标

能够依据设计要求和施工质量标准，对地下防水工程的原材料质量、施工过程质量进行控制；具有参与编制地下防水工程专项施工方案的能力；能够参考有关资料独立编制地下防水工程施工技术交底；能够依据有关规范标准对地下防水工程施工质量进行检验和验收，并能够规范填写检验批质量验收记录。

素质目标

通过学习地下防水工程质量检验内容，帮助学生树立规范施工的意识，了解地下防水工程质量检验对经济发展和生命安全的影响。

引领案例

某工程位于广州市珠江沿岸，总建筑面积为239 145 m²，其中一层地下室面积为31 819 m²。该项目从2006年5月开工，地下室施工中根据后浇带分布，按块、按流水进行施工，但由于2007年为中国楼市高速发展的时期，开发商要求的工期相当紧，工程几乎是在加班条件下赶出来的。按设计要求后浇带必须在45～60 d后才能进行浇筑，而且在顶板等上部结构没有进行回填土施工之前，地下室外侧不能停止抽水。但在实际施工中，根据业主的销售场地要求，30 d后就把后浇带提前浇筑，并在结构完成到10层就停止对地下室外侧的抽水，并开始在顶板完成了防水及相关保护层施工，并回填土后进行园林绿化施工。

在施工过程中就发现了或多或少的结构裂缝问题，裂缝主要存在于塔楼和车库之间的底板和顶板位置，且几乎属于平行地库和塔楼交接的第一跨位置，很多显现在板的中心位置，呈贯通形状，所现发现问题都是通过修补来完成的。在交楼给业主入住后，地下室作为车库使用。在2008年春节之后，底板和顶板出现严重的裂缝渗漏问题。而且涉及很大的面积。地下室相当一部分已经无法使用，原来施工单位的普通的修补措施已经很难见效。

问题：
1. 试分析出现上述质量问题的原因。
2. 试说出解决上述质量问题的处理措施。

4.1 常用防水材料及其质量要求

1. 防水卷材

(1)高聚物改性沥青防水卷材的质量要求。目前，适用于地下工程的高聚物改性沥青类防水卷材的主要品种有弹性体改性沥青防水卷材(SBS)和塑性体改性沥青防水卷材(APP)两种。

高聚物改性沥青防水卷材的外观质量应符合表2.19的要求。

表2.19　高聚物改性沥青防水卷材外观质量

项目	质量要求
孔洞、缺边、裂口	不允许
边缘不整齐	不超过10 mm
胎体露白、未浸透	不允许
撒布材料粒度、颜色	均匀
每卷卷材的接头	不超过1处，较短的一段不应小于1 000 mm，接头处应加长150 mm

高聚物改性沥青防水卷材的物理性能应符合表2.20的要求。

表2.20　高聚物改性沥青防水卷材的物理性能

项目		指标				
		弹性体改性沥青防水卷材			自粘聚合物改性沥青防水卷材	
		聚酯毡胎体	玻纤毡胎体	聚乙烯膜胎体	聚酯毡胎体	无胎体
可溶物含量/(g·m^{-2})		3 mm 厚≥2 100 4 mm 厚≥2 900			3 mm 厚≥2 100	—
拉伸性能	拉力(N/50 mm)	≥800(纵横向)	≥500(纵横向)	≥140(纵向) ≥120(横向)	≥450(纵横向)	≥180(纵横向)
	延伸率/%	最大拉力时 ≥40(纵横向)	—	断裂时≥250 (纵横向)	最大拉力时 ≥3(纵横向)	断裂时 ≥200(纵横向)
低温柔度/℃		—25，无裂纹				
热老化后低温柔度/℃		—20，无裂纹			—22，无裂纹	
不透水性		压力0.3 MPa，保持时间120 min，不透水				

(2)合成高分子防水卷材的质量要求。目前，适用于地下工程的合成高分子防水卷材的类型有硫化橡胶类卷材[主要有JL1(即三元乙丙橡胶 EPPM)和JL2(即氯化聚乙烯-橡胶共混等产品)]、非硫化橡胶类卷材[主要有JF3，即氯化聚乙烯(CPE)等产品]、合成树脂类卷材[主要有JS1，即聚氯乙烯(PVC)等产品]、纤维胎增强类卷材(主要有丁基橡胶、氯丁橡胶、聚氯乙烯、聚乙烯等产品)。

合成高分子防水卷材的外观质量应符合表2.21的要求。

表2.21　合成高分子防水卷材的外观质量

项目	质量要求
折痕	每卷不超过2处，总长度不超过20 mm
杂质	不允许有大于0.5 mm的颗粒，每1 m² 不超过9 mm²
胶块	每卷不超过6处，每处面积不大于4 mm²
凹痕	每卷不超过6处，深度不超过本身厚度的30%(树脂类深度不超过15%)
每卷卷材的接头	橡胶类每20 m不超过1处，较短的一段不应小于3 000 mm，接头处应加长150 mm；树脂类20 m长度内不允许有接头

合成高分子防水卷材的物理性能应符合表2.22的要求。

表2.22　合成高分子防水卷材的物理性能

项目	指标			
	三元乙丙橡胶 防水卷材	聚氯乙烯 防水卷材	聚乙烯丙纶复合 防水卷材	高分子自粘胶膜 防水卷材
断裂拉伸强度	≥7.5 MPa	≥12 MPa	≥60 N/10mm	≥100 N/10 mm

项目	指标			
	三元乙丙橡胶防水卷材	聚氯乙烯防水卷材	聚乙烯丙纶复合防水卷材	高分子自粘胶膜防水卷材
断裂伸长率/%	≥450	≥250	≥300	≥400
低温弯折性/℃	−40，无裂纹	−20，无裂纹	−20，无裂纹	−20，无裂纹
不透水性	压力 0.3 MPa，保持时间 120 min，不透水			
撕裂强度	≥25 kN/m	≥40 kN/m	≥20 kN/10 m	≥120 N/10 mm
复合强度（表层与芯层）	—	—	≥1.2 N/mm	—

2. 防水涂料

常用的防水涂料有高聚物改性沥青防水涂料及合成高分子防水涂料两种。

高聚物改性沥青防水涂料有水乳型阳离子氯丁胶改性沥青防水涂料、溶剂型氯丁胶改性沥青防水涂料、再生胶改性沥青防水涂料、SBS(APP)改性沥青防水涂料等；合成高分子防水涂料有聚合物水泥防水涂料、丙烯酸酯防水涂料、单组分（双组分）聚氨酯防水涂料等。

（1）有机防水涂料的质量要求。有机防水涂料的物理性能应符合表 2.23 的要求。

表 2.23　有机防水涂料主要物理性能

项目		指标		
		反应型防水涂料	水乳型防水涂料	聚合物水泥防水涂料
可操作时间/min		≥20	≥50	≥30
潮湿基面粘结强度/MPa		≥0.5	≥0.2	≥1.0
抗渗性 /MPa	涂膜（120 min）	≥0.3	≥0.3	≥0.3
	砂浆迎水面	≥0.8	≥0.8	≥0.8
	砂浆背水面	≥0.3	≥0.3	≥0.6
浸水 168 h 后拉伸强度/MPa		≥1.7	≥0.5	≥1.5
浸水 168 h 后断裂伸长率/%		≥400	≥350	≥80
耐水性/%		≥80	≥80	≥80
表干/h		≤12	≤4	≤4
实干/h		≤24	≤12	≤12

（2）无机防水涂料的质量要求。无机防水涂料的物理性能应符合表 2.24 的要求。

表 2.24　无机防水涂料主要物理性能

项目	指标	
	掺外加剂、掺合料水泥基防水涂料	水泥基渗透结晶型防水涂料
抗折强度/MPa	>4	≥4
粘结强度/MPa	>1.0	≥1.0
一次抗渗性/MPa	>0.8	>1.0
二次抗渗性/MPa	—	>0.8
冻融循环/次	>50	>50

(3)聚合物水泥防水粘结材料的质量要求。聚合物水泥防水粘结材料的物理性能应符合表 2.25 的要求。

表 2.25　聚合物水泥防水粘结材料主要物理性能

项目		指标
与水泥基面的粘结拉伸强度/MPa	常温 7 d	≥0.6
	耐水性	≥0.4
	耐冻性	≥0.4
可操作时间/h		≥2
抗渗性(MPa，7 d)		≥1.0
剪切状态下的粘合性(N/mm，常温)	卷材与卷材	≥2 或卷材断裂
	卷材与基面	≥1.8 或卷材断裂

4.2　防水工程质量控制与检验

4.2.1　水泥砂浆防水层

水泥砂浆防水层是在混凝土或砌体结构的基层上采用多层涂抹水泥砂浆形成的防水层，它为刚性防水层，分普通水泥砂浆防水层和掺外加剂、掺合料、聚合物水泥砂浆防水层。

1. 原材料质量控制

(1)水泥宜采用强度等级不低于 32.5 MPa 的普通硅酸盐水泥、硅酸盐水泥、特种水泥，严禁使用过期或受潮结块的水泥，不同品种的水泥不得混用。

(2)砂宜采用中砂，粒径为 3 mm 以下，含泥量不大于 1%，硫化物和硫酸盐含量不大于 1%。

(3)拌制水泥砂浆所用的水，应符合《混凝土用水标准》(JGJ 63—2006)的规定。

(4)聚合物乳液外观应无颗粒、异物和凝固物，固体含量应大于 35%，宜选用专用产品。

(5)外加剂的技术性能应符合现行国家或行业产品标准一等品以上的质量要求。

2. 施工过程质量控制

(1)基层处理质量控制。

1)水泥砂浆铺抹前，基层的混凝土和砌筑砂浆强度应不低于设计值的 80%。

2)混凝土墙面如有蜂窝及松散的混凝土，要剔掉，并用水冲刷干净，然后用 1∶3 水泥砂浆抹平；表面油污应用 10%火碱水溶液刷洗干净，混凝土表面应凿毛；砖墙抹防水层时，必须在砌砖时划缝，其深度一般为 10～12 mm。

3)基层表面应坚实、平整、粗糙、洁净，并充分湿润，无积水。

4)基层表面的孔洞、缝隙应用与防水层相同的砂浆填塞抹平。

5)施工前应将预埋件、穿墙管预留凹槽内嵌填密封材料并办理隐检手续，再进行防水砂浆层施工。

(2)水泥砂浆防水层施工质量控制。

1)施工时不仅要控制原材料的质量，同时应严格按设计要求进行配比，严格按配合比进行计量和过程控制。

2)混凝土基层抹灰前应提前在基层上涂刷界面剂(应按设计要求配防水外加剂)，砖墙基层抹灰前一天用水管将砖墙浇透，第二天抹灰时再将砖墙洒水湿润。

3)水泥砂浆防水层施工时应分层铺抹或喷涂，铺抹时应压实、抹平，最后一层表面应提浆压光。

4)防水层各层应紧密贴合，每层宜连续施工。

5)聚合物水泥砂浆拌和后应在1h内用完，且施工中不得任意加水。

6)水泥砂浆防水层不宜在雨天及五级以上大风中施工。

7)及时养护水泥砂浆防水层，以防因早期脱水而产生裂缝导致渗水。

8)普通水泥砂浆终凝后(12～24 h)应及时进行养护，养护温度不宜低于5℃，养护时间不得少于14 d，养护期间应保持湿润。

9)聚合物水泥砂浆防水层未达到硬化状态时，不得浇水养护或直接受雨水冲刷，硬化后应采用干湿交替的养护方法，早期(硬化后7 d)采用潮湿养护，后期采用自然养护；在潮湿环境中，可在自然条件下养护。

10)使用特种水泥及掺入外加剂、掺合料的水泥砂浆，养护应按产品有关规定执行。

11)防水工程细部构造是施工操作困难，也是最容易出现渗漏的部位，施工时应予以足够重视。

3. 水泥砂浆防水层质量检验

水泥砂浆防水层施工质量检验标准应符合表 2.26 的规定。

表 2.26　水泥砂浆防水层施工质量检验标准与检验方法

类别	序号	检查项目	质量标准	检验方法及器具	检查数量
主控项目	1	原材料及配合比	符合设计要求	检查出厂合格证、质量检验报告、计量措施和现场抽样试验报告	按水泥砂浆防水层施工面积每100 m² 抽查1处，每处10 m²且不得少于3处
	2	防水层各层粘结	必须结合牢固，无空鼓现象	观察和用小锤轻击检查	
一般项目	1	防水层表面	应密实、平整，不得有裂纹、起砂、麻面等缺陷	观察检查	水泥砂浆防水层的配合比，每工人班至少检查2次
		阴阳角处	应做成圆弧形		
	2	防水层施工缝留槎位置	应正确，接槎应按层次顺序操作，层层搭接紧密	观察检查和检查隐蔽工程验收记录	
	3	防水层的平均厚度	应符合设计要求，最小厚度不得小于设计值的85%	观察和钢尺检查	

4. 水泥砂浆防水层质量记录

(1)水泥砂浆防水层验收文件和记录应符合下列要求：

1)防水设计：设计图纸会审记录、设计变更通知单和材料代用核定单。

2)技术交底：施工操作要求及注意事项。

3)材料质量证明文件：出厂合格证、产品质量检验报告和试验报告。

4)中间检查记录：分项工程质量验收记录、隐蔽工程检查验收记录和施工检验记录。

5)施工日志：逐日施工情况。

6)防水砂浆：试配及施工配合比试验报告。

7)施工单位资质证明：资质复印证件。

8)工程检验记录：防水砂浆检验批质量验收记录。

9)其他技术资料：事故处理报告、技术总结。

(2)水泥砂浆防水层隐蔽工程验收记录应包括以下主要内容：

1)防水层的基层。

2)防水层被掩盖的部位。

3)变形缝、施工缝等防水构造的做法。

4)管道设备穿过防水层的封固部位。

4.2.2 卷材防水层

卷材防水层一般采用高聚物改性沥青防水卷材和合成高分子防水卷材，利用胶粘剂等配套材料粘结在一起，在建筑物地下室外围(结构主体底板垫层至墙体顶端)形成封闭的防水层，适用于受侵蚀性介质或受震动作用的地下工程主体迎水面的防水层。

1. 卷材防水层质量控制

(1)原材料质量控制。

1)卷材外观质量、品种规格应符合现行国家标准或行业标准；卷材及其胶粘剂应具有良好的耐水性、耐久性、耐刺穿性、耐腐蚀性和耐菌性；防水卷材及配套材料的主要性能应符合模块2任务4的4.1中的相关要求。

2)所选用的基层处理剂、胶粘剂、密封材料等配套材料，均应与铺贴的卷材材性相容。

3)材料进场应提供质量证明文件，并按规定现场随机取样进行复检，复检合格后方可用于工程。

(2)施工过程质量控制。

1)为确保地下工程在防水层合理使用年限内不发生渗漏，除卷材的材性、材质因素外，卷材的厚度应是最重要的考虑因素。卷材厚度由设计确定，当设计无具体要求时，防水卷材厚度的选用应符合表2.27的规定。

表2.27 防水卷材厚度

防水等级	设防道数	合成高分子防水卷材	高聚物改性沥青防水卷材
1级	三道或三道以上设防	单层：不应小于1.5 mm；双层：每层不应小于1.2 mm	单层：不应小于4 mm；双层：每层不应小于3 mm
2级	二道设防		
3级	一道设防	不应小于1.5 mm	不应小于4 mm
	复合设防	不应小于1.2 mm	不应小于3 mm

2)防水层是依附于主体结构基层的，主体结构基层质量的好坏直接影响防水层的质量。

3)铺贴前应在基层上涂刷基层处理剂(基层处理剂应与卷材及胶粘剂的材料相容)。

4)基层阴阳角处应做成圆弧或45°(135°)折角。

5)建筑工程地下防水层的卷材铺贴方法，主要采用冷粘法和热熔法。

6)采用冷粘法铺贴卷材时，胶粘剂的涂刷对保证卷材防水施工质量关系极大，应符合下列规定：

①胶粘剂涂刷应均匀，不露底，不堆积。

②铺贴卷材时应控制胶粘剂涂刷与卷材铺贴的间隔时间，排除卷材下面的空气，并辊压粘结牢固，不得有空鼓。

③铺贴卷材应平整、顺直，搭接尺寸应正确，不得有扭曲、皱褶。

④接缝口应用密封材料封严，其宽度不应小于 10 mm。

7)采用热熔法铺贴卷材时，加热是关键，应符合下列规定：

①火焰加热器加热卷材应均匀，不得过分加热或烧穿卷材；厚度小于 3 mm 的高聚物改性沥青防水卷材严禁采用热熔法施工。

②卷材表面热熔后应立即滚铺，排除卷材下面的空气，并辊压粘结牢固，不得有空鼓、皱褶。

③滚铺卷材时，接缝部位必须溢出沥青热熔胶，并应随即刮封接口，使接缝粘结严密。

④铺贴后的卷材应平整、顺直，搭接尺寸应正确，不得有扭曲。

8)卷材防水层完工并经验收合格后应及时做保护层，防止防水层被破坏。保护层应符合下列规定：

①顶板卷材防水层上的细石混凝土保护层厚度不应小于 70 mm；防水层为单层卷材时，在防水层与保护层之间应设置隔离层(设置隔离层主要是为了防止保护层伸缩而破坏防水层)。

②底板卷材防水层上的细石混凝土保护层厚度应大于 50 mm。

③侧墙宜采用聚苯乙烯泡沫塑料保护层，或砌砖保护墙(边砌边填实)和铺抹 30 mm 厚的 1：3 水泥砂浆。

9)基础底板防水层施工时应留足与墙体防水卷材的搭接长度，并应注意采取保护措施防止破损。

10)防水工程细部构造是施工操作困难且最容易出现渗漏的部位，施工时应予以足够重视。

11)铺贴卷材严禁在雨天、雪天及五级以上大风天气施工；采用冷粘法施工时，气温不宜低于 5 ℃，热熔法施工气温不宜低于 −10 ℃。

2. 卷材防水层质量检验

卷材防水层施工质量检验标准应符合表 2.28 的规定。

表 2.28　卷材防水层施工质量检验标准

类别	序号	检查项目	质量标准	检验方法及器具	检验数量
主控项目	1	卷材及主要配套材料质量	符合设计要求	检查出厂合格证、质量检验报告和现场抽样复验报告	按铺贴卷材面积每 100 m² 抽查 1 处，每处 10 m²，且不得少于 3 处
	2	卷材防水层及其转角处、变形缝、伸出屋面管道等细部构造做法	符合设计要求	观察检查和检查隐蔽工程验收记录	
一般项目	1	卷材防水层基层	应牢固，基层应洁净、平整，不得有空鼓、松动、起砂和脱皮现象，基层阴阳角处应做成圆弧形，高聚物改性沥青卷材不应小于 50 mm，合成高分子卷材不应小于 20 mm	观察检查和检查隐蔽工程验收记录	
	2	卷材防水层搭接缝	应粘(焊)结牢固，密封严整，不得有皱褶、翘边和鼓泡等缺陷。冷粘法接缝口应用密封材料封严，宽度不应小于 10 mm	观察检查	
	3	侧墙卷材防水层的保护层与防水层	应粘结牢固，结合紧密，厚度均匀一致	观察检查	
	4	卷材搭接宽度	−10 mm	观察检查和钢尺检查	

3. 卷材防水层质量记录

(1)防水设计：设计图纸会审记录、设计变更通知单和材料代用核定单。

(2)施工方案：施工方法、技术措施、质量保证措施。

(3)技术交底：施工操作要求及注意事项。

(4)材料质量证明文件：出厂合格证、产品质量检验报告和试验报告。

(5)中间检查记录：分项工程质量验收记录、隐蔽工程检查验收记录和施工检验记录。

(6)施工日志：逐日施工情况。

(7)胶结材料资料：试配及施工配合比、粘贴试验报告。

(8)施工单位资质证明：资质复印证件。

(9)工程检验记录：卷材防水层检验批质量验收记录。

(10)其他技术资料：事故处理报告、技术总结。

4.2.3 涂料防水层

涂料防水层一般采用防水涂料涂刷成膜，在建筑物地下室外围(结构主体底板垫层至墙体顶端)形成封闭的防水层，适用于受侵蚀性介质或受震动作用的混凝土结构或砌体结构迎水面或背水面的涂刷。防水涂料主要有反应型、水乳型、聚合物型水泥防水涂料，或水泥基、水泥基渗透结晶型防水涂料。

1. 涂料防水层质量控制

(1)原材料质量控制。

1)具有良好的耐水性、耐久性、耐腐蚀性及耐菌性。

2)无毒，难燃，低污染。

3)无机防水涂料应具有良好的湿干粘结性、耐磨性和抗刺穿性；有机防水涂料应具有较好的延伸性及较大的适应基层变形的能力。

4)防水涂料及配套材料的主要性能应符合相关规范的要求。

(2)施工过程质量控制。

1)涂刷时应严格控制涂膜厚度。涂膜厚度由设计确定，设计无要求时各类防水涂料的涂膜厚度按表2.29的规定选用。

表2.29 防水涂料的涂膜厚度　　　　　　　　　　　　　　　　　　　　　mm

防水等级	设防道数	有机涂料			无机涂料	
		反应型	水乳型	聚合物型	水泥基	水泥基渗透结晶型
1级	三道或三道以上设防	1.2~2.0	1.2~1.5	1.5~2.0	1.5~2.0	≥0.8
2级	二道设防	1.2~2.0	1.2~1.5	1.5~2.0	1.5~2.0	≥0.8
3级	一道设防	—	—	≥2.0	≥2.0	—
	复合设防	—	—	≥1.5	≥1.5	—

2)涂刷施工前，基层表面的气孔、凹凸不平、蜂窝、缝隙、起砂等，应修补处理，基面必须干净、无浮浆、无水珠、不渗水。

3)涂料施工前，基层阴阳角应做成圆弧形(阴角直径宜大于50 mm，阳角直径宜大于

10 mm）；涂料施工前应先对阴阳角、预埋件、穿墙管道等部位进行密封或加强处理。

4）涂料涂刷前应先在基面上涂一层与涂料相容的基层处理剂。

5）涂膜应多遍完成（无论是厚质涂料还是薄质涂料，均不得一次成膜），遍数越多对成膜的密实度越好；每遍涂刷应均匀，不得有露底、漏涂和堆积现象。

6）每遍涂刷时应交替改变涂刷方向，同层涂膜的先后搭压宽度宜为 30～50 mm。

7）应注意保护涂料防水层的施工缝（甩槎），搭接缝宽度应大于 100 mm，接涂前应将甩槎表面处理干净。

8）涂刷时应先做转角处、穿墙管道、变形缝等部位的涂料加强层，然后进行大面积涂刷。

9）涂料防水层中铺贴胎体增强材料时，应使胎体层充分浸透防水涂料，不得有白槎及褶皱，同层相邻的搭接宽度应大于 100 mm，上下层接缝应错开 1/3 幅宽。

10）防水涂料的配制及施工，必须严格按涂料的技术要求进行。

11）有机防水涂料完工并经验收合格后应及时做保护，防止防水层被破坏。保护层应符合下列规定：

①底板、顶板应采用 20 mm 厚 1：2.5 水泥砂浆层或 40～50 mm 厚的细石混凝土保护层，顶板的细石混凝土保护层与防水层之间宜设置隔离层。

②侧墙背水面应采用 20 mm 厚 1：2.5 水泥砂浆层保护。

③侧墙迎水面宜采用聚苯乙烯泡沫塑料保护层，或砌砖保护墙（边砌边填实）和铺抹 30 mm 厚的 1：2.5 水泥砂浆。侧墙选用软保护层或 20 mm 厚 1：2.5 水泥砂浆层保护。

12）防水工程细部构造是施工操作困难且最容易出现渗漏的部位，施工时应予以足够重视。

2. 涂料防水层质量检验

涂料防水层施工质量检验标准应符合表 2.30 的规定。

表 2.30　涂料防水层施工质量检验标准

类别	序号	检查项目	检验标准	检验方法及器具	检验数量
主控项目	1	涂料质量及配合比	符合设计要求和现行有关标准	检查出厂合格证、质量检验报告、计量措施和现场抽样试验报告	按涂料层面积每 100 m² 抽查 1 处，每处 10 m²，不得少于 3 处
	2	涂料防水层及其转角处、变形缝等细部做法	符合设计要求	观察检查和检查隐蔽工程验收记录	
一般项目	1	基层质量	基层应牢固，基面应洁净、平整，不得有空鼓、松动、起砂和脱皮等现象；基层阴阳角处应做成圆弧形	观察检查和检查隐蔽工程验收记录	
	2	表面质量	防水层应与基层粘结牢固，表面平整，涂刷均匀，不得有流淌、皱褶、鼓泡、露胎体和翘边等缺陷	观察检查	
	3	涂料层平均厚度	符合设计要求，最小厚度不得小于设计值的 80%	针测法或割取 20 mm×20 mm 实样用卡尺测量	
	4	侧墙涂料防水层的保护层与防水层	粘结牢固，结合紧密，厚度均匀一致	观察检查	

3. 涂料防水层质量记录

(1)涂料防水层验收文件和记录应按下列要求进行：

1)防水设计：设计图纸会审记录、设计变更通知单和材料代用核定单。

2)施工方案：施工方法、技术措施、质量保证措施。

3)技术交底：施工操作要求及注意事项。

4)材料质量证明文件：出厂合格证、产品质量检验报告、试验报告。

5)中间检查记录：分项工程质量验收记录、隐蔽工程检查验收记录、施工检验记录。

6)施工日志：逐日施工情况。

7)胎体材料资料：胎体材料试验报告。

8)施工单位资质证明：资质复印证件。

9)工程检验记录：涂料防水层检验批质量验收记录。

10)其他技术资料：事故处理报告、技术总结。

(2)涂料防水层隐蔽工程验收记录应包括以下主要内容：

1)防水层的基层。

2)防水层被掩盖的部位。

3)变形缝、施工缝等防水构造的做法。

4)管道设备穿过防水层的封固部位。

4.2.4 防水混凝土工程

1. 防水混凝土原材料质量控制

(1)水泥：水泥品种应按设计要求选择(宜采用普通硅酸盐水泥或硅酸盐水泥，采用其他品种水泥时应经试验确定)，不得使用过期或结块水泥；不得将不同品种或强度等级不同的水泥混合使用；在受侵蚀性介质作用时，应按介质的性质选择相应的水泥品种。

(2)集料：石子采用碎石或卵石，粒径宜为5～40 mm，含泥量不得大于1.0%，泥块含量不得大于0.5%。砂宜采用中粗砂，含泥量不应大于3.0%，泥块含量不宜大于1.0%；不宜采用海砂，在没有条件使用河砂的条件时，应对海砂进行处理后才能使用，且控制氯离子含量不得大于0.06%。

(3)水：应使用饮用水或不含有害物质的洁净水。

(4)外加剂：应根据粗细集料级配、抗渗等级要求等具体情况而定，外加剂的技术性能应符合国家或行业标准一等品及以上的质量要求。

(5)掺合料的掺量应符合设计要求。

2. 施工过程的质量控制

(1)配合比控制：施工配合比应通过试验确定，抗渗等级应比设计要求提高一级(0.2 MPa)。

(2)技术指标控制：混凝土胶凝材料总量不宜小于320 kg/m³，其中水泥用量不得少于260 kg/m³；粉煤灰掺量宜为混凝土胶凝材料总量的20%～30%，硅粉的掺量宜为胶凝材料总量的2%～5%；砂率宜为35%～40%，泵送时可增至45%，灰砂比宜为1∶(2～2.5)。

(3)坍落度控制：混凝土浇筑地点的坍落度检验，每工作班应不少于2次，其允许偏差应符合表2.31的规定。

表 2.31 混凝土坍落度允许偏差   mm

要求坍落度	允许偏差
≤40	±10

要求坍落度	允许偏差
50～90	±15
>90	±20

（4）防水混凝土的搅拌时间：防水混凝土应用机械搅拌，搅拌时间不应少于 2 min。掺外加剂时，应根据外加剂的技术要求确定搅拌时间。

（5）防水混凝土的振捣：必须采用机械振捣，振捣时间宜为 10～30 s，以开始泛浆、不冒泡为准，应避免漏振、欠振和过振。

（6）防水混凝土应连续浇筑，宜少留设施工缝。

1）底板不得留施工缝，顶板不宜留设施工缝。

2）墙板不宜留设垂直施工缝，如必须留设，应避开地下水和裂隙水较多地段，并宜与变形缝相结合。

3）墙板的水平施工缝不应留设在剪力与弯矩最大处或底板与侧墙的交接处，应留设在高出底板面 300 mm 的墙体上。

（7）施工缝的施工应符合下列规定：

1）水平施工缝浇筑混凝土前，应将表面浮浆和杂物清除，先铺净浆，再铺 1∶1 水泥砂浆或涂刷混凝土界面处理剂，并及时浇筑混凝土。

2）垂直施工缝浇筑前，应将其表面清理干净，可以先对基面凿毛（每平方米>300 点）并涂刷水泥净浆或混凝土界面处理剂，并及时浇筑混凝土。

3）选用的遇水膨胀止水条应具有缓胀性能，无论是涂刷缓膨胀剂还是制成缓膨胀型的，其 7 d 的膨胀率应不大于最终膨胀率的 60%。

4）采用中埋式止水带时，应确保位置正确、固定牢靠。钢板止水带宜做镀锌处理。

5）遇水膨胀止水条应牢固地安装在施工缝表面或预留槽内。

（8）防水混凝土试块的留置试件应在浇筑地点制作，采用标准条件下养护混凝土抗渗试件；每连续浇筑 500 m³ 应留置一组（一组为 6 个试件），且每项工程不得少于两组。采用预拌混凝土的抗渗试件留置组数，视结构的规模要求而定。

（9）防水混凝土终凝后立即进行养护，养护时间不少于 14 d，始终保持混凝土表面湿润，顶板、底板尽可能蓄水养护，侧墙应淋水养护，并应遮盖湿土工布，夏季谨防太阳直晒。

（10）大体积混凝土应采取措施，防止干缩、温差等产生的裂缝，应采取以下措施：

1）在设计许可的情况下，可采用混凝土 60 d 或 90 d 强度作为设计强度。

2）采用低热或中热水泥，掺加粉煤灰、磨细矿渣粉等掺合料。

3）掺入减水剂、缓凝剂、膨胀剂等外加剂。

4）在炎热季节施工时，应采取降低原材料温度、减少混凝土运输时吸收外界热量等降温措施。

5）混凝土内部预埋管道，进行水冷散热。

6）应采取保温保湿养护。混凝土中心温度与表面温度的差值不应大于 25 ℃，混凝土表面温度与大气温度的差值不应大于 25 ℃。养护时间不应少于 14 d。

3. 防水混凝土质量检验

（1）检验数量。按混凝土外露面积每 100 m² 抽查 1 处，每处 10 m²，且不得少于 3 处，细部构造全数检查。连续浇筑混凝土 500 m³ 应留置一组抗渗试件（6 个试件），且每项工程不得少于两组。采用预拌混凝土的抗渗试件留置组数，视结构的规模要求而定。配合比和坍落度每工作班检查应不少于2次。

(2)检验标准。防水混凝土质量检验标准见表2.32。

表2.32 防水混凝土质量检验标准

类别	序号	检查项目	允许偏差或允许值		检验方法及器具
			单位	数值	
主控项目	1	原材料、配合比及坍落度		符合设计要求	检查出厂合格证、质量检验报告、计量措施和现场抽样试验报告
	2	抗压强度和抗渗压力		符合设计要求	检查混凝土抗压、抗渗试验报告
	3	变形缝、施工缝、后浇带、穿墙管道、埋设件等设置和构造		符合设计要求	观察检查和检查隐蔽工程验收记录
一般项目	1	防水混凝土结构表面质量		应坚实、平整，不得有露筋、蜂窝等缺陷	观察和钢尺检查
		埋设件位置		正确	
	2	防水混凝土结构表面裂缝宽度	mm	不应大于0.2，并不得贯通	用刻度放大镜检查
	3	防水混凝土结构厚度不应小于250 mm	mm	+15～－10	观察和钢尺检查
		迎水面钢筋保护层厚度不应小于50 mm	mm	±10	钢尺检查和隐蔽工程验收记录

4. 混凝土防水工程常见的质量问题
(1)随意加大水胶比，分层浇筑厚度大，漏振、欠振或过振。
(2)墙柱固定模板的对拉丝(钢丝或螺丝)处渗水。
(3)变形缝、施工缝、后浇带、穿墙管道、预埋件等处漏水。
(4)混凝土漏筋、蜂窝、麻面处渗水。

小 结

建筑工程防水质量好坏涉及建筑工程能否正常使用，是工程质量控制的重点，质量控制也应从材料质量抓起，重视施工过程的控制，把好最后质量检验关。本节介绍了防水材料的质量要求，水泥砂浆防水层、卷材防水层、涂料防水层、防水混凝土工程的质量控制要点与检验方法和合格标准。

课外参考资料

1.《建筑工程施工质量验收统一标准》(GB 50300—2013).
2.《建筑地基基础工程施工质量验收标准》(GB 50202—2018).
3.《地下防水工程质量验收规范》(GB 50208—2011).

4.《地下工程防水技术规范》(GB 50108—2008).

5.《建筑施工手册》编写组．建筑施工手册[M].5 版．北京：中国建筑工业出版社，2013.

6. 叶林标．防水工程禁忌手册[M]．北京：中国建筑工业出版社，2002.

7. 广东省建设工程质量安全监督检测总站．广东省房屋建筑工程竣工验收技术资料统一用表(2016 版)填写范例与指南[M]．武汉：华中科技大学出版社，2017.

素质拓展

坚持原则，守住底线

地下工程防水的原则：防、排、截、堵相结合，因地制宜，综合治理。

质量管理要按照以下原则把控。

1. 一个总目标：如期如数地产出符合客户及法规要求的产品，不断地朝零缺点靠近。

2. 二个重点：

(1)首件检查要彻底，避免错误再补救；

(2)制造过程要重视，发现异常要停线→处置→排除后继续生产。

3. 三不政策：

(1)不接受不良品；

(2)不制造不良品；

(3)不放过不良品。

4. 四大做法：

(1)参照作业指导书的要求，了解本身岗位的要领；

(2)参照规范、标准；

(3)未做先检查(首件检查)；

(4)做完再确认。

5. 五大观念：

(1)满足客户的要求，品质没有折扣；

(2)品质不是检验出来的，而是根据制造、设计习惯出来的；

(3)主动自检的效果胜过无数次的被动检查；

(4)一次就做好的事情不要让不断修理、返工来影响品质；

(5)"差不多""大概""好像"是品质最大的敌人。

6. 六不放过：

(1)原因找不到(不放过)；

(2)责任分不清(不放过)；

(3)没有纠正措施(不放过)；

(4)纠正措施不落实(不放过)；

(5)纠正措施不验证(不放过)；

(6)有效措施不纳入(不放过)。

7. 九大步骤：

(1)发掘问题；

(2)选定项目/题目；

(3)追查原因；

(4)分析数据/资料；

(5)提出方案/办法；

(6)选择对象/策；

(7)草拟行动；

(8)成果比较；

(9)标准化。

8.5W2H法：

What——有什么问题？（主要问题）

Why——为什么要这样做（目标）？明确目标，消除不必要的步骤；

Where——在哪里？完成到什么地方了？（地点）

When——什么时间是最佳的？何时开始/结束（时间）？选择顺序；

Who——谁去执行？谁负责？（人）

How——如何完成？是否有其他的方法（方法）将工作简化？

How much——完成到什么程度？成本是多少？（程度、成本）

9.5M1E：

| Man——人 | Machine——机器 | Material——物料 |
| Method——方法 | Measure——测 | Environment——环境 |

10. VIA手法：

价值分析（Value Analysis）手法

价值工程（Value Engineering）手法

工业工程（Industrial Engineering）手法

品质管制（Quality Control）手法

11. 三现五原则：

三现：现场、现物、现状。

五原则：

(1)发生状况（现象、申诉内容、发生次数），把握事实（对零部件确认结果、分析原因、现正生产该部件的品质状况）；

(2)查明原因（发生途径、问题再现试验，5个Way的分析）；

(3)适当的对策（对策内容、效果预测）；

(4)确认效果（确认对策的实际效果）；

(5)对源头的反馈（要落实到体系、组织标准化的内容）。

产品质量，要记心上；看清标准，找对方向；首样要齐，指引莫忘；注意方法，轻拿轻放；重视自检，用对包装；写准标签，及时入仓。

思考题

1. 常用的地下防水材料有哪些？其原材料质量要求有哪些？

2. 防水卷材适用于哪些地下防水工程？其质量控制资料有哪些？

3. 试述地下室卷材防水层的构造及铺贴方法。各有何特点？

4. 混凝土防水工程常见的质量问题有哪些？有哪些质量控制措施？

5. 地下防水工程施工技术交底的编制要点有哪些？

1. 实训目的：通过阅读工程验收资料，掌握验收要求，积累经验，指导今后的实际工作。

2. 能力及要求：注意学习常用防水材料、水泥砂浆防水层、卷材防水层、涂料防水层、防水混凝土工程检验批与分项工程的质量验收表格及其填写方法，以及相关责任主体的评定结论、签字格式等，写出学习体会。

3. 实训步骤：收集有关技术资料及工程实际信息，阅读教材及查阅相关技术资料，进行分析，撰写学习体会。

模块 3

主体结构工程质量检验

2019年5月16日11时10分左右,上海市长宁区昭化路148号1幢厂房发生局部坍塌,直接经济损失约3430万元。发生原因是,厂房1层承重砖墙(柱)本身承载力不足,施工过程中未采取维持墙体稳定措施,南侧承重墙在改造施工过程中承载力和稳定性进一步降低,施工时承重砖墙(柱)瞬间失稳后部分厂房结构连锁坍塌。

2019年11月26日17时21分许,云南省临沧市凤庆县在建云凤高速公路安石隧道发生涌水突泥事故,直接经济损失2525.01万元。发生原因是,安石隧道存在一隐伏含水破碎带,随着时间推移和隧道施工扰动产生的裂缝逐步贯通、渗流通道扩张,当隧道拱顶围岩强度达到极限临界状态时,突发第一次涌水突泥。事后,大量物源迅速淤积在局部堵塞点,其势能急剧增高,压力增大,造成第二次涌水突泥。

2020年3月7日19时14分,福建省泉州市鲤城区的欣佳酒店所在建筑物发生坍塌事故,直接经济损失5794万元。发生原因是,事故单位将欣佳酒店建筑物由原四层违法增加夹层改建成七层,达到极限承载能力并处于坍塌临界状态,加之事发前对底层支承钢柱违规加固焊接作业引发钢柱失稳破坏,导致建筑物整体坍塌。

2020年5月23日12时10分许,广东省河源市麻布岗镇远东花园违法建筑施工工地发生一起较大事故,直接经济损失1068万元。发生原因是,涉事建筑第20层楼顶天面装饰花架(屋面构架)在施工荷载作用下,致使本身处于不稳固状态下的模板支撑体系(木支撑架)向外倾覆坍塌。

2021年7月12日15时31分许,江苏省苏州市吴江区四季开源酒店辅房发生坍塌事故,直接经济损失约2615万元。发生原因是,施工人员在无任何加固及安全措施情况下,盲目拆除了底层六开间的全部承重横墙和绝大部分内纵墙,致使上部结构传力路径中断,二层楼面圈梁不足以承受上部二、三层墙体及二层楼面传来的荷载,导致该辅房自下而上连续坍塌。

2022年4月18日上午10时51分,郑州市金水区东风路五洲温泉游泳馆发生一起局部坍塌事件,直接经济损失434.58万元。经调查,事故直接原因为游泳馆屋盖结构长期在潮湿环境下使用,钢屋架杆件、节点及支座部位均腐蚀严重,部分杆件截面损失率较大,致使杆件强度和稳定性严重不足,部分杆件荷载引起的稳定应力严重超出材料强度。在上部荷载作用下,游泳池深水区上方钢屋架部分杆件失稳,导致屋面结构坍塌。

2023年年4月29日,长沙当地一老式楼突然发生倒塌,造成54人死亡。

……

党中央、国务院历来高度重视工程质量,特别是党的十八大以来,以习近平同志为核心的党中央作出一系列重大决策部署,推动质量控制工作取得了历史性成就,事故起数和伤亡人数、经济损失连续多年持续下降。在房屋市政工程领域,近年来的施工生产形势总体平稳,2021年发生较大及以上事故15起,是有统计以来首次低于20起,相较2020年下降31.82%,相较2012年下降48.27%。同时,我们也要清醒看到,房屋市政工程事故总量依然较高,重特大事故依然没有杜绝。特别是去年发生的广东珠海"7·15"隧道透水和今年贵州毕节"1·3"工地山体滑坡两起重大事故,损失十分惨重、教训极其深刻。

任务 1　钢筋工程质量检验

知识树

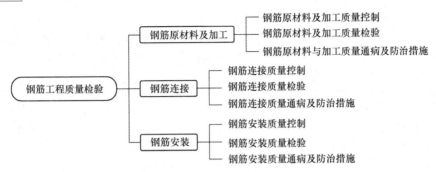

钢筋工程质量检验
- 钢筋原材料及加工
  - 钢筋原材料及加工质量控制
  - 钢筋原材料及加工质量检验
  - 钢筋原材料与加工质量通病及防治措施
- 钢筋连接
  - 钢筋连接质量控制
  - 钢筋连接质量检验
  - 钢筋连接质量通病及防治措施
- 钢筋安装
  - 钢筋安装质量控制
  - 钢筋安装质量检验
  - 钢筋安装质量通病及防治措施

内容概况

本任务主要从钢筋的原材料及加工、钢筋连接、钢筋安装三个方面对钢筋工程质量控制、质量检验和质量通病及防治措施进行讲解。

知识目标

了解钢筋工程的质量控制要点；熟悉钢筋工程质量检验的方法；掌握钢筋工程质量通病的防治措施。

能力目标

能够根据钢筋质量控制要点、施工质量验收标准对钢筋工程进行质量控制和验收；能够防治钢筋工程的质量通病。

素质目标

培养学生注重质量安全的意识，提升学生对钢筋在建筑物中的重要程度认识。

引领案例

某房屋工程，业主与施工总承包单位签订了施工总承包合同，并委托了工程监理单位。施工单位进场后，积极准备，为了赶工期，在建设单位未办理施工许可证的情况下先进行施工。由于施工单位人员及设备不足，自行决定将主体工程分包给了一家分包单位施工。施工单位为降低成本，按经验将每层楼板主筋间距 130 改为 150。

问题： 上述案件有哪些不妥之处？

1.1　钢筋原材料及加工

1. 钢筋原材料及加工质量控制

(1)原材料的质量控制。

1)严控进货渠道，选择钢筋质量、性能稳定的生产厂家，是保证钢筋质量的前提。

2)钢筋采购时，建筑工程所采用的热轧钢筋、冷拉钢筋、冷拔钢筋、

钢筋原材料

热处理钢筋、钢绞线的质量，应符合现行国家标准的有关规定。

3)钢筋进场时，应具备产品合格证、出厂检验报告。钢筋的品种、规格、型号、化学成分、力学性能等，必须满足设计要求和符合现行国家标准的有关规定。钢筋外观应平直、无损伤，不得有裂纹、片状、油污、颗粒状或片状老锈。

4)钢筋堆放场地要求是混凝土地坪、砖砌钢筋堆放墩墙，所有钢筋分类堆放、整齐有序，并且建立完善的出入库管理制度。

(2)施工过程的质量控制。

1)钢筋加工制作时，要将钢筋加工表与设计图复核，检查下料表是否有错误和遗漏，对每种钢筋要按下料表检查是否达到要求，经过这两道检查后，再按下料表放出实样，试制合格后方可成批制作，加工好的钢筋要挂牌，堆放整齐有序。

2)钢筋调直，可用机械或人工调直。经调直后的钢筋不得有局部弯曲、死弯、小波浪形，其表面伤痕不应使钢筋截面减小5%。

3)钢筋切断应根据钢筋号、直径、长度和数量，长短搭配，先断长料后断短料，尽量减少和缩短钢筋短头，以节约钢材。

2. 钢筋原材料及加工质量检验

(1)主控项目。

1)钢筋进场时，应按现行国家标准抽取试件做屈服强度、抗拉强度、伸长率、弯曲性能和重量偏差检验，检验结果应符合相应标准的规定。

检查数量：按进场批次和产品的抽样检验方案确定。

检验方法：检查质量证明文件和抽样检验报告。

2)成型钢筋进场时，应抽取试件做屈服强度、抗拉强度、伸长率和重量偏差检验，检验结果应符合现行国家相关标准的规定。对由热轧钢筋制成的成型钢筋，当有施工单位或监理单位的代表驻厂监督生产过程，并提供原材钢筋力学性能第三方检验报告时，可仅进行重量偏差检验。

检查数量：同一厂家、同一类型、同一钢筋来源的成型钢筋，不超过30 t为一批，每批中每种钢筋牌号、规格均应至少抽取1个钢筋试件，总数不应少于3个。

检验方法：检查质量证明文件和抽样检验报告。

3)对按一、二、三级抗震等级设计的框架和斜撑构件(含梯段)中的纵向受力普通钢筋应采用HRB335E、HRB400E、HRB500E、HRBF335E、HRBF400E或HRBF500E钢筋。其强度和最大力下总伸长率的实测值应符合下列规定：

①抗拉强度实测值与屈服强度实测值的比值不应小于1.25。

②屈服强度实测值与屈服强度标准值的比值不应大于1.30。

③最大力下总伸长率不应小于9%。

检查数量：按进场的批次和产品的抽样检验方案确定。

检验方法：检查抽样检验报告。

(2)一般项目。

1)钢筋应平直、无损伤，表面不得有裂纹、油污、颗粒状或片状老锈。

检查数量：全数检查。

检验方法：观察。

2)成型钢筋的外观质量和尺寸偏差应符合现行国家相关标准的规定。

检查数量：同一厂家、同一类型的成型钢筋，不超过30 t为一批，每批随机抽取3个成型钢筋。

检验方法：观察，尺量。

3)钢筋机械连接套筒、钢筋锚固板以及预埋件等的外观质量应符合现行国家相关标准的规定。

检查数量：按现行国家相关标准的规定确定。

检验方法：检查产品质量证明文件；观察，尺量。

3. 钢筋原材料与加工质量通病及防治措施

(1)钢筋全长有一处或数处慢弯或折弯。防治措施如下:

1)采用车架较长的运输车或挂车,对较长的钢筋,尽可能采用吊架装卸车,避免用钢丝绳捆绑。

2)采用液压机或慢速卷扬机进行冷拉调直。

3)用钢筋工作案子,将弯折处放在卡盘上扳柱间,用平头横口扳子将钢筋弯曲处扳直。

4)在钢筋工作案上用大锤调直。

(2)切断尺寸不准,断口端呈马蹄状。防治措施如下:

1)拧紧定尺卡扳的紧固螺栓,切断过程中经常检查核对断料尺寸。

2)调正切断机固定刀片与冲切刀片间的水平间隙,以 0.5~1 mm 为宜。

(3)成型钢筋尺寸不准,由于下料不准确,画线方法不对或误差过大,用手工弯曲时扳距选择不当,角度控制没有采取保证措施。防治措施如下:

1)预先确定各种形状钢筋下料长度调整值。

2)扳距根据已讲过的参考值进行调整。

3)复杂形状或大批量同一种形状钢筋,要放出实样,选择合适的操作参数(画线、扳距等)。

1.2 钢筋连接

1. 钢筋连接质量控制

(1)审查钢筋连接按技术要求选用,并应符合下列原则:

1)直径 10 mm 以上钢筋的连接应优先采用焊接,尤其是闪光对焊。在不能施行闪光对焊时,可采用电弧焊、电渣压力焊。

2)对有抗弯要求的受力钢筋的连接应采用焊接或机械挤压连接。

3)一般现浇钢筋混凝土结构竖向受力钢筋的连接应优先采用电渣压力焊。

4)超高层建筑、重要建筑竖向受力钢筋的连接应优先采用机械挤压连接或锥螺纹套管连接。

5)有动载、要求抗疲劳性能良好的接头,应优先采用挤压连接,可以采用电渣压力焊,不得采用气压焊连接。

6)可焊性不好的受力钢筋应采用挤压连接。

7)大风、雨雪季节和严寒地区施工应优先采用挤压连接。

(2)检查钢筋连接施工应按经审查确认的钢筋连接工程施工技术方案进行,并监控质量保证措施的落实。

(3)检查受力焊接接头的位置:

1)应设在受力较小部位。

2)受力钢筋的焊接接头应相互错开。

3)同一根钢筋尽量少设接头,在 35d(d 为钢筋直径)且不小于 500 mm 的区段内,只允许有一个接头。

4)在上述段内,有接头的受拉钢筋面积占受拉区钢筋总面积的百分率不宜超过 50%(非预应力筋),受压区不限。

(4)钢筋连接采用对焊时,重点监控以下内容:

1)每批钢筋对焊施工前,应在现场条件下按预选的对焊参数进行试焊,制作两组试件(每组3 根),一组做拉伸试验,另一组做弯曲试验,试验合格,方可正式施焊。

2)每班作业前,还应先试焊两个接头,经外观检查合格,方可进行对焊。

3)不同直径的钢筋对焊时。二者截面面积之比不宜大于 1.5。

4)冷拉钢筋先对焊后冷拉。

5)对焊前,钢筋端头应无弯曲,并应在 150 mm 长度范围内清污、除锈。

6)对焊作业区应有防风、防雨措施。气温较低时,应调整对焊工艺和参数,焊后应立即以合适的保温材料对接头热影响区进行保温,防止接头骤冷脆裂。

7)施工过程中应随时检查接头的处理质量,如发现缺陷(裂纹、氧化、烧伤、钢筋轴线位移或弯折超差等),应监督及时采取措施加以解决。

(5)钢筋连接采用电弧焊时,重点监控以下内容:

1)电弧焊施工前,应在现场条件下,按预先的焊条直径和焊接电流进行试焊,制作一组(3根)试件做拉伸试验,试验合格,方可正式施焊。

2)帮条焊和搭接焊均应尽量采用双面焊。帮条的长度与规格应符合《钢筋焊接及验收规程》(JGJ 18—2012)的要求。

3)帮条焊和搭接焊焊缝厚度与宽度应符合《钢筋焊接及验收规程》(JGJ 18—2012)的要求。

4)冷拉钢筋应先电弧焊后冷拉。

5)焊接前,钢筋端头焊接部分应无弯曲,并应清污、除锈。

6)坡口焊前的坡口加工等准备工作和坡口焊工艺均应符合《钢筋焊接及验收规程》(JGJ 18—2012)的要求。

7)预制构件的连接采用电弧焊时,应先选择合理的焊接顺序,必要时有两名焊工对称施焊,以减少变形。

8)电弧焊低温焊接措施应符合《钢筋焊接及验收规程》(JGJ 18—2012)的要求。

9)焊接过程中应及时清渣,随时检查焊缝外观质量,如发现缺陷(有较大凹陷或焊瘤、裂纹、未焊透、咬边过深、表面烧伤、钢筋轴线弯折或偏移超差等),应监督及时,采取措施加以解决。

(6)钢筋连接采用电渣压力焊时,重点监控以下内容:

1)电渣压力焊施工前,应在现场条件下按预选的工艺参数进行试焊,制作一组(3根)试件做拉伸试验,试验合格,方可正式施焊。

2)每班作业前,还应先试焊两个接头,经外观检查合格,方可进行焊接。

3)电渣压力焊前,钢筋端头应无弯曲,并应对端头焊接区作彻底的除锈处理。

4)焊剂的选择与使用应符合《钢筋焊接及验收规程》(JGJ 18—2012)的有关规定。

5)雨雪天不得施焊,负温(−5 ℃左右)下焊接应调整工艺参数,并应防风。

6)施工过程中应随时检查接头的外观质量,如发现缺陷(焊色不均匀、咬边、烧伤、气孔、偏心、弯折等),应督促及时采用措施加以解决。

2. 钢筋连接质量检验

(1)主控项目。

1)钢筋的连接方式应符合设计要求。

检查数量:全数检查。

检验方法:观察。

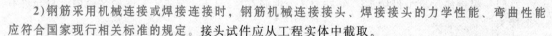

钢筋连接

2)钢筋采用机械连接或焊接连接时,钢筋机械连接接头、焊接接头的力学性能、弯曲性能应符合国家现行相关标准的规定。接头试件应从工程实体中截取。

检查数量:按现行行业标准《钢筋机械连接技术规程》(JGJ 107—2016)和《钢筋焊接及验收规程》(JGJ 18—2012)的规定确定。

检验方法:检查质量证明文件和抽样检验报告。

3)钢筋采用机械连接时,螺纹接头应检验拧紧扭矩值,挤压接头应量测压痕直径,检验结果应符合现行行业标准《钢筋机械连接技术规程》(JGJ 107—2016)的相关规定。

检查数量:按现行行业标准《钢筋机械连接技术规程》(JGJ 107—2016)的规定确定。

检验方法:采用专用扭力扳手或专用量规检查。

(2)一般项目。

1)钢筋接头的位置应符合设计和施工方案要求。有抗震设防要求的结构中,梁端、柱端箍筋加密区范围内不应进行钢筋搭接。接头末端至钢筋弯起点的距离不应小于钢筋直径的10倍。

检查数量：全数检查。

检验方法：观察，尺量。

2）钢筋机械连接接头、焊接接头的外观质量应符合现行行业标准《钢筋机械连接技术规程》（JGJ 107—2016）和《钢筋焊接及验收规程》（JGJ 18—2012）的规定。

检查数量：按现行行业标准《钢筋机械连接技术规程》（JGJ 107—2016）和《钢筋焊接及验收规程》（JGJ 18—2012）的规定确定。

检验方法：观察，尺量。

3）当纵向受力钢筋采用机械连接接头或焊接接头时，同一连接区段内纵向受力钢筋的接头面积百分率应符合设计要求；当设计无具体要求时，应符合下列规定：

①受拉接头，不宜大于50%；受压接头，可不受限制。

②直接承受动力荷载的结构构件中，不宜采用焊接；当采用机械连接时，不应超过50%。

检查数量：在同一检验批内，对梁、柱和独立基础，应抽查构件数量的10%，且不应少于3件；对墙和板，应按有代表性的自然间抽查10%，且不应少于3间；对大空间结构，墙可按相邻轴线间高度5 m左右划分检查面，板可按纵横轴线划分检查面，抽查10%，且均不应少于3面。

检验方法：观察，尺量。

4）当纵向受力钢筋采用绑扎搭接接头时，接头的设置应符合下列规定：

①接头的横向净间距不应小于钢筋直径，且不应小于25 mm。

②同一连接区段内，纵向受拉钢筋的接头面积百分率应符合设计要求；当设计无具体要求时，应符合下列规定：

a. 梁类、板类及墙类构件，不宜超过25%：基础筏板，不宜超过50%。

b. 柱类构件，不宜超过50%。

c. 当工程中确有必要增大接头面积百分率时，对梁类构件，不应大于50%。

检查数量：在同一检验批内，对梁、柱和独立基础，应抽查构件数量的10%，且不应少于3件；对墙和板，应按有代表性的自然间抽查10%，且不应少于3间；对大空间结构，墙可按相邻轴线间高度5 m左右划分检查面，板可按纵横轴线划分检查面，抽查10%，且均不应少于3面。

检验方法：观察，尺量。

5）梁、柱类构件的纵向受力钢筋搭接长度范围内箍筋的设置应符合设计要求；当设计无具体要求时，应符合下列规定：

①箍筋直径不应小于搭接钢筋较大直径的1/4。

②受拉搭接区段的箍筋间距不应大于搭接钢筋较小直径的5倍，且不应大于100 mm。

③受压搭接区段的箍筋间距不应大于搭接钢筋较小直径的10倍，且不应大于200 mm。

④当柱中纵向受力钢筋直径大于25 mm时，应在搭接接头两个端面外100 mm范围内各设置两个箍筋，其间距宜为50 mm。

检查数量：在同一检验批内，应抽查构件数量的10%，且不应少于3件。

检验方法：观察，尺量。

3. 钢筋连接质量通病及防治措施

(1)已焊钢筋表面局部有削弱质量隐患。防治措施如下：

1)严格操作，避免带电的焊条、焊把与钢筋非焊接部位接触，引起电弧烧伤钢筋。

2)地线与钢筋接触要良好紧固。

3)HRB335级、HRB400级钢筋有烧伤缺陷时，应予以铲除磨平，视情况补焊加固，然后进行回火处理。

（2）焊缝与钢筋交界处烧成缺口，没有得到熔化金属的补充。防治措施如下：

1）选择合适的电流，避免电流过大。

2）缩短焊接时间。

3）对已经产生咬边部位，清渣后应进行补焊。

（3）钢筋焊接区，上下电极与钢筋表面接触处均有烧伤，焊点周界熔化钢液外溢过大。防治措施如下：

1）严格执行班前试验，正确优选焊接参数，进行试焊样品质量自检。

2）电压的变化直接影响焊点强度。一般情况下，电压降低15%，焊点强度可降低20%；电压降低20%，焊点强度可降低40%。因此，要随时注意电压的变化，电压降低或升高应控制在5%的范围内。

3）降低变压器级数，缩短通电时间。

（4）焊接头两端轴线偏移大于$0.15d$（d为较小钢筋直径），或超过4 mm，接头弯折角度大于4°。防治措施如下：

1）焊接前检查夹具质量，分析有无产生偏心和弯折的可能。

2）确认夹紧钢筋后再实行焊接。

3）焊接完成，待接头红色消失后，再卸下夹具，以免钢筋倾斜。

4）对弯折角大于4°的可以加热后校正；对于偏心大于$0.15d$（d为较小钢筋直径），或超过4 mm的要割掉重焊。

1.3 钢筋安装

1. 钢筋安装质量控制

（1）钢筋安装前，应进行安全技术交底，并履行有关手续。应根据施工图核对钢筋的品种、规格、尺寸和数量，并落实钢筋安装工序。

钢筋安装

（2）钢筋安装时，应检查钢筋的品种、级别、规格、数量是否符合设计要求，检查钢筋骨架、钢筋网绑扎方法是否正确、是否牢固可靠。

（3）钢筋绑扎时，应检查钢筋的交叉点是否用钢丝扎牢，板、墙钢筋网的搭接钢筋位置是否准确；双向受力钢筋必须绑扎牢固，绑扎基础底板钢筋应使弯钩朝上，梁和柱的箍筋（除有特殊设计的要求外）应与受力钢筋垂直，箍筋弯钩叠合处，应沿搭接钢筋方向错开放置，梁的箍筋弯钩应放在受压处。

（4）注意控制框架结构节点核心区、剪力墙结构暗柱与连梁交接处、梁与柱的箍筋设置是否符合要求，框架—剪力墙结构或剪力墙结构中连墙箍筋在暗柱中的设置是否符合要求，框架梁、柱箍筋加密区长度和间距是否符合要求，框架梁、连梁在柱（墙、梁）中的锚固方式和锚固长度是否符合设计要求（工程中往往存在部分钢筋水平段锚固不满足设计要求的现象）。

（5）当剪力墙钢筋直径较细时，注意控制钢筋的水平度与垂直度，应当采取适当措施（如增加梯子筋数量等）确保钢筋位置正确。

（6）工程实践中为便于施工，剪力墙中的拉筋加工往往是一端加工成135°弯钩，另一端暂时加工成90°弯钩，待拉筋就位后再将90°弯钩弯扎成型。如果加工措施不当，往往会出现拉筋变形使剪力墙筋骨架减小的现象，钢筋安装时应予以控制。

（7）工程中常常出现由于墙柱钢筋固定措施不合格，导致下柱（墙）钢筋位置偏离设计要求的现象，隐蔽工程验收时应查验墙柱钢筋错位的措施是否得当。

（8）钢筋安装时，检查梁、柱箍筋弯钩处是否沿受力钢筋方向相互错开放置，绑扎扣是否按变换方向进行绑扎。

（9）钢筋安装完毕后，检查钢筋保护层垫块、马凳是否根据钢筋直径、间距和设计要求正确放置。

2. 钢筋安装质量检验

（1）主控项目。

1）钢筋安装时，受力钢筋的牌号、规格和数量必须符合设计要求。

检查数量：全数检查。

检验方法：观察，尺量。

2）钢筋应安装牢固。受力钢筋的安装位置、锚固方式应符合设计要求。

检查数量：全数检查。

检验方法：观察，尺量。

（2）一般项目。

钢筋安装允许偏差及检验方法应符合表 3.1 的规定。

受力钢筋保护层厚度的合格点率应达到 90% 及以上，且不得有超过表中数值 1.5 倍的尺寸偏差。

检查数量：在同一检验批内，对梁、柱和独立基础，应抽查构件数量的 10%，且不应少于 3 件；对墙和板，应按有代表性的自然间抽查 10%，且不应少于 3 间；对大空间结构，墙可按相邻轴线间高度 5 m 左右划分检查面，板可按纵、横轴线划分检查面，抽查 10%，且均不应少于 3 面。

表 3.1　钢筋安装允许偏差及检验方法

项目		允许偏差/mm	检验方法
绑扎钢筋网	长、宽	±10	尺量
	网眼尺寸	±20	尺量连续三档，取最大偏差值
绑扎钢筋骨架	长	±10	尺量
	宽、高	±5	尺量
纵向受力钢筋	锚固长度	−20	尺量
	间距	±10	尺量两端、中间各一点，取最大偏差值
	排距	±5	
纵向受力钢筋、箍筋的混凝土保护层厚度	基础	±10	尺量
	柱、梁	±5	尺量
	板、墙、壳	±3	尺量
绑扎钢筋、横向钢筋间距		±20	尺量连续三档，取最大偏差值
钢筋弯起点位置		20	尺量
预埋件	中心线位置	5	尺量
	水平高差	+3，0	塞尺量测

3. 钢筋安装质量通病及防治措施

（1）柱钢筋错位。防治措施如下：

1）在外伸部分加一道临时箍筋，按图纸位置安设好，然后用样板、铁卡或木方卡好固定。

2)浇筑混凝土前再复查一遍，如发生移位，则应矫正后再浇筑混凝土。

3)注意浇筑操作，尽量不碰撞钢筋。

4)浇筑过程中由专人随时检查，及时核对改正。

(2)露筋。防治措施如下：

1)砂浆垫块垫得适量可靠。

2)对于竖立钢筋，可采用埋有钢丝的垫块，绑在钢筋骨架外侧；同时，为使保护层厚度准确，需用钢丝将钢筋骨架拉向模板，挤牢垫块；钢筋骨架如果是在模外绑扎，要控制好它的总外形尺寸，不得超过允许偏差。

(3)钢筋遗漏。防治措施如下：

1)绑扎钢筋骨架之前要根据图纸内容，并按钢筋材料表核对配料单和料牌，检查钢筋规格是否齐全准确，形状、数量是否与图纸相符。

2)在熟悉图纸的基础上，仔细研究各号钢筋绑扎安装顺序和步骤。

3)整个钢筋骨架绑完后，应清理现场，检查有无某号钢筋遗留。

(4)上部钢筋(负钢筋)向构件截面中部移位或向下沉落。防治措施：利用一些套箍或各种马凳之类支架将上、下网片予以相互联系，成为整体。

小 结

本任务主要介绍了钢筋工程在施工过程中的质量控制、验收方法和标准，以及质量通病的防治。通过学习，学生应能够参与钢筋工程的质量检验和验收，能够规范填写检验批验收记录。

课外参考资料

1.《建筑工程施工质量验收统一标准》(GB 50300—2013).

2.《混凝土结构工程施工质量验收规范》(GB 50204—2015).

3.《钢结构工程施工质量验收标准》(GB 50205—2020).

4.《钢筋焊接及验收规程》(JGJ 18—2012).

5.《钢筋机械连接技术规程》(JGJ 107—2016).

素质拓展

从我国的钢筋发展史，看祖国的强大

钢筋是建筑中重要的材料之一，我国的钢筋于1952年问世，在苏联专家指导下生产3号钢；当时还没有具体的标准，直到1955年我国第一部重工业部颁布的钢筋标准诞生，编号为重111—55，该标准增加了5号钢，由于其含碳量较高，塑性和焊接性较差，1969年被16Mn钢筋所取代，又由于16Mn钢筋强度偏低，紧接着被20MnSi钢筋所取代；冶金工业部成立后，有关冶金领域的重工业标准相继转为冶金部标准，虽然有了很大的发展，但20世纪60年代的高强钢筋和预应力钢筋由于其工艺性能和力学性能差等原因没有得到市场的认可；1979年，钢筋标准进一步修订为GB 1499—1979，从冶金部标准上升为国家标准，从原标准中删除热处理钢筋，同时降低原标准钢筋强度，普通混凝土钢筋从390 MPa降低至370 MPa。GB 1499—1979是我国钢筋史上非常重要的一部标准，它是改革开放之初标准制定与现实钢铁国情相结合的一部标准，它同时象征着我国开始步入高强度钢筋时代；进入21世纪后，随着我国基建

项目的增多、国力的增强，钢筋质量有了质的飞跃，但在高强度钢筋、低能耗生产、环保方面仍然有很远的路要走。

思考题

1. 施工时对进场钢筋有何要求？
2. 保证钢筋连接施工质量的措施有哪些？
3. 钢筋安装如何进行检验？

实训练习

1. 实训目的：通过阅读工程验收资料，掌握验收要求，积累经验，指导今后的实际工作。

2. 能力及要求：注意学习钢筋工程检验批、分项工程的质量验收表格及其填写方法，以及相关责任主体的评定结论、签字格式等，写出学习体会。

3. 实训步骤：收集有关技术资料及工程实际信息，阅读教材及查阅相关技术资料，进行分析，撰写学习体会。

任务 2　模板工程质量检验

模板是新浇混凝土成型用的模型。模板系统由模板、支承件和紧固件组成。要求：能保证结构和构件的形状、尺寸准确；有足够的强度、刚度和稳定性；装拆方便，可多次使用。

➡ 知识树

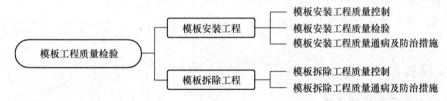

⊕ 内容概况

本任务主要从模板安装和模板拆除两个方面对模板工程质量控制、质量检验和质量通病及防治措施进行讲解。

📖 知识目标

了解模板工程的质量控制要点；熟悉模板工程质量检验的方法；掌握模板工程质量通病的防治措施。

⚙ 能力目标

能够根据模板工程质量控制要点、工程质量验收标准对模板工程进行质量控制和验收；能够防治模板工程的质量通病。

增强科技发展的忧患意识和责任意识。

引领案例

某市电视台演播中心工程地下二层、地上十八层，建筑面积为 34 000 m²，采用现浇框架—剪力墙结构体系。7月，开始搭设模板支撑系统支架，支架钢管、扣件等总吨位约为 290 t，钢管和扣件分别由甲方、市建工局材料供应处、某物资公司提供或租用。原计划 9 月月底完成屋面混凝土浇筑，预计 10 月 25 日下午 4 时完成混凝土浇筑。在大演播厅舞台支撑系统支架搭设前，项目部在没有施工方案的情况下，按搭设顶部模板支撑系统的施工方法，先后完成了三个演播厅、门厅和观众厅的搭设模板和浇筑混凝土施工。

8 月 22 日，开始搭设施工，但时断时续。搭设时没有施工方案，没有图纸，没有进行技术交底。项目副经理成某决定支架立杆、纵横向水平杆的搭设尺寸按常规（即前五个厅的支架尺寸）进行搭设，项目部施工员丁某在现场指挥搭设。

10 月 17 日，开始进行模板安装，10 月 24 日完成。23 日，木工工长孙某向项目部副经理成某反映水平杆加固没有到位，成某即安排架子工加固支架；25 日浇筑混凝土时，仍有 6 名架子工在继续加固支架。

10 月 25 日 6 时 55 分开始浇筑混凝土，10 时 10 分，当浇筑混凝土由北向南单向推进，浇至主次梁交叉点区域时，模板支架立杆失稳，引起支撑系统整体倒塌。屋顶模板上正在浇筑混凝土的工人纷纷随塌落的支架和模板坠落，部分工人被塌落的支架、模板和混凝土浆掩埋。最后，造成正在现场施工的民工和电视台工作人员 6 人死亡、35 人受伤（其中重伤 11 人），直接经济损失 70.781 5 万元。

问题：

1. 请指出施工中存在的管理问题，哪些地方没有按照建设程序施工？

2. 模板应如何搭设？搭设完成后如何进行验收？

2.1 模板安装工程

1. 模板安装工程质量控制

（1）模板材料质量要求。

1）钢模板制作。钢模板宜采用标准化的组合模板。组合钢模板的拼装应符合现行国家标准《组合钢模板技术规范》（GB/T 50214—2013）的规定。各种螺栓连接件应符合现行国家有关标准的规定。钢模板及其配件应按批准的加工图加工，成品经检验合格后方可使用。

2）木模板制作。木模板可在工厂或施工现场制作，木模板与混凝土接触的表面应平整、光滑，多次重复使用的木模板应在内侧加钉薄钢板。木模板的接缝可做成平缝、搭接缝或企口缝。当采用平缝时，应采取措施防止漏浆。木模板的转角处应加嵌条或做成斜角。重复使用的模板应始终保持其表面平整、形状准确，不漏浆，有足够的强度和刚度。

（2）模板安装质量控制。安装模板之前，应事先熟悉设计图纸，掌握建筑物结构的形状、尺寸，并根据现场条件，初步考虑好立模及支撑的程序，以及与钢筋绑扎、混凝土浇捣等工序的配合，尽量避免工种之间的相互干扰。

1）模板竖立后，须切实校正位置和尺寸，垂直方向用垂球校对，水平长度用钢尺丈量两次以上，务使模板的尺寸符合设计标准。

2）模板各结合点与支撑必须坚固紧密、牢固可靠，尤其是采用振捣器捣固的结构部位，更应注意，以免在浇捣过程中发生裂缝、鼓肚等不良情况。但为了增加模板的周转次数，减少模板拆模损耗，模板结构的安装应力求简便，尽量少用圆钉，多用螺栓、木楔、拉条等进行加固联结。

3）凡属承重的梁板结构，跨度大于4 m以上时，由于地基的沉陷和支撑结构的压缩变形，跨中应预留起拱高度。

4）为避免拆模时建筑物受到冲击或震动，安装模板时，撑柱下端应设置硬木楔形垫块，所用支撑不得直接支撑于地面，应安装在坚实的桩基或垫板上，使撑木有足够的支承面积，以免沉陷变形。

5）模板安装完毕，最好立即浇筑混凝土，以防日晒雨淋导致模板变形。为保证混凝土表面光滑和便于拆卸，宜在模板表面涂抹肥皂水或润滑油。夏季或在气候干燥情况下，为防止模板干缩裂缝漏浆，在浇筑混凝土之前，需洒水养护。如发现模板因干燥产生裂缝，应事先用木条或油灰填塞衬补。

6）安装边墙、柱等模板时，在浇筑混凝土以前，应将模板内的木屑、刨片、泥块等杂物清除干净，并仔细检查各联结点及接头处的螺栓、拉条、楔木等有无松动滑脱现象。在浇筑混凝土过程中，木工、钢筋、混凝土、架子等工种均应有专人"看仓"，以便发现问题随时加固修理。

2. 模板安装工程质量检验

(1)主控项目。

1）模板及支架用材料的技术指标应符合现行国家有关标准的规定。进场时应抽样检验模板和支架材料的外观、规格和尺寸。

检查数量：按现行国家相关标准的规定确定。

检验方法：检查质量证明文件；观察，尺量。

2）现浇混凝土结构模板及支架的安装质量，应符合现行国家有关标准的规定和施工方案的要求。

检查数量：按现行国家相关标准的规定确定。

检验方法：按现行国家相关标准的规定执行。

3）后浇带处的模板及支架应独立设置。

检查数量：全数检查。

检验方法：观察。

模板安装

4）支架竖杆和竖向模板安装在土层上时，应符合下列规定：

①土层应坚实、平整，其承载力或密实度应符合施工方案的要求。

②应有防水、排水措施；对冻胀性土，应有预防冻融措施。

③支架竖杆下应有底座或垫板。

检查数量：全数检查。

检验方法：观察；检查土层密实度检测报告、土层承载力验算或现场检测报告。

(2)一般项目。

1）模板安装质量应符合下列规定：

①模板的接缝应严密。

②模板内不应有杂物、积水或冰雪等。

③模板与混凝土的接触面应平整、清洁。

④用作模板的地坪、胎膜等应平整、清洁，不应有影响构件质量的下沉、裂缝、起砂或起鼓。

⑤对清水混凝土及装饰混凝土构件，应使用能达到设计效果的模板。

检查数量：全数检查。

检验方法：观察。

2)隔离剂的品种和涂刷方法应符合施工方案的要求。隔离剂不得影响结构性能及装饰施工；不得沾污钢筋、预应力筋、预埋件和混凝土接槎处；不得对环境造成污染。

检查数量：全数检查。

检验方法：检查质量证明文件；观察。

3)模板的起拱应符合现行国家标准《混凝土结构工程施工规范》(GB 50666—2011)的规定，并应符合设计及施工方案的要求。

检查数量：在同一检验批内，对梁，跨度大于 18 m 时应全数检查，跨度不大于 18 m 时应抽查构件数量的 10%，且不应少于 3 件；对板，应按有代表性的自然间抽查 10%，且不应少于 3 间；对大空间结构，板可按纵、横轴线划分检查面，抽查 10%，且不应少于 3 面。

检验方法：水准仪或尺量。

4)现浇混凝土结构多层连续支模应符合施工方案的规定。上下层模板支架的竖杆宜对准。竖杆下垫板的设置应符合施工方案的要求。

检查数量：全数检查。

检验方法：观察。

5)固定在模板上的预埋件和预留孔洞不得遗漏，且应安装牢固。有抗渗要求的混凝土结构中的预埋件，应按设计及施工方案的要求采取防渗措施。

预埋件和预留孔洞的位置应满足设计和施工方案的要求。当设计无具体要求时，其位置偏差应符合表 3.2 的规定。

检查数量：在同一检验批内，对梁、柱和独立基础，应抽查构件数量的 10%，且不应少于 3 件；对墙和板，应按有代表性的自然间抽查 10%，且不应少于 3 间；对大空间结构墙可按相邻轴线间高度 5 m 左右划分检查面，板可按纵、横轴线划分检查面，抽查 10%，且均不应少于 3 面。

检验方法：观察，尺量。

表 3.2　预埋件和预留孔洞的安装允许偏差

项目		允许偏差/mm
预埋板中心线位置		3
预埋管、预留孔中心线位置		3
插筋	中心线位置	5
	外露长度	+10，0
预埋螺栓	中心线位置	2
	外露长度	+10，0
预留洞	中心线位置	10
	尺寸	+10，0

注：检查中心线位置时，沿纵、横两个方向量测，并取其中偏差的较大值。

6)现浇结构模板安装的允许偏差及检验方法应符合表 3.3 的规定。

检查数量：在同一检验批内，对梁、柱和独立基础，应抽查构件数量的 10%，且不应少于 3 件；对墙和板，应按有代表性的自然间抽查 10%，且不应少于 3 间；对大空间结构，墙可按相邻轴线间高度 5 m 左右划分检查面，板可按纵、横轴线划分检查面，抽查 10%，且均不应少于 3 面。

表 3.3　现浇结构模板安装的允许偏差及检验方法

项目		允许偏差/mm	检验方法
轴线位置		5	尺量
底模上表面标高		±5	水准仪或拉线、尺量
模板内部尺寸	基础	±10	尺量
	柱、墙、梁	±5	尺量
	楼梯相邻踏步高差	5	尺量
柱、墙垂直度	层高≤6 m	8	经纬仪或吊线、尺量
	层高>6 m	10	经纬仪或吊线、尺量
相邻模板表面高差		2	尺量
表面平整度		5	2 m 靠尺和塞尺量测

注：检查轴线位置，当有纵横两个方向时，沿纵、横两个方向量测，并取其中偏差的较大值。

7)预制构件模板安装的允许偏差及检验方法应符合表 3.4 的规定。

检查数量：首次使用及大修后的模板应全数检查；使用中的模板应抽查 10%，且不应少于 5 件，不足 5 件时应全数检查。

表 3.4　预制构件模板安装的允许偏差及检验方法

项目		允许偏差/mm	检验方法
长度	梁、板	±4	尺量两侧边，取其中较大值
	薄腹梁、桁架	±8	
	柱	0，−10	
	墙板	0，−5	
宽度	板、墙板	0，−5	尺量两端及中部，取其中较大值
	薄腹梁、桁架	+2，−5	
高(厚)度	板	+2，−3	尺量两端及中部，取其中较大值
	墙板	0，−5	
	梁、薄腹梁、桁架、柱	+2，−5	
侧向弯曲	梁、板、柱	$L/1\,000$ 且≤15	拉线、尺量 最大弯曲处
	墙板、薄腹梁、桁架	$L/1\,500$ 且≤15	
板的表面平整度		3	2 m 靠尺和塞尺量测
相邻模板表面高低差		1	尺量
对角线差	板	7	尺量两对角线
	墙板	5	
翘曲	板、墙板	$L/1\,500$	水平尺在两端量测
设计起拱	薄腹梁、桁架、梁	±3	拉线、尺量跨中

注：L 为构件长度(mm)。

3. 模板安装工程质量通病及防治措施

(1)轴线位移。防治措施如下：

1)严格按 1/10～1/15 的比例将各分部、分项翻成详图并注明各部位编号、轴线位置、几何尺寸、剖面形状、预留孔洞、预埋件等，经复核无误后认真对生产班组及操作工人进行技术交底，作为模板制作、安装的依据。

2）模板轴线测放后，组织专人进行技术复核验收，确认无误后才能支模。

3）墙、柱模板根部和顶部必须设可靠的限位措施，如采用现浇楼板混凝土上预埋短钢筋固定钢支撑，以保证底部位置准确。

4）支模时要拉水平、竖向通线，并设竖向垂直度控制线，以保证模板水平、竖向位置准确。

5）根据混凝土结构特点，对模板进行专门设计，以保证模板及其支架具有足够强度、刚度及稳定性。

6）混凝土浇筑前，对模板轴线、支架、顶撑、螺栓进行认真检查、复核，发现问题及时进行处理。

7）混凝土浇筑时，要均匀对称下料，浇筑高度应严格控制在施工规范允许的范围内。

（2）标高偏差。防治措施如下：

1）每层楼设足够的标高控制点，竖向模板根部须做找平。

2）模板顶部设标高标记，严格按标记施工。

3）建筑楼层标高由首层±0.000标高控制，严禁逐层向上引测，以防止累计误差，当建筑高度超过30 m时，应另设标高控制线，每层标高引测点应不少于2个，以便复核。

4）预埋件及预留孔洞，在安装前应与图纸对照，确认无误后准确固定在设计位置上，必要时用电焊或套框等方法将其固定，在浇筑混凝土时，应沿其周围分层均匀浇筑，严禁撞击和振动预埋件模板。

5）楼梯踏步模板安装时应考虑装修层厚度。

（3）结构变形。防治措施如下：

1）模板及支撑系统设计时，应充分考虑其本身自重、施工荷载及混凝土的自重和浇捣时产生的侧向压力，以保证模板及支架有足够的承载能力、刚度和稳定性。

2）梁底支撑间距应能够保证在混凝土重量和施工荷载作用下不产生变形，支撑底部若为泥土地基，应先认真夯实，设置排水沟，并铺放通长垫木或型钢，以确保支撑不沉陷。

3）组合小钢模拼装时，连接件应按规定放置，围檩及对拉螺栓间距、规格应按设计要求设置。

4）梁、柱模板若采用卡具时，其间距要按规定设置，并要卡紧模板，其宽度比截面尺寸略小。

5）梁、墙模板上部必须有临时撑头，以保证混凝土浇捣时的梁、墙上口宽度。

6）浇捣混凝土时，要均匀对称下料，严格控制浇灌高度，特别是门窗洞口模板两侧，既要保证混凝土振捣密实，又要防止过分振捣引起模板变形。

7）对跨度不小于4 m的现浇钢筋混凝土梁、板，其模板应按设计要求起拱；当设计无具体要求时，起拱高度宜为跨度的1/1 000～3/1 000。

8）采用木模板、胶合板模板施工时，经验收合格后应及时浇筑混凝土，防止木模板长期暴晒、雨淋发生变形。

（4）接缝不严。防治措施如下：

1）翻样要认真，严格按1/10～1/50比例将各分部分项细部翻成详图，详细编注，经复核无误后认真向操作工人交底，强化工人质量意识，认真制作定型模板和拼装。

2）严格控制木模板含水率，制作时拼缝严密。

3）木模板安装周期不宜过长，浇筑混凝土时，木模板要提前浇水湿润，使其胀开密缝。

4)钢模板变形,特别是边杠外变形,要及时修整平直。

5)钢模板间嵌缝措施要控制,不能用油毡、塑料布、水泥袋等去嵌缝堵漏。

6)梁、柱交接部位支撑要牢靠,拼缝要严密(必要时缝间加双面胶纸),发生错位要校正好。

(5)脱模剂使用不当。防治措施如下:

1)拆模后,必须清除模板上遗留的混凝土残浆后再刷脱模剂。

2)严禁用废机油做脱模剂。脱模剂材料选用原则应为:既便于脱模又便于混凝土表面装饰。选用的材料有皂液、滑石粉、石灰水及其混合液和各种专门化学制品脱模剂等。

3)脱模剂材料宜搅拌成稠状,应涂刷均匀,不得流淌,一般刷两度为宜,以防漏刷,也不宜涂刷过厚。

4)脱模剂涂刷后,应在短期内及时浇筑混凝土,以防隔离层遭受破坏。

(6)模板未清理干净。防治措施如下:

1)钢筋绑扎完毕,用压缩空气或压力水清除模板内垃圾。

2)在封模前,派专人将模内垃圾清除干净。

3)墙柱根部、梁柱接头处预留清扫孔,预留孔尺寸≥100 mm×100 mm,模内垃圾清除完毕后及时将清扫口处封严。

2.2 模板拆除工程

1. 模板拆除工程质量控制

(1)模板拆除时,可采取先支的后拆、后支的先拆,先拆非承重模板、后拆承重模板的顺序,并应从上而下进行拆除。

(2)当混凝土强度达到设计要求时,方可拆除底模及支架;当设计无具体要求时,同条件养护试件的混凝土抗压强度应符合表3.5的规定。

表3.5 底模拆除时的混凝土强度要求

构件类型	构件跨度/m	按达到设计混凝土强度等级值的百分率计/%
板	≤2	≥50
	>2,≤8	≥75
	>8	≥100
梁、拱、壳	≤8	≥75
	>8	≥100
悬臂构件		≥100

(3)当混凝土强度能保证其表面及棱角不受损伤时,方可拆除侧模。

(4)多个楼层间连续支模的底层支架拆除时间,应根据连续支模的楼层间荷载分配和混凝土强度的增长情况确定。

(5)快拆支架体系的支架立杆间距不应大于2 m。拆模时应保留立杆并顶托支承楼板,拆模时的混凝土强度可取构件跨度为2 m。

(6)对于后张预应力混凝土结构构件,侧模宜在预应力张拉前拆除;底模支架不应在结构构件建立预应力前拆除。

(7)拆下的模板及支架杆件不得抛扔,应分散堆放在指定地点,并应及时清运。

(8)模板拆除后应将其表面清理干净,对变形和损伤部位应进行修复。

2. 模板拆除工程质量通病及防治措施

(1)混凝土表面或模板表面损坏。防治措施：施工单位模板拆除前进行交底，明确不能暴力拆模。

(2)过早拆除模板。防治措施如下：

1)做好施工组织设计方案，配备足够数量的模板。

2)现场做好混凝土试块并进行同条件养护，以检查现场混凝土是否已达到拆模要求的强度标准。

小 结

本任务主要介绍了模板安装和模板拆除在施工过程中的质量控制、验收方法和标准，以及质量通病的防治。通过学习，学生应能够参与模板工程的质量检验和验收，能够规范填写检验批验收记录。

课外参考资料

1.《建筑工程施工质量验收统一标准》(GB 50300—2013).

2.《混凝土结构工程施工质量验收规范》(GB 50204—2015).

3.《混凝土结构工程施工规范》(GB 50666—2011).

素质拓展

创新才能发展，低碳、节能、环保是我们共同的责任

当前工程使用的模板多为木模板和竹胶合，这类模板虽使用方便，但材料消耗大、重复使用率低，不利于环保；钢模板强度高，但模板质量大，使用不方便。具有施工速度快、稳定性好、承载力强、混凝土表面质量平整、现场施工环境安全整洁、人员培训容易、安装岗位可替代性强、重复使用次数多、节能环保等优良特性的模板，是当前模板工程发展的方向。

思考题

1. 模板安装质量如何控制？

2. 拆除模板的要求及顺序是什么？

3. 过早拆除模板有哪些影响？

实训练习

1. 实训目的：通过阅读工程验收资料，掌握验收要求，积累经验，指导今后的实际工作。

2. 能力及要求：注意学习模板工程检验批的质量验收表格及其填写方法，以及相关责任主体的评定结论、签字格式等，写出学习体会。

3. 实训步骤：收集有关技术资料及工程实际信息，阅读教材及查阅相关技术资料，进行分析，撰写学习体会。

任务 3　混凝土工程质量检验

知识树

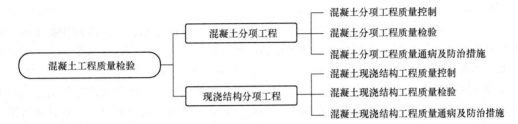

混凝土工程质量检验
- 混凝土分项工程
  - 混凝土分项工程质量控制
  - 混凝土分项工程质量检验
  - 混凝土分项工程质量通病及防治措施
- 现浇结构分项工程
  - 混凝土现浇结构工程质量控制
  - 混凝土现浇结构工程质量检验
  - 混凝土现浇结构工程质量通病及防治措施

内容概况

本任务主要从混凝土分项工程、现浇结构分项工程两方面对质量控制、质量检验和质量通病及防治措施进行讲解。

知识目标

了解混凝土工程的质量控制要点；熟悉混凝土工程质量检验的方法；掌握混凝土工程质量通病的防治措施。

能力目标

能够根据混凝土工程质量控制要点、工程质量验收标准对混凝土工程进行质量控制和验收；能够防治混凝土工程的质量通病。

素质目标

增强全民节约意识，既蕴含着珍惜资源、保护环境的价值取向，也包含着以勤俭节约为荣、以奢靡浪费为耻的道德品质。

引领案例

2016 年 11 月 24 日 7 点 40 分左右，江西省××市××电厂三期在建项目冷却塔施工平台坍塌，造成 74 人遇难、2 人受伤。这是近几年来死亡人数最多的事故之一，也是近十几年来电力行业伤亡最为严重的事故，影响恶劣，教训惨痛。

据事故幸存者王××回忆，早上交接班后，过了大概五分钟，他们突然听到头顶上方有人大声喊叫，接着就看见上面的脚手架往下坠落，砸塌水塔和安全通道。在地面层工作的工人迅速往冷却塔外跑。短短十几分钟的时间内，整个施工平台完全坍塌下来。

至于为何坍塌？施工方河北××××项目部工作人员高××对媒体说，怀疑事故"可能是混凝土强度没达标造成的"。为赶工期，施工方依经验，觉得混凝土已经干了，24 日早上，工人们便开始拆除冷却塔外围的木质脚手架。但是由于天气原因，混凝土并没有像所想的那样干透，于是尚未干透的混凝土开始脱落，最后坍塌。

问题：

1. 混凝土强度达到多少方可拆除模板？

2. 混凝土浇筑应注意哪些问题？

3. 混凝土工程质量应如何控制？

3.1　混凝土分项工程

1. 混凝土分项工程质量控制

(1)混凝土原材料及配合比的质量控制。

1)水泥。配制混凝土用的水泥应符合硅酸盐水泥、普通硅酸盐水泥、矿渣硅酸盐水泥、火山灰质硅酸盐水泥、粉煤灰硅酸盐水泥和快硬硅酸盐水泥的规定。当采用其他品种水泥时，应符合现行国家标准的有关规定。

应根据工程特点、所处环境以及设计、施工的要求，选用适当品种和强度等级的水泥。对所用水泥，应检验其安定性和强度，有要求时还应检验其他性能。其检验方法应符合现行国家标准《水泥胶砂强度检验方法(ISO法)》(GB/T 17671—2021)、《水泥细度检验方法 筛析法》(GB/T 1345—2005)、《水泥比表面积测定方法 勃氏法》(GB/T 8074—2008)、《水泥标准稠度用水量、凝结时间、安定性检验方法》(GB/T 1346—2011)和《水泥化学分析方法》(GB/T 176—2017)的规定。

根据需要可采用水泥快速检验方法预测水泥28 d强度，作为混凝土生产控制和进行配合比设计的依据。

水泥应按不同品种、强度等级及牌号按批分别存储在专用的仓罐或水泥库内。如因存储不当引起质量有明显降低或水泥出厂超过三个月(快硬硅酸盐水泥为一个月)时，应在使用前对其质量进行复验，并按复验的结果使用。

2)集料。普通混凝土所用的集料应符合现行国家标准的规定。

集料质量检验应符合以下规定：

①来自采集场(生产厂)的集料应附有质量证明书，根据需要应按批检验其颗粒级配、含泥量及粗集料的针片状颗粒含量。

②对无质量证明书或其他来源的集料，应按批检验其颗粒级配、含泥量及粗集料的针片状颗粒含量。必要时还应检验其他质量指标。

③对海砂，还应按批检验其氯盐含量，其检验结果应符合有关标准的规定。

④对含有活性二氧化硅或其他活性成分的集料，应进行专门试验，待验证确认对混凝土质量无有害影响时，方可使用。

集料在生产、采集、运输与存储过程中，严禁混入影响混凝土性能的有害物质。

集料应按品种、规格分别堆放，不得混杂。在其装卸及存储时，应采取措施使集料颗粒级配均匀，保持洁净。

3)水。拌制各种混凝土的用水应符合现行国家标准《混凝土用水标准》(JGJ 63—2006)的规定。不得使用海水拌制钢筋混凝土和预应力混凝土。不宜用海水拌制有饰面要求的素混凝土。

4)掺合料。用于混凝土中的掺合料，应符合现行国家标准《用于水泥和混凝土中的粉煤灰》(GB/T 1596—2017)、《用于水泥中的火山灰质混合材料》(GB/T 2847—2022)和《用于水泥中的粒化高炉矿渣》(GB/T 203—2008)的规定。

当采用其他品种的掺合料时，其烧失量及有害物质含量等质量指标应通过试验，确认符合混凝土质量要求时，方可使用。

选用的掺合料，应使混凝土达到预定改善性能的要求或在满足性能要求的前提下取代水泥。其掺量应通过试验确定，其取代水泥的最大取代量应符合有关标准的规定。

掺合料在运输与存储过程中，应有明显标志，严禁与水泥等其他粉状材料混淆。

5)外加剂。用于混凝土的外加剂质量应符合现行国家标准《混凝土外加剂》(GB/T 8076—2008)的规定。

选用外加剂时，应根据混凝土的性能要求、施工工艺及气候条件，结合混凝土的原材料性能、配合比以及对水泥的适应性等因素，通过试验确定其品种和掺量。

选用的外加剂应具有质量证明书，需要时还应检验其氯化物、硫酸盐等有害物质的含量，经验证确认对混凝土无有害影响时方可使用。

不同品种外加剂应分别存储，做好标记，在运输与存储时不得混入杂物和遭受污染。

混凝土配合比应按现行国家标准《普通混凝土配合比设计规程》(JGJ 55—2011)和《混凝土强度检验评定标准》(GB/T 50107—2010)的规定，通过设计计算和试配确定。当配合比的确定采用早期推定混凝土强度时，其试验方法应按现行国家标准规定进行。在施工过程中，不得随意改变配合比。

泵送混凝土配合比应考虑泵送的垂直和水平距离、弯头设置、泵送设备的技术条件等因素，按有关规定进行设计，并应符合现行国家标准《混凝土结构工程施工质量验收规范》(GB 50204—2015)的规定。

(2)施工过程中的质量控制。

1)混凝土施工前，应检查混凝土的运输设备是否良好、道路是否通畅，保证混凝土的连续浇筑和良好的和易性。运至浇筑地点时的混凝土坍落度应符合要求。

2)检查混凝土原材料的产品合格证、出厂检验报告及进场复检报告。

3)检查混凝土配合比设计是否满足设计和施工要求，并且是否经济合理。

4)混凝土现场搅拌时，应对原材料的计量进行检查，并应经常检查坍落度，严格控制水胶比。检查混凝土搅拌的时间，并在混凝土搅拌后和在浇筑地点分别抽样检测混凝土的坍落度，每工作班至少检查两次。

5)混凝土浇筑前检查模板表面是否清理干净，防止拆模时混凝土表面粘膜出现麻面。木模板应浇水湿润，防止出现由于木模板吸水粘结或脱模过早，拆模时缺棱、掉角导致露筋。

6)检查控制混凝土浇筑的方法和质量。混凝土浇筑应在混凝土初凝前完成，浇筑高度不宜超过 2 m，且竖向结构不宜超过 3 m。否则应检查是否采取了相应措施控制混凝土一次浇筑的厚度，并保证混凝土的连续浇筑。浇筑与墙、柱连成一体的梁和板时，应在墙、柱浇筑完毕 1～1.5 h 后再浇筑梁和板。

浇筑混凝土时，施工缝的留设位置应符合以下规定：

①柱宜留置在基础的顶面、梁或吊车梁牛腿的下面、吊车梁的上面、无梁楼板柱帽的下面。

②与板连成整体的大截面梁，留置在板底面以下 20～30 mm 处，当板下有梁托时，留置在梁托下部。

③单向板留置在平行于板地短边的任何位置。

④有主次梁的楼板宜顺着次梁方向浇筑，施工缝应留置在次梁跨度的中间 1/3 范围内。

⑤墙留置在门洞口过梁跨中 1/3 范围内，也可留置在纵横墙的交接处。

⑥双向受力楼板、大体积混凝土结构、拱、穹拱、薄壳、蓄水池、斗仓、多层钢架及其他结构复杂的工程，施工缝的位置应按设计要求留置。

⑦混凝土浇筑时，应检查混凝土振捣的情况，保证混凝土振捣密实。防止振捣棒撞击钢筋使钢筋移位。合理使用混凝土振捣机械，掌握正确的振捣方法，控制振捣的时间。

⑧检查施工缝、后浇带处理的施工技术方案。检查施工缝、后浇带留设的位置是否符合规范和设计要求，如不符合，其处理应按施工技术方案执行。

⑨混凝土施工过程中，应对混凝土的强度进行检查，在混凝土浇筑地点随即留取标准养护

试件，其留取的数量应符合要求。同条件试件必须与其代表的构件一起养护。混凝土浇筑后，应检查是否按施工技术方案进行养护，并对养护的时间进行检查。

⑩冬期施工方案。冬期施工方案必须有针对性，方案中应明确所采用的混凝土养护方式，防止混凝土受冻所需的热源方式（如火炉、焦炭、碘钨灯等），混凝土覆盖所需的保温材料，各部位覆盖层数，用于测量温度的用具数量。

2. 混凝土分项工程质量检验

(1)混凝土原材料的主控项目。

1)水泥进场时，应对其品种、代号、强度等级、包装或散装仓号、出厂日期等进行检查，并应对水泥的强度、安定性和凝结时间进行检验，检验结果应符合现行国家标准《通用硅酸盐水泥》(GB 175—2007)的相关规定。

检查数量：按同一厂家、同一品种、同一代号、同一强度等级、同一批号且连续进场的水泥，袋装不超过200 t为一批，散装不超过500 t为一批，每批抽样数量不应少于一次。

检验方法：检查质量证明文件和抽样检验报告。

2)混凝土外加剂进场时，应对其品种、性能、出厂日期等进行检查，并应对外加剂的相关性能指标进行检验，检验结果应符合现行国家标准《混凝土外加剂》(GB 8076—2008)和《混凝土外加剂应用技术规范》(GB 50119—2013)的规定。

检查数量：按同一厂家、同一品种、同一性能、同一批号且连续进场的混凝土外加剂，不超过50 t为一批，每批抽样数最不应少于一次。

检验方法：检查质量证明文件和抽样检验报告。

3)水泥、外加剂进场检验，当满足下列条件之一时，其检验批容量可扩大一倍：

①获得认证的产品。

②同一厂家、同一品种、同一规格的产品，连续三次进场检验均一次检验合格。

(2)混凝土原材料的一般项目。

1)混凝土用矿物掺合料进场时，应对其品种、性能、出厂日期等进行检查，并应对矿物掺合料的相关技术指标进行检验，检验结果应符合国家现行有关标准的规定。

检查数量：按同一厂家、同一品种、同一批号且连续进场的矿物掺合料，粉煤灰、矿渣粉、磷渣粉、钢铁渣粉和复合矿物掺合料不超过200 t为一批，沸石粉不超过120 t为一批，硅灰不超过30 t为一批，每批抽样数量不应少于一次。

检验方法：检查质量证明文件和抽样检验报告。

2)混凝土原材料中的粗集料、细集料质量应符合现行行业标准《普通混凝土用砂、石质量及检验方法标准》(JGJ 52—2006)的规定，使用经过净化处理的海砂应符合现行行业标准《海砂混凝土应用技术规范》(JGJ 206—2010)的规定，再生混凝土集料应符合现行国家标准《混凝土用再生粗集料》(GB/T 25177—2010)和《混凝土和砂浆用再生细骨料》(GB/T 25176—2010)的规定。

检查数量：按现行行业标准《普通混凝土用砂、石质量及检验方法标准》(JGJ 52—2006)的规定确定。

检验方法：检查抽样检验报告。

3)混凝土拌制及养护用水应符合现行行业标准《混凝土用水标准》(JGJ 63—2006)的规定。采用饮用水时，可不检验；采用中水、搅拌站清洗水、施工现场循环水等其他水源时，应对其成分进行检验。

检查数量：同一水源检查不应少于一次。

检验方法：检查水质检验报告。

(3)混凝土施工的主控项目。混凝土的强度等级必须符合设计要求。用于检验混凝土强度的试件应在浇筑地点随机抽取。

检查数量：对同一配合比混凝土，取样与试件留置应符合下列规定：

1)每拌制 100 盘且不超过 100 m³ 时，取样不得少于一次。

2)每工作班拌制不足 100 盘时，取样不得少于一次。

3)连续浇筑超过 1 000 m³ 时，每 200 m³ 取样不得少于一次。

4)每一楼层取样不得少于一次。

5)每次取样应至少留置一组试件。

检验方法：检查施工记录及混凝土强度试验报告。

(4)混凝土施工的一般项目。

1)后浇带的留设位置应符合设计要求。后浇带和施工缝的留设及处理方法应符合施工方案要求。

检查数量：全数检查。

检验方法：观察。

2)混凝土浇筑完毕后应及时进行养护，养护时间及养护方法应符合施工方案要求。

检查数量：全数检查。

检验方法：观察，检查混凝土养护记录。

3. 混凝土分项工程质量通病及防治措施

(1)大体积混凝土配合比中未采用低水化热的水泥造成混凝土裂缝。防治措施如下：

1)配制大体积混凝土应先用低水化热的、凝结时间长的水泥。采用低水化热的水泥配制大体积混凝土是降低混凝土内部温度的可靠方法。

2)应优先选用大坝水泥、矿渣水泥、粉煤灰硅酸盐水泥和火山灰质硅酸盐水泥。进行配合比设计应在保证混凝土强度及满足坍落度要求的前提下，提高掺合料和集料的含量以降低单方混凝土的水泥用量。大体积混凝土配合比确定后宜进行水化热的演算和测定，以了解混凝土内部水化热温度，控制混凝土的内外温差。

(2)混凝土表面疏松脱落。防治措施：表面较浅的疏松脱落，可将输送部分凿去，洗刷干净充分湿润后，用 1∶2 或 1∶2.5 的水泥砂浆抹平压实；表面较深的疏松脱落，可将疏松和凸出颗粒凿去，刷洗干净充分湿润后支模，用比结构高一强度等级的细石混凝土浇筑，强力捣实，并加强养护。

3.2 现浇结构分项工程

1. 混凝土现浇结构工程质量控制

(1)现浇结构的外观质量缺陷，应由监理(建设)单位、施工单位等各方根据其对结构性能和使用功能影响的严重程度，按现浇结构的外观质量缺陷确定。

混凝土现浇
结构工程

(2)现浇混凝土结构待强度达到一定程度拆模后，应及时对混凝土外观质量进行检查(严禁未经检查擅自处理混凝土缺陷)，对影响到结构性能、使用功能或耐久性的严重缺陷，应由施工单位根据缺陷的具体情况提出技术处理方案，待处理后对经处理的部位应重新检查验收。

(3)现浇结构不应有影响结构性能和使用功能的尺寸偏差，混凝土设备基础不应有影响结构性能和设备安装的尺寸偏差。现浇结构的外观质量不应有严重缺陷。

(4)对于现浇混凝土结构外形尺寸偏差，检查主要轴线、中心线位置时，应沿纵、横两个方向量测，并取其中的较大值。

2. 混凝土现浇结构工程质量检验

（1）主控项目。

1）现浇结构的外观质量不应有严重缺陷。对已经出现的严重缺陷，应由施工单位提出技术处理方案，并经监理单位认可后进行处理；对裂缝、连接部位出现的严重缺陷及其他影响结构安全的严重缺陷，技术处理方案应经设计单位认可。对经处理的部位应重新验收。

检查数量：全数检查。

检验方法：观察，检查处理记录。

2）现浇结构不应有影响结构性能或使用功能的尺寸偏差；混凝土设备基础不应有影响结构性能和设备安装的尺寸偏差。

对超过尺寸允许偏差且影响结构性能和安装、使用功能的部位，应由施工单位提出技术处理方案，经监理、设计单位认可后进行处理。对经处理的部位应重新验收。

检查数量：全数检查。

检验方法：观察，检查处理记录。

（2）一般项目。

1）现浇结构的外观质量不应有一般缺陷。对已经出现的一般缺陷，应由施工单位按技术处理方案进行处理。对经处理的部位应重新验收。

检查数量：全数检查。

检验方法：观察，检查处理记录。

2）现浇结构的位置、尺寸允许偏差及检验方法应符合表 3.6 的规定。

表 3.6　现浇结构的位置、尺寸允许偏差及检验方法

项目			允许偏差/mm	检验方法
轴线位置	整体基础		15	经纬仪及尺量
	独立基础		10	经纬仪及尺量
	柱、墙、梁		8	尺量
垂直度	层高	≤6 m	10	经纬仪或吊线、尺量
		>6 m	12	经纬仪或吊线、尺量
	全高（H）≤300 m		$H/30\,000+20$	经纬仪、尺量
	全高（H）>300 m		$H/10\,000$ 且≤80	经纬仪、尺量
标高	层高		±10	水准仪或拉线、尺量
	全高		±30	水准仪或拉线、尺量
截面尺寸	基础		+15，−10	尺量
	柱、梁、板、墙		+10，−5	尺量
	楼梯相邻踏步高差		±6	尺量
电梯井	中心位置		10	尺量
	长、宽尺寸		+25，0	尺量
表面平整度			8	2 m 靠尺和塞尺量测
预埋件中心位置	预埋板		10	尺量
	预埋螺栓		5	尺量
	预埋管		5	尺量
	其他		10	尺量

项目	允许偏差/mm	检验方法
预留洞、孔中心线位置	15	尺量
注：1. 检查柱轴线、中心线位置时，沿纵、横两个方向测量，并取其中偏差的较大值。 2. H 为全高，单位为 mm。		

检查数量：按楼层、结构缝或施工段划分检验批。在同一检验批内，对梁、柱和独立基础，应抽查构件数量的 10%，且不应少于 3 件；对墙和板，应按有代表性的自然间抽查 10%，且不应少于 3 间；对大空间结构，墙可按相邻轴线间高度 5 m 左右划分检查面，板可按纵、横轴线划分检查面，抽查 10%，且均不应少于 3 面；对电梯井，应全数检查。

3）现浇设备基础的位置和尺寸应符合设计和设备安装的要求。其位置和尺寸偏差及检验方法应符合表 3.7 的规定。

检查数量：全数检查。

表 3.7 现浇设备基础位置和尺寸允许偏差及检验方法

项目		允许偏差/mm	检验方法
坐标位置		20	经纬仪及尺量
不同平面标高		0，−20	水准仪或拉线、尺量
平面外形尺寸		±20	尺量
凸台上平面外形尺寸		0，−20	尺量
凹槽尺寸		+20，0	尺量
平面水平度	每米	5	水平尺、塞尺量测
	全长	10	水准仪或拉线、尺量
垂直度	每米	5	经纬仪或吊线、尺量
	全高	10	经纬仪或吊线、尺量
预埋地脚螺栓	中心位置	2	尺量
	顶标高	+20，0	水准仪或拉线、尺量
	中心距	±2	尺量
	垂直度	5	吊线、尺量
预埋地脚螺栓孔	中心线位置	10	尺量
	截面尺寸	+20，0	尺量
	深度	+20，0	尺量
	垂直度	$h/100$ 且≤10	吊线、尺量
预埋活动地脚螺栓锚板	中心线位置	5	尺量
	标高	+20，0	水准仪或拉线、尺量
	带槽锚板平整度	5	直尺、塞尺量测
	带螺纹孔锚板平整度	2	直尺、塞尺量测
注：1. 检查坐标、中心线位置，应沿纵、横两个方向测量，并取其中偏差的较大值。 2. h 为预埋地脚螺栓孔孔深，单位为 mm。			

3. 混凝土现浇结构工程质量通病及防治措施

（1）结构混凝土缺棱掉角。防治措施如下：

1）木模板在浇筑混凝土前应充分湿润，浇筑后应认真浇水养护。

2）拆除侧面非承重模板时，混凝土强度应具有 1.2 MPa 以上。

3）拆模时注意保护棱角，避免用力过猛、过急；吊运模板时，防治装机棱角。

混凝土工程
质量通病

4）运料时，通道处的混凝土阳角应用角钢、草袋等保护好，以免碰损。

5）对混凝土结构缺棱掉角的，可按照下列方法处理：

①对较小的缺棱掉角，可将该处松散颗粒凿除，用钢丝刷洗干净，清水冲洗并充分湿润后，用 1∶2 或 1∶2.5 的水泥砂浆抹补齐整。

②对较大的缺棱掉角，可将不实的混凝土和凸出的颗粒凿除，用水冲刷干净湿透，然后支模，用比原混凝土高一强度等级的细石混凝土填灌捣实，并认真养护。

（2）混凝土结构表面露筋。防治措施如下：

1）浇筑混凝土时应保证钢筋位置正确和保护层厚度符合规定要求，并加强检查。

2）钢筋密集时，应选用适当颗粒的石子，保证混凝土配合比正确和良好的和易性。浇筑高度超过 2 m 时，应用串桶、溜槽下料，以防止离析。

3）对表面露筋，刷洗干净后，在表面抹 1∶2 或 1∶2.5 的水泥砂浆，将露筋部位抹平；对较深露筋，凿去薄弱混凝土和凸出颗粒，刷洗干净后支模，用高一级的细石混凝土填塞压实并认真养护。

小　结

本任务主要介绍了混凝土工程中的现浇混凝土在施工过程中的质量控制、验收方法和标准，以及质量通病的防治。通过学习，学生应能够参与现浇混凝土工程的质量检验和验收，能够规范填写检验批验收记录。

课外参考资料

1.《建筑工程施工质量验收统一标准》(GB 50300—2013).

2.《混凝土结构工程施工质量验收规范》(GB 50204—2015).

3.《混凝土结构工程施工规范》(GB 50666—2011).

4.《预拌混凝土》(GB/T 14902—2012).

素质拓展

构建节约意识，在保证工程质量的前提下降低施工成本

混凝土是当代最主要的建筑材质之一，其具有原料丰富、价格低、生产工艺简单、抗压强度高、耐久性好、强度等级范围广等特点。这些特点使其使用范围十分广泛，但混凝土在废弃过程中污染严重，且堆放场地占用了大量可开发空间。混凝土的可回收再利用技术可以减少其对环境的污染，实现混凝土的可持续利用。

思考题

1. 混凝土浇筑的一般要求有哪些？
2. 混凝土外观的质量缺陷有哪些？
3. 现浇混凝土尺寸偏差如何检验？

实训练习

1. 实训目的：通过阅读工程验收资料，掌握验收要求，积累经验，指导今后的实际工作。

2. 能力及要求：注意学习混凝土工程检验批的质量验收表格及其填写方法，以及相关责任主体的评定结论、签字格式等，写出学习体会。

3. 实训步骤：收集有关技术资料及工程实际信息，阅读教材及查阅相关技术资料，进行分析，撰写学习体会。

任务 4　砌体工程质量检验

砌体工程是指在建筑工程中使用烧结普通砖、承重烧结空心砖、蒸压灰砂砖、粉煤灰砖、各种中小型砌块和石材等材料进行砌筑的工程。

➡ 知识树

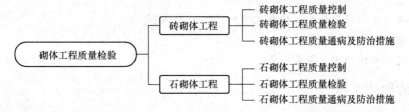

◈ 内容概况

本任务主要从砖砌体和石砌体两个方面对砌体工程质量控制、质量检验和质量通病及防治措施进行讲解。

📖 知识目标

了解砌体工程的质量控制要点；熟悉砌体工程质量检验的方法；掌握砌体工程质量通病的防治措施。

⚙ 能力目标

能够根据砌体工程质量控制要点、工程质量验收标准对砌体工程进行质量控制和验收；能够防治砌体工程的质量通病。

培养学生质量安全意识，形成预防为主、防治结合的思想。

📖 引领案例

砌体结构在我国有着悠久的发展历史，其中石砌体和砖砌体在我国更是源远流长，构成了我国独特文化体系的一部分。

考古资料表明，我国早在5 000年前就建造有石砌体祭坛和石砌围墙。我国隋代开皇十五年至大业元年，即公元595—605年由李春建造的河北赵县安济桥，是世界上最早建造的空腹式单孔圆弧石拱桥。据记载，我国闻名于世的万里长城始建于公元前7世纪春秋时期的楚国，在秦代用乱石和土将秦、燕、赵北面的城墙连成一体并增筑新的城墙，建成闻名于世的万里长城。人们生产和使用烧结砖也有3 000年以上的历史。我国在战国时期已能烧制大尺寸空心砖。南北朝以后砖的应用更为普遍。建于公元523年的河南登封嵩岳寺塔，平面为十二边形，共15层，总高为43.5 m，为砖砌单筒体结构，是中国最早的古密檐式砖塔。

砌块中以混凝土砌块的应用较早，混凝土砌块于1882年问世，混凝土小型空心砌块起源于美国，第二次世界大战后混凝土砌块的生产和应用技术传至美洲和欧洲的一些国家，继而又传至亚洲、非洲和大洋洲。

中华人民共和国成立以来，我国砌体结构得到迅速发展，取得了显著的成绩。近几年，砖的年产量达到世界其他各国砖年产量的总和，90%以上的墙体均采用砌体材料。我国已从过去用砖石建造低矮的民房，发展到现在建造大量的多层住宅、办公楼等民用建筑和中小型单层工业厂房、多层轻工业厂房以及影剧院、食堂等建筑。

问题：

1. 你知道砌体工程质量控制的要点吗？
2. 砌体砌筑合格的标准是什么？
3. 怎样进行砌体结构的质量验收？

4.1　砖砌体工程

1. 砖砌体工程质量控制

(1)砖砌体原材料质量控制。

1)砖原材料质量控制。

①砌块应有出厂合格证，砌块品种强度等级及规格应符合设计要求；砌块进场应按要求进行取样试验，并出具试验报告，合格后方可使用。

②用于清水墙、柱表面的砖，应边角整齐，色泽均匀。

③砌体砌筑时，混凝土多孔砖、混凝土实心砖、蒸压灰砂砖、蒸压粉煤灰砖等块体的产品龄期不应小于28 d。

④有冻胀环境和条件的地区、地面以下或防潮层以下的砌体，不应采用多孔砖。

⑤不同品种的砖不得在同一楼层混砌。

⑥砌筑烧结普通砖、烧结多孔砖、蒸压灰砂砖、蒸压粉煤灰砖砌体时，砖应提前1~2 d适度湿润，严禁采用干砖或处于吸水饱和状态的砖砌筑，烧结类块体的相对含水率为60%~70%；混凝土多孔砖及混凝土实心砖不需浇水湿润，但在气候干燥炎热的情况下，宜在砌筑前对其喷水湿润。其他非烧结类块体的相对含水率为40%~50%。

⑦施工现场砌块应堆放平整，堆放高度不宜超过 1.6 m，有防雨要求的要防止雨淋，并做好排水，砌块保持干净。

2）砌筑砂浆质量控制。

①砂浆的品种、强度等必须符合设计要求。

②水泥砂浆中水泥用量不应小于 200 kg/m³。

③具有冻融循环次数要求的砌筑砂浆，经冻融试验后，质量损失率不得大于 5％，抗压强度损失率不得大于 25％。

（2）砖砌体施工过程质量控制。

1）砌筑前，检查砌筑部位是否清理干净并浇水湿润，提前 1～2 d 对砖进行浇水湿润；复核墙身中心线及边线是否符合设计要求；复核检查皮数杆是否根据设计要求、砖的规格和灰缝厚度对皮数、竖向构造的变化部位进行标明。

2）坚持样板开道的原则，要求砌筑人员姓名、砌筑日期上墙。泥工的砌筑水平对墙体的砌筑质量影响很大，因此需根据样板对泥工进行筛选。

3）宽度小于 1 m 的窗间墙，应选用整砖砌筑，半砖和破损的砖应分散使用在受力较小的砖墙，小于 1/4 砖体积的碎砖不能使用。

4）墙体每天砌筑高度不宜超过 1.8 m。雨期施工时，每日砌筑高度不宜超过 1.2 m，提醒施工要有防雨冲刷砂浆措施，如收工时采用防雨材料覆盖新砌墙体表面。

5）采用铺浆法砌筑砌体，铺浆长度不得超过 750 mm；施工期间气温超过 30 ℃时，铺浆长度不得超过 500 mm。

6）240 mm 厚承重墙的每层墙的最上一皮砖，砖砌体的阶台水平面上及挑出层的外皮砖，应整砖丁砌。

7）弧拱式及平拱式过梁的灰缝应砌成楔形缝，拱底灰缝宽度不宜小于 5 mm，拱顶灰缝宽度不应大于 15 mm，拱体的纵向及横向灰缝应填实砂浆；平拱式过梁拱脚下面应伸入墙内不小于 20 mm；砖砌平拱过梁底应有 1％的起拱。

8）砖过梁底部的模板及其支架拆除时，灰缝砂浆强度不应低于设计强度的 75％时。

9）多孔砖的孔洞应垂直于受压面砌筑。半盲孔多孔砖的封底面应朝上砌筑。

10）竖向灰缝不得出现瞎缝、透明缝和假缝。

11）砖砌体施工临时间断处补砌时，必须将接槎处表面清理干净，洒水湿润，并填实砂浆，保持灰缝平直。

12）夹心复合墙的砌筑应符合下列规定：

①墙体砌筑时，应采取措施防止空腔内掉落砂浆和杂物。

②拉结件设置应符合设计要求，拉结件在叶墙上的搁置长度不应小于叶墙厚度的 2/3，并不应小于 60 mm。

③保温材料品种及性能应符合设计要求。保温材料的浇筑压力不应对砌体强度、变形及外观质量产生不良影响。

13）现场随时巡查督促，重点监控组砌方法、砂浆饱满度、马牙槎的留置尺寸、拉结筋有否遗漏及其埋置长度和间距设置、脚手眼的留置部位是否准确，及时发现问题及时纠正，不留隐患。

2. 砖砌体工程质量检验

（1）主控项目。

1）砖和砂浆的强度等级必须符合设计要求。

抽检数量：每一生产厂家，烧结普通砖、混凝土实心砖每 15 万块，烧结多孔砖、混凝土多孔砖、蒸压灰砂砖及蒸压粉煤灰砖每10万块各为一验收批，不足上述数量时按1批计，抽检数量为1组。

检验方法：检查砖和砂浆试块试验报告。

2) 砌体灰缝砂浆应密实饱满，砖墙水平灰缝的砂浆饱满度不得低于80%；砖柱水平灰缝和竖向灰缝饱满度不得低于90%。

抽检数量：每检验批抽查不应少于5处。

检验方法：用百格网检查砖底面与砂浆的粘结痕迹面积。每处检测3块砖，取其平均值。

3) 砖砌体的转角处和交接处应同时砌筑。严禁无可靠措施的内外墙分砌施工。在抗震设防烈度为8度及8度以上的地区，对不能同时砌筑而又必须留置的临时间断处应砌成斜槎，普通砖砌体斜槎水平投影长度不应小于高度的2/3。多孔砖砌体的斜槎长高比不应小于1/2。斜槎高度不得超过一步脚手架的高度。

抽检数量：每检验批抽查不应少于5处。

检验方法：观察检查。

4) 非抗震设防及抗震设防烈度为6度、7度地区的临时间断处，当不能留斜槎时，除转角处外，可留直槎，但直槎必须做成凸槎，且应加设拉结钢筋，拉结钢筋应符合下列规定：

①每120 mm墙厚放置1Φ6拉结钢筋(120 mm厚墙应放置2Φ6拉结钢筋)。

②间距沿墙高不应超过500 mm；且竖向间距偏差不应超过100 mm。

③埋入长度从留槎处算起每边均不应小于500 mm，对抗震设防烈度为6度、7度的地区，不应小于1 000 mm。

④末端应有90°弯钩。

抽检数量：每检验批抽查不应少于5处。

检验方法：观察和尺量检查。

(2) 一般项目。

1) 砖砌体组砌方法应正确，内外搭砌，上下错缝。清水墙、窗间墙无通缝；混水墙中不得有长度大于300 mm的通缝，长度为200~300 mm的通缝每间不超过3处，且不得位于同一面墙体上。砖柱不得采用包心砌法。

抽检数量：每检验批抽查不应少于5处。

检验方法：观察检查。砌体组砌方法抽检每处应为3~5 m。

2) 砖砌体的灰缝应横平竖直，厚薄均匀。水平灰缝厚度及竖向灰缝宽度宜为10 mm，但不应小于8 mm，也不应大于12 mm。

抽检数量：每检验批抽查不应少于5处。

检验方法：水平灰缝厚度用尺量10皮砖砌体高度折算。竖向灰缝宽度用尺量2 m砌体长度折算。

3) 砖砌体尺寸、位置的允许偏差及检验方法应符合表3.8的规定。

表3.8　砖砌体尺寸、位置的允许偏差及检验方法

项次	项目	允许偏差/mm	检验方法	抽检数量
1	轴线位移	10	用经纬仪和尺或用其他测量仪器检查	承重墙、柱全数检查
2	基础、墙、柱顶面标高	±15	用水准仪和尺检查	不应小于5处

项次	项目		允许偏差/mm	检验方法	抽检数量
3	墙面垂直度	每层	5	用2 m托线板检查	不应小于5处
		全高 ≤10 m	10	用经纬仪、吊线和尺或其他测量仪器检查	外墙全部阳角
		全高 >10 m	20		
4	表面平整度	清水墙、柱	5	用2 m靠尺和楔形塞尺检查	不应小于5处
		混水墙、柱	8		
5	水平灰缝平直度	清水墙	7	拉5 m线和尺检查	不应小于5处
		混水墙	10		
6	门窗洞口高、宽(后塞口)		±10	用尺检查	不应小于5处
7	外墙上下窗口偏移		20	以底层窗口为准,用经纬仪或吊线检查	不应小于5处
8	清水墙游丁走缝		20	以每层第一皮砖为准,用吊线和尺检查	不应小于5处

3. 砖砌体工程质量通病及防治措施

(1)砌体强度低。防治措施如下:

1)进场水泥、砖等要有合格证明,并取样复检符合要求。

2)砂子应满足材质要求,如使用含量超过规定的砂,必须增加机拌时间,以除去砂子表面的泥土。

3)砂浆的配合比应根据设计要求种类、强度等级及所用的材质情况进行试配,在满足砂浆和易性的条件下控制砂浆的强度等级;砂浆应采用机械拌合,时间不得少于1.5 min。

4)白灰应使用经过熟化的白石灰膏。

(2)砌体几何不符合设计图纸要求。防治措施如下:

1)同一单位工程宜使用同一厂家生产的砖。

2)正确设置皮数杆,皮数杆间距一般为15~20 m,转角处均控制在10 mm左右。

3)水平与竖向灰缝的砂浆均应饱满,其厚(宽)度应控制在10 mm左右。

4)浇筑混凝土前,必须将模具支撑牢固;混凝土要分层浇筑,振动棒不可直接接触墙体。

(3)组砌方法不准确。防治措施如下:

1)控制好摆砖搁底,在保证砌砖灰缝8~10 mm的前提下考虑到砖垛处、窗间墙、柱边缘处用砖的合理模数。

2)对混水墙的砌筑,要加强对操作人员的质量意识教育,砌筑时要认真操作,墙体中砖缝搭接不得少于1/4砖长。

3)半头砖要求分散砌筑,一砖或半砖厚墙体严禁使用半头砖。

4)确定标高,立好皮数杆。第一层砖的标高必须控制好,与砖层必须吻合。

5)构造柱部位必须留设马牙槎,要先退后进上、下顺直;临时间断处留槎不得偏离轴线。

(4)水平或竖向灰缝砂浆饱满度不合格。防治措施如下:

1)改善砂浆和易性,如果砂浆出现泌水现象,应及时调整砂浆的稠度,确保灰缝的砂浆饱满度和提高砌体的粘结强度。

2）砌筑用的烧结普通必须提前 1～2 d 浇水湿润，含水率宜为 10％～15％，严防干砖上墙使砌筑砂浆早期脱水而降低强度。

3）砌筑时要采用"三一"砌砖法，严禁铺长灰而使低灰产生空穴和摆砖砌筑，造成灰浆不饱满。

4）砌筑过程中要求铺满口灰，然而进行刮缝。

4.2 石砌体工程

1. 石砌体工程质量控制

（1）石砌体采用的石材应质地坚实、无裂纹和无明显风化剥落；用于清水墙、柱表面的石材，还应色泽均匀；石材的放射性应经检验，其安全性应符合现行国家标准《建筑材料放射性核素限量》（GB 6566—2010）的有关规定。

（2）石材表面的泥垢、水锈等杂质，砌筑前应清除干净。

（3）砌筑毛石基础的第一皮石块应坐浆，并将大面向下；砌筑料石基础的第一皮石块应用丁砌层坐浆砌筑。

（4）毛石砌体的第一皮及转角处、交接处和洞口处，应用较大的平毛石砌筑。每个楼层（包括基础）砌体的最上一皮，宜选用较大的毛石砌筑。

（5）毛石砌筑时，对石块间存在的较大的缝隙，应先向缝内填灌砂浆并捣实，然后再用小石块嵌填，不得先填小石块后填灌砂浆，石块间不得出现无砂浆相互接触现象。

（6）砌筑毛石挡土墙应按分层高度砌筑，并应符合下列规定：

1）每砌 3～4 皮为一个分层高度，每个分层高度应将顶层石块砌平；

2）两个分层高度间分层处的错缝不得小于 80 mm。

（7）料石挡土墙，当中间部分用毛石砌筑时，丁砌料石伸入毛石部分的长度不应小于 200 mm。

（8）毛石、毛料石、粗料石、细料石砌体灰缝厚度应均匀，灰缝厚度应符合下列规定：

1）毛石砌体外露面的灰缝厚度不宜大于 40 mm。

2）毛料石和粗料石的灰缝厚度不宜大于 20 mm。

3）细料石的灰缝厚度不宜大于 5 mm。

（9）挡土墙的泄水孔当设计无规定时，施工应符合下列规定：

1）泄水孔应均匀设置，在每米高度上间隔 2 m 左右设置一个泄水孔。

2）泄水孔与土体间铺设长宽各为 300 mm、厚为 200 mm 的卵石或碎石作疏水层。

（10）挡土墙内侧回填土必须分层夯填，分层松土厚宜为 300 mm。墙顶土面应有适当坡度使流水流向挡土墙外侧面。

（11）在毛石和实心砖的组合墙中，毛石砌体与砖砌体应同时砌筑，并每隔 4～6 皮砖用 2～3 皮丁砖与毛石砌体拉结砌合；两种砌体间的空隙应填实砂浆。

（12）毛石墙和砖墙相接的转角处和交接处应同时砌筑。转角处、交接处应自纵墙（或横墙）每隔 4～6 皮砖高度引出不小于 120 mm 与横墙（或纵墙）相接。

2. 石砌体工程质量检验

（1）主控项目。

1）石材及砂浆强度等级必须符合设计要求。

抽检数量：同一产地的同类石材抽检不应小于一组。

检验方法：料石检查产品质量证明书，石材、砂浆检查试块试验报告。

2）砌体灰缝的砂浆饱满度不应小于 **80%**。

抽检数量：每检验批抽查不应少于 5 处。

检验方法：观察检查。

（2）一般项目。

1）石砌体尺寸、位置的允许偏差及检验方法应符合表 **3.9** 的规定。

表 3.9　石砌体尺寸、位置的允许偏差及检验方法

项次	项目		允许偏差/mm							检验方法
		毛石砌体		料石砌体						
				毛料石		粗料石		细料石		
		基础	墙	基础	墙	基础	墙	墙、柱		
1	轴线位置	20	15	20	15	15	10	10		用经纬仪和尺检查，或用其他测量仪器检查
2	基础和墙砌体顶面标高	±25	±15	±25	±15	±15	±15	±10		用水准仪和尺检查
3	砌体厚度	+30	+20 −10	+30	+20 −10	+15	+10 −5	+10 −5		用尺检查
4	墙面垂直度 每层	—	20	—	20	—	10	7		用经纬仪、吊线和尺检查，或用其他测量仪器检查
	墙面垂直度 全高	—	30	—	30	—	25	10		
5	表面平整度 清水墙、柱	—	—	—	20	—	10	5		细料石用 2 m 靠尺和楔形塞尺检查，其他用两直尺垂直于灰缝拉 2 m 线和尺检查
	表面平整度 混水墙、柱	—	—	—	20	—	15	—		
6	清水墙水平灰缝平直度	—	—	—	—	—	10	5		拉 10 m 线和尺检查

抽检数量：每检验批抽查不应少于 5 处。

2）石砌体的组砌形式应符合下列规定：

①内外搭砌，上下错缝，拉结石、丁砌石交错设置。

②毛石墙拉结石每 0.7 m² 墙面不应少于 1 块。

检查数量：每检验批抽查不应少于 5 处。

检验方法：观察检查。

3. 石砌体工程质量通病及防治措施

（1）砌体垂直通缝。防治措施如下：

1）加强石块的挑选工作，注意石块左右、上下、前后的交搭必须将砌缝错开，禁止砌出任何重缝。

2）在墙角部位，应改为丁顺叠砌或丁顺组砌，使用的石材也要改变。可在片石、卵石中选取块体较大且体形较方整、长直的，加以适当加工修整，或改用条石、块石，使其适合丁顺叠

砌或组砌的需要。

(2)砌体里外两层皮。防治措施如下：

1)要注意大小块石料搭配使用，立缝要小，要用小块石堵塞空隙，避免只用大块石，而无小块石填空。禁止"四碰头"，即平面上四块石料形成一个十字缝。

2)每皮石料砌筑时要隔一定距离(1~1.5 m)丁砌一块拉结石，拉结石的长度应满墙，且上下皮错开，形成梅花形；如墙过厚(40 cm以上)可用两块拉结石内外搭接，搭接长度不小于15 cm，且其中一块长度应大于砌体厚的2/3。

3)要认真按照砌石操作规程操作。对于块石、料石，可采用丁顺组砌(较厚砌体)和顺叠组砌(砌体厚与石块厚度一致)。对于片石则多采用交错组砌方式。

(3)砌体粘结不牢。防治措施如下：

1)严格按规程操作。保证灰浆饱满，石料上下错缝搭砌，控制砌缝宽和错缝长度。片石灰缝宽小于30 mm，块石灰缝宽小于20 mm，粗料石灰缝宽小于10 mm。

2)砌石作业前适当洒水润湿；严格控制砌筑砂浆的稠度。

3)控制砌体每日砌筑高度。卵石砌体每日砌筑不大于1 m，并应大致找平；片石砌体每日砌筑不大于1.2 m，料石砌体每日砌筑高度原则上也不宜超过一步架高。

小 结

本任务主要介绍了砖砌体工程和石砌体工程在施工过程中的质量控制、验收方法和标准，以及质量通病的防治。通过学习，学生应能够参与砌体工程的质量检验和验收，能够规范填写检验批验收记录。

课外参考资料

1.《建筑工程施工质量验收统一标准》(GB 50300—2013).

2.《砌体结构工程施工质量验收规范》(GB 50203—2011).

素质拓展

安全是永恒的主题

安全是砌体工程需要控制的重要环节。砌筑操作前，必须检查操作环境是否符合安全要求，道路是否畅通，机具是否完好、牢固，安全设施和防护用品是否齐全，经检查符合要求后方可施工；砌基础时，应检查并经常注意基槽(坑)土质的变化情况；不准站在墙顶上做画线、刮缝及清扫墙面或检查大角垂直等工作；砍砖时，应面向墙体，避免碎砖飞出伤人；不准在超过胸部的墙上进行砌筑，以免将墙体碰撞倒塌造成安全事故；不准在墙顶或架子上整修石材，以免震动墙体影响质量或石片掉下伤人；不准起吊有部分破裂和脱落危险的砌块。

思考题

1. 砌体工程如何保证砂浆饱满度？

2. 为保证砌体的整体性须采取什么措施？

3. 砂浆搅拌方法及搅拌时间的要求是什么？

4. 砖砌工程质量检验主控项目有哪些？

1. '实训目的：通过阅读工程验收资料，掌握验收要求，积累经验，指导今后的实际工作。

2. 能力及要求：注意学习砌体工程检验批的质量验收表格及其填写方法，以及相关责任主体的评定结论、签字格式等，写出学习体会。

3. 实训步骤：收集有关技术资料及工程实际信息，阅读教材及查阅相关技术资料，进行分析，撰写学习体会。

任务5 钢结构工程质量检验

钢结构是由钢制材料组成的结构，是主要的建筑结构类型之一。结构主要由型钢和钢板等制成的钢梁、钢柱、钢桁架等构件组成，各构件或部件之间通常采用焊缝、螺栓或铆钉连接。因其自重较轻，且施工简便，广泛应用于大型厂房、场馆、超高层等领域。

钢结构工程简介

知识树

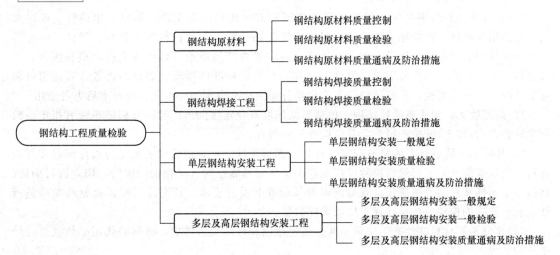

内容概况

本任务主要从钢结构原材料、焊接、安装三个方面对钢结构工程质量控制、质量检验和质量通病及防治措施进行讲解。

知识目标

了解钢结构工程的质量控制要点；熟悉钢结构工程质量检验的方法；掌握钢结构工程质量通病的防治措施。

能力目标

能够根据钢结构工程质量控制要点、工程质量验收标准对钢结构工程进行质量控制和验收；能够防治钢结构工程的质量通病。

培养学生的质量意识，养成良好的质量检验习惯。

引领案例

2008 年 6 月 28 日，一个被《时代》杂志评为 2007 年世界十大建筑奇迹的体育馆，一个世界上跨度最大的钢结构建筑正式落成。这个被称为鸟巢的国家体育场工程为特级体育建筑，主体结构设计使用年限为 100 年，耐火等级为一级，抗震设防烈度为 8 度，地下工程防水等级为 1 级，工程主体建筑呈空间马鞍椭圆形，主体钢结构形成整体的巨型空间马鞍形钢桁架编制式"鸟巢"结构，外部钢结构为 4.2 万吨，其中主钢结构用钢量约为 2.3 万吨，钢筋绑扎约为 5.2 万吨，整个体育场总用钢量约为 11 万吨。

问题：

1. 你知道"鸟巢"是怎样建成的吗？

2. 钢结构工程的质量怎样控制？质量验收都有哪些要求？控制标准是什么？

5.1 钢结构原材料

1. 钢结构原材料质量控制

(1)工程中所有的钢构件必须有出厂合格证和有关质量证明文件。钢材、钢铸件、焊接材料、连接用紧固件、焊接球、螺栓球、封板、锥头和套筒、涂装材料等的品种、规格、性能等应符合现行国家产品标准和设计要求，使用前必须检查产品质量合格证明文件和检验报告；进口材料应进行商检，其产品质量应符合设计和合同规定标准的要求。如果不具备或对证明材料有疑义时，应抽样复验，只有试验结果达到现行国家标准规定和技术文件的要求后方可使用。

(2)高强度大六角头螺栓连接副、扭剪型高强度螺栓连接副出厂时应分别随箱带有扭矩系数和紧固轴力(预拉力)的检验报告，并应检查复验报告。

(3)凡标志不清或怀疑质量有问题的材料、钢结构件、重要钢结构主要受力构件钢材和焊接材料、高强度螺栓需进行追踪检验以控制和保证质量可靠性的材料和钢结构的，均应进行抽检。材料质量抽样和检验方法应符合现行国家有关标准和设计要求，且要能反映该批材料的质量特性。对于重要的构件应按设计规定增加采样数量。

(4)充分了解材料的性能、质量标准、适用范围和对施工的要求，材料的代用必须获得设计单位的认可。

(5)焊接材料必须分类堆放，并且明显标明不得混放；高强度螺栓存放应防潮、防雨、防粉尘，并按类型、规格、批号分类存放和保管。

2. 钢结构原材料质量检验

(1)钢材的质量检验。

1)主控项目。

①钢材、钢铸件的品种、规格、性能等应符合现行国家产品标准和设计要求。进口钢材产品的质量应符合设计和合同规定标准的要求。

检查数量：全数检查。

检验方法：检查质量合格证明文件、中文标志及检验报告等。

②对属于下列情况之一的钢材，应进行抽样复验，其复验结果应符合现行国家产品标准和设计要求。

a. 国外进口钢材。

b. 钢材混批。

c. 板厚等于或大于 40 mm，且设计有 Z 向性能要求的厚板。

d. 建筑结构安全等级为一级，大跨度钢结构中主要受力构件所采用的钢材。

e. 设计有复验要求的钢材。

f. 对质量有疑义的钢材。

检查数量：全数检查。

检验方法：检查复验报告。

2）一般项目。

①钢板厚度及允许偏差应符合其产品标准的要求。

检查数量：每一品种、规格的钢板抽查 5 处。

检验方法：用游标卡尺量测。

②型钢的规格尺寸及允许偏差应符合其产品标准的要求。

检查数量：每一品种、规格的型钢抽查 5 处。

检验方法：用钢尺和游标卡尺量测。

③钢材的表面外观质量除应符合现行国家相关标准的规定外，还应符合下列规定：

a. 当钢材的表面有锈蚀、麻点或划痕等缺陷时，其深度不得大于该钢材厚度负允许偏差值的 1/2。

b. 钢材表面的锈蚀等级应符合现行国家标准《涂覆涂料前钢材表面处理 表面清洁度的目视评定 第 1 部分：未涂覆过的钢材表面和全面清除原有涂层后的钢材表面的锈蚀等级和处理等级》(GB/T 8923.1—2011)规定的 C 级及 C 级以上。

c. 钢材端边或断口处不应有分层、夹渣等缺陷。

检查数量：全数检查。

检验方法：观察检查。

(2)焊接材料质量检验。

1）主控项目。

①焊接材料的品种、规格、性能等应符合现行国家产品标准和设计要求。

检查数量：全数检查。

检验方法：检查焊接材料的质量合格证明文件、中文标志及检验报告等。

②重要钢结构采用的焊接材料应进行抽样复验，复验结果应符合现行国家产品标准和设计要求。

检查数量：全数检查。

检验方法：检查复验报告。

2）一般项目。

①焊钉及焊接瓷环的规格、尺寸及偏差应符合现行国家标准《电弧螺柱焊用圆柱头焊钉》(GB/T 10433—2002)中的规定。

检查数量：按量抽查 1%，且不应少于 10 套。

检验方法：用钢尺和游标卡尺量测。

②焊条外观不应有药皮脱落、焊芯生锈等缺陷；焊剂不应受潮结块。

检查数量：按量抽查 1%，且不应少于 10 包。

检验方法：观察检查。

(3)连接用紧固标准件质量检验。

1)主控项目。

①钢结构连接用高强度大六角头螺栓连接副、扭剪型高强度螺栓连接副、钢网架用高强度螺栓、普通螺栓、铆钉、自攻钉、拉铆钉、射钉、锚栓(机械型和化学试剂型)、地脚锚栓等紧固标准件及螺母、垫圈等标准配件,其品种、规格、性能等应符合现行国家产品标准和设计要求。高强度大六角头螺栓连接副和扭剪型高强度螺栓连接副出厂时应分别随箱带有扭矩系数和紧固轴力(预拉力)的检验报告。

检查数量:全数检查。

检验方法:检查产品的质量合格证明文件、中文标志及检验报告等。

②高强度大六角头螺栓连接副应按《钢结构工程施工质量验收标准》(GB 50205—2020)的规定检验其扭矩系数,其检验结果应符合《钢结构工程施工质量验收标准》(GB 50205—2020)的规定。

检查数量:见《钢结构工程施工质量验收标准》(GB 50205—2020)。

检验方法:检查复验报告。

③扭剪型高强度螺栓连接副应按《钢结构工程施工质量验收标准》(GB 50205—2020)的规定检验预拉力,其检验结果应符合《钢结构工程施工质量验收标准》(GB 50205—2020)的规定。

检查数量:见《钢结构工程施工质量验收标准》(GB 50205—2020)。

检验方法:检查复验报告。

2)一般项目。

①高强度螺栓连接副,应按包装箱配套供货,包装箱上应标明批号、规格、数量及生产日期。螺栓、螺母、垫圈外观表面应涂油保护,不应出现生锈和沾染脏物,螺纹不应损伤。

检查数量:按包装箱数抽查5%,且不应少于3箱。

检验方法:观察检查。

②对建筑结构安全等级为一级、跨度40 m及以上的螺栓球节点钢网架结构,其连接高强度螺栓应进行表面硬度试验,对8.8级的高强度螺栓其硬度应为HRC21～29;10.9级高强度螺栓其硬度应为HRC32～36,且不得有裂纹或损伤。

检查数量:按规格抽查8只。

检验方法:硬度计、10倍放大镜或磁粉探伤。

(4)焊接球质量检验。

1)主控项目。

①焊接球及制造焊接球所采用的原材料,其品种、规格、性能等应符合现行国家产品标准和设计要求。

检查数量:全数检查。

检验方法:检查产品的质量合格证明文件、中文标志及检验报告等。

②焊接球焊缝应进行无损检验,其质量应符合设计要求,当设计无要求时应符合《钢结构工程施工质量验收标准》(GB 50205—2020)中规定的二级质量标准。

检查数量:每一规格按数量抽查5%,且不应少于3个。

检验方法:超声波探伤或检查检验报告。

2)一般项目。

①焊接球直径、圆度、壁厚减薄量等尺寸及允许偏差应符合《钢结构工程施工质量验收标准》(GB 50205—2020)的规定。

检查数量:每一规格按数量抽查5%,且不应少于3个。

检验方法:用卡尺和测厚仪检查。

②焊接球表面应无明显波纹及局部凹凸不平不大于1.5 mm。

检查数量：每一规格按数量抽查5%，且不应少于3个。

检验方法：用弧形套模、卡尺和观察检查。

(5)螺栓球质量检验。

1)主控项目。

①螺栓球及制造螺栓球节点所采用的原材料，其品种、规格、性能等应符合现行国家产品标志和设计要求。

检查数量：全数检查。

检验方法：检查产品的质量合格证明文件、中文标志及检验报告等。

②螺栓球不得有过烧、裂纹及褶皱。

检查数量：每种规格抽查5%，且不应少于5只。

检验方法：用10倍放大镜观察和表面探伤。

2)一般项目。

①螺栓球螺纹尺寸应符合现行国家标准《普通螺纹 基本尺寸》(GB/T 196—2003)中粗牙螺纹的规定；螺纹公差必须符合现行国家标准《普通螺纹 公差》(GB/T 197—2003)中6H级精度的规定。

检查数量：每种规格抽查5%，且不应少于5只。

检验方法：用标准螺纹规。

②螺栓球直径、圆度、相邻两螺栓孔中心线夹角等尺寸及允许偏差应符合《钢结构工程施工质量验收标准》(GB 50205—2020)的规定。

检查数量：每一规格按数量抽查5%，且不应少于3个。

检验方法：用卡尺和分度头仪检查。

(6)封板、锥头和套筒质量检验。

主控项目。

①封板、锥头和套筒及制造封板、锥头和套筒所采用的原材料，其品种、规格、性能等应符合现行国家产品标准和设计要求。

检查数量：全数检查。

检验方法：检查产品的质量合格证明文件、中文标志及检验报告等。

②封板、锥头、套筒外观不得有裂纹、过烧及氧化皮。

检查数量：每种规格抽查5%，且不应少于10只。

检验方法：用放大镜观察检查和表面探伤。

(7)金属压型板。

1)主控项目。

①金属压型板及制造金属压型板所采用的原材料，其品种、规格、性能等应符合现行国家产品标准和设计要求。

检查数量：全数检查。

检验方法：检查产品的质量合格证明文件、中文标志及检验报告等。

②压型金属泛水板、包角板和零配件的品种、规格以及防水密封材料的性能应符合现行国家产品标准和设计要求。

检查数量：全数检查。

检验方法：检查产品的质量合格证明文件、中文标志及检验报告等。

2)一般项目。压型金属板的规格尺寸及允许偏差、表面质量、涂层质量等应符合设计要求和《钢结构工程施工质量验收标准》(GB 50205—2020)的规定。

检查数量：每种规格抽查5%，且不应少于3件。

检验方法：观察和用10倍放大镜检查及尺量。

3.钢结构原材料质量通病及防治措施

(1)钢材表面裂纹、夹渣、分层、缺棱、结疤(重皮)、气泡、压痕(划痕)、氧化薄钢板、锈蚀、麻点。防治措施如下：

1)严格按设计图纸要求采购钢材，对于一些比较特殊的钢材，更需要了解其性能和特点。如对厚度方向性能有要求的钢板，不仅要求沿宽度方向和长度方向有一定的力学性能，而且要求厚度方向有良好的抗层状撕裂的性能。

2)把好原材料入库前的检验关。

3)凡质量缺陷超标的材料，应拒绝使用。

4)凡是在控制范围内的缺陷，可采用打磨等措施做修补。

5)应重视材料的保管工作。钢材堆放应注意防潮，避免雨淋结冰，有条件的应在室内(或棚内)堆放，对长期露放不用的钢材宜做表面防腐处理。

(2)无质量证明文件或进场钢材不进行检验。防治措施如下：

1)严格检查和验收进场钢材，使用的钢材应具有质量证明文件，并应符合设计要求。

2)核对质量证明文件上的炉号、批号、材质、规格是否与钢材上的标注相一致。

3)钢材使用前，必须认真复核其化学成分、力学性能，符合标准及设计要求的方可使用。

5.2 钢结构焊接工程

钢结构连接工程

1.钢结构焊接质量控制

(1)焊接操作人员应持证上岗，严格按上岗证书规定的作业范围以及工艺文件的技术要求进行焊接作业，严禁超出规定范围的作业现象发生。

(2)焊接设备应置于避雨、通风的场所，避免被雨水浸湿，确保焊接设备的使用安全。

(3)没有经过焊接评定的焊材不允许使用；没有通过复验的焊材不允许使用。

(4)施焊区域不清洁即有水、铁锈、油漆、油污等不允许施焊。

(5)钢板表面潮湿或雨后施工，应用烘枪将焊缝两侧100 mm区域内的水分烧烤干净。

2.钢结构焊接质量检验

(1)主控项目。

1)焊条、焊丝、焊剂、电渣焊熔嘴等焊接材料与母材的匹配应符合设计要求及相关现行国家行业标准的规定。焊条、焊剂、药芯焊丝、熔嘴等在使用前，应按其产品说明书及焊接工艺文件的规定进行烘焙和存放。

检查数量：全数检查。

检验方法：检查质量证明书和烘焙记录。

2)焊工必须经考试合格并取得合格证书。持证焊工必须在其考试合格项目及其认可范围内施焊。

检查数量：全数检查。

检验方法：检查焊工合格证及其认可范围、有效期。

3)施工单位对其首次采用的钢材、焊接材料、焊接方法、焊后热处理等，应进行焊接工艺评定，并应根据评定报告确定焊接工艺。

检查数量：全数检查。

检验方法：检查焊接工艺评定报告。

4)设计要求全焊透的一、二级焊缝应采用超声波探伤进行内部缺陷的检验，超声波探伤不能对缺陷作出判断时，应采用射线探伤，其内部缺陷分级及探伤方法应符合现行国家标准《焊缝无损检测超声检测技术、检测等级和评定》(GB/T 11345—2013)或《焊缝无损检测　射线检测第1部分：X和伽玛射线的胶片技术》(GB/T 3323.1—2019)的规定。

焊接球节点网架焊缝、螺栓球节点网架焊缝及圆管T、K、Y形点相贯线焊缝，其内部缺陷分级及探伤方法应分别符合现行行业标准《钢结构超声波探伤及质量分级法》(JG/T 203—2007)的规定。一级、二级焊缝的质量等级及缺陷分级应符合表3.10的规定。

检查数量：全数检查。

检验方法：检查超声波或射线探伤记录。

表3.10　一级、二级焊缝质量等级及缺陷分级

焊缝质量等级		一级	二级
内部缺陷 超声波探伤	评定等级	Ⅱ	Ⅲ
	检验等级	B级	B级
	探伤比例	100%	20%
内部缺陷 射线探伤	评定等级	Ⅱ	Ⅲ
	检验等级	AB级	AB级
	探伤比例	100%	20%
注：探伤比例的计数方法应按以下原则确定： (1)对工厂制作焊缝，应按每条焊缝计算百分比，且探伤长度应不小于200 mm，当焊缝长度不足200 mm时，应对整条焊缝进行探伤。 (2)对现场安装焊缝，应按同一类型、同一施焊条件的焊缝条数计算百分比，探伤长度应不小于200 mm，并应不少于1条焊缝。			

5)T形接头、十字接头、角接接头等要求熔透的对接和角对接组合焊缝，其焊脚尺寸不应小于$t/4$；设计有疲劳验算要求的吊车梁或类似构件的腹板与上翼缘连接焊缝的焊脚尺寸为$t/2$，且不应小于10 mm。焊脚尺寸的允许偏差为0～4 mm。

检查数量：资料全数检查；同类焊缝抽查10%，且不应少于3条。

检验方法：观察检查，用焊缝量规抽查测量。

6)焊缝表面不得有裂纹、焊瘤等缺陷。一级、二级焊缝不得有表面气孔、夹渣、弧坑裂纹、电弧擦伤等缺陷。且一级焊缝不得有咬边、未焊满、根部收缩等缺陷。

检查数量：每批同类构件抽查10%，且不应少于3件；被抽查构件中，每一类型焊缝按条数抽查5%，且不应少于1条；每条检查1处，总抽查数不应少于10处。

检验方法：观察检查或使用放大镜、焊缝量规和钢尺检查，当存在疑义时，采用渗透或磁粉探伤检查。

(2)一般项目。

1)对于需要进行焊前预热或焊后热处理的焊缝，其预热温度或后热温度应符合国家现行有关标准的规定或通过工艺试验确定。预热区在焊道两侧，每侧宽度均应大于焊件厚度的1.5倍

以上，且不应小于 100 mm；后热处理应在焊后立即进行，保温时间应根据板厚按每 25 mm 板厚 1 h 确定。

检查数量：全数检查。

检验方法：检查预、后热施工记录和工艺试验报告。

2)二级、三级焊缝外质量标准应符合《钢结构工程施工质量验收标准》(GB 50205—2020)的规定。三级对接缝应按二级焊缝标准进行外观质量检验。

检查数量：每批同类构件抽查 10%，且不应少于 3 件；被抽查构件中，每一类型焊缝按条数抽查 5%，且不应少于 1 条；每条检查 1 处，总抽查数不应少于 10 条。

检验方法：观察检查或使用放大镜、焊缝量规和钢尺检查。

3)焊缝尺寸允许偏差应符合《钢结构工程施工质量验收标准》(GB 50205—2020)的规定。

检查数量：每批同类构件抽查 10%，且不应少于 3 件；被抽查构件中，每种焊缝按条数各抽查 5%，但不应少于 1 条；每条检查 1 处，总抽查数不应少于 10 处。

检验方法：用焊缝量规检查。

4)焊出凹形的角焊缝，焊缝金属与母材间应平缓过渡；加工成凹形的角焊缝，不得在其表面留下切痕。

检查数量：每批同类构件抽查 10%，且不应少于 3 件。

检验方法：观察检查。

5)焊缝感观应达到：外形均匀、成型较好，焊道与焊道、焊道与基本金属间过渡得较平滑，焊渣和飞溅物基本清除干净。

检查数量：每批同类构件抽查 10%，且不应少于 3 件；被抽查构件中，每种焊缝按数量各抽查 5%，总抽查处不应少于 5 处。

检验方法：观察检查。

3. 钢结构焊接质量通病及防治措施

(1)引弧板加设不规范。防治措施如下：

1)T 形接头、十字形接头、角接接头和对接接头主焊缝两端，必须配置引弧板和引出板，其材质应和被焊母材相同，坡口形式应与被焊焊缝相同，禁止使用其他材质的材料充当引弧板和引出板。

2)焊缝引弧处易产生未熔合、夹渣、气孔、裂纹等缺陷，在多层焊时焊缝两端缺陷堆积，问题更加突出。如要求构件全部截面上焊缝强度能达到母材强度标准值的下限，必须把引弧及收弧处引至焊缝两端以外。

(2)焊缝裂纹。防治措施如下：

1)表面裂纹如很浅，可用角向砂轮将其磨去，磨至能向周边的焊缝平顺过渡，向母材圆滑过渡为止；如裂纹很深，则必须用对待焊缝内部缺陷同样的办法做焊接修补。

2)厚工件焊前要预热，并达到规范要求的温度。厚工件在焊接过程中，要严格控制道间温度。

3)注重焊接环境。在相对湿度大于 90% 时应暂停施焊。

4)严格审核钢材和焊接材料的质量证明文件。

5)焊材的选用与被焊接的钢材(母材)相匹配。

6)无损检测检测出的裂纹，应按焊接返修工艺要求做返修焊补。同时，当检查出一处裂纹缺陷时，应加倍检查；当检查出多处裂纹缺陷或加倍抽查又发现裂纹缺陷时，应对该批余下焊缝的全数进行检查。

(3)焊接有气孔。防治措施如下：

1)数量少而直径小的表面气孔，可用角向砂轮磨去，磨至该部位能同整条焊缝平顺过渡，向母材圆滑过渡。

2)厚工件焊前要预热，并达到规范要求的温度。厚工件应严格控制道间温度。

3)注重焊接的环境，在相对湿度大于90%时应暂停施焊；手工电弧焊在风速超过8 m/s，气体保护焊在风速超过2 m/s时施焊，应采取挡风措施；环境温度低于0 ℃时，应将工件加热到20 ℃，原需预热的工件此时应多预热20 ℃，加热范围为长宽各大于2倍工件的厚度，且各不小于100 mm。

4)注意执行焊接工艺参数，提高焊工技能。气体保护焊的枪管内要经常用压缩空气吹通，以排除污物。

5.3 单层钢结构安装工程

1. 单层钢结构安装一般规定

(1)本部分适用于单层钢结构的主体结构、地下钢结构、檩条及墙架等次要构件、钢平台钢梯、防护栏杆等安装工程的质量验收。

(2)单层钢结构安装工程可按变形缝或空间刚度单元等划分成一个或若干个检验批。地下钢结构可按不同地下层划分检验批。

(3)钢结构安装检验批应在进场验收和焊接连接、紧固件连接、制作等分项工程验收合格的基础上进行验收。

(4)安装的测量校正、高强度螺栓安装、负温度下施工及焊接工艺等，应在安装前进行工艺试验或评定，并应在此基础上制订相应的施工工艺或方案。

(5)安装偏差的检测，应在结构形成空间刚度单元并连接固定后进行。

(6)安装时，必须控制屋面、楼面、平台等的施工荷载，施工荷载和冰雪荷载等严禁超过梁、桁架、楼面板、屋面板、平台铺板等的承载能力。

(7)在形成空间刚度单元后，应及时对柱底板和基础顶面的空隙进行细石混凝土、灌浆料等二次浇灌。

(8)吊车梁或直接承受动力荷载的梁其受拉翼缘、吊车桁架或直接承受动力荷载的桁架其受拉弦杆上不得焊接悬挂物和卡具等。

2. 单层钢结构安装质量检验

(1)基础和支承面的质量检验。

1)主控项目。

①建筑物的定位轴线、基础轴线和标高、地脚螺栓的规格及其紧固应符合设计要求。

检查数量：按柱基数抽查10%，且不应少于3个。

检验方法：用经纬仪、水准仪、全站仪和钢尺现场实测。

②基础顶面直接作为柱的支承面和基础顶面预埋钢板或支座作为柱的支承面时，其支承面、地脚螺栓(锚栓)位置的允许偏差应符合表3.11的规定。

检查数量：按柱基数抽查10%，且不应少于3个。

检验方法：用经纬仪、水准仪、全站仪、水平尺和钢尺实测。

表 3.11　支承面、地脚螺栓(锚栓)位置的允许偏差　　　　mm

项目		允许偏差
支承面	标高	±3.0
	水平度	$l/1\ 000$
地脚螺栓(锚栓)	螺栓中心偏移	5.0
预留孔中心偏移		10.0

③采用坐浆垫板时，坐浆垫板的允许偏差应符合表 3.12 的规定。

检查数量：资料全数检查。按柱基数抽查 10%，且不应少于 3 个。

检验方法：用水准仪、全站仪、水平尺和钢尺现场实测。

表 3.12　坐浆垫板的允许偏差　　　　mm

项目	允许偏差
顶面标高	0.0，−3.0
水平度	$l/1\ 000$
位置	20.0

④采用杯口基础时，杯口尺寸的允许偏差应符合表 3.13 的规定。

检查数量：按基础数抽查 10%，且不应少于 4 处。

检验方法：观察及尺量检查。

表 3.13　杯口尺寸的允许偏差　　　　mm

项目	允许偏差
底面标高	0.0，−5.0
杯口深度 H	±5.0
杯口垂直度	$H/100$，且不应大于 10.0
位置	10.0

2)一般项目。

地脚螺栓(锚栓)尺寸的允许偏差应符合表 3.14 的规定。地脚螺栓(锚栓)的螺纹应受到保护。

检查数量：按柱基数抽查 10%，且不应少于 3 个。

检验方法：用钢尺现场实测。

表 3.14　地脚螺栓(锚栓)尺寸的允许偏差　　　　mm

项目	允许偏差
螺栓(锚栓)露出长度	+30.0，0.0
螺纹长度	+30.0，0.0

(2)安装和校正质量检验。

1)主控项目。

①钢构件应符合设计要求和《钢结构工程施工质量验收标准》(GB 50205—2020)的规定。运输、堆放和吊装等造成钢构件变形及涂层脱落，应进行矫正和修补。

检查数量：按构件数抽查 10%，且不应少于 3 个。

检验方法：用拉线、钢尺现场实测或观察。

②设计要求顶紧的节点，接触面不应少于 70% 紧贴，且边缘最大间隙不应大于 0.8 mm。

检查数量：按节点数抽查 10%，且不应少于 3 个。

检验方法：用钢尺及 0.3 mm 和 0.8 mm 厚的塞尺现场实测。

③钢屋(托)架、桁架、梁及受压杆件的垂直度和侧向弯曲矢高的允许偏差应符合表 3.15 的规定。

检查数量：按同类构件数抽查 10%，且不少于 3 个。

检验方法：用吊线、拉线、经纬仪和钢尺现场实测。

表 3.15　钢屋(托)架、桁架、梁及受压杆件的垂直度和侧向弯曲矢高的允许偏差　　　mm

项目		允许偏差
跨中的垂直度		$h/250$，且不应大于 15.0
侧向弯曲矢高 f	$l \leqslant 30$ m	$l/1\,000$，且不应大于 10.0
	30 m$<l\leqslant$60 m	$l/1\,000$，且不应大于 30.0
	$l>60$ m	$l/1\,000$，且不应大于 50.0

④单层钢结构主体结构的整体垂直度和整体平面弯曲的允许偏差应符合表 3.16 的规定。

检查数量：对主要立面全部检查。对每个所检查的立面，除两列角柱外，尚应至少选取一列中间柱。

检验方法：采用经纬仪、全站仪等测量。

表 3.16　整体垂直度和整体平面弯曲的允许偏差　　　mm

项目	允许偏差
主体结构的整体垂直度	$H/1\,000$，且不应大于 25.0
主体结构的整体平面弯曲	$L/1\,500$，且不应大于 25.0

2)一般项目。

①钢柱等主要构件的中心线及标高基准点等标记应齐全。

检查数量：按同类构件数抽查 10%，且不应少于 3 件。

检验方法：观察检查。

②当钢桁架(或梁)安装在混凝土柱上时，其支座中心对定位轴线的偏差不应大于 10 mm；当采用大型混凝土屋面板时，钢桁架(或梁)间距的偏差不应该大于 10 mm。

检查数量：按同类构件数抽查 10%，且不应少于 3 榀。

检验方法：用拉线和钢尺现场实测。

③钢柱安装的允许偏差应符合《钢结构工程施工质量验收标准》(GB 50205—2020)的规定。

检查数量：按钢柱数抽查 10%，且不应少于 3 件。

检验方法：见《钢结构工程施工质量验收标准》(GB 50205—2020)。

④钢吊车梁或直接承受动力荷载的类似构件，其安装的允许偏差应符合《钢结构工程施工质量验收标准》(GB 50205—2020)的规定。

检查数量：按钢吊车梁抽查 10%，且不应少于 3 榀。

检验方法：见《钢结构工程施工质量验收标准》(GB 50205—2020)。

⑤檩条、墙架等构件数安装的允许偏差应符合《钢结构工程施工质量验收标准》(GB 50205—2020)的规定。

检查数量：按同类构件数抽查10%，且不应少于3件。

检验方法：见《钢结构工程施工质量验收标准》(GB 50205—2020)。

⑥钢平台、钢梯、栏杆安装应符合现行国家标准《固定式钢梯及平台安全要求 第1部分：钢直梯》(GB 4053.1—2009)、《固定式钢梯及平台安全要求 第2部分：钢斜梯》(GB 4053.2—2009)、《固定式钢梯及平台安全要求 第3部分：工业防护栏杆及钢平台》(GB 4053.3—2009)的规定。钢平台、钢梯和防护栏杆安装的允许偏差符合《钢结构工程施工质量验收标准》(GB 50205—2020)的规定。

检查数量：按钢平台总数抽查10%，栏杆、钢梯按总长度各抽查10%，但钢平台不应少于1个，栏杆不应少于5 m，钢梯不应少于1跑。

检验方法：见《钢结构工程施工质量验收标准》(GB 50205—2020)附录E中表E.0.4。

⑦现场焊缝组对间隙的允许偏差应符合表3.17的规定。

检查数量：按同类节点数抽查10%，且不应少于3个。

检验方法：尺量检查。

表 3.17　现场焊缝组对间隙的允许偏差　　　　　　　　　mm

项目	允许偏差
无垫板间隙	+3.0，0.0
有垫板间隙	+3.0，0.0

⑧钢结构表面应干净，结构主要表面不应有疤痕、泥沙等污垢。

检查数量：按同类构件数抽查10%，且不应少于3件。

检验方法：观察检查。

3. 单层钢结构安装质量通病及防治措施

(1)待安装构件几何尺寸超过允许偏差。防治措施如下：

1)构件进场安装前应对钢构件主要安装尺寸进行复测，以保证安装工作顺利进行。

2)钢构件的运输应选用合适的车辆，超长过大的构件应注意支点的设置和绑扎方法，以防止构件发生永久变形和损伤涂层。

3)安装现场构件堆放应有足够的支承面，堆放层次应视构件重量而定，每层构件的支点应在同一垂直线上。

4)对几何尺寸超过允许偏差和变形构件应矫正，并经检查合格后才能进入安装。

(2)构件表面损伤与污染。防治措施如下：

1)构件在运输与装卸过程中应采取相应的防机械损伤和涂层损伤措施，减少不必要的修补工作。

2)钢构件堆放场地应尽可能地保持整洁，安装前应及时清除泥沙、油污等脏物。

3)对构件表面出现的机械损伤和涂层损伤，应在安装前按工艺要求及时进行修补，检查合格后方可安装。

5.4　多层及高层钢结构安装工程

1. 多层及高层钢结构安装一般规定

(1)本部分适用于多层及高层钢结构的主体结构、地下钢结构、檩条及

钢结构安装工程

墙架等次要构件、钢平台、钢梯、防护栏杆等安装工程的质量验收。

（2）多层及高层钢结构安装工程可按楼层或施工段等划分为一个或若干个检验批。地下钢结构可按不同地下层划分检验批。

（3）柱、梁、支撑等构件的长度尺寸应包括焊接收缩余量等变形值。

（4）安装柱时，每节柱的定位轴线应从地面控制轴线直接引上，不得从下层柱的轴线引上。

（5）结构的楼层标高可按相对标高或设计标高进行控制。

（6）钢结构安装检验批应在进场验收和焊接连接、紧固件连接、制作等分项工程验收合格的基础上进行验收。

2. 多层及高层钢结构安装质量检验

(1)基础和支承面的质量检验。

1)主控项目。

①建筑物的定位轴线、基础上柱的定位轴线和标高、地脚螺栓(锚栓)的规格和位置、地脚螺栓(锚栓)紧固应符合设计要求。当设计无要求时，应符合表3.18的规定。

检查数量：按柱基数抽查10%，且不应少于3个。

检验方法：采用经纬仪、水准仪、全站仪和钢尺实测。

表3.18 建筑物定位轴线、基础上柱的定位轴线和标高、地脚螺栓(锚栓)的允许偏差　mm

项目	允许偏差
建筑物定位轴线	$L/20\,000$，且不应大于3.0
基础上柱的定位轴线	1.0
基础上柱底标高	±2.0
地脚螺柱(锚栓)位移	2.0

②多层建筑以基础顶面直接作为柱的支承面，或以基础顶面预埋钢板或支座作为柱的支承面时，其支承面、地脚螺栓(锚栓)位置的允许偏差应符合表3.11的规定。

检查数量：按柱基数抽查10%，且不应少于3个。

检验方法：用经纬仪、水准仪、全站仪、水平尺和钢尺实测。

③多层建筑采用坐浆垫板时，坐浆垫板的允许偏差应符合表3.12的规定。

检查数量：资料全数检查。按柱基数抽查10%，且不应少于3个。

检验方法：用水准仪、全站仪、水平尺和钢尺实测。

④当采用杯口基础时，杯口尺寸的允许偏差应符合表3.13的规定。

检查数量：按基础数抽查10%，且不应少于4处。

检验方法：观察及尺量检查。

2)一般项目。

地脚螺栓(锚栓)尺寸的允许偏差应符合表3.14的规定。地脚螺栓(锚栓)的螺纹应受保护。

检查数量：按柱基数抽查10%，且不应少于3个。

检验方法：用钢尺现场实测。

(2)安装和校正质量检验。

1)主控项目。

①钢构件应符合设计要求和规范。运输、堆放和吊装等造成的钢构件变形及涂层脱落，应进行矫正和修补。

检查数量：按构件数检查10%，且不应少于3个。

检验方法：用拉线、钢尺现场实测或观察。

②柱子安装的允许偏差应符合表 3.19 的规定。

检查数量：标准柱全部检查；非标准柱抽查 10％，且不应少于 3 根。

检验方法：用全站仪或激光经纬仪和钢尺实测。

表 3.19　柱子安装的允许偏差　　　　　　　　　mm

项目	允许偏差
底层柱柱底轴线对定位轴线偏移	3.0
柱子定位轴线	1.0
单节柱的垂直度	$h/1\,000$，且应大于 10.0

③设计要求顶紧的节点，接触面不应少于 70％紧贴，且边缘最大间隙不应大于 **0.8 mm**。

检查数量：按节点数抽查 10％，且不应少于 3 个。

检验方法：用钢尺及 0.3 mm 和 0.8 mm 厚的塞尺现场实测。

④钢主梁、次梁及受压杆件的垂直度和侧向弯曲矢高的允许偏差应符合表 3.15 的规定。

检查数量：按同类构件数抽查 10％，且不应少于 3 个。

检验方法：用吊线、拉线、经纬仪和钢尺现场实测。

⑤多层及高层钢结构主体结构的整体垂直度和整体平面弯曲的允许偏差应符合表 3.20 的规定。

检查数量：对主要立面全部检查。对每个所检查的立面，除两列角柱外，还应至少选取一列中间柱。

检验方法：对于整体垂直度，可采用激光经纬仪、全站仪测量，也可根据各节柱的垂直度允许偏差累计（代数和）计算。对于整体平面弯曲，可按产生的允许偏差累计（代数和）计算。

表 3.20　整体垂直度和整体平面弯曲的允许偏差　　　　　　　　　mm

项目	允许偏差
主体结构的整体垂直度	$(H/2\,500+10.0)$，且不应大于 50.0
主体结构的整体平面弯曲	$L/1\,500$，且不应大于 25.0

2）一般项目。

①钢结构表面应干净，结构主要表面不应有疤痕、泥沙等污垢。

检查数量：按同类构件数抽查 10％，且不应少于 3 件。

检验方法：观察检查。

②钢柱等主要构件的中心线及标高基准点等标记应齐全。

检查数量：按同类构件数抽查 10％，且不应少于 3 件。

检验方法：观察检查。

③钢构件安装的允许偏差应符合《钢结构工程施工质量验收标准》(GB 50205—2020)的规定。

检查数量：按同类构件或节点数抽查 10％。其中柱和梁各不应少于 3 件，主梁与次梁连接节点不应少于 3 个，支承压型金属板的钢梁长度不应少于 5 mm。

检验方法：见《钢结构工程施工质量验收标准》(GB 50205—2020)。

④主体结构总高度的允许偏差应符合《钢结构工程施工质量验收标准》(GB 50205—2020)的

规定。

检查数量：按标准柱列数抽查 10%，且不应少于 4 列。

检验方法：采用全站仪、水准仪和钢尺实测。

⑤当钢构件安装在混凝土柱上时，其支座中心对定位轴线的偏差不应大于 10 mm；当采用大型混凝土屋面板时，钢梁(或桁架)间距的偏差不应大于 10 mm。

检查数量：按同类构件数抽查 10%，且不应少于 3 榀。

检验方法：用拉线和钢尺现场实测。

⑥多层及高层钢结构中钢吊车梁或直接承受动力荷载的类似构件，其安装的允许偏差应符合《钢结构工程施工质量验收标准》(GB 50205—2020)的规定。

检查数量：按钢吊车梁数抽查 10%，且不应少于 3 榀。

检验方法：见《钢结构工程施工质量验收标准》(GB 50205—2020)的规定。

⑦多层及高层钢结构中檩条、墙架等次要构件安装的允许偏差应符合《钢结构工程施工质量验收标准》(GB 50205—2001)的规定。

⑧多层及高层钢结构中钢平台、钢梯、栏杆安装应符合现行国家标准《固定式钢梯及平台安全要求 第 1 部分：钢直梯》(GB 4053.1—2009)、《固定式钢梯及平台安全要求 第 2 部分：钢斜梯》(GB 4053.2—2009)、《固定式钢梯及平台安全要求 第 3 部分：工业防护栏杆及钢平台》(GB 4053.3—2009)的规定。钢平台、钢梯和防护栏杆安装的允许偏差应符合《钢结构工程施工质量验收标准》(GB 50205—2020)的规定。

检查数量：按钢平台总数抽查 10%，栏杆、钢梯按总长度各抽查 10%，但钢平台不应少于 1 个，栏杆不应少于 5 mm，钢梯不应少于 1 跑。

检验方法：见《钢结构工程施工质量验收标准》(GB 50205—2020)的规定。

⑨多层及高层多结构中现场焊缝组对间隙的允许偏差应符合表 3.17 的规定。

检查数量：按同类节点数抽查 10%，且不应少于 3 个。

检验方法：尺量检查。

3. 多层及高层钢结构安装质量通病及防治措施

(1)吊车梁安装两端支座中心位移超过允许偏差。防治措施如下：

1)核查吊车梁长度、高度，据此对吊车梁进行调整。

2)检查吊车梁端部支座处与牛腿中心是否对中，超差时应通过增减梁端的夹板进行调整。

3)吊车梁调整垫板应在调整结束后及时焊接牢固，垫板间应无间隙。

(2)屋面系统安装存在隅撑漏装、搭接长度不足等。防治措施如下：

1)尽最大可能督促施工作业层完善施工安全设施，包括必要的爬梯、平台、安全栏杆、安全绳、吊篮等，创造良好的操作条件和检查条件，这是保证施工质量的前提。

2)要求施工班组认真自检，做到自检不合格不进行下道工序。

3)质量管理人员要做到勤奋敬业，坚持多深入高空作业现场，善于发现问题，尽早发现问题，及时予以纠正，责令整改。

小 结

本任务主要介绍了钢结构工程在施工过程中的钢结构原材料、焊接、安装等方面的质量控制、验收方法和标准，以及质量通病的防治措施。通过学习，学生应能够参与钢结构工程的质量检验和验收，能够规范填写检验批验收记录。

课外参考资料

1.《建筑工程施工质量验收统一标准》(GB 50300—2013).
2.《钢结构工程施工质量验收标准》(GB 50205—2020).

素质拓展

提高工程质量是我们的任务

鸟巢、水立方、上海环球金融中心、广州歌剧院、中国大剧院等著名建筑均为钢结构或钢结构与混凝土结构建筑。钢材强度高、自重轻、整体刚度好、抵抗变形能力强，故在未来的大跨度和超高、超重型的建筑物中，使用钢结构会越来越多。建筑工业化是发展趋势。缩短建筑工期、提高工业化程度、可进行机械化程度高的专业化生产使钢结构能大力发展，但钢结构工程施工质量问题还将随着外界变化和时间的延长而不断地发展变化，质量缺陷逐渐体现。例如，钢构件的焊缝由于应力的变化，使原来没有裂缝的焊缝产生裂缝；由于焊后在焊缝中有氢的活动作用产生延迟裂缝。又如构件长期承受过载，则钢构件会产生下拱弯曲变形，产生隐患。钢结构工程的质量管控是一个长期且艰巨的任务。

思考题

1. 什么是装配式结构？
2. 钢丝绳的构造及种类有哪些？
3. 如何对钢结构原材料进行控制？

实训练习

1. 实训目的：通过阅读工程验收资料，掌握验收要求，积累经验，指导今后的实际工作。

2. 能力及要求：注意学习钢结构工程检验批的质量验收表格及其填写方法，以及相关责任主体的评定结论、签字格式等，写出学习体会。

3. 实训步骤：收集有关技术资料及工程实际信息，阅读教材及查阅相关技术资料，进行分析，撰写学习体会。

模块 4

屋面工程质量检验

建筑屋面工程是房屋建筑的一项重要的分部工程，同时，也是建筑工程九大分部工程之一。其又可以划分为保温层、找平层、卷材防水层、涂膜防水层、细石混凝土防水层、密封材料嵌缝、细部构造、瓦屋面、架空屋面、蓄水屋面、种植屋面等分项工程。

任务 1　屋面找平层工程质量检验

🔘 知识树

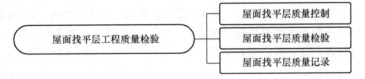

◉ 内容概况

因屋面存在高低不平或坡度，所以需要进行找平铺设。本任务主要学习屋面找平层原材料及施工过程的质量控制、质量检验及质量记录。

📖 知识目标

理解屋面找平层原材料的材料要求；熟悉屋面找平层施工过程的质量控制要点和内容；掌握屋面找平层施工质量检验标准；规范填写检验批质量验收记录。

⚙ 能力目标

能够依据设计要求和施工质量标准对屋面找平层工程的原材料质量、施工过程质量进行控制；能够参考有关资料独立编制屋面找平层工程施工技术交底；能够依据有关规范、标准对屋面找平层工程施工质量进行检验和验收，并能够规范填写检验批质量验收记录。

📖 素质目标

通过学习屋面找平层工程质量检验内容，提升学生对屋面找平层工程质量标准的认知，培养学生注重质量安全的意识，以及科学严谨的工作作风。

屋面漏水是建筑工程中存在的质量通病，也是多年来一直未能很好解决的难题。它影响建筑物的正常使用，侵蚀建筑物结构主体，并进一步缩短建筑物的使用寿命。治理渗漏是项综合防治的长期工作。防水质量的低劣是造成渗漏的最直接的原因，影响渗漏的因素是多方面的。找平层施工质量不过关是造成屋面漏水的重要原因。

问题：屋面找平层施工过程的质量控制要点和内容有哪些？

1.1 屋面找平层质量控制

1. 原材料质量控制

(1)进场原材料应具有产品出厂合格证、质量检验报告。材料外表或包装物应有明显标志，标明材料生产厂家、材料名称、生产日期、执行标准、产品有效期等。

(2)屋面找平层所用原材料必须进场验收，并按规范要求对各类材料进行复试，其质量、技术性能必须符合设计要求和施工及质量验收规范的规定。

(3)材料的具体质量要求如下：

1)水泥宜采用不低于 42.5 级的硅酸盐水泥、普通硅酸盐水泥。

2)砂宜用中砂、级配良好的粗砂，含泥量不大于 3%，不含有机杂质，级配要良好。

3)石粒径为 0.5～1.5 cm，含泥量不大于 1.0%，级配良好。

4)拌合用水宜采用饮用水。

5)沥青砂浆找平层采用 1:8(沥青:砂)质量比；沥青可采用 10 号、30 号建筑石油沥青及其熔合物，具体材质及配合比应符合设计要求。

6)粉料可采用矿渣、页岩粉、滑石粉等。

2. 施工过程质量控制

(1)卷材、涂膜的基层宜设找平层，找平层的厚度和技术要求应符合表 4.1 的规定。

表 4.1　找平层的厚度和技术要求

找平层分类	适用的基层	厚度/mm	技术要求
水泥砂浆	整体现浇混凝土板	15～20	1:2.5 水泥砂浆体积比，宜掺抗裂纤维
	整体材料保温层	20～25	
细石混凝土	装配式混凝土板	30～35	C20 混凝土，宜加钢筋网片
	板状材料保温层		C20 混凝土

(2)混凝土结构层宜采用结构找坡，坡度不应小于 3%；当采用材料找坡时，宜采用质量轻、吸水率低和有一定强度的材料，坡度宜为 2%。

(3)保温层上的找平层应留设置分格缝，缝宽宜为 5～20mm，纵横缝的间距不宜大于 6 m。

(4)在铺设找平层前，应对基层(即下一基层表面)进行处理，应清扫干净。当找平层下有松散填充料时，应铺平振实。

(5)水落口周围的坡度准确与否以及是否有积水和排水不畅的现象，往往是造成屋面是否漏水的主要原因之一，施工时应严格控制。

(6)卷材防水层的基层与凸出屋面结构的交接处，以及基层的转角处，找平层均做成圆弧形，且应整齐、平顺，找平层圆弧半径应符合表 4.2 的要求。

表 4.2 找平层圆弧半径

卷材种类	圆弧半径/mm
高聚物改性沥青防水卷材	50
合成高分子防水卷材	20

（7）控制收缩缝的留设，使其符合规范和设计要求。控制找平层施工质量，不得有空鼓或开裂。

（8）找坡层和找平层的施工环境温度不宜低于 5 ℃。

（9）沥青砂浆找平层。

1）检查屋面板等基层的安装牢固程度，不得有松动之处，屋面应平整，找好坡度并清扫干净。

2）基层必须干燥，然后满涂冷底子油 1～2 道，涂刷要薄而均匀，不得有气泡和空白，涂刷后表面应保持清洁。

3）冷底子油干燥后可铺设沥青砂浆，其虚铺厚度为压实后厚度的 1.30～1.40 倍。

4）待砂浆刮平后，即用火滚进行辊压（夏天温度较高时，筒内可不生火）。

5）施工缝应留成斜槎，继续施工时接槎处应清理干净并刷热沥青一遍，然后铺沥青砂浆，用火滚或烙铁烫平。

6）雾、雨、雪天不得施工。

7）滚筒内的炉火及灰烬不得外泄在沥青砂浆面上。

8）沥青砂浆铺设后，最好在当天铺第一层卷材，否则要用卷材盖好，防止雨水、露气浸入。

（10）水泥砂浆找平层。

1）屋面结构层为装配式钢筋混凝土板时，应采用细石混凝土灌缝，其强度等级不应小于 C20。

2）屋面板等基层安装必须牢固，不得有松动现象。

3）屋架或承重墙上的分格缝应与板缝对齐，板端方向的分格缝也应与板端对齐，并用小木条或聚苯泡沫条嵌缝留设，或在砂浆硬化后用切割机锯缝。

4）砂浆配合比要称量准确，搅拌要均匀，当底层为塑料薄膜隔离层、防水层或不吸水保温层时，宜在砂浆中加减水剂并严格控制稠度。

5）砂浆稍收水后，用抹子抹平并压实、压光（砂浆表面不允许撒干水泥或水泥浆压光），使表面坚固、平整；水泥砂浆终凝前轻轻取出嵌缝木条，完工后少踩踏表面；水泥砂浆终凝后，应采取浇水、覆盖浇水或喷养护剂、涂刷冷底子油等手段充分养护，保证砂浆中的水泥充分水化，以确保找平层质量。

6）注意气候变化，如气温在 0 ℃ 以下或终凝前可能下雨时，不宜施工。

7）铺设找平层 12 h 后，需洒水养护或喷冷底子油养护。

8）找平层硬化后，应用密封材料嵌填分格缝。

1.2 屋面找平层质量检验

（1）屋面找平层质量检验批与检验数量。

检验批：按一个施工段（或变形缝）作为一个检验批，全部进行检验。

检验数量：

1）细部构造根据分项工程的内容，应全部进行检查。

2）其他主控项目和一般项目应按屋面面积每 100 m² 抽查一处，每处 10 m²，且不得少于 3 处。

（2）屋面找平层工程质量检验标准。屋面找平层工程质量检验标准应符合表 4.3 的规定。

表 4.3 屋面找平层工程质量检验标准

项目	序号	检验项目	检验标准或允许偏差/mm				检验方法
主控项目	1	材料质量及配合比	应符合设计要求				检查出厂合格证、质量检验报告和计量措施
	2	排水坡度	应符合设计要求				坡度尺检查
一般项目	1	基层和凸出屋面结构的交接处以及基层的转角处	应做成圆弧形，且整齐、平顺				观察和用尺量检查
			转角处圆弧半径	高聚物改性沥青防水卷材		50	
				合成高分子防水卷材		20	
	2	找平层	水泥砂浆、细石混凝土	平整、压光，不得有酥松、起皮现象			观察检查
			沥青砂浆	不得有拌和不均匀、蜂窝现象			
	3	分格缝的宽度和间距	均应符合设计要求				观察和用尺量检查
	4	找坡层、找平层表面平整度	7 mm、5 mm				用 2 m 靠尺和塞尺检查

1.3　屋面找平层质量记录

（1）设计文件：设计图纸及会审记录、设计变更通知单和材料代用核定单。

（2）施工方案：施工方法、技术措施、质量保证措施。

（3）技术交底记录：施工操作要求及注意事项。

（4）各种材料质量证明文件：出厂合格证、质量检验报告和试验报告。

（5）屋面找平层检验批质量验收记录、屋面找平层分项工程质量验收记录、屋面找平层隐蔽工程验收记录和屋面找平层施工检验记录。

（6）其他技术资料：事故处理报告、技术总结。

小　结

找平层的质量好坏的评价，是由材料质量、找平层的厚度、找平层的平整度、坡度及外观质量等几个方面来确定，检验项目应从这几个方面入手。

课外参考资料

1.《建筑工程施工质量验收统一标准》(GB 50300—2013).

2.《屋面工程质量验收规范》(GB 50207—2012).

3.《屋面工程技术规范》(GB 50345—2012).

4.《坡屋面工程技术规范》(GB 50693—2011).

5.《建筑施工手册》编写组.建筑施工手册[M].5版.北京:中国建筑工业出版社,2012.

6. 广东省建设工程质量安全监督检测总站.广东省房屋建筑工程竣工验收技术资料统一用表(2016 版)填写范例与指南[M].武汉:华中科技大学出版社,2017.

素质拓展

质量无小事

如果产品生产出来质量不合格、不达标,会对生产单位、用户造成无法估计的损失.所以生产单位要对生产过程进行严格把控,每个员工都要认真负责,提高自己的业务水平,生产出更加完美、无瑕疵的产品.

找平层的质量关乎下一道工序的质量,上一道工序未经检验合格,不得进入下一道工序.

思考题

1. 简述水泥砂浆找平层的质量控制要点.

2. 屋面找平层质量检验批如何划分?检验数量有何规定?

3. 屋面找平层质量记录资料有哪些?

实训练习

1. 实训目的:通过阅读工程验收资料,掌握验收要求,积累经验,指导今后的实际工作.

2. 能力及要求:注意学习屋面找平层检验批、分项工程的质量验收表格及其填写方法,以及相关责任主体的评定结论、签字格式等,写出学习体会.

3. 实训步骤:收集有关技术资料及工程实际信息,阅读教材及查阅相关技术资料,进行分析,撰写学习体会.

任务 2 屋面保温(隔热)层工程质量检验

知识树

屋面保温(隔热)层工程质量检验 —— 屋面保温层质量控制 / 屋面保温层质量检验 / 屋面保温层质量记录

内容概况

本任务主要学习屋面保温(隔热)层原材料及施工过程的质量控制、质量检验及质量记录.

理解屋面保温层的材料要求；熟悉屋面保温层施工过程质量控制的要点和质量验收的内容；掌握屋面保温层施工质量检验标准。

能够依据设计要求和施工质量标准，对屋面保温层工程的原材料质量、施工过程质量进行控制；能够参考有关资料独立编制屋面保温层工程施工技术交底；能够依据有关规范、标准对屋面保温层工程施工质量进行检验和验收，并能够规范填写检验批质量验收记录。

通过学习屋面保温（隔热）层工程质量检验内容，培养学生的质量意识和安全意识，以及遵法依规的职业操守。

某仓库突发大火，火灾导致两位商户 200 余万元的货物被毁，过火面积近 1 000 m²。据称，火灾起因是仓库房东对仓库屋顶做防水时不慎引燃了泡沫隔热层。经调查发现，房东采用热熔性卷材做屋顶防水从而引起火灾。

问题：屋面保温（隔热）层施工过程的质量控制要点和内容有哪些？

2.1 屋面保温层质量控制

根据保温材料的不同，保温层可分为板状材料、纤维材料、喷涂硬泡聚氨酯、现浇泡沫混凝土等。

1. 原材料质量控制

（1）保温材料进场时，应有产品出厂合格证及质量检验报告；应检查材料外表或包装物是否有明显标志，是否标明材料生产厂家、材料名称、生产日期、执行标准、产品有效期等。材料进场后，应按规定抽样复验，并提交试验报告，不合格材料不得使用。

（2）进入施工现场的保温隔热材料抽样数量应按使用的数量确定，每批材料至少应抽样1次。

（3）进场后的保温隔热材料的物理性能检验包括下列项目：

1）板状保温材料的表观密度、导热系数、吸水率、压缩强度、抗压强度。

2）现喷硬质聚氨酯泡沫塑料应先在实验室试配，达到要求后再进行现场施工。

（4）松散保温材料的质量应符合表 4.4 的要求。

表 4.4　松散保温材料质量要求

项目	膨胀蛭石	膨胀珍珠岩
粒径	3～5 mm	≥0.15 mm，＜0.15 mm 的含量不大于8%
堆积密度	≤300 kg/m³	≤120 kg/m³
导热系数	≤0.14 W/(m·K)	≤0.07 W/(m·K)

（5）板状保温材料的质量应符合表4.5的要求。

表4.5 板状保温材料质量要求

项目	聚苯乙烯泡沫塑料类		硬质聚氨酯泡沫塑料	泡沫玻璃	微孔混凝土类	膨胀蛭石（珍珠岩）制品
	挤压	模压				
表观密度/$(g \cdot m^{-3})$	≥32	15~30	≥30	≥150	500~700	300~800
导热系数 /$[W \cdot (m \cdot K)^{-1}]$	≤0.03	≤0.041	≤0.027	≤0.062	≤0.22	≤0.26
抗压强度/MPa	—	—	—	≥0.4	≥0.4	≥0.3
在10%形变下的压缩应力/MPa	≥0.15	≥0.06	≥0.15	—	—	—
70 ℃，48 h后尺寸变化率/%	≤2.0	≤5.0	≤5.0	≤0.5		
吸水率(V/V，%)	≤1.5	≤6	≤3	≤0.5		
外观质量	板的外形基本平整，无严重凹凸不平；厚度允许偏差为5%，且不大于4 mm					

2. 施工过程质量控制

保证屋面保温层工程质量的重要环节是限制保温材料的含水率，因为保温材料的干湿程度与导热系数关系很大。封闭式保温层的含水率，应相当于该材料在当地自然风干状态下的平衡含水率。

倒置式屋面应采用吸水率小、长期浸水不腐烂的保温材料。

屋面保温层的干燥有困难时，应采用排汽措施。排汽的目的：一是当保温材料含水率过大时，保温性能会降低，达不到设计要求；二是当气温升高、水分蒸发，产生气体膨胀后会使防水层鼓泡而破坏。板状保温材料也要求基层干燥，避免产生热桥。

保温（隔热）层施工应符合下列规定：

（1）基层应平整、干燥和干净。

（2）控制保温材料导热系数、含水量和铺实密度，保证保温功能，避免出现保温材料表观密度过大、铺设前含水量大、未充分晾干等现象。

（3）控制保温层边角处质量，防止出现边线不直、边楼不齐整等现象，影响屋面找坡、找平和排水。

（4）保温层铺筑质量必须满足设计和施工质量验收规范的要求，保温层铺设厚度必须均匀。

（5）干铺的板状保温隔热材料，应紧靠在需保温隔热的基层表面上，并铺平、垫稳；粘贴板状保温隔热材料时，胶粘剂应与保温隔热材料材性相容，并贴严、粘牢。

（6）松散保温材料施工时应分层铺设，每层虚铺厚度不宜大于150 mm，压实的程度与厚度必须经试验确定，压实后不得直接在保温层上行车或堆物。

（7）整体现浇（喷）保温层质量控制的关键，是保证表面平整和厚度满足设计要求。施工时应符合下列规定：

1）沥青膨胀蛭石、沥青膨胀珍珠岩宜用机械搅拌，并应色泽一致，无沥青团；压实程度根据试验确定，其厚度应符合设计要求，表面应平整。

2）硬质聚氨酯泡沫塑料应按配合比准确计量，发泡厚度应均匀一致。

（8）严禁在雨天、雪天和五级及以上大风天气进行屋面保温层施工，施工环境气温宜符合表4.6的要求。屋面保温层施工完成后应及时进行隐蔽工程验收，施工质量验收合格后，及时进行找平层和防水层的施工。

表 4.6 屋面保温层施工环境气温

项目	施工环境气温
粘结保温层	热沥青不低于—10 ℃，水泥砂浆不低于 5 ℃

2.2 屋面保温层质量检验

(1)屋面保温层质量检验批与检验数量。

检验批：按一栋、一个施工段(或变形缝)作为一个检验批，全部进行检验。

检验数量：

1)细部构造根据分项工程的内容，应全部进行检查。

2)其他主控项目和一般项目，应按屋面面积每 100 m² 抽查一处，每处 10 m²，且不得少于 3 处。

(2)屋面保温层质量检验标准。屋面保温层工程质量检验标准应符合表 4.7 的规定。

表 4.7 屋面保温层工程质量检验标准

项目	序号	检查项目	检验标准或允许偏差	检验方法
主控项目	1	材料的质量	应符合设计要求	检查出厂合格证、质量检验报告和进场检验报告
	2	厚度	应符合设计要求，其正偏差不限，负偏差应为 5%，且不得大于 4 mm	钢针插入和尺量检查
	3	热桥部位处理	应符合设计要求	观察检查
一般项目	1	保温层的铺设	应紧贴基层，应铺平、垫稳，拼缝应严密，粘贴应牢固	观察检查
	2	固定件	规格、数量和位置均应符合设计要求；垫片应与保温层表面齐平	观察检查
	3	平整度	5 mm	2 m 靠尺和塞尺检查
	4	保温材料接缝高低差	2 mm	用直尺和塞尺检查

2.3 屋面保温层质量记录

(1)设计文件：设计图纸及会审记录、设计变更通知单和材料代用核定单。

(2)施工方案：施工方法、技术措施、质量保证措施。

(3)技术交底记录：施工操作要求及注意事项。

(4)各种材料质量证明文件：出厂合格证、质量检验报告和试验报告。

(5)屋面保温层检验批质量验收记录、屋面保温层分项工程质量验收记录、屋面保温层隐蔽工程验收记录、屋面保温层施工检验记录。

(6)其他技术资料：事故处理报告、技术总结。

屋面保温层验收的文件和记录必须做到真实、准确，不得有涂改和伪造，各级技术负责人签字后方可有效。

小结

屋面保温（隔热）层的质量关系到建筑的节能效果，应对原材料和施工过程的质量进行有效的控制。质量检验是质量控制的重要手段，本节只介绍了板状保温材料施工的质量检验方法，其他保温材料的施工质量检验方法及合格标准见《屋面工程质量验收规范》（GB 50207—2012）。

课外参考资料

1.《建筑工程施工质量验收统一标准》（GB 50300—2013）.

2.《屋面工程质量验收规范》（GB 50207—2012）.

3.《屋面工程技术规范》（GB 50345—2012）.

4.《坡屋面工程技术规范》（GB 50693—2011）.

5.《建筑施工手册》编写组. 建筑施工手册[M].5 版. 北京：中国建筑工业出版社，2013.

6. 广东省建设工程质量安全监督检测总站. 广东省房屋建筑工程竣工验收技术资料统一用表（2016 版）填写范例与指南[M]. 武汉：华中科技大学出版社，2017.

素质拓展

建立节能、环保意识

在建筑中合理采用屋面保温（隔热）材料，可提高建筑物的屋面保温（隔热）效果，降低采暖与空调的能源损耗，达到节约建筑材料、降低建筑工程造价的目的；同时，可以改善建筑物使用者的工作环境，提高生活质量。因此，开发利用新型建筑屋面保温（隔热）材料具有重要的社会意义，可为节约能源、降低建筑成本提供新思路，为我国生态文明建设贡献一份力量。

思考题

1. 屋面保温层施工过程质量控制的要点和质量验收的内容有哪些？

2. 屋面保温层工程检验批主控项目有哪些？分别采用何种检验方法检查验收？

实训练习

1. 实训目的：通过阅读工程验收资料，掌握验收要求，积累经验，指导今后的实际工作。

2. 能力及要求：注意学习屋面保温（隔热）层检验批、分项工程的质量验收表格及其填写方法，以及相关责任主体的评定结论、签字格式等，写出学习体会。

3. 实训步骤：收集有关技术资料及工程实际信息，阅读教材及查阅相关技术资料，进行分析、撰写学习体会。

任务 3　卷材屋面防水层工程质量检验

知识树

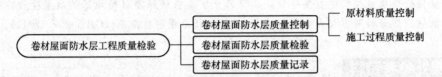

卷材屋面防水层工程质量检验
- 卷材屋面防水层质量控制 —— 原材料质量控制 / 施工过程质量控制
- 卷材屋面防水层质量检验
- 卷材屋面防水层质量记录

内容概况

本任务主要学习卷材屋面防水层原材料和施工过程的质量控制、质量检验及质量记录。

知识目标

理解卷材屋面防水层原材料的材料要求；熟悉卷材屋面防水层施工过程的质量控制要点和内容；掌握卷材屋面防水层施工质量检验标准。

能力目标

能够依据设计要求和施工质量标准对卷材屋面防水工程的原材料质量、施工过程质量进行控制；能够参考有关资料独立编制卷材屋面防水工程施工技术交底；能够依据有关规范、标准对卷材屋面防水工程施工质量进行检验和验收，并能够规范填写检验批质量验收记录。

素质目标

通过学习卷材屋面防水层工程质量检验内容，培养学生的质量意识，养成良好的质量检验习惯，拥有正确认识问题、解决问题的职业能力。

引领案例

某工程为砖混结构(2019 年竣工)，屋面结构采用大跨度空心板，板长为 5.4 m(原防水为 SBS 改性沥青铝箔防水卷材)。2020 年夏季，发现屋面板下圈梁上多处有规则的水平方向裂缝，缝宽为 0.5～2 mm；雨水口处与防水层脱粘。每逢雨天，迎风墙面空心板与圈梁之间渗漏严重，不少屋面板缝渗水；雨水口处出现流淌。出现渗漏的原因经调查发现主要是以下几个方面：

(1)屋面板间纵向裂缝漏水原因主要是由于基础不均匀沉降造成。

(2)雨水口处漏水是由于防水层施工不当引起的。

(3)圈梁上空心板下沿圈梁有规则裂缝漏水，是由于瓦工施工不合理造成。空心板头与外墙之间未留空隙，空心板由于温度差影响使外墙位移产生裂缝。

问题：通过此案例，你认为卷材屋面防水层的质量控制要点和内容有哪些？

3.1 卷材屋面防水层质量控制

3.1.1 原材料质量控制

1. 防水卷材质量的一般要求

(1)沥青防水卷材产品质量应符合《石油沥青纸胎油毡》(GB/T 326—2007)的要求。高聚物改性沥青防水卷材产品质量应符合《弹性体改性沥青防水卷材》(GB 18242—2008)、《塑性体改性沥青防水卷材》(GB 18243—2008)和《改性沥青聚乙烯胎防水卷材》(GB 18967—2009)的要求。合成高分子防水卷材产品质量应符合《高分子防水材料 第1部分:片材》(GB 18173.1—2012)的要求。

(2)所用卷材防水材料应有产品合格证书和性能检测报告,材料的品种、规格、性能等应符合现行国家产品标准和设计要求。材料进场后,应按规定抽样复验,并提交试验报告。不合格材料不得使用。

(3)控制所选用的基层处理剂、接缝胶粘剂、密封材料等配套材料应与铺贴的卷材材性相容。

2. 防水卷材的质量要求

(1)沥青防水卷材的质量要求。

1)沥青防水卷材的外观质量应符合表4.8的要求。

表4.8 沥青防水卷材的外观质量

项目	质量要求
孔洞、硌伤	不允许
露胎、涂盖不均	不允许
折纹、皱褶	距卷芯1 000 mm以外,长度不大于100 mm
裂纹	距卷芯1 000 mm以外,长度不大于10 mm
裂口、缺边	边缘裂口小于20 mm;缺边长度小于50 mm,深度小于20 mm
每卷卷材的接头	不超过1处,较短的一段不应小于2 500 mm,接头处应加长150 mm

2)沥青防水卷材的物理性能应符合表4.9的要求。

表4.9 沥青防水卷材的物理性能

项目		性能要求	
		350号	500号
纵向拉力(25 ℃±2 ℃时)/N		≥340	≥440
耐热度(85 ℃±2 ℃,2 h)		不流淌,无集中性气泡	
柔度(18 ℃±2 ℃)		绕φ20 mm圆棒无裂纹	绕φ25 mm圆棒无裂纹
不透水性	压力/MPa	≥0.10	≥0.15
	保持时间/min	≥30	≥30

(2)高聚物改性沥青防水卷材的质量要求。

1)高聚物改性沥青防水卷材的外观质量应符合表2.19的要求。

2)高聚物改性沥青防水卷材的物理性能应符合表2.20的要求。

（3）合成高分子防水卷材的质量要求。

1）合成高分子防水卷材的外观质量应符合表2.21的要求。

2）合成高分子防水卷材的物理性能应符合表2.22的要求。

3. 进场的卷材、卷材胶粘剂的抽样复验

（1）同一品种、牌号和规格的高聚物改性沥青和高分子卷材，大于1 000卷的抽取5卷，500～1 000卷的抽取4卷，100～499卷的抽取3卷，小于100卷的抽取2卷。

（2）将抽检的卷材开卷进行规格和外观质量检验，全部指标达到标准规定时即为合格。

（3）在外观质量检验合格的卷材中，任取一卷做物理性能检验，若物理性能有一项指标不符合标准规定，应在受检产品中加倍取样进行该项复检；复检结果如仍不合格，则判定该产品为不合格。

（4）进场的卷材、卷材胶粘剂和胶粘带物理性能检验应包含下列项目：

1）沥青防水卷材：拉力、耐热度、柔性和不透水性。

2）高聚物改性沥青防水卷材：拉伸性能、耐热度、柔性和不透水性。

3）合成高分子防水卷材：拉伸强度、断裂伸长率、低温弯折性和不透水性。

4）改性沥青胶粘剂：粘结剥离强度。

5）合成高分子胶粘剂：粘结剥离强度和粘结剥离强度浸水后保持率。

3.1.2 施工过程质量控制

（1）屋面工程施工前，应编制屋面工程专项施工方案，并应逐级进行安全与技术交底。

（2）防水层施工前，应首先对基层质量进行验收，检查排水坡度、基层与凸出屋面结构的交接处和基层转角处的处理、分割缝的位置和间距、找平层表面平整度，以及是否有杂质、空鼓、开裂、酥松、起皮等现象。

（3）防水层施工时，应在基层与凸出屋面结构的交接处和基层的转角处铺设附加层，附加层的铺设质量必须符合要求。

（4）卷材防水层应采用高聚物改性沥青防水卷材、合成高分子防水卷材或沥青防水卷材。

（5）在坡度大于25%的屋面上采用卷材做防水层时，应采取固定措施。

（6）为使卷材防水层与基层粘结良好，避免卷材防水层发生鼓泡现象，铺设屋面隔汽层和防水层前，基层必须干净、干燥。

（7）高聚物改性沥青防水卷材和合成高分子防水卷材耐温性好，厚度较薄，不存在流淌问题，故对铺贴方向不予限制。

沥青防水卷材铺贴方向应符合下列规定：

1）屋面坡度小于3%时，卷材宜平行屋脊铺贴。

2）屋面坡度为3%～15%时，卷材可平行或垂直屋脊铺贴。

3）屋面坡度大于15%或屋面受振动时，沥青防水卷材应垂直屋脊铺贴，高聚物改性沥青防水卷材和合成高分子防水卷材可平行或垂直屋脊铺贴。

4）上、下层卷材不得相互垂直铺贴。

（8）卷材的厚度在防水层的施工、使用过程中，对保证屋面防水工程质量起着关键作用。为确保防水工程质量，使屋面在防水层合理使用年限内不发生渗漏，除卷材的材性、材质因素外，其厚度应是最主要的考虑因素。同时，还应考虑到防水层的施工、人们的踩踏、机具的压轧、穿刺、自然老化等因素。

卷材厚度选用应符合表4.10的规定（表4.10中的厚度数据是按照我国现时水平及参考国外的资料确定的）。

表 4.10　卷材厚度选用

屋面防水等级	设防道数	合成高分子防水卷材	高聚物改性沥青防水卷材	沥青防水卷材和沥青复合胎柔性防水卷材
Ⅰ级	三道或三道以上设防	不应小于 1.5 mm	不应小于 3 mm	—
Ⅱ级	二道设防	不应小于 1.2 mm	不应小于 3 mm	—
Ⅲ级	一道设防	不应小于 1.2 mm	不应小于 4 mm	三毡四油
Ⅳ级	一道设防	—	—	二毡三油

（9）为确保卷材防水屋面的质量，所有卷材均应采用搭接法，且上、下层及相邻两幅卷材的搭接缝应错开。各种卷材的搭接宽度应符合表 4.11 的要求。

表 4.11　卷材的搭接宽度　　　　　　　　　　　　　　　　　mm

卷材类别		搭接宽度
合成高分子防水卷材	胶粘剂	80
	胶粘带	50
	单焊缝	60，有效焊接宽度不小于 25
	双焊缝	80，有效焊接宽度＝10×2＋空腔宽
高聚物改性沥青防水卷材	胶粘剂	100
	自粘	80

（10）卷材的粘贴方法一般有冷粘法、热熔法、自粘法、热风焊接等。采用冷粘法铺贴卷材时，胶粘剂的涂刷质量、间隔时间、搭接宽度和粘结密封性能对保证防水卷材施工质量关系极大。涂刷不均匀，有堆积或漏涂现象，不但影响卷材的粘结力，还会造成材料浪费。

冷粘法铺贴卷材应符合下列规定：

1）胶粘剂涂刷应均匀，不露底，不堆积。

2）根据胶粘剂的性能，应控制胶粘剂涂刷与卷材铺贴的间隔时间。

3）铺贴的卷材下面的空气应排尽，并辊压粘结牢固。

4）铺贴卷材应平整、顺直，搭接尺寸应准确，不得扭曲、皱褶。

5）接缝口应用密封材料封严，宽度不应小于 10 mm。

（11）采用热熔法铺贴卷材时，加热是关键，热熔法铺贴卷材应符合下列规定：

1）火焰加热器加热卷材应均匀，不得过分加热或烧穿卷材；厚度小于 3 mm 的高聚物改性沥青防水卷材严禁采用热熔法施工。

2）卷材表面热熔后应立即滚铺卷材，卷材下面的空气应排尽，并辊压粘结牢固，不得有空鼓。

3）卷材接缝部位必须溢出热熔的改性沥青胶。

4）铺贴的卷材应平整、顺直，搭接尺寸应准确，不得扭曲、皱褶。

（12）自粘法铺贴卷材应符合下列规定：

1）铺贴卷材前，基层表面应均匀涂刷基层处理剂，干燥后应及时铺贴卷材。

2）铺贴卷材时，应将自粘胶底面的隔离纸全部撕净。

3）卷材下面的空气应排尽，并辊压粘结牢固。

4）铺贴的卷材应平整、顺直，搭接尺寸应准确，不得扭曲、皱褶。搭接部位宜采用热风加热，随即粘贴牢固。

5)接缝口应用密封材料封严，宽度不应小于 10 mm。

(13)在铺贴立面或大坡面卷材时，立面和大坡面处卷材容易下滑，可采用加热方法使自粘卷材与基层粘结牢固，必要时还应采用钉压固定等措施。

(14)对热塑性卷材(如 PVC 卷材等)可以采用热风焊枪进行焊接施工。为确保卷材接缝的焊接质量，要求焊接前卷材的铺设应正确，不得扭曲。

卷材热风焊接施工应符合下列规定：

1)焊接前卷材的铺设应平整、顺直，搭接尺寸应准确，不得扭曲、皱褶。

2)卷材的焊接面应清扫干净，无水滴、油污及附着物。

3)焊接时应先焊长边搭接缝，后焊短边搭接缝。

4)控制热风加热温度和时间，焊接处不得有漏焊、跳焊、焊焦或焊接不牢等现象。

5)焊接时，不得损害非焊接部位的卷材。

(15)粘贴各层沥青防水卷材和粘结绿豆砂保护层可以采用沥青玛琋脂，其标号应根据屋面的使用条件、坡度和当地历年极端最高气温按表 4.12 的规定选用。

表 4.12　沥青玛琋脂选用标号

屋面坡度	历年极端最高气温	沥青玛琋脂标号
1%～3%	小于 38 ℃	S-60
	38 ℃～41 ℃	S-65
	41 ℃～45 ℃	S-70
3%～15%	小于 38 ℃	S-65
	38 ℃～41 ℃	S-70
	41 ℃～45 ℃	S-75
15%～25%	小于 38 ℃	S-75
	38 ℃～41 ℃	S-80
	41 ℃～45 ℃	S-85

沥青玛琋脂的质量应符合表 4.13 的规定。

表 4.13　沥青玛琋脂的质量要求

指标名称	标号					
	S-60	S-65	S-70	S-75	S-80	S-85
耐热度	用 2 mm 厚的沥青玛琋脂粘合两张沥青油纸，在不低于下列温度(℃)时，在 1:1 坡度上停放 5 h 后，沥青玛琋脂不应流淌，油纸不应滑动					
	60	65	70	75	80	85
柔韧性	涂在沥青油纸上的 2 mm 厚的沥青玛琋脂层，在 18 ℃±2 ℃时围绕下列直径(mm)的圆棒，用 2 s 的时间以均衡速度弯成半周，沥青玛琋脂不应有裂纹					
	10	15	15	20	25	30
粘结力	用手将两张粘贴在一起的油纸慢慢地一次撕开，从油纸和沥青玛琋脂粘贴面的任何一面的撕开部分，应不大于粘贴面积的 1/2					

沥青玛琋脂的配制和使用应符合下列规定：

1)配制沥青玛琋脂的配合比应视使用条件、坡度和当地历年极端最高气温，并根据所用的材料经试验确定；施工中应按确定的配合比严格配料，每工作班应检查软化点和柔韧性。

2)热沥青玛琋脂的加热温度不应高于 240 ℃，使用温度不应低于 190 ℃。

3)冷沥青玛琋脂使用时应搅拌均匀,稠度太大时可加少量溶剂稀释搅拌均匀。

4)沥青玛琋脂应涂刮均匀,不得过厚或堆积。

5)粘结层厚度,热沥青玛琋脂宜为 $1\sim1.5$ mm,冷沥青玛琋脂宜为 $0.5\sim1$ mm。

6)面层厚度,热沥青玛琋脂宜为 $2\sim3$ mm,冷沥青玛琋脂宜为 $1\sim1.5$ mm。

(16)天沟、檐沟、檐口、泛水和立面卷材收头的端部应裁齐,并塞入预留凹槽内,用金属压条钉压固定,且最大钉距不应大于 900 mm,并用密封材料嵌填封严。

(17)为防止紫外线对卷材防水层的直接照射及延长其使用年限,卷材防水层完工并经验收合格后,应做好成品保护。

保护层的施工应符合下列规定:

1)绿豆砂应清洁、预热、铺撒均匀,并使其与沥青玛琋脂粘结牢固,不得残留未粘结的绿豆砂。

2)云母或蛭石保护层不得有粉料,撒铺应均匀,不得露底,多余的云母或蛭石应清除。

3)水泥砂浆保护层的表面应抹平压光并设表面分格缝,分格面积宜为 1 m²。

4)块体材料保护层应留设分格缝,分格面积不宜大于 100 m²,分格缝宽度不宜小于 20 mm。

5)细石混凝土保护层,混凝土应密实,表面应抹平压光并留设分格缝,分格面积不宜大于 36 m²。

6)浅色涂料保护层应与卷材粘结牢固,厚薄应均匀,不得漏涂。

7)水泥砂浆、块材或细石混凝土保护层与防水层之间应设置隔离层。

8)刚性保护层与女儿墙、山墙之间应预留宽度为 30 mm 的缝隙,并用密封材料嵌填严密。

(18)严禁在雨天、雪天和五级及以上大风天气进行卷材屋面防水层施工。施工环境气温宜符合以下要求:

1)沥青防水卷材,不低于 5 ℃。

2)高聚物改性沥青防水卷材,采用冷粘法时不低于 5 ℃,采用热熔法时不低于 -10 ℃。

3)合成高分子防水卷材,采用冷粘法时不低于 5 ℃,采用热风焊接法时不低于 -10 ℃。

3.2 卷材屋面防水层质量检验

(1)卷材屋面防水层质量检验批与检验数量。

检验批:按一个施工段(或变形缝)作为一个检验批,全部进行检验。

检验数量:

1)细部构造根据分项工程的内容,应全部进行检查。

2)其他主控项目和一般项目应按屋面面积每 100 m² 抽查一处,每处 10 m²,且不得少于 3 处。

(2)卷材屋面防水层质量检验标准与检验方法。卷材屋面防水层质量检验标准与检验方法见表 4.14。

表 4.14 卷材屋面防水层质量检验标准与检验方法

项目	序号	检查项目	检验标准或允许偏差	检验方法
主控项目	1	防水卷材及其配套材料	应符合设计要求	检查出厂合格证、质量检验报告和进场检验报告
	2	卷材防水层的渗漏和积水	不得有渗漏或积水现象	雨后或淋水、蓄水试验
	3	卷材防水层在天沟、檐沟、檐口、水落口、泛水、变形缝和伸出屋面管道处的防水构造	应符合设计要求	观察检查

项目	序号	检查项目	检验标准或允许偏差	检验方法
一般项目	1	卷材防水层的搭接缝、收头	搭接缝应粘（焊）结牢固，密封应严密，不得扭曲、皱褶和翘边；收头应与基层粘结，钉压应牢固，密封应严密	观察检查
	2	卷材搭接宽度的允许偏差	－10 mm	观察和用尺量检查
	3	卷材铺贴方向	卷材宜平行屋脊铺贴	观察和用尺量检查
			上下层卷材不得相互垂直铺贴	
	4	屋面排气构造	排气道应纵横贯通，不得堵塞；排气管应安装牢固，位置应正确，封闭应严密	观察检查

3.3　卷材屋面防水层质量记录

（1）设计文件：设计图纸及会审记录、设计变更通知单和材料代用核定单。

（2）施工方案：施工方法、技术措施、质量保证措施。

（3）技术交底记录：施工操作要求及注意事项。

（4）各种材料质量证明文件：出厂合格证、质量检验报告和试验报告。

（5）卷材屋面防水层检验批质量验收记录、卷材屋面防水层分项工程质量验收记录、卷材屋面防水层隐蔽工程验收记录和卷材屋面防水层施工检验记录。

（6）其他技术资料：事故处理报告、技术总结。

卷材屋面防水层验收的文件和记录必须做到真实、准确，不得有涂改和伪造，各级技术负责人签字后方可有效。

小　结

我国新材料、新工艺不断出新，卷材防水层新材料也不断发展，防水性能不断提高，我们不仅要熟悉防水材料的性能和使用方法，还应掌握防水工程质量检验方法。对防水层质量检验的方法归纳起来就是对刚刚完成的工程进行"过水"试验，检测是否渗漏水，对其细节的检查也是为了保证不渗漏水。防水工程的耐久性的检查只是对材料进行检测，工程的耐久性规范没有提及。

课外参考资料

1.《建筑工程施工质量验收统一标准》(GB 50300—2013).

2.《屋面工程质量验收规范》(GB 50207—2012).

3.《单层防水卷材屋面工程技术规程》(JGJ/T 316—2013).

4.《屋面工程技术规范》(GB 50345—2012).

5.《坡屋面工程技术规范》(GB 50693—2011).

6.《建筑施工手册》编写组.建筑施工手册[M].5版.北京：中国建筑工业出版社，2013.

7.广东省建设工程质量安全监督检测总站.广东省房屋建筑工程竣工验收技术资料统一用表(2016版)填写范例与指南[M].武汉：华中科技大学出版社，2017.

创新改变生活

科学绝不是一种自私自利的享乐。有幸能够致力于科学研究的人，首先应该拿自我的学识为人类服务。——马克思

改革开放以来，我国的建筑工程防水技术远远落后于世界先进水平，随着基建行业迅猛发展，以及"科学技术是第一生产力"的贯彻，防水技术有了很大的进步，逐渐填补了国内防水技术的空白，其中防水卷材的类别有高聚物改性沥青防水卷材、自粘改性沥青防水卷材、湿铺自粘防水卷材与预铺防水卷材。建筑业的发展与防水技术的革新是相辅相成的，防水技术的提高可以减少建筑物的渗漏现象，避免建筑物的使用寿命受到影响。

思考题

1. 沥青防水卷材的外观质量可能有哪些质量缺陷？

2. 沥青防水卷材的铺贴方向有哪些规定？

3. 冷粘法和热熔法铺贴卷材有什么区别？冷粘法和热熔法铺贴卷材分别有哪些规定？

实训练习

1. 实训目的：通过阅读工程验收资料，掌握验收要求，积累经验，指导今后的实际工作。

2. 能力及要求：注意学习卷材屋面防水层检验批、分项工程的质量验收表格及其填写方法，以及相关责任主体的评定结论、签字格式等，写出学习体会。

3. 实训步骤：收集有关技术资料及工程实际信息，阅读教材及查阅相关技术资料，进行分析，撰写学习体会。

任务 4　涂膜屋面防水层工程质量检验

知识树

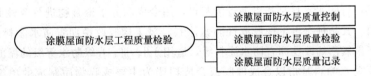

内容概况

防水涂料有薄质涂料和厚质涂料之分：薄质涂料主要是高聚物改性沥青防水涂料和合成高分子防水涂料；厚质涂料主要是沥青基涂料。按其形态又可分为溶剂型、反应型和水乳型三类。本任务主要学习涂膜屋面防水层原材料和施工过程的质量控制、质量检验及质量记录。

理解涂膜屋面防水层原材料的材料要求；熟悉涂膜屋面防水层施工过程的质量控制要点和内容；掌握涂膜屋面防水层施工质量检验标准，填写检验批质量验收记录。

能够依据设计要求和施工质量标准对涂膜屋面防水工程的原材料质量、施工过程质量进行控制；能够参考有关资料独立编制涂膜屋面防水工程施工技术交底；能够依据有关规范、标准对涂膜屋面防水工程施工质量进行检验和验收，并能够规范填写检验批质量验收记录。

通过学习涂膜屋面防水层工程质量检验内容，培养学生的质量意识，养成良好的质量检验习惯。

某工程公司于2019年施工的某市电子陶瓷总厂住宅楼共有四个单元，每个单元两户。屋面防水采用高聚物改性沥青防水涂料，2020年夏季发现住宅楼屋面漏水，造成八户居民室内渗漏水严重，室内用品浸湿，将地板泡起，造成了15万多元的经济损失。

事故发生后，经现场查看分析，原因主要有以下两个：

(1)屋面找平层的分格缝未按照标准要求6 m设置，而是达到9 m左右，深度应为找平层厚度，实际上有的部位未与保温找坡层贯通而形成无缝状态，在温度效应作用下产生水平推力，将檐口向外推移5～20 mm(檐口下抹灰层局部开裂脱落，在防水层处理之后进行了维修)，造成了屋面找平层防水层在薄弱部位形成裂缝，产生渗漏现象。

(2)个别的屋面管道与屋面防水层之间产生脱离，在此缝隙中漏水而形成渗漏，主要是由于施工人员素质低下，未能按照标准要求进行施工。

问题：通过此案例，你认为涂膜屋面防水层的质量控制要点和内容有哪些？

4.1　涂膜屋面防水层质量控制

1. 原材料质量控制

防水涂料按成膜物质的主要成分可分为高聚物改性沥青防水涂料和合成高分子防水涂料两类。

高聚物改性沥青防水涂料是指以沥青为基料，用合成高分子聚合物进行改性制成的水乳型或溶剂型防水涂料。其品种有再生橡胶改性防水涂料、氯丁橡胶改性沥青防水涂料、SBS橡胶改性沥青防水涂料、聚氯乙烯改性沥青防水涂料等，适用于Ⅱ、Ⅲ、Ⅳ级防水等级的屋面防水工程。

合成高分子防水涂料是指以合成橡胶或合成树脂为主要成膜物质制成的单组分或多组分的防水涂料。其具有高弹性、高耐久性及优良的耐高温、耐低温性能。其品种有聚氨酯防水涂料、丙烯酸酯防水涂料、环氧树脂防水涂料和有机硅防水涂料等，适用于Ⅰ、Ⅱ、Ⅲ级防水等级的屋面防水工程。

(1)高聚物改性沥青防水涂料质量要求。高聚物改性沥青防水涂料的质量应符合表4.15的要求。

表 4.15　高聚物改性沥青防水涂料的质量要求

项目		质量要求	
		水乳型	溶剂型
固体含量/%		≥43	≥48
耐热度(80 ℃，5 h)		无流淌、起泡和滑动	
柔性(℃，2 h)		−10，绕 φ20 mm 圆棒无裂纹	−15，绕 φ10 mm 圆棒无裂纹
不透水性	压力/MPa	≥0.1	≥0.2
	保持时间/min	≥30	
延伸性/mm		≥4.5	—
抗裂性/mm		—	基层裂缝 0.3 mm，涂膜无裂纹

（2）合成高分子防水涂料。合成高分子防水涂料的质量应符合表 4.16 的要求。

表 4.16　合成高分子防水涂料的质量要求

项目	质量要求		挥发固化型	聚合物水泥涂料
	反应固化型			
	Ⅰ类	Ⅱ类		
固体含量/%	≥80（单组分），≥92（多组分）		≥65	≥65
拉伸强度/MPa	≥1.9（单、多组分）	≥2.45（单、多组分）	≥1.5	≥1.2
断裂延伸率/%	≥500（单组分） ≥450（多组分）	≥450（单、多组分）	≥300	≥200
低温柔性(℃，2 h)	−40（单组分），−35（多组分），弯折无裂纹		−20，绕 φ10 mm 圆棒无裂纹	−10，绕 φ10 mm 圆棒无裂纹
不透水性	压力/MPa	≥0.3（单、多组分）		
	保持时间/min	≥30（单、多组分）		

（3）胎体增强材料。胎体增强材料的质量应符合表 4.17 的要求。

表 4.17　胎体增强材料的质量要求

项目		质量要求	
		聚酯无纺布	化纤无纺布
外观		均匀，无团状，平整、无折皱	
拉力（N/50 mm）	纵向	≥150	≥45
	横向	≥100	≥35
延伸率/%	纵向	≥10	≥20
	横向	≥20	≥25

（4）进场的防水涂料和胎体增强材料抽样复验应符合下列规定：

1）同一规格、品种的防水涂料，每 10 t 为一批，不足 10 t 者按一批进行抽样。胎体增强材料，每 3 000 m² 为一批，不足 3 000 m² 时按一批进行抽样。

2）防水涂料和胎体增强材料的物理性能检验，全部指标达到标准规定时即为合格。其中，若有一项指标达不到要求，允许在受检产品中加倍取样进行该项复检，复检结果如仍不合格，则判定该产品为不合格。

（5）防水涂料和胎体增强材料的贮运、保管应符合下列规定：

1）防水涂料包装容器必须密封，容器表面应标明涂料名称、生产厂家、执行标准号、生产日期和产品有效期，并分类存放。

2）反应型和水乳型涂料贮运和保管环境温度不宜低于 5 ℃。

3）溶剂型涂料贮运和保管环境温度不宜低于 0 ℃，并不得日晒、碰撞和渗漏；保管环境应干燥、通风，并远离火源。仓库内应有消防设施。

4）胎体增强材料贮运、保管环境应干燥、通风，并远离火源。

2. 施工过程质量控制

（1）涂膜防水层二道以上设防时，防水涂料与防水卷材应采用相容类材料；涂膜防水层与防水层之间（如刚性防水层在其上）应设隔离层；防水涂料与防水卷材复合使用形成一道防水层，涂料与卷材应选择相容类材料。

（2）涂膜防水屋面涂刷的防水涂料固化后，形成有一定厚度的涂膜。各类防水涂料的涂膜厚度选用应符合表 4.18 的规定。

表 4.18　涂膜厚度选用

屋面防水等级	设防道数	高聚物改性沥青防水涂料	合成高分子防水涂料和聚合物水泥防水涂料
Ⅰ级	三道或三道以上设防	—	不应小于 1.5 mm
Ⅱ级	二道设防	不应小于 3 mm	不应小于 1.5 mm
Ⅲ级	一道设防	不应小于 3 mm	不应小于 2 mm
Ⅳ级	一道设防	不应小于 3 mm	—

（3）防水涂膜施工应符合下列规定：

1）防水涂膜在满足厚度要求的前提下，涂刷的遍数越多，对成膜的密实度越好。

2）为了避免分层现象，两涂层施工间隔时间不宜过长；多遍涂刷时，应待先涂的涂层干燥成膜后，方可涂后一遍涂料。

3）需铺设胎体增强材料时，屋面坡度小于 15% 时，可平行或垂直屋脊铺设；屋面坡度大于 15% 时，为防止胎体增强材料下滑，应垂直于屋脊铺设，且必须由最低标高处向上铺设。

4）胎体增强材料铺贴时，应边涂刷边铺贴，避免使两者分离；为了便于工程质量验收和确保涂膜防水层的完整性，胎体长边搭接宽度不应小于 50 mm，短边搭接宽度不应小于 70 mm。

5）采用二层胎体增强材料时，上、下层不得相互垂直铺设，以使其两层胎体材料同方向有一致的延伸性；搭接缝应错开，其间距不应少于幅度的 1/3，避免上、下层胎体材料产生重缝及防水层厚薄不均匀。

（4）屋面基层的干燥程度应视所用涂料特性确定。当采用溶剂型涂料时，屋面基层应干燥。

（5）多组分涂料应按配合比准确计量，搅拌均匀，并应根据有效时间确定使用量。

（6）天沟、檐沟、檐口、泛水和立面涂膜防水层的收头，应用防水涂料多遍涂刷或用密封材料封严。

（7）涂膜防水层完工并经验收合格后，应做好成品保护。

(8)严禁在雨天、雪天和五级及以上大风天气进行涂膜屋面防水层施工。

施工环境气温宜符合以下要求:

1)对于高聚物改性沥青防水涂料,采用溶剂型时不低于−5 ℃,采用水溶型时不低于5 ℃。

2)对于合成高分子防水涂料,采用溶剂型时不低于−5 ℃,采用水溶型时不低于5 ℃。

4.2 涂膜屋面防水层质量检验

(1)涂膜屋面防水层质量检验批和检验数量。

检验批:按一个施工段(或变形缝)作为一个检验批,全部进行检验。

检验数量:见表4.19。

(2)涂膜屋面防水层质量检验标准。涂膜屋面防水层质量检验标准应符合表4.19的规定。

表 4.19 涂膜屋面防水层检验批质量检验标准和检验方法

项目	序号	检查项目	检验标准	检验数量	检验方法
主控项目	1	涂料及膜体质量	防水涂料和胎体增强材料应符合设计要求	按屋面积每100m²抽查1处,每处10m²,且不得少于3处	检查出厂合格证、质量检验报告和进场检验报告
	2	涂膜防水层的渗漏或积水	涂膜防水层不得有渗漏或积水现象		雨后观察或淋水、蓄水检验
	3	防水细部构造	涂膜防水层在天沟、檐沟、檐口、水落口、泛水、变形缝和伸出屋面管道的防水构造,应符合设计要求		观察检查
	4	涂膜层厚度	涂膜防水层的平均厚度应符合设计要求,且最小厚度不得小于设计厚度的80%		针测法或取样量测
一般项目	1	涂膜施工	涂膜防水层与基层应粘结牢固,表面平整,涂刷均匀,不得有流淌、皱褶、起褶泡、露胎体等缺陷	全数检查	观察检查
	2	收头	收头应用防水涂料多遍涂刷	按屋面积每100 m²抽查1处,每处10 m²,且不得少于3处	观察检查
	3	胎体增强材料	应平整、顺直,搭接尺寸应准确,应排除气泡,并应与涂料粘结牢固;胎体增强材料搭接宽度的允许偏差为−10 mm		观察和尺量检查

4.3 涂膜屋面防水层质量记录

(1)设计文件:设计图纸及会审记录、设计变更通知单和材料代用核定单。

(2)施工方案:施工方法、技术措施、质量保证措施。

(3)技术交底记录:施工操作要求及注意事项。

(4)各种材料质量证明文件:出厂合格证、质量检验报告和试验报告。

(5)涂膜屋面防水层检验批质量验收记录、涂膜屋面防水层分项工程质量验收记录、涂膜屋面防水层隐蔽工程验收记录和涂膜屋面防水层施工检验记录。

(6)其他技术资料:事故处理报告、技术总结。

小 结

涂膜防水是一种柔性防水，防水原理是把液体防水材料涂抹在有防水要求的建筑物表面，待干燥后形成密闭薄膜，起到防水效果，薄膜越厚，耐久性就越好，但一次成膜太厚，防水效果就会变差，所以需要多次成膜（多次涂刷），先前的涂膜干燥后方可涂刷下一层。工程质量主要检查涂抹的部位和涂抹成膜的厚度。

课外参考资料

1.《建筑工程施工质量验收统一标准》(GB 50300—2013).

2.《屋面工程质量验收规范》(GB 50207—2012).

3.《屋面工程技术规范》(GB 50345—2012).

4.《坡屋面工程技术规范》(GB 50693—2011).

5.《建筑施工手册》编写组.建筑施工手册[M].5版.北京：中国建筑工业出版社，2013.

6.广东省建设工程质量安全监督检测总站.广东省房屋建筑工程竣工验收技术资料统一用表(2016版)填写范例与指南[M].武汉：华中科技大学出版社，2017.

素质拓展

创新是国家发展的动力

自古就有"苟日新，日日新，又日新"的名句，鼓励后辈前进的脚步，我国建筑工程中的防水材料也在不断改进。1988—2001年主要的防水材料是高聚物防水卷材，2002—2010年主要的防水材料是各类自粘防水卷材，2011—2014年主要的防水材料是强力交叉膜、高分子膜等材料，2014至今则进入了涂卷复合的新时代。涂卷复合材料具有代表性的是非固化橡胶沥青防水涂料，其在造价低的前提下，还兼备了防水涂料和防水卷材的优势，从而得到广泛应用。未来我国会继续出现满足社会需求的防水材料，因为创新是国家发展的动力。

思考题

1. 进场的防水涂料和胎体增强材料如何组织抽样复验？形成哪些工程资料？

2. 防水涂膜施工应注意哪些规定？

实训练习

1. 实训目的：通过阅读工程验收资料，掌握验收要求，积累经验，指导今后的实际工作。

2. 能力及要求：注意学习涂膜屋面防水层检验批、分项工程的质量验收表格及其填写方法，以及相关责任主体的评定结论、签字格式等，写出学习体会。

3. 实训步骤：收集有关技术资料及工程实际信息，阅读教材及查阅相关技术资料，进行分析，撰写学习体会。

模块 5

装饰装修工程质量检验

《建筑装饰装修工程质量验收标准》为国家标准，编号为 GB 50210—2018，自 2018 年 9 月 1 日起实施。其中，第 3.1.4、6.1.11、6.1.12、7.1.12、11.1.12 条为强制性条文，必须严格执行。原《建筑装饰装修工程质量验收规范》(GB 50210—2001)同时废止。《住宅装饰装修工程施工规范》(GB 50327)最新版为 2001 版。

任务 1 楼地面工程质量检验

⊃ **知识树**

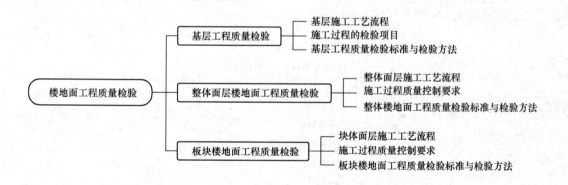

✦ **内容概况**

本任务主要介绍楼地面各分项工程质量控制的方法、质量检验的方法和要求。

知识目标

了解工程材料的质量要求；熟悉楼地面施工过程质量控制的要求；掌握楼地面工程质量检验的内容、方法和合格标准。

能够进行现场的检查验收、正确判断质量情况、准确抽取试件并阅读和审核试验结果。

素质目标

树立质量意识，强化劳动意识，养成合作意识，弘扬工匠精神，崇尚鲁班精神。

引领案例

某市市政部门准备在某小区旁建一休闲广场，设计单位对地面工程进行了设计，地面基层采用原土基土、三合土垫层(1:1:6)、水泥砂浆找平层(1:3)、防水涂料隔离层、水泥砂浆填充层(1:3)；面层采用摊铺防滑地砖(100 mm×100 mm)。地面排水坡度为3%。水泥砂浆地面如图5.1所示；地面做法如图5.2所示。试对工程建设工程中的质量进行控制和检测。

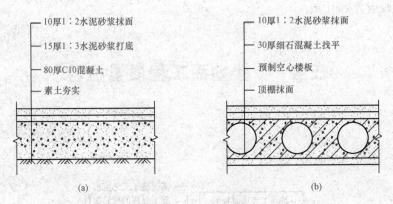

图5.1　水泥砂浆地面

(a)底层地面；(b)楼层地面

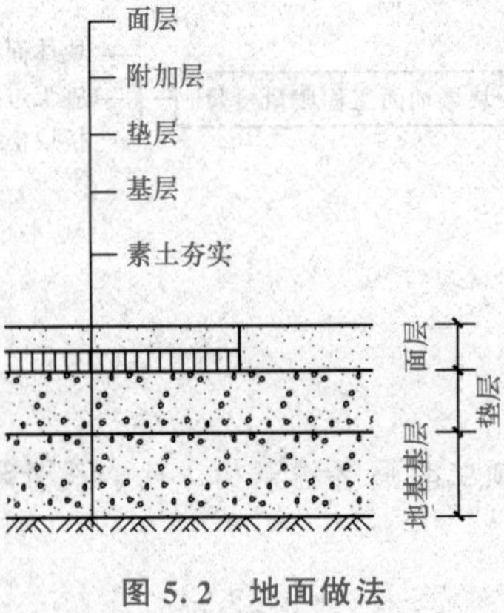

图5.2　地面做法

1.1 基层工程质量检验

1. 基层施工工艺流程

基层处理→弹线及设标志点→垫层摊铺→压实、找平→养护。

2. 施工过程的检查项目

(1)材料的质量。填土前应检验回填土质量。

1)基土严禁用淤泥、腐殖土、冻土、膨胀土和含有大于8%(质量分数)有机物质的土作为填土。

2)填土前应取土样,通过击实试验确定最佳含水量与相应的最大密实度(表5.1);虚铺厚度、压实遍数等参数应通过压实试验确定。

表5.1 土料最佳含水量及最大密实度

土料种类	最佳含水量/%	最大密实度/(g·cm⁻³)
黏土	19~23	1.58~1.70
粉质黏土	12~15	1.85~1.95
粉土	9~15	1.85~2.08

3)检验土的质量:有无杂质,粒径是否符合要求。土的含水量是否在控制的范围内,如过高,可采用翻松、晾晒或均匀掺入干土等措施;如过低,可采用预先洒水湿润等措施。

4)灰土垫层应采用熟化石灰与黏土(或粉质黏土、粉土)的拌合料铺设,其厚度不应小于100 mm。

5)找平层应采用水泥砂浆或水泥混凝土铺设,并应符合设计规定。隔离层的材料,其材质应经有资质的检测单位认定。

6)当采用掺有防水剂的水泥类找平层作为防水隔离层时,其掺量和强度等级(或配合比)应符合设计要求。

7)填充层应按设计要求选用材料,其密度和导热系数应符合国家有关产品标准的规定。

(2)基土密实度。回填土应分层摊铺、分层夯实。每层铺土厚度应根据土质、密实度要求和机具性能通过压实试验确定。作业时,应严格按照试验所确定的参数进行。每层摊铺后,随之耙平。压实系数应符合设计要求,设计无要求时应符合规范要求。不达标准不准进行下道工序的施工。

填土质量检查,宜用环刀取样(环刀体积不小于200 cm³),测定密实度。灰土最低密实度见表5.2。

表5.2 灰土最低密实度

项次	土料种类	灰土密实度/(g·cm⁻³)
1	轻粉质黏土	1.55
2	粉质黏土	1.50
3	黏土	1.45

砂(砂石)垫层密实度一般应大于 1.55～1.60 g/cm³。

三合土垫层体积比应符合设计要求，设计无要求时，如采用先拌和后铺设的方法时，熟石灰、砂、碎石的体积比宜为 1∶3∶6；如采用先铺砖后灌浆的方法时，石灰砂浆的体积比宜为 1∶2～1∶4。

炉渣垫层体积比应符合设计要求，设计无要求时，水泥炉渣垫层的水泥与炉渣配合比一般为 1∶6 或 1∶8，水泥石灰炉渣垫层的水泥、石灰、炉渣的配合比一般为 1∶1∶8 或 1∶1∶10。

(3)找平层。水泥砂浆体积比或水泥混凝土强度等级应符合设计要求，一般水泥砂浆体积比应不小于 1∶3(或相应的强度等级)，水泥混凝土强度等级不应小于 C15。

(4)填充层。填充层的配合比必须符合设计要求。填充层松散材料应分层铺平拍实，表面应平整，铺设厚度应符合设计要求。板块状填充层应压实、无翘曲。

(5)排水坡度。有防水要求的建筑地面工程，铺设前必须对立管、套管和地漏与楼板节点之间进行密封处理，基层排水坡度应符合设计要求。

(6)隔离层。厕所、浴室等有防水要求的建筑地面必须设置防水隔离层。水泥类防水隔离层的防水性能和强度等级必须符合设计要求。防水隔离层严禁渗漏，坡向应正确，排水畅通。隔离层施工完毕，应做蓄水试验，蓄水深度宜为 20～30 mm，在 24 h 内无渗漏为合格，并应做好记录。

3. 基层工程质量检验标准与检验方法

(1)检验批及检查数量。

1)基层(各构造层)和各类面层的分项工程的施工质量验收应按每一层次或每层施工段(或变形缝)作为检验批，高层建筑的标准层可按每三层(不足三层按三层计)作为检验批。

2)每检验批应以各子分部工程的基层(各构造层)和各类面层所划分的分项工程按自然间(或标准间)检验，抽查数量应随机检验不应少于 3 间；不足 3 间应全数检查；其中，走廊(过道)应以 10 延长米为 1 间，工业厂房(按单跨计)、礼堂、门厅应以两个轴线为 1 间计算。

3)有防水要求的建筑地面子分部工程的分项工程施工质量每检验批抽查数量应按其房间总数随机检验不应少于 4 间，不足 4 间应全数检查。

《建筑地面工程施工质量验收规范》(GB 50209—2010)第 3.0.19 条规定：检验同一施工批次、同一配合比水泥混凝土和水泥砂浆强度的试块，应按每一层(或检验批)建筑地面工程不少于 1 组。当每一层(或检验批)建筑地面面积大于 1 000 m² 时，每增加 1 000 m² 应增做 1 组试块；小于 1 000 m² 按 1 000 m² 计算，取样 1 组；检验同一施工批次、同一配合比的散水、明沟、踏步、台阶、坡道的水泥混凝土、水泥砂浆强度的试块，应按每 150 延长米不少于 1 组。

《建筑地面工程施工质量验收规范》(GB 50209—2010)第 3.0.20 条规定：各类面层的铺设宜在室内装饰工程基本完工后进行。木、竹面层、塑料板面层、活动地板面层、地毯面层的铺设，应待抹灰工程、管道试压等完工后进行。

(2)质量检验标准与检验方法。楼地面基层工程质量检验标准与检验方法见表 5.3。

表 5.3 楼地面基层工程质量检验标准与检验方法

项目	序号	检验项目		允许偏差或允许值	检验数量	检验方法
主控项目	1	基土	材料	不应用淤泥、腐殖土、冻土、耕植土、膨胀土和建筑杂物作为填土，填土土块的粒径不应大于 50 mm		观察检查和检查土质记录
			质量	基土应均匀、密实，压实系数应符合设计要求。设计无要求时，不应小于 0.9		观察检查和检查试验记录

项目	序号	检验项目		允许偏差或允许值	检验数量	检验方法
主控项目	2	垫层	灰土体积比	应符合设计要求； 其他垫层见《建筑地面工程施工质量验收规范》(GB 50209—2010)要求	1.基层(各构造层)和各类面层的分项工程的施工质量验收，应按每一层次或每层施工段(或变形缝)划分检验批，高层建筑的标准层可按每三层(不足三层按三层计)划分检验批。 2.每检验批应以各子分部工程的基层(各构造层)和各类面层所划分的各项工程按自然间(或标准间)检验，抽查数量随机检验不应少于3间；不足3间应全数检查；其中，走廊(过道)应以10延长米为1间，工业厂房(按单跨计)、礼堂、门厅以两个轴线为1间计算。 3.有防水要求的建筑地面子分部工程的分项工程施工质量，每检验批抽查数量应按其房间总数随机检验，不应少于4间，不足4间应全数检查	观察检查和检查配合比试验报告
	3	找平层	材料粒径及含泥量	采用碎石或卵石的粒径不应大于其厚度的2/3，含泥量不应大于2%；砂为中粗砂，其含泥量不应大于3%		观察检查和检查质量合格证明文件
			体积比、强度	水泥砂浆体积比、水泥混凝土强度等级应符合设计要求，且水泥砂浆体积比不应小于1∶3(或相应的强度等级)；水泥混凝土强度等级不应小于C15		观察检查和检查配合比试验报告、强度等级检测报告
			渗漏	有防水要求的建筑地面工程的立管、套管、地漏处不应渗漏，坡向应正确、无积水		观察检查和蓄水、泼水检验及坡度尺检查
	4	隔离层	构造	厕浴间和有防水要求的建筑地面必须设置防水隔离层。楼层结构必须采用现浇混凝土或整块预制混凝土板，混凝土强度等级不应小于C20；房间的楼板四周除门洞外应做混凝土翻边，高度不应小于200 mm，宽同墙厚，混凝土强度等级不应小于C20。施工时结构层标高和预留孔洞位置应准确，严禁乱凿洞		观察和钢尺检查
			防水性能和强度	水泥类防水隔离层的防水性能和强度等级应符合设计要求		观察检查和检查防水等级检测报告、强度等级检测报告
			渗漏	防水隔离层严禁渗漏，排水的坡向应正确、排水通畅		观察检查和蓄水、泼水检验、坡度尺检查及检查验收记录
	5	填充层	材料质量	应符合设计要求和国家现行有关标准的规定		观察检查和检查质量合格证明文件
			厚度和配合比	厚度、配合比应符合设计要求		用钢尺检查和检查配合比试验报告

项目	序号	检验项目		允许偏差或允许值	检验数量	检验方法
一般项目	1	基土	表面平整度（标高）	15 mm(0，−50 mm)		2 m靠尺和楔形塞尺检查(水准仪)
	2	垫层	石灰、黏土	熟化石灰颗粒粒径不应大于5 mm；黏土（或粉质黏土、粉土）内不得含有有机物质，颗粒粒径不应大于16 mm		观察检查和检查质量合格证明文件
			表面平整度（标高）	灰土、三合土、四合土、炉渣、水泥混凝土、陶粒混凝土为10 mm(±10 mm)；砂、砂石、碎石、碎砖为15 mm(±20 mm)；砂、砂石为15 mm(±20 mm)		2 m靠尺和楔形塞尺检查(水准仪)
	3	找平层	空鼓	找平层与其下一层结合牢固，不得有空鼓		小锤轻击检查
			表面	应密实，不得有起砂、蜂窝和裂缝等缺陷		观察检查
			表面平整度（标高）	用胶结料做结合层铺设板块面层为3 mm(±5 mm)；用水泥砂浆做结合层铺设板块面层为5 mm(±8 mm)；用胶粘剂做结合层铺设各种地板面层为2 mm(±4 mm)；金属板面层为3 mm(±4 mm)		2 m靠尺和楔形塞尺检查(水准仪)
	4	隔离层	厚度	应符合设计要求		观察检查和用钢尺、卡尺检查
			质量	隔离层与其下一层粘结牢固，不得有空鼓；防水涂层应平整、均匀，无脱皮、起壳、裂缝、鼓泡等缺陷		用小锤轻击检查和观察检查
			表面平整度（标高）	防水、防潮、防油渗为3 mm(±4 mm)		2 m靠尺和楔形塞尺检查(水准仪)
	5	填充层	质量要求	松散材料填充层铺设应密实；板块状材料填充层应压实、无翘曲，坡度应符合设计要求，不应有倒泛水和积水现象		观察检查采用泼水或坡度尺检查
			表面平整度（标高）	松散材料7 mm(±4 mm)、板块状材料5 mm(±4 mm)		2 m靠尺和楔形塞尺检查(水准仪)

注：1. 坡度，不大于房间相应尺寸的2/1 000，且不大于30 mm(用坡度尺检查)；
　　2. 厚度，个别地方大于设计厚度的1/10(用钢尺检查)。

1.2 整体面层楼地面工程质量检验

整体面层是施工工艺中的叫法，即指一次性连续铺筑而成的面层（且完成后是一个完整的整体），如水泥砂浆面层、细石混凝土面层、水磨石面层等。

1. 整体面层施工工艺流程

基层处理→弹线及设标志墩→铺设混凝土（或水泥砂浆）→抹面压光→养护。

2. 施工过程质量控制要求

(1)基层处理：先将基层上的灰尘扫掉，用钢丝刷和錾子刷净、剔掉灰浆和灰渣层，用10%的火碱水溶液刷掉基层上的油污，并用清水及时将碱液冲净。

(2)找标高弹线：根据墙上的+50 cm水平线，往下量测出面层标高并弹在墙上。

(3)洒水湿润：用水将地面基层均匀洒水一遍。

(4)抹灰饼和标筋(或称冲筋)：根据房间内四周墙上弹的面层标高水平线，确定面层抹灰厚度(不应小于20 mm)，然后拉水平线开始抹灰饼(5 cm×5 cm)，横竖间距为1.5~2.0 m，灰饼上平面即为地面面层标高。

如果房间较大，为保证整体面层平整度，还须抹标筋(或称冲筋)。若砂浆铺设厚度超过3.5 cm以上，应先用花米石混凝土找平，用木抹子拍抹成与灰饼上表面相平。

(5)搅拌砂浆：水泥砂浆的体积比宜为1∶2(水泥∶砂)且应搅拌均匀，其稠度不应大于35 mm，强度等级不应小于M15。

(6)刷水泥浆结合层：在铺设水泥砂浆之前，应涂刷水泥浆一层，其水胶比为0.4~0.5(涂刷前要将抹灰饼的余灰清扫干净，再洒水湿润)，不要涂刷面积过大，随刷随铺面层砂浆。

(7)铺水泥砂浆面层：涂刷水泥浆后，紧跟着铺水泥砂浆，在灰饼之间(或标筋之间)将砂浆铺均匀，然后用木刮杠按灰饼(或标筋)高度刮平。铺砂浆时如果灰饼(或标筋)已硬化，木刮杠刮平后，同时将利用过的灰饼(或标筋)敲掉，并用砂浆填平。

(8)木抹子搓平：木刮杠刮平后，立即用木抹子搓平，从内向外退着操作，并随时用2 m靠尺检查其平整度。

(9)当设计要求需要压光时，采用铁抹子压光：

1)铁抹子压第一遍：木抹子抹平后，立即用铁抹子压第一遍，直到出浆为止。如果砂浆过稀，表面有泌水现象时，可均匀撒一遍干水泥和砂(1∶1)的拌合料(砂子要过3 mm筛)，再用木抹子用力抹压，使干拌料与砂浆紧密结合一体，吸水后用铁抹子压平。

2)第二遍压光：面层砂浆初凝后，人踩上去，有脚印但不下陷时，用铁抹子压第二遍，边抹压边把坑凹处填平，要求不漏压，表面压平、压光。

3)第三遍压光：在水泥砂浆终凝前进行第三遍压光(人踩上去稍有脚印)，铁抹子抹上去不再有抹纹时，用铁抹子把第二遍抹压时留下的抹纹全部压平、压实、压光(必须在终凝前完成)。

(10)养护：地面压光完工后24 h，洒水湿润，养护的时间不少于7 d。当抗压强度达5 MPa时，才能上人。

(11)有防水要求的建筑地面工程，铺设前必须对立管、套管和地漏与楼板之间进行密封处理，严禁漏水；排水坡度应正确，无积水。

(12)水泥砂浆面层的厚度应符合设计要求，且不应小于20 mm。

(13)面层与下一层应结合牢固，无空鼓、裂纹。

(14)面层表面的坡度应符合设计要求，不得有倒泛水和积水现象。

(15)面层表面应洁净，无裂纹、脱皮、麻面、起砂等缺陷。

(16)地面操作过程中要注意对其他专业设备的保护，如埋在地面内的管线不得随意移位，地漏内不得堵塞砂浆等。

(17)面层做完之后，养护期内严禁进入，需要防止漏水的地方必须蓄水试验。

(18)如果先做水泥砂浆地面，后进行墙面抹灰时，要特别注意对面层进行覆盖，并严禁在面层上拌和与储存砂浆。所有工作面完成后必须工完场清，申报验收合格后才能进行下一工序施工。

检验水泥混凝土和水泥砂浆强度试块的组数，按每层(或检验批)建筑地面工程不应小于

1组。当每一层(或检验批)建筑地面工程面积大于 1 000 m² 时,每增加 1 000 m² 应增做 1 组试块;小于 1 000 m² 按 1 000 m² 计算。当改变配合比时,也应相应地制作试块组数。

3. 整体楼地面工程质量检验标准与检验方法

检验方法应符合下列规定:

(1)检查允许偏差应采用钢尺、2 m 靠尺、楔形塞尺、坡度尺和水准仪。

(2)检查空鼓应采用敲击的方法。

(3)检查有防水要求建筑地面的基层(各构造层)和面层,应采用泼水或蓄水方法,蓄水时间不得少于 24 h。

(4)检查各类面层(含不需铺设部分或局部面层)表面的裂纹、脱皮、麻面和起砂等缺陷,应采用观感的方法。整体楼地面工程质量检验标准与检验方法见表5.4。

表 5.4　整体楼地面工程质量检验标准与检验方法(GB 50209—2010)

项目	序号	检验项目		允许偏差或允许值	检验数量	检验方法
主控项目	1	水泥混凝土面层	材料	水泥混凝土采用的粗集料,最大粒径不应大于面层厚度的 2/3,细石混凝土面层采用的石子粒径不应大于 16 mm	同一工程、同一强度等级、同一配合比检查一次	观察检查和检查材质合格证明文件及检测报告
			强度	面层的强度等级应符合设计要求,且强度等级不应小于 C20	满足规范第 3.0.19 条的规定	检查配合比试验报告和强度等级检测报告
			空鼓	面层与下一层应结合牢固,且应无空鼓和开裂。[注:当出现空鼓时,空鼓面积不应大于 400 cm²,且每自然间(标准间)不应多于 2 处]	满足规范第 3.0.20 条的规定	观察和小锤轻击检查
	2	水泥砂浆面层	材料	水泥宜采用硅酸盐水泥、普通硅酸盐水泥,不同品种、不同强度等级的水泥不应混用;砂应为中粗砂,当采用石屑时,其粒径应为 1~5 mm,且含泥量不应大于 3%;防水水泥砂浆采用的砂或石屑,其含泥量不应大于 1%	同一工程、同一强度等级、同一配合比检查一次	观察检查和检查资料合格证明文件
			强度	水泥砂浆的体积比(强度等级)应符合设计要求;且体积比为 1:2,强度等级不应小于 M15	按规范第 3.0.19 条的规定检查	检查强度等级检测报告
			排水	有排水要求的水泥砂浆地面,坡向应正确、排水通畅;防水水泥砂浆面层不应渗漏	按规范第 3.0.21 条的规定检查	观察检查和蓄水、泼水检验或坡度尺检查及检查检验记录
			空鼓	与混凝土面层要求相同		
一般项目	1	面层		面层表面的坡度应符合设计要求,不应有倒泛水和积水现象;面层表面应洁净,不应有裂纹、脱皮、麻面、起砂等现象	按规范第 3.0.21 条规定的检验批检查	观察和采用泼水或坡度尺检查
	2	踢脚线		踢脚线与柱、墙面应紧密结合,踢脚线高度及出柱、墙厚度应符合设计要求且均匀一致,当出现空鼓时,局部空鼓长度不应大于 300 mm,且每自然间或标准间不应多于 2 处		小锤轻击、钢尺和观察检查

项目	序号	检验项目	允许偏差或允许值	检验数量	检验方法
一般项目	3	楼梯、台阶踏步	楼层梯段相邻踏步高度差不应大于10 mm，每踏步两端宽度差不应大于10 mm；旋转楼梯梯段的每踏步两端宽度的允许偏差不应大于5 mm，踏步面层应做防滑处理，齿角应整齐，防滑条应顺直、牢固	按规范第3.0.21条规定的检验批检查	观察和钢尺检查
	4	表面平整度	水泥混凝土面层5 mm，水泥砂浆面层4 mm，普通水磨石面层3 mm，高级水磨石面层2 mm		用5 m靠尺和楔形塞尺检查

1.3 板块楼地面工程质量检验

1. 块体面层施工工艺流程

基层处理→找标高弹线→铺设找平层→铺贴面砖。

2. 施工过程质量控制要求

(1)基层处理与整体面层楼地面相同。

(2)铺设板块面层时，其水泥类基层的抗压强度不得小于1.2 MPa。

(3)铺设板块面层的结合层和板块间的填缝采用水泥砂浆，应符合下列规定：

1)配制水泥砂浆应采用硅酸盐水泥、普通硅酸盐水泥或矿渣硅酸盐水泥。

2)配制水泥砂浆的砂应符合现行国家行业标准《普通混凝土用砂、石质量及检验方法标准》(JGJ 52—2006)的规定。

3)配制水泥砂浆的体积比(或强度等级)应符合设计要求。

(4)结合层和板块面层填缝的沥青胶结材料应符合现行国家有关产品标准和设计要求。

(5)板块的铺砌应符合设计要求，当设计无要求时，宜避免出现板块小于1/4边长的边角料。

(6)铺设水泥混凝土板块、水磨石板块、水泥花砖、陶瓷马赛克、陶瓷地砖、缸砖、料石、大理石和花岗石面层等的结合层和填缝的水泥砂浆，在面层铺设后，表面应覆盖、湿润，其养护时间不应少于7 d。当板块面层的水泥砂浆结合层的抗压强度达到设计要求后，方可正常使用。

(7)板块类踢脚线施工时，不得采用石灰砂浆打底。

3. 板块楼地面工程质量检验标准与检验方法

检验方法应符合下列规定：

(1)检查允许偏差应采用钢尺、2 m靠尺、楔形塞尺、坡度尺和水准仪。

(2)检查空鼓应采用敲击的方法。

(3)检查有防水要求建筑地面的基层(各构造层)和面层，应采用泼水或蓄水方法，蓄水时间不得少于24 h。

(4)检查各类面层(含不需铺设部分或局部面层)表面的裂纹、脱皮、麻面和起砂等缺陷，应采用观感的方法。

建筑地面工程完工后，应对面层采取保护措施。板块楼地面工程质量检验标准与检验方法见表5.5。

表 5.5　板块楼地面工程质量检验标准与检验方法(GB 50209—2010)

项目	序号	检验项目	允许偏差或允许值					检验数量	检验方法
主控项目	1	面层所用的板块的产品	应符合设计要求和国家现行有关标准的规定					同一工程、同一材料、同一生产厂家、同一型号、同一规格、同一批号检查一次	观察检查和检查检验报告、出厂检验报告、出厂合格证书
	2	放射性限量	板块产品进场时,应有放射性限量合格的检测报告						检查检测报告
	3	面层与下一层的结合(粘结)	应牢固,无空鼓(单边砖边角允许有局部空鼓,但空鼓砖不应超过总数的5%)						用小锤轻击检查
一般项目	1	板块	砖面层的表面应洁净、图案清晰、色泽一致,接缝应平整,深浅应一致,周边应顺直。板块无裂纹、掉角和缺棱等缺陷					按规范第3.0.21条规定的检验批进行检查	观察
	2	踢脚线	表面应洁净,与柱、墙面的结合应牢固,踢脚线高度及柱、墙厚度应符合设计要求,且均匀一致						观察和小锤轻击及钢尺检查
	3	楼梯踏步和台阶板块的缝隙宽度	宽度、高度应符合设计要求,板块的缝隙宽度应一致;楼层梯段相邻踏步高度差不应大于10 mm,每踏步两端宽度差不应大于10 mm;踏步面应做防滑处理,齿角应整齐,防滑条应顺直、牢固						观察和钢尺检查
	4	面层表面的坡度	应符合设计要求,不倒泛水、无积水;与地漏、管道结合处应严密、牢固,无渗漏						观察、泼水或坡度尺及蓄水检查
	5	板块面层的允许偏差/mm	项目	陶瓷马赛克面层	缸砖面层	水泥花砖面层	水磨石板块面层	活动地板面层	—
			表面平整度	2.0	4.0	3.0	3.0	2.0	用2 m靠尺和楔形塞尺检查
			缝格平直	3.0	3.0	3.0	3.0	2.5	拉5 m线和钢尺检查
			接缝高低	0.5	1.5	0.5	1.0	0.4	钢尺和楔形塞尺检查
			踢脚线上口平直	3.0	4.0	—	4.0	—	拉5 m线和钢尺检查
			板块间隙宽度	2.0	2.0	2.0	2.0	0.3	钢尺检查

建筑楼地面工程包含地面和楼面，由基层和面层两部分组成。

基层是指面层下的构造层，包括填充层、隔离层、找平层、垫层、基土等。重点是基土、找平层、砂石垫层、灰土垫层等的质量检验与控制。

面层又分为整体楼地面工程和板块楼地面工程。整体楼地面工程以水泥混凝土面层、水泥砂浆面层以及水磨石面层较为常见。板块楼地面工程以地砖及马赛克面层、大理石及花岗石面层、条石及块石面层、活动地板面层等较为常见。

本任务主要介绍了基层、整体楼地面、板块楼地面工程的施工工艺，以及质量检查的方法、检查的数量、检查的合格标准。

课外参考资料

1.《建筑地面工程施工质量验收规范》(GB 50209—2010).

2. 张海东. 建筑施工资料及验收表格填写实例[M]. 北京：机械工业出版社，2016.

素质拓展

劳动意识

养成爱劳动的好习惯，可以使我们懂得幸福生活要靠劳动。我们爱劳动，就能尊重劳动人民，懂得珍惜别人的劳动成果，爱惜公共财物；我们爱劳动，才能培养好的思想品德，养成勤俭朴实、热爱集体、尊重他人、吃苦耐劳、谦虚谨慎的良好品质；我们爱劳动，才能在劳动中体会创造的成功与快乐，学会发明和创新，学会感恩，学会沟通，学会做人。

热爱劳动重点是具有积极的劳动态度，广泛参加各种形式的家务劳动、生产劳动、公益活动和社会实践，具有动手操作能力。

思考题

1. 基层的检验批如何划分？

2. 基层的主控项目有哪些？一般项目有哪些？

3. 水磨石楼地面工程质量检验标准的主控项目及一般项目内容是什么？如何进行检验？

4. 大理石和花岗石楼地面工程质量检验标准的主控项目及一般项目内容是什么？如何进行检验？

实训练习

职业能力训练1：楼地面工程基层工程验收和检验评定

(1)场景要求：根据引例提供的案例情景，对垫层质量进行验收。

(2)检验工具及使用：2 m靠尺、楔形塞尺、水准仪。

(3)步骤提示：检查材质合格证明文件、配合比通知单记录及试验记录，现场检查垫层表面平整度、标高、坡度及厚度。

（4）填写垫层检验批质量验收记录，见表5.6。

表5.6 基土垫层检验批质量验收记录

单位(子单位)工程名称					
分项工程名称					
验收部位					
总承包施工单位				项目负责人	
专业承包施工单位				项目负责人	
施工执行的技术标准名称及编号					

施工质量验收规范的规定				施工单位检查评定记录	监理(建设)单位验收记录
主控项目	1	基土土料	设计要求		
	2	基土压实	第4.2.7条		
一般项目	1	允许偏差	表面平整度	15 mm	
	2		标高	0，−50 mm	
	3		坡度(房间相应尺寸L)/mm	≤L×2/1 000 且≤30 mm	
	4		厚度(设计厚度H)/mm	≤H×1/10 且≤20 mm	

专业承包施工单位检查评定结果	专业工长(施工员)签名		施工班组长签名	
	项目专业质量检查员(签名)：			年　月　日
监理(建设)单位验收结论	专业监理工程师(签名)： (建设单位项目专业技术负责人签名)：			年　月　日

职业能力训练2：楼地面工程整体面层工程验收和检验评定

（1）场景要求：模拟某工程水泥混凝土地面情景，对其质量进行验收。

（2）检验工具及使用：2 m靠尺、楔形塞尺、钢尺、小锤。

（3）步骤提示：检查材质合格证明文件、配合比通知单记录及检测报告，现场检查面层表面平整度、踢脚线上口平直、缝格平直，以及面层与下一层、踢脚线与墙面的结合情况和楼梯踏步尺寸。

（4）填写水泥混凝土面层检验批质量验收记录，见表5.7。

表 5.7 水泥混凝土面层检验批质量验收记录

单位(子单位)工程名称						
分项工程名称						
验收部位						
总承包施工单位				项目负责人		
专业承包施工单位				项目负责人		
施工执行的技术标准名称及编号						
施工质量验收规范的规定				施工单位检查评定记录		监理(建设)单位验收记录
主控项目	1	集料粒径	设计要求			
	2	面层强度等级	设计要求			
	3	面层与下一层结合	第5.2.5条			
一般项目	1	表面质量	第5.2.6条			
	2	表面坡度	第5.2.7条			
	3	踢脚线与墙面结合	第5.2.8条			
	4	楼梯踏步	第5.2.9条			
	5	允许偏差	表面平整度	5 mm		
	6		踢脚线上口平直	4 mm		
	7		缝格平直	3 mm		
	8		旋转楼梯踏步两端宽度	5 mm		
专业承包施工单位检查评定结果	专业工长(施工员)签名			施工班组长签名		
	项目专业质量检查员(签名):				年　月　日	
监理(建设)单位验收结论	专业监理工程师(签名): (建设单位项目专业技术负责人签名):				年　月　日	

职业能力训练3：板块楼地面工程验收和检验评定

(1)场景要求：模拟某工程陶瓷地砖地面情景，对其质量进行验收。

(2)检验工具及使用：2 m靠尺、楔形塞尺、钢尺、小锤、坡度尺。

(3)步骤提示：检查材质合格证明文件、砂浆配合比通知单，现场检查面层表面质量(图案、色泽、接缝、镶嵌、平整度等)、踢脚线上口平直，以及面层与下一层、踢脚线与墙面的结合情况和楼梯踏步尺寸、防滑条、面层坡度。

(4)填写陶瓷地砖面层检验批质量验收记录，见表5.8。

表 5.8　砖面层检验批质量验收记录

		施工质量验收规范的规定			施工单位检查评定记录							监理(建设) 单位验收记录
主控 项目	1	块材质量		设计要求								
	2	面层与下一层结合		第6.2.8条								
一般 项目	1	面层表面质量		第6.2.9条								
	2	邻接处镶边用料		第6.2.10条								
	3	踢脚线质量		第6.2.11条								
	4	楼梯踏步高度差		第6.2.12条								
	5	面层表面坡度		第6.2.13条								
	6	允许 偏差	表面平整度	缸砖	4.0 mm							
				水泥花砖	3.0 mm							
				陶瓷马赛克、 陶瓷地砖	2.0 mm							
	7		缝格平直		3.0 mm							
	8		接缝 高低差	陶瓷马赛克、 陶瓷地砖、 水泥花砖	0.5 mm							
				缸砖	1.5 mm							
	9		踢脚线上 口平直	陶瓷马赛克、 陶瓷地砖、 水泥花砖	3.0 mm							
				缸砖	4.0 mm							
	10		板块间隙宽度		2.0 mm							

单位(子单位)工程名称　　　　　

分项工程名称　　　　　

验收部位　　　　　

总承包施工单位　　　　　　　　　项目负责人

专业承包施工单位　　　　　　　　项目负责人

施工执行的技术标准名称及编号

专业承包施工单位 检查评定结果	专业工长(施工员)签名		施工班组长签名	
	项目专业质量检查员(签名)：		年　　月　　日	

监理（建设）单位验收结论	专业监理工程师（签名）： （建设单位项目专业技术负责人签名）：　　　　　　　　　　　年　　月　　日

任务 2　门窗工程质量检验

🔄 知识树

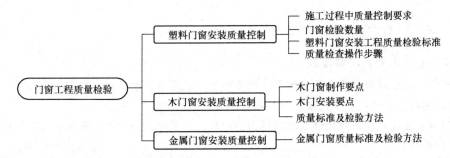

🎯 内容概况

本任务主要介绍门窗安装工程的质量标准、质量检验的方法和要求。

💡 知识目标

掌握门窗安装工程质量标准；熟悉门窗施工过程质量控制的措施；掌握门窗工程质量检验的内容、方法和合格标准。

⚙️ 能力目标

能够进行现场的检查验收并填写有关工程质量验收记录。

💡 素质目标

树立质量意识，强化劳动意识，养成合作意识，弘扬工匠精神，崇尚鲁班精神。

📖 引领案例

某建筑开发商在某市开放建设一住宅群，其中有一片别墅，别墅外窗采用塑钢窗，外大门采用不锈钢防盗门，内门采用高档木门，如图 5.3 所示。试对该工程的门窗施工质量进行控制。

图 5.3 别墅

2.1 塑料门窗安装质量控制

1. 施工过程中质量控制要求

（1）塑料门窗原材料应符合质量标准。检查原材料的质量证明文件，门窗材料应有产品合格证、性能检测报告、进场验收记录、复验报告。

（2）门窗安装前，应按照设计要求对门窗洞口位置、尺寸进行检查，合格后方可进行安装。

1）主控项目。

①塑料门窗的品种、类型、规格、尺寸、开启方向、安装位置、连接方式及填嵌密封处理应符合设计要求，内衬增强型钢的壁厚及设置应符合现行国家产品标准的质量要求。

外门窗的气密性、保温性能、中空玻璃露点、玻璃遮阳系数和可见光透射比应符合设计要求。

②塑料门窗框、副框和扇的安装必须牢固。固定片或膨胀螺栓的数量与位置应正确，连接方式应符合设计要求。固定点应距离窗角、中横框、中竖框 150～200 mm，固定点间距应不大于 600 mm。

③塑料门窗拼樘料内衬增强型钢的规格、壁厚必须符合设计要求，型钢应与型材内腔紧密吻合，其两端必须与洞口固定牢固。窗框必须与拼樘料连接紧密，固定点间距应不大于 600 mm。

④塑料门窗扇应开启灵活、关闭严密，且无倒翘。推拉门窗扇必须有防脱落措施。

⑤塑料门窗配件的型号、规格、数量应符合设计要求，安装应牢固，位置应正确，功能应满足使用要求。

⑥门窗框与墙体间缝隙应采用闭孔弹性材料填嵌饱满，其表面应采用密封胶密封。密封胶应粘结牢固，表面应光滑、顺直、无裂纹。

⑦塑料门窗采用的玻璃品种应符合设计要求，中空玻璃应采用双道密封。

⑧门窗配件的型号、规格、数量应符合设计要求，安装应牢固，位置应正确，功能应满足使用要求。

⑨外门窗框或副框与洞口之间的间隙应采用弹性闭孔材料填充饱满，并使用密封胶密封。严寒、寒冷地区的外门窗安装，应按照设计要求采取保温、密封等节能措施。

2）一般项目。

①塑料门窗表面应洁净、平整、光滑，大面应无划痕、碰伤。

②旋转窗间隙应基本均匀。

③塑料门窗扇的开关力应符合下列规定：

a. 平开门窗扇平铰链的开关力应不大于 80 N；滑撑铰链的开关力应不大于 80 N，并且不小于 30 N。

b. 推拉门窗扇的开关力应不大于 100 N。

④门窗框与墙体之间缝隙填嵌的密封胶，其表面应光滑、顺直，无裂纹。

⑤门窗扇密封条和玻璃镶嵌的密封条，其物理性能应符合相关标准的规定。密封条的安装应位置正确、镶嵌牢固、不得脱槽，接头处不得开裂。关闭门窗时，密封条应接触严密。

⑥门窗镀（贴）膜玻璃的安装方向应正确，中空玻璃的均压管应密封处理。

⑦门窗的排水孔应畅通，其位置和数量应符合设计要求。

2. 门窗检验数量

（1）木门窗、金属门窗、塑料门窗及门窗玻璃，同一品种、同一类型和规格的门窗，每 100 樘应划分为一个检验批，不足 100 樘也应划分为一个检验批。每个检验批应至少抽查 5%，并不得少于 3 樘，不足 3 樘时应全数检查；高层建筑的外窗，每个检验批应至少抽查 10%，并不得少于 6 樘，不足 6 樘时应全数检查。

（2）特种门每个检验批应至少抽查 50%，并不得少于 10 樘，不足 10 樘时应全数检查。

3. 塑料门窗安装工程质量检验标准

塑料门窗安装工程质量检验标准见表 5.9。

表 5.9　塑料门窗安装工程质量检验标准

项目	序号	检验项目	允许偏差或允许值	检验数量	检验方法
主控项目	1	塑料门窗的品种、类型、规格、尺寸、开启方向、安装位置、连接方式及填嵌密封处理	符合设计要求	每个检验批应至少抽查 5%，并不得少于 3 樘，不足 3 樘时应全数检查；高层建筑的外窗，每个检验批应至少抽查 10%，并不得少于 6 樘，不足 6 樘时应全数检查　特种门每个检验批应至少抽查 50%，并不得少于 10 樘，不足 10 樘时应全数检查	观察；尺量检查；检查产品合格证书、性能检测报告、进场验收记录和复验报告；检查隐蔽工程验收记录
	2	塑料门窗框、副框和扇的安装	必须牢固。固定片或膨胀螺栓的数量与位置应正确，连接方式应符合设计要求。固定点应距窗角、中横框、中竖框 150～200 mm，固定点间距应不大于 600 mm		观察；手扳检查；检查隐蔽工程验收记录
	3	塑料门窗拼樘料	内衬增强型钢的规格、壁厚必须符合设计要求，型钢应与型材内腔紧密吻合，两端必须与洞口固定牢固。窗框必须与拼樘料连接紧密，固定点间距不大于 600 mm		观察；手扳检查；尺量检查；检查进场验收记录
	4	塑料门窗扇	应开关灵活、关闭严密，无倒翘。推拉门窗扇必须有防脱落措施		观察；开启和关闭检查；手扳检查
	5	塑料门窗配件的型号、规格、数量	应符合设计要求，安装应牢固，位置应正确，功能应满足使用要求		观察；手扳检查；尺量检查
	6	塑料门窗框与墙体间缝隙	应采用闭孔弹性材料填嵌饱满，表面应采用密封胶密封。密封胶应粘结牢固，表面应光滑、顺直、无裂纹		观察；检查隐蔽工程验收记录

项目	序号	检验项目	允许偏差或允许值	检验数量	检验方法
一般项目	1	塑料门窗表面	应洁净、平整、光滑，大面应无划痕、碰伤	每个检验批应至少抽查 5%，并不得少于 3 樘，不足 3 樘时应全数检查；高层建筑的外窗，每个检验批应至少抽查 10%，并不得少于 6 樘，不足 6 樘时应全数检查。特种门每个检验批应至少抽查 50%，并不得少于 10 樘，不足 10 樘时应全数检查	观察
	2	塑料门窗扇的密封条	不得脱槽。旋转窗间隙应基本均匀		观察
	3	塑料门窗扇的开关力	平开门窗扇平铰链的开关力应不大于 80 N 滑撑铰链的开关力应不大于 80 N，并不小于 30 N 推拉门窗扇的开关力应不大于 100 N		观察；用弹簧秤检查
	4	玻璃密封条与玻璃及玻璃槽口的接缝	应平整，不得卷边、脱槽		观察
	5	排水孔	孔应畅通，位置和数量应符合设计要求		观察

塑料门窗安装的允许偏差和检验方法见表 5.10。

表 5.10　塑料门窗安装的允许偏差和检验方法

项次	项　目		允许偏差/mm	检验方法
1	门窗槽口宽度	≤1 500 mm	2	用钢尺检查
	高度	>1 500 mm	3	
2	门窗槽口对角线长度差	≤2 000 mm	3	用钢尺检查
		>2 000 mm	5	
3	门框的正、侧面垂直		3	用 1 m 垂直检测尺检查
4	门窗横框的水平度		3	用 1 m 水平尺和塞尺检查
5	门窗横框标高		5	用钢尺检查
6	门窗竖向偏离中心		5	用钢直尺检查
7	双层门窗内外框间距		4	用钢尺检查
8	同樘平开门窗相邻扇高度差		2	用钢直尺检查
9	平开门窗铰链部位配合间隙		+2；-1	用塞尺检查
10	推拉门窗扇与框搭接量		+1.5；-2.5	用钢直尺检查
11	推拉门窗扇与竖框平行度		2	用 1 m 水平尺和塞尺检查

4. 质量检查操作步骤

(1)检查塑料门窗的材料质量(查产品合格证、性能检测报告、复检报告)，检查门窗表面质量。

(2)检查门窗洞口位置和尺寸。

(3)检查门窗洞口上的预埋件(数量、规格、位置是否符合要求)。

（4）检查门窗框安装是否牢固，检查组合门窗拼樘料与窗框的连接是否牢固。

（5）检查门窗框与墙体之间的缝隙填塞质量。

（6）检查门窗扇的密封条质量。

（7）检查排水孔、门窗扇的开关力。

2.2　木门窗安装质量控制

《建筑装饰装修工程质量验收标准》(GB 50210—2018)强制性条文规定：

第 3.2.3 条　建筑装饰装修工程所用材料应符合国家有关建筑装饰装修材料有害物质限量标准的规定。

第 3.2.9 条　建筑装饰装修工程所使用的材料应按设计要求进行防火、防腐和防虫处理。

第 5.1.11 条　建筑外门窗的安装必须牢固，在砌体上安装门窗严禁用射钉固定。

针对规范强制性条文的规定应采用以下相应措施：

（1）尽量选择有害物质含量低的材料品牌，并应要求供货方提供材料的合格检测报告。《建筑装饰装修工程质量验收标准》(GB 50210—2018)规定进行有害物质含量复验的材料及项目，应在进场材料中抽样，并送有资质的检测单位进行复验。

（2）应认识到防火、防腐、防虫处理的重要性，严格按设计要求对材料进行处理。

（3）预埋件的数量、位置、埋设方式、与框的连接方式必须符合设计要求。建筑外门窗为推拉门窗时，推拉门窗扇必须有防脱落措施。

1. 木门窗制作要点

制作前会同业主选择有一定生产规模和实力，并具有门生产许可证的专业厂家进行考察，从厂家的质量管理体系、生产规模、产品质量确定生产厂家。

生产厂家选定后，及时对厂家进行技术交底，根据设计图的要求，由厂家绘制相关的加工图。

2. 木门安装要点

（1）工艺流程：检查洞口尺寸、位置→木门框安装→门框与洞口间填塞→门洞口抹灰→门扇安装→小五金的安装→验收。

（2）门框的安装。

1）主体结构完工后，复查洞口标高、尺寸。

2）将门框临时固定在门洞口内相应位置。

3）用吊线坠校正框的正、侧面垂直度，用水平尺校正框冒头的水平度。

（3）门扇的安装。

1）量出框口净尺寸，考虑留缝宽度。确定门扇的高、宽尺寸，先画出中间缝处的中线，再画出边线，并保证梃宽一致，四边画线。

2）若门扇高、宽尺寸过大，则刨去多余部分。修刨时应先锯余头，再行修刨。门扇为双扇时，应先作叠高低缝，并以开启方向的右扇压左扇。

3）若门扇高、宽尺寸过小，可在下边或装合页一边用胶盒钉子绑钉刨光的木条。钉帽砸扁，钉入木条内 1～2 mm。然后，锯掉余头刨平。

4）平开扇的底边，中悬扇的上、下边，上悬扇的下边，下悬扇的上边等与框接触且容易发生摩擦的边，应刨成 1 mm 斜面。

5）试装门扇时，应先用木楔子塞在门扇的下边，然后再检查缝隙，并注意窗棱和玻璃芯子平直对齐。合格后画出合页的位置线，剔槽装合页。

6）门扇安装前应在门扇下口刷一底一度油漆，防止下口油漆漏刷。

7)门扇上口应设置两个透气孔。

(4)门小五金的安装。

1)所有小五金必须用木螺钉固定安装，严禁用钉子代替。使用木螺栓时，先用手锤钉入全长 1/3，接着用螺钉旋具拧入。当木门为硬木时，先钻孔径为木螺栓直径 0.9 倍的孔，孔深为木螺栓全长的 2/3，然后再拧入木螺栓。

2)铰链应安装上中下三个，上下铰链距门扇上下两端的距离为扇高的 1/10，中间铰链偏上，且避开上下冒头。安装时应"固三挑二"，即铰链中轴分配为三段在门框，两端在门扇。安好后必须灵活。采用铁制 4 mm×3 mm×2 mm 铰链及配套螺钉。

3)门锁根据甲方选用类型，统一安装位置。

4)门拉手应位于门扇中线以下，采用不锈钢门拉手，距离地面 1.05 m。门插销位于门拉手正上方。

5)门扇开启后易碰墙的门，为固定门扇应安装门吸。

6)小五金应安装齐全，位置适宜，固定可靠。

3. 质量标准及检验方法

(1)主控项目检验内容及方法见表 5.11。

表 5.11　木门窗主控项目检验内容及方法

主控项目	检验方法
木门窗的木材品种、材质等级、规格、尺寸、框扇的线型及人造木板的甲醛含量应符合设计要求，设计未规定材质等级时，所用木材的质量应符合《建筑装饰装修工程质量检验规范》附录 A 的规定	观察；检查材料进场验收记录和复验报告
木门窗应采用烘干的木材，含水率应符合相关现行标准的规定	检查材料进场验收记录
木门窗的防火、防腐、防虫处理应符合设计要求	观察；检查材料进场验收记录
木门窗的结合处和安装配件处不得有木节或已填补的木节。木门窗如有允许限值以内的死节及直径较大的虫眼时，应用同一材质的木塞加胶填补。清漆制品木塞的木纹和色泽应与制品一致	观察
门窗框和厚度大于 50 mm 的门窗扇应用双榫连接。榫槽应采用胶料严密嵌合，并应用胶楔加紧	观察；手扳检查
胶合板门、纤维板门和模压门不得脱胶。胶合板不得刨透表层单板，不得有戗槎。制作胶合板门、纤维板门时，边框和横棂应在同一平面上，面层、边框及横棂应加压胶结。横棂和上、下冒头应各钻两个以上的透气孔，透气孔应通畅	观察
木门窗的品种、类型、规格、开启方向、安装位置及连接方式应符合设计要求	观察；尺量检查；检查成品门的产品合格证书
木门窗框的安装必须牢固。预埋木砖的防腐处理、木门窗框固定点的数量、位置及固定方法应符合设计要求	观察；手扳检查；检查隐蔽工程验收记录和施工记录
木门窗扇必须安装牢固，并应开关灵活，关闭严密，无倒翘	观察；开启和关闭检查；手扳检查
木门窗配件的型号、规格、数量应符合设计要求，安装牢固，位置应正确，功能应满足使用要求	观察；开启和关闭检查；手扳检查

（2）一般项目检验内容及方法见表5.12。

表5.12 木门窗一般项目检验内容及方法

一般项目	检验方法
木门窗表面应洁净，不得有刨痕、锤印	观察
木门窗的割角、拼缝应严密、平整。门窗框、扇裁口应顺直，刨面应平整	观察
木门窗上的槽、孔应边缘整齐，无毛刺	观察
木门窗与墙体间缝隙的填嵌材料应符合设计要求，填嵌应饱满。寒冷地区外门窗（或门窗框）与砌体间的空隙应填充保温材料	轻敲门窗框检查；检查隐蔽工程验收记录和施工记录
木门窗批水、盖口条、压缝条、密封条的安装应顺直，与门窗结合应牢固、严密	观察；手扳检查

（3）木门窗制作的允许偏差和检验方法应符合表5.13的规定。

表5.13 木门窗制作的允许偏差和检验方法

项次	项目	构件名称	允许偏差/mm		检验方法
			普通	高级	
1	翘曲	框	3	2	将框、扇放到检查平台上，用塞尺检查
		扇	2	2	
2	对角线长度差	框、扇	3	2	用钢尺检查，框量裁口里角，扇量外角
3	表面平整度	扇	2	2	用1m靠尺和塞尺检查
4	高度、宽度	框	0，-2	0，-1	用钢尺检查，框量裁口里角，扇量外角
		扇	+2，0	+1，0	
5	裁口、线条结合处高低差	框、扇	1	0.5	用钢尺和塞尺检查
6	相邻棂子两端间距	扇	2	1	用钢直尺检查

（4）木门窗安装的留缝限值、允许偏差和检验方法应符合表5.14的规定。

表5.14 木门窗安装的留缝限值、允许偏差和检验方法

项次	项目	留缝限值/mm		允许偏差/mm		检验方法
		普通	高级	普通	高级	
1	门窗槽口对角线长度差	—	—	3	2	用钢尺检查
2	门窗框的正、侧面垂直度	—	—	2	1	用1m检测尺检查
3	框与扇、扇与扇接缝高低差	—	—	2	1	用钢直尺和塞尺检查
4	门窗扇对口缝	1～2.5	1.5～2	—	—	用塞尺检查
5	工业厂房双扇大门对口缝	2～5	—	—	—	
6	门窗扇与上框间留缝	1～2	1～1.5	—	—	
7	门窗扇与侧框间留缝	1～2.5	1～1.5	—	—	
8	窗扇与下框间留缝	2～3	2～2.5	—	—	
9	门扇与下框间留缝	3～5	3～4	—	—	

项次	项目		留缝限值/mm		允许偏差/mm		检验方法
			普通	高级	普通	高级	
10	双层门窗内外框间距		—	—	4	3	钢尺检查
11	无下框时门扇与地面间留缝	外门	4~7	5~6	—	—	用塞尺检查
		内门	5~8	6~7	—	—	
		卫生间门	8~12	8~10	—	—	
		厂房大门	10~20	—	—	—	

2.3 金属门窗安装质量控制

金属门窗包括钢门窗、铝合金门窗、涂色镀锌钢板门窗等。

(1)主控项目及检验方法见表 5.15。

表 5.15 金属门窗质量验收主控项目及检验方法

主控项目	检验方法
金属门窗的品种、类型、规格、尺寸、性能、开启方向、安装位置、连接方式及铝合金门窗的型材壁厚应符合设计要求。金属门窗的防腐处理及填嵌、密封处理应符合设计要求	观察；尺量检查；检查产品合格证书、性能检测报告、进场验收记录和复验报告；检查隐蔽工程验收记录
金属门窗框和副框的安装必须牢固。预埋件的数量、位置、埋设方式与框的连接方式必须符合设计要求	手扳检查；检查隐蔽工程验收记录
金属门窗扇必须安装牢固，并应开关灵活、关闭严密，无倒翘。推拉门窗扇必须有防脱落措施	观察；开启和关闭检查；手扳检查
金属门窗配件的型号、规格、数量应符合设计要求，安装应牢固，位置应正确，功能应满足使用要求	观察；开启和关闭检查；手扳检查

(2)一般项目及检验方法见表 5.16。

表 5.16 金属门窗质量验收一般项目及检验方法

一般项目	检验方法
金属门窗表面应洁净、平整、光滑、色泽一致，无锈蚀。大面应无划痕、碰伤。漆膜或保护层应连续	观察
铝合金门窗推拉门窗扇开关力应不大于 100 N	用弹簧秤检查

一般项目	检验方法
金属门窗框与墙体之间的缝隙应填嵌饱满，并采用密封胶密封。密封胶表面应光滑、顺直、无裂纹	观察；轻敲门窗框检查；检查隐蔽工程验收记录
金属门窗扇的橡胶密封条或毛毡密封条应安装完好，不得脱槽	观察开启和关闭检查
有排水孔的金属门窗，排水孔应畅通，位置和数量应符合设计要求	观察

(3)钢门窗安装的留缝限值允许偏差和检验方法应符合表5.17的规定。

表 5.17　钢门窗安装的留缝限值、允许偏差和检验方法

项次	项目		留缝限值/mm	允许限值/mm	检验方法
1	门窗槽口高度、宽度	≤1 500 mm	—	2.5	用钢尺检查
		>1 500 mm	—	3.5	
2	门窗槽口对角线长度差	≤2 000 mm	—	5	用钢尺检查
		>2 000 mm	—	6	
3	门窗横框的正、侧面垂直度		—	3	用1 m垂直检测尺检查
4	门窗横框的水平度		—	3	用1 m水平尺和塞尺检查
5	门窗横框的标高		—	5	用钢尺检查
6	门窗竖向偏离中心		—	4	用钢尺检查
7	双层门窗内外框间距		—	5	用钢尺检查
8	门窗框、扇配合间距		≤2	—	用塞尺检查
9	无下框时门扇与地面间留缝		4～8	—	用塞尺检查

(4)铝合金门窗安装的允许偏差和检验方法应符合表5.18的规定。

表 5.18　铝合金门窗安装的允许偏差和检验方法

项次	检查项目		允许偏差/mm	检验方法
1	门窗槽口高度、宽度	≤1 500 mm	1.5	用钢尺检查
		>1 500 mm	2	
2	门窗槽口对角线长度差	≤2 000 mm	3	用钢尺检查
		>2 000 mm	4	
3	门窗横框的正、侧面垂直度		2.5	用垂直检测尺检查
4	门窗横框的水平度		2	用1 m水平尺和塞尺检查

项次	检查项目	允许偏差/mm	检验方法
5	门窗横框的标高	5	用钢尺检查
6	门窗竖向偏离中心	5	用钢尺检查
7	双层门窗内外框间距	4	用钢尺检查
8	推拉门窗与框搭接量	1.5	用钢直尺检查

(5)涂色镀锌钢板门窗安装的允许偏差和检验方法应符合表 5.19 的规定。

表 5.19　涂色镀锌钢板门窗安装的允许偏差和检验方法

项次	检查项目		允许偏差/mm	检验方法
1	门窗槽口高度、宽度	≤1 500 mm	2	用钢尺检查
		>1 500 mm	3	
2	门窗槽口对角线长度差	≤2 000 mm	4	用钢尺检查
		>2 000 mm	5	
3	门窗横框的正、侧面垂直度		3	用垂直检测尺检查
4	门窗横框的水平度		3	用 1 m 水平尺和塞尺检查
5	门窗横框的标高		5	用钢尺检查
6	门窗竖向偏离中心		5	用钢尺检查
7	双层门窗内外框间距		4	用钢尺检查
8	推拉门窗与框搭接量		2	用钢直尺检查

小　结

　　建筑工程中所用的门窗，按材质，可分为木门窗、金属门窗、塑料门窗及特种门窗；按其结构形式，可分为推拉门窗、平开门窗、弹簧门窗、折叠门窗、自动门窗等。按现行规范的要求，门窗工程的质量检验按材质进行。

　　门窗工程分为门和窗的制作与安装两部分，应严格按照设计尺寸进行。在制作生产上，我国已逐步走上标准化、规格化和商品化的道路，施工现场应按照规范要求对门窗半成品进行复检和进场验收，合格后方可进行安装。施工中应从原材料质量、门窗半成品质量及安装等几个方面进行质量控制。特别应注意安装过程中按照现行规范的要求，必须对人造木板的甲醛含量以及建筑外墙金属窗、塑料窗的抗风压性能、空气渗透性能、雨水渗漏性能等进行复验。施工中应对预埋件和锚固件、隐蔽部位的防腐、填嵌处理等工程项目进行检查验收。

课外参考资料

1.《建筑装饰装修工程质量验收标准》(GB 50210—2018).

2. 张海东. 建筑施工资料及验收表格填写实例[M]. 北京：机械工业出版社，2016.

合作意识

合作意识是指个体对共同行动及其行为规则的认知与情感,是合作行为产生的一个基本前提和重要基础。善于合作,不仅能从工作中找到乐趣,而且也能从生活中找到乐趣。

合作意识需要通过某种活动,通过人和人的交往过程,通过共同完成任务与对各种结果的经历,以及成果的分享和责任的共同承担的关系去培养。

"一个篱笆三个桩,一个好汉三个帮""团结就是力量"。没有良好的合作,就不能实现既定的目标。

思考题

1. 简述木门窗工程的检验批和检查数量。
2. 塑料门窗拼樘料有何质量要求?如何进行控制?

实训练习

职业能力训练1:塑料门窗工程质量验收和检验评定

(1)场景要求:模拟某工程塑料门窗安装工程情景,对其质量进行验收。

(2)检验工具及使用:塞尺、钢尺、钢直尺、1 m水平尺、垂直检测尺。

(3)步骤提示:检查材料的产品合格证书、性能检测报告、进场验收记录、复验报告和隐蔽工程验收记录;现场检查塑料门窗的安装位置、开启方向、连接方式、密封处理是否符合设计要求,检查门窗扇安装开关是否灵活、关闭是否严密、有无倒翘,检查门窗五金配件的型号、规格、数量是否符合设计要求、是否满足使用要求,检查门窗表面质量、密封条安装质量等。

(4)填写塑料门窗安装检验批质量验收记录,见表5.20。

表5.20　塑料门窗安装工程检验批质量验收记录

单位(子单位)工程名称					
分项工程名称					
验收部位					
总承包施工单位				项目负责人	
专业承包施工单位				项目负责人	
施工执行的技术标准名称及编号					
施工质量验收规范的规定			施工单位检查评定记录		监理(建设)单位验收记录
主控项目	1	门窗质量	第5.4.2条		
	2	框、扇安装	第5.4.3条		
	3	拼樘料与框连接	第5.4.4条		
	4	门窗扇安装	第5.4.5条		
	5	配件质量及安装	第5.4.6条		
	6	框与墙体缝隙填嵌	第5.4.7条		

		施工质量验收规范的规定			施工单位检查评定记录								监理(建设)单位验收记录
一般项目	1	表面质量		第5.4.8条									
	2	密封条及旋转门窗间隙		第5.4.9条									
	3	门窗扇开关力		第5.4.10条									
	4	玻璃密封条、玻璃槽口		第5.4.11条									
	5	排水孔		第5.4.12条									
		安装允许偏差		第5.4.13条									
	6	项次	项目	允许偏差/mm									
		1	门窗槽口宽度、高度	≤1 500 mm	2								
				>1 500 mm	3								
		2	门窗槽口对角线长度差	≤2 000 mm	3								
				>2 000 mm	5								
		3	门窗框的正、侧面垂直度		3								
		4	门窗横框的水平度		3								
		5	门窗横框标高		5								
		6	门窗竖向偏离中心		5								
		7	双层门窗内外框间距		4								
		8	同樘平开门窗相邻扇高度差		2								
		9	平开门窗铰链部位配合间隙		+2；−1								
		10	推拉门窗扇与框搭接量		+1.5；−2.5								
		11	推拉门窗扇与竖框平行度		2								

专业承包施工单位检查评定结果	专业工长(施工员)签名		施工班组长签名	
	项目专业质量检查员(签名)：		年 月 日	

监理(建设)单位验收结论	专业监理工程师(签名)： (建设单位项目专业技术负责人签名)：	年 月 日

178

职业能力训练2：木门窗工程质量验收和检验评定

(1)场景要求：模拟某工程木门窗安装工程情景，对其质量进行验收。

(2)检验工具及使用：靠尺、塞尺、钢尺。

(3)步骤提示：检查材料的产品合格证书、性能检测报告、进场验收记录、复验报告和隐蔽工程验收记录；现场检查木门窗的安装位置、开启方向、连接方式是否符合设计要求，检查门窗扇安装开关是否灵活、关闭是否严密、有无倒翘，检查门窗五金配件的型号、规格、数量是否符合设计要求、是否满足使用要求。

(4)填写木门窗安装检验批质量验收记录。

职业能力训练3：钢门窗工程质量验收和检验评定

(1)场景要求：模拟某工程钢门窗安装工程情景，对其质量进行验收。

(2)检验工具及使用：钢尺、垂直检测尺、1 m水平尺、塞尺、钢直尺。

(3)步骤提示：检查材料的产品合格证书、性能检测报告、进场验收记录、复验报告和隐蔽工程验收记录；现场检查钢门窗的安装位置、开启方向、连接方式是否符合设计要求，检查门窗扇安装开关是否灵活、关闭是否严密、有无倒翘，检查门窗五金配件的型号、规格、数量是否符合设计要求、是否满足使用要求，检查门窗表面质量、密封条安装质量。

(4)填写钢门窗安装检验批质量验收记录表。

任务 3　抹灰工程质量检验

⟳ 知识树

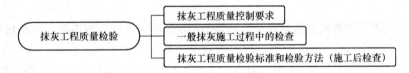

⊕ 内容概况

本任务主要介绍抹灰分项工程的质量控制方法、质量检验的方法和要求。

📖 知识目标

了解工程材料的质量要求；熟悉抹灰施工过程质量控制的要求；掌握抹灰工程质量检验的内容、方法和合格标准。

⚙ 能力目标

能够进行现场的检查验收、正确判断质量情况、准确抽取试件并阅读和审核试验结果。

📖 素质目标

树立质量意识，强化劳动意识，养成合作意识，弘扬工匠精神，崇尚鲁班精神。

引领案例

人靠衣服马靠鞍，建筑物也要靠最后的装饰装修达到美观、耐用等效果，装饰效果的质量是不可忽视的重要环节。

问题： 某工程主体结构完成后，进入装修阶段，你能对装修质量进行控制吗？怎样才能保证抹灰工程的质量？

3.1 抹灰工程质量控制要求

（1）抹灰前的基层处理应符合规范规定。

（2）一般抹灰和装饰抹灰工程所用材料的品种和性能应符合设计要求。水泥的凝结时间和安定性复验应合格。砂浆的配合比应符合设计要求。

（3）抹灰工程应分层进行。当抹灰总厚度大于或等于35 mm时，应采取加强措施。

（4）抹灰层与基体之间及各抹灰层之间必须粘结牢固，抹灰层应无脱层、空鼓，面层应无爆灰和裂缝。

（5）抹灰分格缝（条）的设置应符合设计要求，宽度和深度应均匀，表面应光滑，棱角应整齐。

（6）有排水要求的部位应做滴水线（槽）。滴水线（槽）应整齐顺直，滴水线应内高外低，滴水槽的宽度和深度均不应小于10 mm。

（7）一般抹灰工程的水泥砂浆不得抹在石灰砂浆层上；罩面石膏不得抹在水泥砂浆层上。

（8）一般抹灰工程的表面质量应符合下列规定：普通抹灰表面应光滑、洁净、接槎平整，分格缝应清晰。高级抹灰表面应光滑、洁净、颜色均匀、无抹纹，分格缝和灰缝应清晰美观。

（9）装饰抹灰工程的表面质量应符合下列规定：水刷石表面应石粒清晰、分布均匀，紧密平整、色泽一致，应无掉粒和接槎痕迹。斩假石表面剁纹应均匀顺直、深浅一致，应无漏剁处；阳角处应横剁，并留出宽窄一致的不剁边条，棱角应无损坏。干粘石表面应色泽一致、不露浆、不漏粘，石粒应粘结牢固、分布均匀，阳角处应无明显黑边。假面砖应表面平整、沟纹清晰、留缝整齐、色泽一致，应无掉角、脱皮、起砂等缺陷。

3.2 一般抹灰施工过程中的检查

（1）检查原材料的质量（施工前的检查）。检查使用的原材料的质量合格证，检查进场材料是否符合要求，配制的砂浆是否符合质量要求等。

（2）检查施工条件准备情况（施工前检查）。上道工序检查合格后方可进行抹灰施工，如基层处理是否符合规定，有防水要求的地方是否满足要求，门窗框安装位置是否正确，与墙是否连接牢固，暗装管道、电线管和电器预埋件等是否完成并符合要求。

（3）施工过程中检查（施工中检查）。检查抹灰施工是否符合施工规范要求，如底层是否材料干净，基层是否浇水湿润，分层抹灰厚度是否符合要求，抹灰层总厚度是否符合要求，阳角是否按要求制作护角，窗台和屋檐等处滴水线是否符合要求。

不同材料基体交接处表面的抹灰是否采取防开裂的加强措施，如抹灰前铺钉金属网并绷牢定紧。

控制拌制好的砂浆在初凝前用完，凡结硬砂浆不得继续使用。施工中应加强检查，注意防止抹灰工程出现脱层、空鼓、爆灰、裂缝等常见质量问题。

3.3 抹灰工程质量检验标准和检验方法(施工后检查)

一般抹灰工程的质量验收包括石灰砂浆、水泥砂浆、水泥混合砂浆、聚合物水泥砂浆和麻刀石灰、纸筋石灰、石膏灰等材料的抹灰。一般抹灰工程可分为普通抹灰和高级抹灰。当设计无要求时,按普通抹灰验收。

(1)检验批应按下列规定划分:

1)相同材料、工艺和施工条件的室外抹灰工程每500~1 000 m² 应划分为一个检验批,不足500 m² 也应划分为一个检验批。

2)相同材料、工艺和施工条件的室内抹灰工程每50个自然间(大面积房间和走廊按抹灰面积30 m² 为一间)应划分为一个检验批,不足50间也应划分为一个检验批。

(2)检查数量应符合下列规定:

1)室内每个检验批至少抽查10%,并不得少于3间;不足3间时应全数检查。

2)室外每个检验批每100 m² 应至少抽查一处,每处不得小于10 m²。

(3)质量检验标准和检验方法。抹灰工程各分项工程质量检验标准和检验方法见表5.21。

表 5.21 抹灰工程各分项工程质量检验标准和检验方法

分项工程	主控项目	检验方法	一般项目	检验方法
一般抹灰工程	抹灰前基层表面的尘土、污垢、油渍等应清除干净,并应洒水润湿	检查施工记录	一般抹灰工程的表面质量应符合下列规定:普通抹灰表面应光滑、洁净、接槎平整,分格缝应清晰。高级抹灰表面光滑、洁净、颜色均匀、无抹纹,分格缝和灰线应清晰美观	观察;手扳检查
	一般抹灰所用材料的品种和性能应符合设计要求。水泥的凝结时间和安定性复验应合格。砂浆的配合比应符合设计要求	检查产品合格证书、进场验收记录、复验报告和施工记录	护角、孔洞、槽、盒周围的抹灰表面应整齐、光滑;管道后面的抹灰表面应平整	观察
	抹灰工程应分层进行。当抹灰总厚度大于或等于35 mm时,应采取加强措施。不同材料基体交接处表面的抹灰,应采取防止开裂的加强措施,当采用加强网时,加强网与各基体搭接宽度不应小于100 mm	检查隐蔽工程验收记录和施工记录	抹灰层的总厚度应符合设计要求;水泥砂浆不得抹在石灰砂浆层上,罩面石膏灰不得抹在水泥砂浆层上	检查施工记录
			抹灰分格缝的设置应符合设计要求;宽度和深度应均匀,表面应光滑,棱角应整齐	观察;尺量检查
			有排水要求的部位应做滴水线(槽)。滴水线(槽)应整齐顺直,滴水线应内高外低,滴水槽的宽度和深度不应小于10 mm	观察;尺量检查
	抹灰层与基层之间及各抹灰层之间必须粘结牢固,抹灰层应无脱层、空鼓,面层应无爆灰和裂缝	观察;用小锤轻击检查;检查施工记录	一般抹灰工程质量的允许偏差和检验方法应符合表5.22的规定	

分项工程	主控项目	检验方法	一般项目	检验方法
装饰抹灰工程	抹灰前基层表面尘土、污垢、油渍等应清除干净，并应洒水润湿	检查施工记录	装饰抹灰工程的表面质量应符合下列规定：水刷石表面应石粒清晰、分布均匀、紧密平整、色泽一致，应无掉粒和接槎痕迹。斩假石表面剁纹应均匀顺直、深浅一致，应无漏剁处；阳角处应横剁，并留出宽窄一致的不剁边条，棱角应无损坏。干粘石表面应色泽一致、不露浆、不漏粘，石粒应粘结牢固、分布均匀，阳角处应无明显黑边。假面砖表面应平整、沟纹清晰、留缝整齐、色泽一致，应无掉角、脱皮、起砂等缺陷	观察；手摸检查
	装饰抹灰工程所用材料的品种和性能应符合设计要求。水泥的凝结时间和安定性复验应合格。砂浆的配合比应符合设计要求	检查产品合格证书、进场验收记录、复验报告和施工记录	装饰抹灰分格条（缝）的设置应符合设计要求，宽度和深度应均匀，表面应平整均匀，表面应平整光滑，棱角应整齐	观察
	抹灰工程应分层进行。当抹灰总厚度大于或等于35 mm时，应采取加强措施。不同材料基体交接处表面的抹灰，应采取防止开裂的加强措施，当采用加强网时，加强网与各基体的搭接宽度不应小于100 mm	检查隐蔽工程验收记录和施工记录	有排水要求的部位应做滴水线（槽）。滴水线（槽）应整齐顺直，滴水线应内高外低，滴水槽的宽度和深度均不应小于10 mm	观察；尺量检查
	各抹灰层之间与基体之间必须粘接牢固，抹灰层应无脱层、空鼓和裂缝	观察；用小锤轻击检查；检查施工记录	装饰抹灰工程质量的允许偏差和检验方法应符合表5.22的规定	
清水砌体勾缝工程	清水砌体勾缝所用水泥的凝结时间和安定性复验合格。砂浆的配合比较符合设计要求	检查复验报告和施工记录	清水砌体勾缝应横平竖直，交接处应平顺，宽度和深度应均匀，表面应压实抹平	观察；尺量检查
	清水砌体勾缝应无漏勾。勾缝材料应粘结牢固、无开裂	观察	灰缝应颜色一致，砌体表面洁净	观察

一般抹灰、装饰抹灰的允许偏差和检验方法见表5.22。

表5.22　一般抹灰、装饰抹灰的允许偏差和检验方法

项次	项目	允许偏差/mm						检验方法
		一般抹灰		装饰抹灰				
		普通抹灰	高级抹灰	水刷石	斩假石	干粘石	假面砖	
1	立面垂直度	4	3	5	4	5	5	用2 m垂直检测尺检查
2	表面平整度	4	3	3	3	4	4	用2 m靠尺和塞尺检查
3	阴阳角方正	4	3	3	3	3	3	用直角检测尺检查
4	分格条(缝)直线度	4	3	3	3	3	3	用5 m线,不足5 m拉通线,用钢直尺检查
5	墙裙、勒脚上口直线度	4	3	3	3	—	—	用5 m线,不足5 m拉通线,用钢直尺检查

注:1. 普通抹灰,本表第3项阴阳角方正可不检查;
　　2. 顶棚抹灰,本表第2项表面平整度可不检查,但应平顺。

小　结

建筑工程的抹灰面既可以保护主体结构,又可以作为基本饰面或各类装饰装修的施工基层及粘结构造层。因此,施工过程中应加强对抹灰原材料的质量检验,特别是应对水泥的凝聚时间和安定性进行复检;施工过程中应对隐蔽工程进行验收,对不同材料基体交接处应采取加强措施,并加强对分层抹灰施工工艺的检查;施工过程应重点控制抹灰工程各项目允许偏差的检查。

课外参考资料

1.《建筑装饰装修工程质量验收标准》(GB 50210—2018).
2. 周建华,何玉红.建筑工程施工质量验收[M].北京:机械工业出版社,2016.

素质拓展

工匠精神

“工匠精神”对于个人,是干一行爱一行,专一行精一行,务实肯干、坚持不懈、精雕细琢的敬业精神;对于企业,是守专长、制精品、创技术、建标准,持之以恒、精益求精、开拓创新的企业文化;对于社会,是讲合作、守契约、重诚信、促和谐,分工合作、协作共赢、完美向上的社会风气。

根据《中国制造2025》的时间表和路线图,为了实现从低端制造业迈向高端制造业的转型,2016年3月,李克强在《政府工作报告》中首次提出要弘扬工匠精神:鼓励企业开展个性化定制、柔性化生产,培育精益求精的工匠精神,增品种、提品质、创品牌。

“工匠精神”的核心在人。产品是人品的物化。过去,产品、人品是分离的;现在,产品、

183

人品是合一的。正如海尔集团董事局主席、首席执行官张瑞敏所言，所谓企业就是"以心换心"，即用员工的"良心"换取顾客的"忠心"。打磨产品的过程，就是打磨自己的内心、个人内心升华的过程，就是产品质量提升的过程。

思考题

1. 简述一般抹灰工程施工过程中的检查项目。
2. 施工现场对一般抹灰工程进行哪些项目的检查？如何进行检查？
3. 为什么装饰装修工程施工中应加强对材料的质量检查？

实训练习

职业能力训练：抹灰工程质量验收和检验评定

（1）场景要求：模拟某一般抹灰工程质量验收情景，对抹灰质量进行评定。

（2）检验工具及使用：2 m 垂直检测尺、2 m 靠尺和塞尺、直角检测尺、钢直尺、小锤。

（3）步骤提示：检查材料的产品合格证书、进场验收记录、复验报告、施工记录及隐蔽工程验收记录，现场检查抹灰表面质量，以及立面垂直度、表面平整度、阴阳角方正、分格条（缝）直线度、墙裙及勒脚上口直线度等的允许偏差。

（4）填写一般抹灰工程检验批质量验收记录。

任务 4　饰面工程质量检验

知识树

饰面工程质量检验
- 饰面工程质量控制要求
- 饰面工程施工过程中的检查
- 饰面工程质量检验标准和检验方法

内容概况

本任务主要介绍饰面工程的质量控制方法、质量检验的方法和要求。

知识目标

了解工程材料的质量要求；熟悉饰面工程施工过程质量控制的要求；掌握饰面工程质量检验的内容、方法和合格标准。

能力目标

能够进行现场的检查验收、正确判断质量情况。

树立质量意识，强化劳动意识，养成合作意识，弘扬工匠精神，崇尚鲁班精神。

引领案例

某银行商业网点室内设计（图5.4），地面采用防滑瓷砖地面，工作台台面采用大理石材料，墙面采用瓷砖饰面，顶棚采用木饰面板进行装饰。室外墙面采用干挂花岗石饰面板，局部采用金属饰板进行装饰。

问题： 试对该工程装饰质量进行控制。

图 5.4　某银行商业网点室内设计

饰面工程是对一个成型空间的地面、墙面、顶面及立柱、横梁等表面的装饰。附着在其上面的装饰材料和装饰物与各表面刚性地连接为一体，它们之间不能产生分离甚至剥落现象。

（1）饰面板（砖）工程验收时应检查下列文件和记录：

1）饰面板（砖）工程的施工图、设计说明及其他设计文件。

2）材料的产品合格证书、性能检测报告、进场验收记录和复验报告。

3）后置埋件的现场拉拔检测报告。

4）外墙饰面砖样板件的粘结强度检测报告。

5）隐蔽工程验收记录。

6）施工记录。

（2）饰面板（砖）工程应对下列材料及其性能指标进行复验：

1）室内用花岗石的放射性。

2）粘贴用水泥的凝结时间、安定性和抗压强度。

3）外墙陶瓷面砖的吸水率。

4）寒冷地区外墙陶瓷面砖的抗冻性。

4.1　饰面工程质量控制要求

（1）饰面砖的品种、规格、图案、颜色和性能应符合设计要求。

（2）饰面砖粘贴工程的找平、防水、粘结和勾缝材料与施工方法应符合设计要求及现行国家产品标准和工程技术标准的规定。

（3）饰面砖粘贴必须牢固。

（4）外墙饰面砖粘贴前和施工过程中，均应在相同基层上做样板件，并对样板件的饰面砖粘结强度进行检验，其检验方法和结果判定应符合《建筑工程饰面砖粘结强度检验标准》（JGJ/T 110—2017）的规定。

（5）满粘法施工的饰面砖工程应无空鼓、裂缝。

（6）饰面砖表面应平整、洁净、色泽一致，无裂痕和缺损。

（7）阴阳角处搭接方法、非整砖使用部位应符合设计和国家标准的要求。

（8）墙面突出物周围的饰面砖应整砖套割吻合，边缘应整齐。墙裙、贴脸凸出墙面的厚度应一致。

（9）饰面砖接缝应平直、光滑，填嵌应连接、密实；宽度和深度应符合设计要求。

（10）有排水要求的部位应做滴水线（槽）。滴水线（槽）应顺直，流水坡向应正确，坡度应符合设计要求。

4.2　饰面工程施工过程中的检查

饰面工程施工方法有两种，即饰面板安装方法和饰面板粘贴方法。

1. 饰面板安装工程质量检查

（1）工程材料质量检查（施工前）。

1）大理石、花岗石饰面板的品种、规格、颜色应符合设计要求。应对室内用花岗石的放射性指标进行复验。

2）金属饰板的品种、质量、颜色、花型、线条应符合设计要求，应有产品合格证。

3）木饰面板用干净整洁、木纹清晰、弯曲性好的三合板或五合板，应有出厂合格证。

4）水泥强度等级不低于32.5级，必须有出厂合格证和复试报告，水泥各项指标（凝结时间、安定性、抗压强度等）必须合格方可使用。

5）龙骨所用材料质量符合设计规定。金属龙骨应进行除锈、防锈处理，木龙骨要求干燥、纹理顺直。

6）具有可燃性能的材料（如木龙骨、木饰面板、塑料饰面板等），其材料燃烧性能等级应符合设计要求。

7）其他辅助材料：膨胀螺栓应使用镀锌膨胀螺栓，质量符合设计要求；硅胶的品种、规格、颜色等应符合设计要求，并具有出厂合格证和复验报告。

（2）饰面板安装过程检查（施工中）。

1）作业条件检查。

①饰面板安装工程应在主体结构、穿过墙体的所有管道、线路等施工完毕并经验收合格后进行。

②瓷板安装前应对基层进行验收，合格后方可进行瓷板安装施工。

③编制的施工方案应技术交底。

2）施工检查。

①检查饰面板孔、槽的数量、位置和尺寸是否符合设计要求。

②检查饰面板安装工程的预埋件、连接件的数量、规格、位置、连接方法和防腐处理是否符合设计要求。

③饰面板的安装顺序宜由下往上进行，避免交叉作业。

④采用湿作业施工时，检查石材背面是否进行了防碱背涂处理，饰面板与基体之间的灌注材料是否饱满、密实。

⑤检查饰面板上的空洞套割尺寸是否吻合，边缘是否整齐光滑，饰面板搭接尺寸和方向是否正确，嵌缝是否密实、平直。

⑥对于木饰面板，在潮湿的区域，检查基层是否已做防潮处理，木龙骨是否已做防火处理。

⑦检查饰面板的立面垂直度、表面平整度、阴阳角方正、接缝直线度、接缝高低差、接缝宽度是否符合规范规定的允许偏差。

2. 饰面板粘贴工程质量检查

(1)工程材料质量检查(施工前)。

1)检查饰面砖的品种、规格、颜色是否符合设计要求。饰面砖应平整、方正，不能有表面凹凸不平，以及缺棱、掉角、裂纹等现象，质地坚固，具有产品合格证。按规范规定对外墙面砖进行复验。

2)检查水泥的出厂质量证明和复验报告(包括勾缝用的白水泥)。水泥各项性能满足规范要求。

(2)饰面板粘贴过程检查(施工中)。

1)作业条件检查。镶贴饰面砖的房间应先做完顶板的抹灰，墙上的水电管路、箱盒等应安装完毕，墙面的洞口应堵好。

2)施工检查。

①检查基体或基层处理，检查合格后方可组织饰面砖粘贴施工。

②检查饰面砖工程的找平、防水、嵌缝等材料是否符合设计要求及规范规定，饰面砖的粘贴固定方法、胶结材料种类及其配合比是否符合设计要求。

③检查饰面砖的镶贴形式、接缝宽度是否符合设计要求；当设计无要求时，可做样板，用以决定镶贴形式和接缝宽度。

④检查饰面砖的立面垂直度、表面平整度、阴阳角方正、接缝直线度、接缝高低差、接缝宽度等是否控制在规范规定的允许偏差范围内。

4.3 饰面工程质量检验标准和检验方法

(1)饰面板(砖)检验批和检查数量。各分项工程的检验批应按下列规定划分：

1)相同材料、工艺和施工条件的室内饰面板(砖)工程每50间(大面积房间和走廊按施工面积30 m² 为一间)应划分为一个检验批，不足50间也应划分为一个检验批。

2)相同材料、工艺和施工条件的室外饰面板(砖)工程每500～1 000 m² 应划分为一个检验批，不足500 m² 也应划分为一个检验批。

检查数量应符合下列规定：

1)室内每个检验批应至少抽查10%，并不得少于3间；不足3间时应全数检查。

2)室外每个检验批每100 m² 应至少抽查一处，每处不得小于10 m²。

（2）饰面板安装工程质量检验标准与检验方法见表5.23。

表 5.23　饰面板安装工程质量检验标准与检验方法

项目	序号	检验项目	允许偏差或允许值/mm	检验方法
主控项目	1	饰面板的品种、规格、颜色和性能应符合设计要求，木龙骨、木饰面板和塑料饰面板的燃烧性能等级	符合设计要求	观察；检查产品合格证书、进场验收记录和性能检测报告
	2	饰面板孔、槽的数量、位置和尺寸	符合设计要求	检查进场验收记录和施工记录
	3	饰面板安装工程的预埋件(或后置埋件)、连接件的数量、规格、位置、连接方法和防腐处理必须符合设计要求。后置埋件的现场拉拔强度。饰面板安装必须牢固	符合设计要求	手扳检查；检查进场验收记录、现场拉拔检测报告、隐蔽工程验收记录和施工记录
一般项目	1	饰面板表面	平整、洁净、色泽一致，无裂痕和缺损。石材表面应无泛碱等污染	观察
	2	饰面板嵌缝	密实、平直，宽度和深度应符合设计要求，嵌填材料色泽应一致	观察；尺量检查
	3	采用湿作业法施工	石材应进行了防碱背涂处理。饰面板与基体之间的灌注材料应饱满、密实	用小锤轻击检查；检查施工记录
	4	饰面板上的孔洞	套割吻合，边缘应整齐	观察

		项目	石材			瓷板	木材	塑料	金属	检验方法
			光面	剁斧石	蘑菇石					
一般项目	5　允许偏差	立面垂直度	2	3	3	2	1.5	2	2	用2m垂直检测尺检查
		表面平整度	2	3		1.5	1	3	3	用2m靠尺和塞尺检查
		阴阳角方正	2	4	4	2	1.5	3	3	用直角检测尺检查
		接缝的直线度	2	4	4	2	1	1	1	拉5m线，不足5m拉通线，用钢直尺检查
		墙裙、勒脚上口的直线度	2	3	3	2	2	2	2	拉5m线，不足5m拉通线，用钢直尺检查
		接缝的高度差	0.5	3		0.5	0.5	1	1	用钢直尺和塞尺检查
		接缝宽度	1	2	2	1	1	1	1	用钢直尺检查

（3）饰面砖粘贴工程质量检验标准与检验方法见表5.24。

表 5.24　饰面砖粘贴工程质量检验标准与检验方法

项目	序号	检验项目	允许偏差或允许值/mm		检验方法
主控项目	1	饰面砖的品种、规格、图案颜色和性能	符合设计要求		观察；检查产品合格证书、进场验收记录、性能检测报告和复验报告
	2	饰面砖粘贴工程的找平、防水、粘结和勾缝材料及施工方法	符合设计要求及国家现行产品标准和工程技术标准的规定		检查产品合格证书、复验报告和隐蔽工程验收记录
	3	饰面砖粘贴	必须牢固		检查样板件粘结强度检测报告和施工记录
	4	满粘法施工的饰面砖工程	无空鼓、裂缝		观察；用小锤轻击检查
一般项目	1	饰面板表面	平整、洁净、色泽一致，无裂痕和缺损		观察
	2	阴阳角处搭接方式、非整砖使用部位	符合设计要求		观察
	3	墙面凸出物周围的饰面砖	整砖套割吻合，边缘应整齐。墙裙、贴脸凸出墙面的厚度应一致		观察；尺量检查
	4	饰面板接缝	平直、光滑，填嵌应连续、密实；宽度和深度应符合设计要求		观察；尺量检查
	5	有排水要求的部位	应做滴水线（槽）。滴水线（槽）应顺直，流水坡向应正确，坡度应符合设计要求		观察；用水平尺检查

项目	序号		项目	外墙面砖	内墙面砖	—
一般项目	6	粘贴允许偏差	立面垂直度	3	2	用2m垂直检测尺检查
			表面平整度	4	3	用2m靠尺和塞尺检查
			阴阳角方正	3	3	用直角检测尺检查
			接缝的直线度	3	2	拉5m线，不足5m拉通线，用钢直尺检查
			接缝的高度差	1	0.5	用钢直尺和塞尺检查
			接缝宽度	1	1	用钢直尺检查

小　结

　　饰面板工程的质量检查应从原材料质量（品种、规格、图案、性能、室内用花岗石的放射性、外墙瓷砖吸水率、寒冷地区外墙瓷砖的抗冻性、粘贴用水泥的凝结时间及安定性和抗压强度）、施工工艺、施工质量等几个方面进行检查和控制。饰面板（砖）有安装和粘贴两种施工工艺。安装饰面板时应保证后置埋件的现场拉拔强度满足设计要求。粘贴饰面砖必须保证粘贴牢固。

课外参考资料

1.《建筑装饰装修工程质量验收标准》(GB 50210—2018).
2. 周建华. 建筑工程施工质量验收[M]. 北京：机械工业出版社，2016.
3. 张海东. 建筑施工资料及验收表格填写实例[M]. 北京：机械工业出版社，2016.

素质拓展

鲁班精神

鲁班是我国古代的一位出色的发明家（图5.5），两千多年以来，他的名字和有关他的故事，一直在广大人民群众中流传。我国的土木工匠都尊称他为祖师。据史料记载，鲁班的发明有很多，木工工具有锯子、曲尺、墨斗、刨子等，古代兵器有云梯和钩强，农业机具有砻、磨、碾子，每一项发明都是鲁班在生产实践中得到启发，经过反复研究、试验得到的。

鲁班精神是一种职业精神，是中国民间劳动者行为和职业价值取向的体现，是中国百业能工巧匠精神价值的代表，并在实践中不断丰富和发展。它主要体现在：传承中创新是其内在灵魂，精品加服务是其外在表现，具体可概括为勤奋传承规矩、刻苦钻研技术、巧妙创新工具、爱岗敬业态度、精益求精建筑、高效诚信服务。

装饰工程采用的新材料、新工艺越来越多，是建筑工程技术人员和工人崇尚鲁班精神不断创新的结果。

图 5.5 鲁班

思考题

1. 室外饰面砖粘贴过程中应对哪些项目进行检查？
2. 如何检测饰面砖是否粘贴牢固？
3. 饰面板安装过程中应对哪些项目进行检查？

职业能力训练：饰面砖工程质量验收和检验评定

(1)场景要求：模拟某室内饰面砖粘贴工程质量验收情景，对饰面工程质量进行检验评定。

(2)检验工具及使用：2 m垂直检测尺、2 m靠尺和塞尺、直角检测尺、钢直尺、小锤。

(3)步骤提示：检查材料的产品合格证书、进场验收记录、复验报告、施工记录及隐蔽工程验收记录；现场检查饰面砖表观质量、阴阳角搭接方式、非整砖的使用部位、饰面砖的接缝和嵌填、滴水线等；用工具检查饰面砖的立面垂直度、表面平整度、阴阳角方正、接缝直线度、接缝高低差、接缝宽度等的允许偏差。

(4)填写饰面砖粘贴工程检验批质量验收记录。

模块 6
装配式结构工程施工质量检验

2016 年 2 月 6 日，国务院印发的《关于进一步加强城市规划建设管理工作的若干意见》中提出，发展新型建造方式，加大政策支持力度，力争用 10 年左右时间，使装配式建筑占新建建筑的比例达到 30%。随着相关政策标准的不断完善，作为建筑产业现代化重要载体的装配式建筑将进入新的发展时期。

装配式建筑是指将传统建造方式中的大量现场作业工作转移到工厂进行，在工厂加工制作好建筑用部品部件，如楼板、墙板、楼梯、阳台等，运输到建筑施工现场，通过可靠的连接方式在现场装配安装而成的建筑。装配式建筑主要包括装配式混凝土结构、装配式钢结构及现代木结构等建筑。装配式建筑采用标准化设计、工厂化生产、装配式施工、信息化管理、智能化应用，是现代工业化生产方式。大力发展装配式建筑，是落实中央城市工作会议精神的战略举措，是推进建筑业转型发展的重要方式。

发展装配式建筑是实施推进"创新驱动发展、经济转型升级"的重要举措，也是切实转变城市建设模式，建设资源节约型、环境友好型城市的现实需要。发展装配式建筑是推进新型建筑工业化的一个重要载体和抓手。要实现国家和地方政府目前既定的建筑节能减排目标，达到更高的节能减排水平、实现全寿命过程的低碳排放综合技术指标，发展装配式建筑产业是一个有效途径。

我们知道工程质量的形成过程在不同的项目建设阶段有不同的作用和影响。项目可行性研究阶段直接影响项目的决策质量和设计质量；项目决策阶段主要是确定工程质量目标和水平；工程设计阶段是决定工程质量的关键环节；工程施工阶段是形成实体质量的决定性环节；工程竣工验收阶段是保证最终产品的质量。

综上所述，装配式建筑的建造过程是先预制（在工厂内完成）、后拼装（在现场组装完成）的过程，施工质量控制也应按照形成的过程进行控制。下面主要介绍施工阶段装配式建筑的质量检验与验收。

任务 1　预制构件生产质量控制与检验

 知识树

```
                                        ┌─ 预制构件生产用原材料质量的检验
预制构件生产质量控制与检验 ─────┼─ 预制构件生产质量的验收
                                        └─ 预制构件成品的出厂质量检验
```

内容概况

本任务主要介绍装配式结构预制构件生产过程中的质量控制要点和检测方法。产品质量主要从原材料质量、生产过程中的质量、产品出厂质量三个方面进行质量控制。

知识目标

了解工程装配式结构工程的特点；熟悉预制构件产品质量控制的方法和措施。

能力目标

能够利用所学的理论知识，对装配式预制构件生产质量进行控制。

装配式结构工程

素质目标

具备质量意识、安全意识、劳动意识和团队协作意识。

引领案例

某预制构件厂生产预制混凝土构件中，监理工程师对生产商制作的混凝土预制板进行质量检查，抽查了 500 块，发现其中存在问题，见表 6.1。

表 6.1　混凝土预制板质量检查

序号	存在问题项目	数量
1	蜂窝、麻面	23
2	局部露筋	10
3	强度不足	4
4	横向裂缝	2
5	纵向裂缝	1
合计		40

问题：

1. 应选择哪种统计分析方法来分析存在的质量问题？
2. 产品的主要质量问题是什么？应如何处理？

现阶段我国装配式建筑的结构形式多为钢筋混凝土结构，少量的钢结构。

为了保证预制构件生产的质量，预制生产厂家应建立健全质量管理体系；具有保证生产质量要求的生产工艺和设备，并且符合环保要求；预制构件制作前必须编制生产方案，并应由企业技术负责人审批后实施，包括生产计划、工艺流程、模具方案、质量控制、产品保护、运输方案等；预制构件生产员工应根据岗位要求进行专业技能培训。

预制构件质量验收要求包括以下内容：

(1)预制构件的生产全过程应有相应的质量检测设备和手段。

(2)预制构件的各种原材料在使用前应进行试验检测，其质量标准应符合现行国家相关标准的规定。

(3)预制构件的各项性能指标应符合设计要求，并应建立构件标识系统，还应有出厂质量检验合格报告、进场验收记录。

1.1　预制构件生产用原材料质量的检验

原材料质量是决定预制构件质量的首要因素，控制原材料质量的重要措施就是做好原材料的质量检验。

对于装配式混凝土结构，用于生产预制混凝土构件的原材料主要包括以下几个方面：

（1）用于生产混凝土的水泥、砂、石、外加剂、掺合料。

（2）钢筋、预埋件及钢筋连接套筒。

（3）保温材料、拉结件。

（4）外装饰材料。

对于装配式钢结构，用于生产预制钢构件的原材料及辅助材料主要包括以下几个方面：

（1）钢板、型钢。

（2）高强度螺栓、铆钉。

（3）焊条、氧气、氮气、乙炔等。

对于以上材料，构件生产企业均应按照现行国家相关标准的规定进行进场复验，经检测合格后方可使用，严禁使用未经检测或检测不合格的原材料，检测原始记录应留存。

检测程序、检测档案等管理应符合《建设工程质量检测管理办法》《房屋建筑和市政基础设施工程质量检测技术管理规范》（GB 50618—2011）等规章及技术标准的规定。

相关原材料质量标准及检验方法参见相关规范。

水泥应符合《通用硅酸盐水泥》（GB 175—2007）的规定。

集料应符合《普通混凝土用砂、石质量及检验方法标准》（JGJ 52—2006）的规定。

水应符合《混凝土用水标准》（JGJ 63—2006）的规定。

粉煤灰应符合《用于水泥和混凝土中的粉煤灰》（GB/T 1596—2017）的规定。

外加剂应符合《混凝土外加剂》（GB 8076—2008）、《混凝土外加剂应用技术规范》（GB 50119—2013）等有关规定。钢筋混凝土中氯化物的总量应符合《混凝土质量控制标准》（GB 50164—2011）的规定，预应力混凝土结构中，严禁使用含氯化物的外加剂。

钢筋应符合《钢筋混凝土用钢 第1部分：热轧光圆钢筋》（GB 1499.1—2017）、《钢筋混凝土用钢 第2部分：热轧带肋钢筋》（GB 1499.2—2018）和《钢筋混凝土用钢 第3部分：钢筋焊接网》（GB/T 1499.3—2010）的规定；预应力钢筋应符合《预应力混凝土用螺纹钢筋》（GB/T 20065—2016）、《预应力混凝土用钢丝》（GB/T 5223—2014）和《预应力混凝土用钢绞线》（GB/T 5224—2014）的规定。

预埋件防腐应满足《工业建筑防腐蚀设计标准》（GB/T 50046—2018）和《涂覆涂料前钢材表面处理表面清洁度的目视评定》（GB/T 8923.1~8923.4）的规定。

钢筋连接套筒机械连接套筒应符合《钢筋机械连接用套筒》（JG/T 163—2013）、《钢筋机械连接技术规程》（JGJ 107—2016）的规定；灌浆套筒应符合《钢筋连接用灌浆套筒》（JG/T 398—2012）和《钢筋连接用套筒灌浆料》（JG/T 408—2013）的规定；水泥基灌浆材料应符合《水泥基灌浆材料应用技术规范》（GB/T 50448—2015）的规定。

型钢应符合《型钢验收、包装、标志及质量证明书的一般规定》（GB/T 2101—2017）的规定。

1.2　预制构件生产质量的验收

生产过程的质量控制是预制构件质量控制的第二个关键环节，需要做好生产过程各个工序的质量控制、隐蔽工程验收、质量评定和质量缺陷的处理等工作。预制构件生产企业应配备满足工作需求的质量员，质量员应具备相应的工作能力并经水平检测合格。

工厂内加工生产预制构件比在现场施工条件会更好，能更好地保证施工产品的质量。质量控制的方法与现场施工质量控制的方法基本相同。下面以预制混凝土构件生产为例简述生产工序质量的控制。

混凝土构件生产通用工艺流程：台模清理→模具组装→钢筋及网片安装→预埋件及水电管线等预留预埋→隐蔽工程验收→混凝土浇筑→养护→脱模、起吊→成品验收→入库。

在预制构件生产之前，应对各工序进行技术交底，上道工序未经检查验收合格，不得进行下道工序。应对模具组装、钢筋及网片安装、预留及预埋件布置等内容进行检查验收。工序检查由各工序班组自行检查，检查数量为全数检查，应做好相应的检查记录。各项检查的内容、标准及方法参见模块 3 中任务 3 混凝土工程质量检验章节内容。

1.3 预制构件成品的出厂质量检验

预制构件成品出厂质量检验是预制构件质量控制过程中最后的环节，也是关键环节。预制构件出厂前应对其成品质量进行检查验收，合格后方可出厂。

每个预制构件出厂前均应进行成品质量验收，其检查项目一般包括下列内容：

(1)预制构件的外观质量。

(2)预制构件的外形尺寸。

(3)预制构件连接部位质量(钢筋、连接套筒、预埋件、预留孔等)。

(4)预制构件的外装饰、门窗框等的质量。

预制构件验收合格后还应在明显部位进行标识，内容包括构件名称、型号、编号、生产日期、出厂日期、质量状况、生产企业名称，并有检测部门及检验员、质量负责人签名。

预制构件出厂交付时，应向使用方提供以下验收资料：

(1)预制构件制作详图。

(2)预制构件隐蔽工程质量验收表。

(3)钢筋、水泥、保温材料、拉结杆、套筒等主要材料进场复验报告。

(4)混凝土留样检验报告。

(5)产品合格证。

(6)产品说明书。

(7)其他相关的质量证明文件等资料。

小 结

本任务主要介绍了装配式结构的预制构配件在生产厂家生产过程中的构件质量控制方法，及质量检验标准和方法。

课外参考资料

1.《装配式建筑评价标准》建设部在编.

2.《混凝土结构工程施工质量验收规范》(GB 50204—2015).

3.装配式预制构件标准图集.

团队协作

团队协作是指通过团队完成某项制定的事件时所显现出来的自愿合作和协同努力的精神。团队协作是一种为达到既定目标所显现出来的资源共享和协同合作的精神，它可以调动团队成员的所有资源与才智，并且会自动地驱除所有不和谐、不公正的现象，同时对表现突出者及时予以奖励，从而使团队协作产生一股强大而持久的力量。

团队协作能力的要点：群策群力；取长补短；互相激励；资源共享；1+1+1＞3。

1. 预制构件在工厂生产，怎样才能保证构件产品的质量？
2. 预制构件出厂要完善哪些手续？

参观装配式预制构件厂，学习生产工艺、质量管理方法及制度，并撰写参观实习总结报告。

任务 2　装配式建筑结构现场施工质量控制与验收

知识树

装配式建筑结构现场施工质量控制与验收
- 预制构件的进场验收
- 预制构件安装施工过程的质量控制
- 装配式混凝土结构子分部工程的验收

内容概况

本任务主要介绍装配式结构预制构件安装过程中的质量控制要点和检测方法。装配式建筑施工现场的质量控制分三阶段进行控制，即预制构件的进场验收、预制构件安装施工过程的质量检查及分部工程的验收。

知识目标

了解工程装配式结构工程的特点；熟悉预制构件安装质量控制的方法和措施。

能力目标

能够利用所学的理论知识，对装配式预制构件安装质量进行控制。

引领案例

某一装配式钢筋混凝土结构工程，预制构件现场安装，除预制构件本身质量要保证外，还要保证构件连接处的施工质量。

问题：

1. 需要对装配式结构工程哪些部位的质量进行控制？

2. 如何对装配式结构安装工程的质量进行控制？

3. 怎样进行装配式结构工程验收？

装配式建筑结构预制构件在生产厂家生产完成经检验合格后，就会运抵建筑施工现场，进行现场组装，建成业主所需的建筑物。为保证建筑物的施工质量，装配式建筑施工现场的质量控制分三阶段进行控制，即预制构件的进场验收，预制构件安装施工过程的质量检查，分部工程的验收。

2.1 预制构件的进场验收

2.1.1 验收程序

预制构件运至现场后，施工单位应组织构件生产企业、监理单位对预制构件的质量进行验收，验收内容包括质量证明文件验收和构件外观质量、结构性能检验等。未经进场验收或进场验收不合格的预制构件，严禁使用。施工单位应对构件进行全数验收，监理单位对构件质量进行抽检，发现存在影响结构质量或吊装安装安全的缺陷时，不得验收通过。

2.1.2 验收内容

1. 质量证明文件

预制构件进场时，施工单位应要求构件生产企业提供构件的产品合格证、说明书、试验报告、隐蔽验收记录等资料证明文件。对质量证明文件的有效性进行检查，并根据质量证明文件核对构件。

2. 观感验收

在质量证明文件齐全、有效的情况下，对构件的外观质量、外形尺寸等进行验收。观感质量可通过观察和简单的测试确定。观察的观感质量应由验收人员通过现场检查，并应共同确认，对影响观感及使用功能或质量评价为差的构件应进行返修。观感验收也应符合相应的标准。

以混凝土结构构件为例，观感验收主要检查以下内容：

(1) 预制构件粗糙面质量和键槽数量是否符合设计要求。

(2) 预制构件吊装预留吊环、预留焊接埋件应安装牢固、无松动。

(3) 预制构件的外观质量不应有严重缺陷，对已经出现的严重缺陷，应按技术处理方案进行处理，并重新检查验收。

(4) 预制构件的预埋件、插筋及预留孔洞等规格、位置和数量应符合设计要求。

(5) 预制构件的尺寸应符合设计要求，且不应有影响结构性能和安装、使用功能的尺寸偏差。对超过尺寸允许偏差且影响结构性能和安装、使用功能的部位，应按技术处理方案进行处理，并重新检查验收。

（6）构件明显部位是否贴有标识构件型号、生产日期和质量验收合格的标志。

3. 结构性能检验

在必要的情况下，应按要求对构件进行结构性能检验，具体要求如下：

（1）梁板类简支受弯预制构件进场时应进行结构性能检验，并应符合下列规定：

1）结构性能检验应符合现行国家相关标准的有关规定及设计的要求，检验要求和试验方法应符合《混凝土结构工程施工质量验收规范》（GB 50204—2015）的规定。

2）钢筋混凝土构件和允许出现裂缝的预应力混凝土构件应进行承载力、挠度和裂缝宽度检验；不允许出现裂缝的预应力混凝土构件应进行承载力、挠度和抗裂检验。

3）对大型构件及有可靠应用经验的构件，可只进行裂缝宽度、抗裂和挠度检验。

4）对使用数量较少的构件，当能提供可靠依据时，可不进行结构性能检验。

（2）对其他预制构件，如叠合板、叠合梁的梁板类受弯预制构件（叠合底板、底梁），除设计有专门要求外，进场时可不做结构性能检验。

（3）对进场时不做结构性能检验的预制构件，应采取下列措施：

1）施工单位或监理单位代表应驻厂监督制作过程。

2）当无驻厂监督时，预制构件进场时应对预制构件主要受力钢筋数量、规格、间距及混凝土强度等进行实体检验。

检验数量：同一类型（同一钢种、同一混凝土强度等级、同一生产工艺和同一结构形式）预制构件不超过1 000个为一批，每批随机抽取1个构件进行性能检验。

检验方法：检查结构性能检验报告或实体检验报告。

需要说明的是：

（1）结构性能检验通常应在构件进场时进行，但考虑检验方便，工程中多在各方参与下在预制构件生产场地进行。

（2）抽取预制构件时，宜从设计荷载最大、受力最不利或生产数量最多的预制构件中抽取。

（3）对多个工程共同使用的同类型预制构件，也可以在多个工程的施工、监理单位见证下共同委托进行结构性能检验，其结果对多个工程共同有效。

2.2 预制构件安装施工过程的质量控制

预制构件安装是将预制构件按照设计图纸要求，通过节点之间的可靠连接，形成整体结构的过程，预制构件安装的质量对整体结构的安全和质量起着至关重要的作用。因此，应对装配式结构施工作业过程实施全面和有效的管理与控制，保证工程质量。

下面以混凝土预制装配式结构为例，简述质量控制要点。装配式混凝土结构安装施工质量控制主要从施工前的准备、原材料的质量检验与施工试验、施工过程的工序检验、隐蔽工程验收、结构实体检验等多个方面进行。对装配式混凝土结构工程的质量验收有以下要求：

（1）工程质量验收均应在施工单位自检合格的基础上进行。

（2）参加工程施工质量验收的各方人员应具备相应的资格。

（3）检验批的质量应按主控项目和一般项目验收。

（4）对涉及结构安全、节能、环境保护和主要使用功能的试块、构配件及材料，应在进场时或施工中按规定进行见证检验。

（5）隐蔽工程在隐蔽前应由施工单位通知监理单位验收，并应形成验收文件，验收合格后方可继续施工。

（6）工程观感质量应由验收人员现场检查，并应共同确认。

2.2.1 施工前的准备

下面以混凝土结构为例介绍相关工作。

(1)装配式混凝土结构施工前，施工单位应准确理解设计图纸的要求，掌握有关技术要求及细部构造，根据工程特点和有关规定，进行结构施工复核及验算，编制装配式混凝土专项施工方案，并进行施工技术交底。

(2)装配式混凝土结构施工前，应由相关单位完成深化设计，并经原设计单位确认，施工单位应根据深化设计图纸对预制构件施工预留和预埋进行检查。

(3)施工现场应具有健全的质量管理体系、相应的施工技术标准、施工质量检验制度和综合施工质量控制考核制度。

(4)应根据装配式混凝土结构工程的管理和施工技术特点，对管理人员及作业人员进行专项培训，严格未培训上岗及培训不合格上岗。

(5)应根据装配式混凝土结构工程的施工要求，合理选择并配备吊装设备；应根据预制构件存放、安装和连接等要求，确定安装使用的工器具方案。

(6)设备管线、电线、设备机器及建设材料、板类、楼板材料、砂浆、厨房配件等装修材料的水平和垂直起重，应按经修改编制并批准的施工组织设计文件(专项施工方案)具体要求执行。

2.2.2 原材料质量检验与施工试验

除常规原材料检验和施工验收外，装配式混凝土结构应重点对灌浆料、钢筋套筒灌浆连接接头等进行检查验收。

1. 灌浆料

(1)质量标准。灌浆料性能应符合《钢筋连接用套筒灌浆料》(JG/T 408—2013)的有关规定，抗压强度应符合表6.2的要求，且不应低于接头设计要求的灌浆料抗压强度。灌浆料竖向膨胀率应符合表6.3的要求。灌浆料拌合物的工作性能应符合表6.4的要求。灌浆料最好采用与构件内预埋套筒相匹配的灌浆料，否则需要完成所有验证检验，并对结果负责。

表 6.2 灌浆料抗压强度要求

时间(龄期)	抗压强度/(N·mm^{-2})
1 d	≥35
3 d	≥60
28 d	≥85

表 6.3 灌浆料竖向膨胀率要求

项目	竖向膨胀率/%
3 h	≥0.02
23 h 与 3 h 差值	0.02~0.50

表 6.4 灌浆料拌合物的工作性能要求

项目		工作性能要求
流动性/mm	初始	≥300
	30 min	≥260
泌水率/%		0

199

（2）检验要求。

1）检查方法：检查产品合格证、型式检验报告、进厂复试报告。

2）检查数量：在 15 d 内生产的同配方、同批号原材料的产品应以 50 t 为一生产批号，不足 50 t 的，也应作为一生产批号。

3）取样数量：从多个部位取等量样品，样品总量不应少于 30 kg。

4）取样方法：同水泥取样方法。

5）检验项目：抗压强度、流动度、竖向膨胀率。

2. 灌浆料试块

施工现场灌浆施工中，应同时在灌浆地点制作灌浆料试块，每工作班取样不得少于一次，每楼层取样不得少于三次。每次抽取 1 组试件，每组 3 个试块，试块规格为 40 mm×40 mm× 160 mm 灌浆料强度试件，标准养护 28 d 后，做抗压强度试验。抗压强度应不小于 85 N/mm²，并应符合设计要求。

3. 钢筋套筒灌浆连接接头

（1）工艺检验。第一批灌浆料检验合格后，灌浆施工前，应对不同钢筋生产企业的进场钢筋进行接头工艺检验。在施工过程中，当更换钢筋生产企业，或同生产企业生产的钢筋外形尺寸与已完成工艺检验的钢筋有较大差异，或灌浆的施工单位变更时，应再次进行工艺检验。每种规格钢筋应制作 3 个对中套筒灌浆连接接头，并应检查灌浆质量。采用灌浆料拌合物制作 40 mm× 40 mm×160 mm 试件不少于 1 组。接头试件与灌浆料试件应在标准养护条件下养护 28 d。

每个接头试件的抗拉强度不应小于连接钢筋抗拉强度标准值，且破坏时应断于接头外钢筋，屈服强度应小于连接钢筋标准值；3 个接头试件残余变形的平均值应不大于 0.10（钢筋直径不大于 32 mm）或 0.14（钢筋直径大于 32 mm）。灌浆料抗压强度应不小于 85 N/mm²。

（2）施工检查。在施工过程中，应按照同一原材料、同一炉（批）号、同一类型、同一规格的 1 000 个灌浆套筒为一个检验批，每批随机抽取 3 个灌浆套筒制作接头。接头试件应在标准养护条件下养护 28 d 后进行抗拉强度检验，检验结果应满足：抗拉强度不小于连接钢筋抗拉强度标准值，且破坏时应断于接头外钢筋。

4. 坐浆料试块

预制墙板与下层现浇构件接缝采取坐浆处理时，应按照设计单位提供的配合比制作坐浆料试块，每工作班取样不得少于一次，每次制作不少于 1 组试块，每组 3 个试块，试块规格为 40 mm×40 mm×160 mm，标准养护 28 d 后，做抗压强度试验。28 d 标准养护试块抗压强度应满足设计要求，并高于预制剪力墙混凝土抗压强度 10 MPa 以上，且不应低于 40 MPa。当接缝灌浆与套筒灌浆同时施工时，可不再单独留置抗压试块。

2.2.3 施工过程中的工序检验

对于装配式混凝土结构，施工过程中主要涉及模板与支撑、钢筋、混凝土和预制构件安装四个分项工程。其中，模板与支撑、钢筋、混凝土分项工程的检验要求除满足一般现浇混凝土结构的检验要求外，还应满足装配式混凝土结构的质量检验要求。

1. 模板及支撑

（1）主控项目。预制构件安装临时固定支撑应稳固、可靠，并应符合设计专项施工方案要求及相关技术标准规定。

检查数量：全数检查。

检查方法：观测检查，检查施工记录或设计文件。

（2）一般项目。装配式混凝土结构中后浇混凝土结构模板安装的偏差应符合表 6.5 的规定。

表 6.5　模板安装允许偏差及检验方法

项目		允许偏差/mm	检验方法
轴线位置		5	钢尺检查
底模上表面标高		±5	水准仪或拉线、钢尺检查
截面内部尺寸	基础	±10	钢尺检查
	柱、梁、墙	+4，−5	钢尺检查
层高垂直度	不大于 5 m	6	经纬仪或吊线、钢尺检查
	大于 5 m	8	经纬仪或吊线、钢尺检查
相邻两板表面高低差		2	钢尺检查
表面平整度		5	2 m 靠尺和塞尺检查
注：检查轴线位置时，应沿纵、横两个方向量测，并取其中较大值。			

检查数量：在同一检验批内，对梁和柱，应抽出构件数量的 10%，且不少于 3 件；对墙和板，应按有代表性的自然间抽查 10%，且不少于 3 间。

2. 钢筋

装配式混凝土结构后浇混凝土中连接钢筋、预埋件安装位置允许偏差及检验方法应符合表 6.6 的规定。

表 6.6　连接钢筋、预埋件安装位置允许偏差及检验方法

项目		允许偏差/mm	检验方法
连接钢筋	中心线位置	5	尺量检查
	长度	±10	尺量检查
灌浆套筒连接钢筋	中心线位置	2	宜用专用定位模具整体检查
	长度	3，0	尺量检查
安装用预埋件	中心线位置	3	尺量检查
	水平偏差	3，0	尺量或塞尺检查
斜支撑预埋件	中心线位置	±10	尺量检查
普通预埋件	中心线位置	5	尺量检查
	水平偏差	3，0	尺量或塞尺检查
注：检查预埋件中心线位置时，应沿纵、横两个方向量测，并取其中较大值。			

检查数量：在同一检验批内，对梁和柱，应抽出构件数量的 10%，且不少于 3 件；对墙和板，应按有代表性的自然间抽查 10%，且不少于 3 间。

3. 混凝土

(1)主控项目。

1)装配式混凝土结构安装连接节点和连接接缝部位的后浇混凝土强度应符合设计要求。

检查数量：每工作班同一配合比的混凝土取样不得少于1次，每次取样至少留置1组标准养护试块，同条件养护试块的留置组数宜根据实际需要确定。

检查方法：检查施工记录及试件强度试验报告。

2）装配式混凝土结构后浇混凝土的外观质量不应有严重缺陷。对已经出现的严重缺陷，应由施工单位提出技术处理方案，并经监理（建设）单位认可后处理。对经处理的部位，应重新检查验收。

检查数量：全数检查。

检验方法：观察检查，检查技术处理方案。

（2）一般项目。装配式混凝土结构后浇混凝土的外观质量不宜有一般缺陷。对已经出现的一般缺陷，应由施工单位提出技术处理方案处理，并重新检查验收。

检查数量：全数检查。

检验方法：观察，检查技术处理方案。

4. 预制构件安装

（1）主控项目。

1）对于工厂生产的预制构件，进场时应检查其质量证明文件和表面标识。预制构件的质量、标识应符合设计要求及现行国家相关标准的规定。

检查数量：全数检查。

检查方法：观察检查，检查出厂合格证及相关质量证明文件。

2）预制构件安装就位后，连接钢筋、套筒或浆锚的主要传力部位不应出现影响结构性能和构件安装施工的尺寸偏差。

对已经出现的影响结构性能的尺寸偏差，应由施工单位提出技术处理方案，并经监理（建设）单位许可后处理。对经过处理的部位，应重新检查验收。

检查数量：全数检查。

检验方法：观察，检查技术处理方案。

3）预制构件安装完成后，外观质量不应有影响结构性能的缺陷。

对已经出现的影响结构性能的缺陷，应由施工单位提出技术处理方案，并经监理（建设）单位认可后处理。对经过处理的部位，应重新检查验收。

检查数量：全数检查。

检验方法：观察，检查技术处理方案。

4）预制构件与主体结构之间、预制构件与预制构件之间的钢筋接头应符合设计要求，施工前应对接头施工进行工艺检验。

采用机械连接时，接头质量应符合现行行业标准《钢筋机械连接技术规程》（JGJ 107—2016）的要求；采用灌浆套筒时，接头抗拉强度及残余变形应符合现行行业标准《钢筋机械连接技术规程》（JGJ 107—2016）中Ⅰ级接头的要求；采用浆锚搭接连接钢筋时，浆锚搭接连接接头的工艺检验应按有关规范执行。

采用焊接连接时，接头质量应符合现行行业标准《钢筋焊接及验收规程》（JGJ 18—2012）的要求，检查焊接产生的焊接应力和温差是否造成预制构件出现影响结构性能的缺陷，对已经出现的缺陷，应处理合格后再进行混凝土浇筑。

检查数量：全数检查。

检验方法：观察，检查施工记录和检测报告。

5）灌浆套筒进场时，应抽取套筒采用与之匹配的灌浆料制作对中连接接头，并做抗拉强度检验，检验结果应符合现行行业标准《钢筋机械连接技术规程》(JGJ 107—2016)中Ⅰ级接头对抗拉强度的要求。接头的抗拉强度不应小于连接钢筋抗拉强度标准值，且破坏时应断于接头外钢筋。

检查数量：同一原材料、同一炉(批)号、同一类型、同一规格的灌浆套筒，检验批量不应大于1 000个，每批随机抽取3个灌浆套筒制作接头。并应制作不少于1组40 mm×40 mm×160 mm灌浆料强度试件。

检查方法：检查资料证明文件和抽取检测报告。

6)灌浆套筒进场时，应采取试件检验外观质量和尺寸偏差，检验结果应符合现行行业标准《钢筋连接用灌浆套筒》(JG/T 398—2012)的有关规定。

检查数量：同一原材料、同一炉(批)号、同一类型、同一规格的灌浆套筒，检验批量不应大于1 000个，每批随机抽取10个灌浆套筒。

检查方法：观察，尺量检查。

7)灌浆料进场时，应对其拌合物30 min流动度、泌水率及1 d强度、28 d强度、3 h膨胀率进行检验，检验结果应符合现行行业标准《钢筋连接用套筒灌浆料》(JG/T 408—2013)和设计的有关规定。

检查数量：同一成分、同一工艺、同一批号的灌浆料，检验批不应大于50 t，每批按现行行业标准《钢筋连接用套筒灌浆料》(JG/T 408—2013)的有关规定随机抽取灌浆料制作试件。

检查方法：检查资料证明文件和抽取检查报告。

8)施工现场灌浆施工中，灌浆料的28 d抗压强度应符合设计要求及现行行业标准《钢筋连接用套筒灌浆料》(JG/T 408—2013)的规定，用于检验确定的试件应在灌浆地点制作。

检查数量：每工作班取样不得少于一次，每楼层取样不得少于三次。每次抽取1组试件，每组3个试块，试块规格为40 mm×40 mm×160 mm灌浆料强度试件，标准养护28 d后，做抗压强度试验。

检查方法：检查灌浆施工记录及试件强度试验报告。

9)后浇连接部分的钢筋品种、级别、规格、数量和间距应符合设计要求。

检查数量：全数检查。

检查方法：观察，钢尺检查。

10)预制构件外墙板与构件、配件的连接应牢固、可靠。

检查数量：全数检查。

检查方法：观察。

11)连接节点的防腐、防锈、防火和防水构造措施应满足设计要求。

检查数量：全数检查。

检查方法：观察，检查检测报告。

12)承受内力的接头和拼缝，当其混凝土强度未达到设计要求时，不得吊装上一层结构构件；当设计无具体要求时，应在混凝土强度不少于10 MPa或具有足够的支撑时，方可吊装上一层结构构件。

已安装完毕的装配式混凝土结构，应在混凝土强度达到设计要求后，方可承受全部荷载。

检查数量：全数检查。

检查方法：观察，检查混凝土同条件试件强度报告。

13)装配式混凝土结构预制构件连接接缝处防水材料应符合设计要求，并具有合格证、厂家检测报告及进厂复试报告。

检查数量：全数检查。

检查方法：观察，检查出厂合格及相关质量证明文件。

(2)一般项目。

1)预制构件的外观质量不宜有一般缺陷。

检查数量：全数检查。

检查方法：观察检测。

2)预制构件的尺寸偏差应符合表6.7的规定。对于施工过程临时使用的预埋件中心线位置及后浇混凝土部位的预制构件出厂偏差，可按表中的规定放大一倍执行。

检查数量：按同一生产企业、同一品种的构件，不超过1 000个为一批，每批抽查构件数量的5%，且不少于3件。

3)装配式混凝土结构钢筋套筒连接或浆锚搭接连接灌浆应饱满，所有出浆口均应出浆。

检查数量：全数检查。

检查方法：观察检测。

4)装配式混凝土结构安装完毕后，预制构件安装尺寸允许偏差应符合表6.7的要求。

检查数量：按楼层、结构缝或施工段划分检验批。在同一检验批内，对于梁、柱，应抽查构件数量的10%，且不少于3件；对于墙和板，应按有代表性的自然间抽查10%，且不少于3间；对于大空间结构，墙可按相邻轴线间高度5 m左右划分检查面，板可按纵、横轴线划分检查面，抽查10%，且均不少于3面。

表6.7 预制构件安装尺寸的允许偏差及检验方法

项目		允许偏差/mm	检验方法
构件中心线对轴线位置	基础	15	尺量检查
	竖向构件(柱、墙板、桁架)	10	
	水平构件(梁、板)	5	
构件标高	梁、柱、墙、板底面或顶面	±5	水准仪或尺量检查
构件垂直度	柱、墙板 ＜5 m	5	经纬仪量测
	≥5 m且＜10 m	10	
	≥10 m	20	
构件倾斜度	梁、桁架	5	垂线、钢尺量测
相邻构件平整度	板端面	5	钢尺、塞尺量测
	梁、板下表面 抹灰	3	
	不抹灰	5	
	柱、墙板侧表面 外露	5	
	不外露	10	
构件搁置长度	梁、板	±10	尺量检查
支座、支垫中心位置	板、梁、柱、墙板、桁架	±10	尺量检查
接缝宽度		±5	尺量检查

5)装配式混凝土结构预制构件的防水节点构造做法应符合设计要求。

检查数量：全数检查。

检查方法：观察检测。

6)建筑节能工程进厂材料和设备的复验部分、项目复试要求，应按有关规范规定执行。

检查数量：全数检查。

检查方法：检查施工记录。

2.2.4 隐蔽工程验收

装配式混凝土结构工程应在安装施工及浇筑混凝土前完成下列隐蔽项目的现场验收：

(1)预制构件与预制构件之间、预制构件与主体结构之间的连接应符合设计要求。

(2)预制构件与后浇混凝土结构连接处混凝土粗糙面的质量或键槽的数量、位置。

(3)后浇混凝土中钢筋的牌号、规格、数量、位置。

(4)钢筋连接方式、接头位置、接头数量、接头面积百分率、搭接长度、锚固方式、锚固长度。

(5)结构预埋件、螺栓连接、预留专业管线的数量与位置。构件安装完成后，在对预制混凝土构件拼缝进行封闭处理前，应对接缝处的防水、防火等构造进行现场验收。

2.2.5 结构实体检验

根据现行国家标准《建筑工程施工质量验收统一标准》(GB 50300—2013)的规定，在混凝土结构子分部工程验收前应进行结构实体检验。对结构实体检查检验，并不是在子分部工程验收前的重新检验，而是在相应分项工程验收合格的基础上，对涉及结构安全的重要部位进行的验证性检验，其目的是强化混凝土结构的施工质量验收，真实反映结构混凝土强度、受力钢筋位置、结构位置与尺寸等质量指标，确保结构安全。

对于装配式混凝土结构工程，对涉及混凝土结构安全的有代表性的连接部位及进厂的混凝土预制构件应做结构实体检验。结构实体检验分现浇和预制部分，包括混凝土强度、钢筋直径、间距、混凝土保护层厚度及结构位置与尺寸偏差。当工程合同有约定时，可根据合同确定其他检验项目和相应的检验方法、检验数量、合格条件。

结构实体检验应由监理工程师组织并见证，混凝土强度、钢筋保护层厚度应由具有相应资质的检测机构完成，结构位置与尺寸偏差可由专业检测机构完成，也可由监理单位组织施工单位完成。为保证实体检验的可行性、代表性，施工单位应编制结构实体检验专项方案，并经监理单位审核批准后实施。结构实体混凝土同条件养护试件强度检验的方案应在施工前编制，其他检验方案应在检验前编制。

装配式混凝土结构位置与尺寸偏差检验同现浇混凝土结构，混凝土强度、钢筋保护层厚度检验可按下列规定执行：

(1)连接预制构件的后浇混凝土同现浇混凝土结构。

(2)进场时，不进行结构性能检验的预制构件部位同现浇混凝土结构。

(3)进场时，按批次进行结构性能检验的预制构件部分可不进行。

混凝土强度检验宜采用同条件养护试块或钻取芯样的方式，也可采用非破损方式检测。

当混凝土强度及钢筋直径、间距、混凝土保护层厚度不满足设计要求时，应委托具有资质的检测机构按现行国家相关标准的规定做检测鉴定。

2.3 装配式混凝土结构子分部工程的验收

装配式混凝土结构应按混凝土结构子分部工程进行验收，装配式结构部分可作为混凝土结构子分部工程的分项工程进行验收，现场施工的模板支设、钢筋绑扎、混凝土浇筑等内容应分别纳入模板、钢筋、混凝土、预应力等分项工程进行验收。混凝土结构子分部工程的划分如图 6.1 所示。

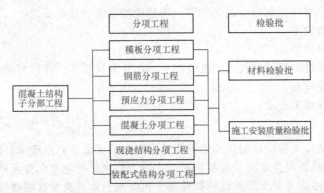

图 6.1　混凝土结构子分部工程的划分

1. 验收应具备的条件

装配式混凝土结构子分部工程施工质量验收应符合下列规定：

(1)预制混凝土构件安装及其他有关分项工程施工质量验收合格。

(2)质量控制资料完整，并应符合相关要求。

(3)观感质量验收合格。

(4)结构实体验收满足设计或标准要求。

2. 验收程序

根据现行国家标准《建筑工程施工质量验收统一标准》(GB 50300—2013)的规定，混凝土分部工程验收由总监理工程师组织施工单位项目负责人和技术、质量负责人进行验收。当主体结构验收时，设计单位项目负责人、施工单位技术、质量部门负责人应参加。鉴于装配式结构工程刚刚兴起，各地区对验收程序提出更严格的要求，要求建设单位组织设计、施工、监理和预制构件生产企业共同验收并形成验收意见，对规范中未包括的验收内容，应组织专家论证验收。

3. 验收时应提交的资料

装配式混凝土结构工程验收时应提交以下资料：

(1)施工图设计文件。

(2)工程设计单位确认的预制构件深化设计图、设计变更文件。

(3)装配式混凝土结构工程所用各种材料、连接件及预制混凝土构件的产品合格证书、性能测试报告、进场验收记录和复试报告。

(4)装配式混凝土工程专项施工方案。

(5)预制构件安装施工验收记录。

(6)钢筋套筒灌浆或钢筋浆锚搭接连接的施工检验记录。

(7)隐蔽工程检查验收文件。

(8)后浇筑节点的混凝土、灌浆料、坐浆材料强度检测报告。

(9)外墙淋水试验、喷水试验记录，卫生间等有防水要求的房间蓄水试验记录。

(10)分项工程验收记录。

(11)装配式混凝土结构实体检验记录。

(12)工程重大质量问题的处理方案和验收记录。

(13)其他质量保证资料。

4. 不合格处理

当装配式混凝土结构子分部工程施工质量不符合要求时，应按下列规定进行处理：

(1)经返工、返修或更换构件、部件的检验批，应重新进行验收。

（2）经有资质的检测机构检测鉴定能够达到设计要求的检验批，应予以验收。

（3）经有资质的检测机构检测鉴定达不到设计要求，但经原设计单位核算并认可能够满足结构安全和使用工程的检验批，可予以验收。

（4）经返修或加固处理能够满足结构安全使用功能要求的分项工程，可按技术处理方案和协商文件的要求予以验收。

小　结

装配式结构是建筑工程发展趋势，政府力争用 10 年左右时间使装配式建筑占新建建筑的比例达到 30%。装配式建筑是将传统建造方式中的大量现场作业工作转移到工厂进行，现场只进行安装作业。

装配式结构工程质量控制包括预制构件产品质量的控制和现场安装质量的控制两部分。

课外参考资料

1. 张波．装配式混凝土结构工程[M]．北京：北京理工大学出版社，2016.
2. 张波，陈建伟，肖明和．建筑产业现代化概论[M]．北京：北京理工大学出版社，2016.
3.《装配式混凝土结构技术规程》(JGJ 1—2014).
4.《钢筋机械连接技术规程》(JGJ 107—2016).
5.《混凝土结构工程施工规范》(GB 50666—2011).
6.《混凝土结构工程施工质量验收规范》(GB 50204—2015).

素质拓展

慎思笃行，奉公守法

"慎思笃行"是中国传统儒家文化治学的根本方法，出自《礼记·中庸》的一句话："博学之，审问之，慎思之，明辨之，笃行之。"我们必须广博地学习，审慎地询问，慎重地思索，明晰地辨析，踏实地履行，才能真正达到理想的学问境界和人生境界。

我们在工作中一定要慎重地思考，踏踏实实地行动。作为工程技术管理人员应该时刻提醒自己：树立正确的人生观、价值观，对自己负责、对企业负责、对国家负责，清清白白做事，堂堂正正做人。

思考题

1. 装配式混凝土结构子分部工程验收时应提交的资料有哪些？
2. 装配式混凝土结构工程质量控制依据是什么？
3. 预制混凝土构件出厂检验的主要内容有哪些？
4. 装配式混凝土结构现场安装主要检查哪些内容？

实训练习

1. 参观装配式混凝土预制构件生产厂的生产工艺流程，并写出观后感。
2. 参观装配式结构的现场预制安装施工，并写出观后感。

模块 7

BIM 技术在工程质量管理中的应用

传统建筑行业缺乏对数据信息的把握和总结，已经不能满足当代建筑工程质量管理需求。BIM 技术的出现使工程质量管理模式趋于标准化，实现信息集成与共享，从而提高工程质量管理效率。

任务 1　BIM 技术概述

➡ 知识树

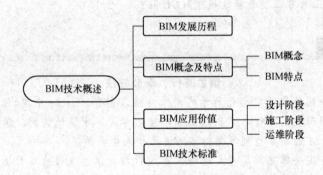

◎ 内容概况

本任务主要介绍 BIM 的发展历程、我国 BIM 技术的发展现状、BIM 概念及特点、BIM 在设计阶段、施工阶段、运维阶段的应用价值，以及 BIM 技术行业标准。

📖 知识目标

了解 BIM 技术国内外发展现状、BIM 概念、BIM 技术行业标准；熟悉 BIM 技术可视化、信息化、模拟性、协调性、优化性、可出图性、一体性、参数化的特点；掌握 BIM 技术在工程各个阶段的应用价值。

✪ 能力目标

能够对 BIM 技术应用价值有清晰的认知；能够熟知 BIM 技术的各个特点。

创新是引领发展的第一动力，是推动高质量发展、建设现代化经济体系的战略支撑。BIM 技术是一个新兴的技术，通过学习 BIM 特点及 BIM 在建筑工程中的应用价值，让学生对 BIM 技术有一定的了解，培养学生不断创新的精神和良好的职业道德。

引领案例

深圳平安金融中心项目应用 BIM 技术进行虚拟建造：从施工的角度完成最终的深化设计之后，将模型构件按照厂家产品库进行分段处理，生成装配图纸后交付厂家进行生产。

问题：上述案例体现了 BIM 哪些特点？

1.1　BIM 发展历程

随着社会的发展、时代的进步，人们对建筑物质量、品质、功能有了更高的要求。工程项目的复杂程度、技术难度、工艺流程，工程的信息量也随之增多，如何管理工程项目信息变得至关重要。项目各个阶段衔接时出现信息丢失现象会影响建筑物整个生命周期。

20 世纪 60 年代，CAD（Computer Aided Design，计算机辅助设计）、CAAD（Computer Aided Architectural Design，计算机辅助建筑设计）蓬勃发展。20 世纪 70 年代，查理斯·伊斯曼针对 CAAD 中存在的问题开始对 BIM 技术进行研究，1974 年，他在文章 *An Outline of the Building Description System* 中指出：建筑图纸中存在需要对同一部位进行多个视图描述的情况，在进行设计变更时会导致工作量增大，信息难以保持一致，因此可以通过数据库技术建立 BDS（Building Description System，建筑描述系统）来解决以上问题，并对如何实现 BDS 进行分析论述。1975 年，他在《AIA 杂志》发表的文章对 BDS 进行了详细介绍，BDS 即为 BIM 的雏形；1999 年，他发表了自从开展建筑信息建模研究以来的第一本专著 *Building Product Models：Computer Environments，Supporting Design and Construction*（《建筑产品模型：支撑设计和施工的计算机环境》）；2008 年，查理斯·伊斯曼与 BIM 专家一起编写了 *BIM Handbook*（BIM 手册）并在 2011 年出版该书的第 2 版。

匈牙利的 Craphisoft 公司是最早应用 BIM 技术的公司，并在 1987 年提出了可定义、可编辑的"虚拟建筑"（Virtual Building，VB）概念，可运用于工程项目各个阶段；随后 Bentley 公司提出了"一体化项目模型"（Integrated Project Models，IPM）概念；1997 年，美国 Revit 技术公司成立并研发了建筑设计软件 Revit，于 2002 年被美国 Autodesk 公司收购，Autodesk 公司在推广 Revit 软件过程中首次提出 BIM（Building Information Modeling，建筑信息模型）概念。

我国最早推广 BIM 是在 2003 年中国 Bentley 用户大会上；随后美国 Autodesk 公司于 2004 年与国内高校联合组建"BLM-BIM 联合实验室"，Autodesk 公司为学校提供 BIM 技术相关软件，学校为学生开设 BIM 技术相关课程，同时，国内高校联合编写并出版了《信息化建筑设计》《建设工程信息化导论》《信息化土木工程设计》《工程项目信息化管理》；2013 年，buildingSMART 在中国成立分部；2014 年，北京、上海等地区相继出台指导 BIM 技术应用和发展政策。

我国最早应用 BIM 技术的大型项目：国家游泳中心（水立方）、青岛湾大桥、上海世博会、上海中心大厦、广州东塔等。华中科技大学、广州大学、重庆大学相继开设了 BIM 工程硕士班。

1.2 BIM 概念及特点

1. BIM 概念

BIM(Building Information Modeling)——建筑信息模型，最初是由"BIM 之父"乔治亚理工大学的查理斯·伊斯曼教授于 1975 年在《AIA 杂志》中提出的。他指出了"Building Description System"(建筑描述系统)的工作原理及优越性。他在文章 *the Use of Computers instead of Drawings in Building Design* 中指出：所有信息集成于系统中，可以获得平、立、剖面视图，以及材料的用量、成本等，是一个完整的数据库，修改其中一个元素，与之相关联的元素会随之改变，保持一致性。2002 年，"BIM 教父"Jerry Laiserin 在 *Comparing Pommes and Naranjas* 中对 BIM 进行了详细的描述和定义：Building 代表 BIM 技术的服务对象，是工程建设行业；Information 代表 BIM 技术的核心，是建设数字化信息库；Modeling 代表 BIM 技术数字化信息的创建与存储形式。

中华人民共和国住房和城乡建设部发布的《建筑信息模型应用统一标准》(GB/T 51212—2016)自 2017 年 7 月 1 日起实施，该标准对 BIM 的定义：在建设工程及设施全生命期内，对其物理和功能特性进行数字化表达，并依此设计、施工、运营的过程和结果的总称。

建筑行业前进的步伐离不开数字建筑技术的更新，作为数字建筑技术范畴的 BIM 技术伴随着计算机技术应运而生。目前对 BIM 技术的理解可归结为以下三个方面：

(1)BIM 模型是将二维图纸转换成三维模型，使不同专业的信息汇集于三维模型中，便于信息的查找。

(2)BIM 模型的应用是通过优化方案、碰撞检查、精准算量、模拟施工等方面解决工程难题。

(3)BIM 模型平台管理是以模型为基础，将成本管理、质量管理、安全管理、劳务管理、生产管理等协同于管理平台中，相关工作人员可以通过管理平台对工程进行管理。

2. BIM 特点

BIM 不是一个模型或一款软件，而是将数字信息应用于建筑全生命周期的信息化管理技术。BIM 技术的主要特点如下：

(1)模型可视化：利用计算机将工程二维图纸转变成三维模型，再通过三维模型将工程信息呈现在用户面前，用户可对模型的参数信息进行查看和修改，使项目全生命周期均在可视化状态下进行。

(2)模型信息化：BIM 技术可对三维几何信息、设计信息、施工信息、维护信息等内容进行描述和管理，使模型信息之间相互关联，其中一个信息改变，相关联的信息会随之改变，确保信息的一致性。

(3)模拟性：BIM 技术可以将设计阶段、招投标阶段、施工阶段、运营阶段难以在真实世界中进行的操作模拟出来，如结构分析、流体动力分析、日照分析、成本控制、施工模拟、火灾逃生模拟等。

(4)协调性：BIM 技术可在工程施工前对施工中可能出现的管线碰撞等情况进行协调，防止因各专业沟通不到位影响施工、增加施工成本，同时可以减少设计错误，例如，在布置给水排水管道时未考虑到消防管道布置要求，导致管道碰撞情况发生。

(5)优化性：项目的优化贯穿整个工程的各个阶段，同时，项目优化的程度受信息准确性的影响，而 BIM 可以精确地提供建筑物的数据信息，使项目优化成为可能。

（6）可出图性：BIM 可自动生成二维图纸，这些二维图纸与模型相关联，当对模型进行修改时，图纸会自动更新与模型保持一致。

（7）一体性：基于 BIM 模型集成信息数据库，实现 BIM 技术对工程全生命周期一体化管理。

（8）参数化：当修改模型的参数值时，可以使 BIM 构件或模型发生改变，同时，与其相关的参数也会发生改变，使模型相关参数保持一致。

1.3 BIM 应用价值

传统的手绘图纸精度低、信息少、返工难，繁杂的操作过程增加了出错频率，CAD 技术的出现让绘图便携精准，节省了修改图纸的时间成本，解放了设计人员的双手，使设计人员将更多的时间用在方案优化上，但是手绘出图与 CAD 出图都需要施工人员具备一定的空间想象能力。随着计算机技术的发展，建筑业从 CAD 辅助设计逐渐走向 BIM，为建筑行业带来全新的施工、协作、管理方式。

1. 设计阶段

CAD 的出现让设计师摆脱了传统的手工绘图，但没有摆脱传统的绘图思路。BIM 技术的出现弥补了 CAD 的不足，设计师可以通过数据参数和工程信息搭建三维模型，修改参数信息即可避免错、漏、碰、缺等问题的出现，从而不断优化设计方案，减少结构设计、三维审图等方面的工作量，提高设计效率。

2. 施工阶段

基于 BIM 模型与行业标准，将 BIM 模型中的数据导入施工应用软件中，在施工前完成碰撞检查、施工模拟等应用，针对碰撞点和施工模拟中不合理的问题进行修改，为工程节约成本、缩短施工进度；BIM 技术在施工管理方面可以实现信息共享和信息化管理，提高了施工阶段的综合效益。

3. 运维阶段

对于建设项目来说，运维期是项目全生命周期中耗时最长的。基于 BIM 技术的信息存储和提取功能，可以在数据库中快速查找建筑设计、施工阶段生成的信息，对需要维护的部位准确定位，降低成本浪费，提高经济效益。

1.4 BIM 技术标准

BIM 技术提高了建筑行业的工作效率，但依然存在不同软件之间的信息不能交换与共享、信息传递与共享过程中无法保证信息的完整性、语言差异导致的信息偏差的问题，因此需要制定行业标准，否则无法发挥 BIM 技术的作用。

BIM 标准是建立标准语义和信息交流规则，如模型的数据格式标准、构件的命名标准、不同参与方传递数据的标准等，对信息的输入和传递进行统一，为建筑信息共享、协作提供保障。目前发布的 BIM 标准主要分为 ISO 等认证的行业标准和各国根据本国情况制定的标准。表 7.1 为行业标准，表 7.2 为国内行业标准。

表 7.1 行业标准

行业标准名称	标准类型	标准作用
IFC（Industry Foundation Class，工业基础类）	数据存储标准	解决信息传递与信息交换过程中不兼容的问题

行业标准名称	标准类型	标准作用
IDM（Information Delivery Manual，信息交付手册）	信息传递标准	保证信息在传递过程中的完整性、正确性
IFD（International Framework For Dictionaries，国际字典）	信息语义标准	解决语言差异对同一信息的不同定义问题

表 7.2　国内行业标准

国内行业标准名称	编号	申报状态	实施时间
《建筑信息模型应用统一标准》	GB/T 51212—2016	已实施	2017.7.1
《建筑信息模型施工应用标准》	GB/T 51235—2017	已实施	2018.1.1
《建筑信息模型分类和编码标准》	GB/T 51269—2017	已实施	2018.5.1

小　结

本任务主要学习了 BIM 的发展历程、BIM 概念及特点、BIM 在设计阶段、施工阶段、运维阶段的应用价值，以及 BIM 技术行业标准。

课外参考资料

1. 北京市住房和城乡建设委员发布《北京市房屋建筑和市政基础设施工程智慧工地做法清单（2022 年版）》.

2. 深圳市住建局、深圳市交通运输局发布《市政道路工程信息模型施工应用标准》等 5 项通知.

3. 中华人民共和国住房和城乡建设部 . GB/T 51212—2016 建筑信息模型应用统一标准[S]. 北京：中国建筑工业出版社，2016.

素质拓展

BIM 对建筑施工的影响

在信息化时代的背景下，科技引领了多个行业领域的变革，为社会经济可持续发展创造了有利条件。建筑行业作为重要的国民经济支撑，加强信息化建设已成为必然趋势。BIM 以其独有的技术优势，提高了建筑施工的精度、品质及效率，以迅猛的趋势被应用在建筑企业当中，所创造的经济效益和价值有目共睹，BIM 技术已经成为建筑工程比较关键的技术革新。作为未来行业的从业者，在学好专业知识的同时，要对新兴技术有一定的认知，紧跟科技革命的步伐，充分利用好新科技浪潮下"科技红利"，把科技力量转化为个人和企业的竞争优势。

思考题

1. 国内大型项目应用 BIM 技术的有哪些？
2. BIM 技术的特点有哪些？

3. BIM 技术可以应用到工程项目的哪些阶段？

总结 BIM 技术的应用价值

1. 实训目的：通过学习，对 BIM 技术有深刻的理解，掌握 BIM 技术的基本概念及特点，为日后实践项目奠定基础。

2. 能力及要求：注意学习 BIM 特点及 BIM 在各阶段的应用价值。

3. 实训步骤：阅读本书，查找相关资料，撰写学习总结。

任务 2　BIM 技术在工程质量管理中的应用

知识树

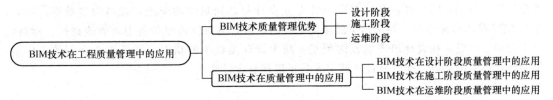

内容概况

本任务主要介绍 BIM 技术在设计阶段、施工阶段、运维阶段的质量管理优势，以及 BIM 技术在设计阶段、施工阶段、运维阶段质量管理中的应用。

知识目标

了解 BIM 技术在工程质量管理中的优势；掌握 BIM 技术在工程质量管理中应用的基本思路。

能力目标

通过对 BIM 技术质量管理优势的了解，能够对新技术在建筑工程中应用有清晰的认知，能够掌握 BIM 技术在建筑工程各个阶段的应用流程。

素质目标

通过学习 BIM 技术在工程中发挥的作用，帮助学生了解我国现阶段 BIM 发展趋势及应用情况，提高学生对新技术的认知水平，使学生积极学习新技术，响应国家政策，适应社会需求，为国家建筑业发展贡献一份力量。

引领案例

"中国尊"作为一座超高超大的建筑，机电系统设计有着独有的特点。其在竖向分区中，各区之间设有设备层，作为机电设备集中安放位置，同时，在地库中也设有大量的核心机电用房。在整个项目中，地库核心以 Autodesk Revit 作为 BIM 平台，对各种机电信息进行录入，让模型及时地反映机电情况，为机电综合工作的展开创造了优越条件。B007 层的机电情况非常复杂，而层高相对较小，在这种不利的局面中，利用 BIM 技术对复杂机电管线的梳理，在保证满足复杂机电系统正常安装、运行的情况下，调整出可以作为库房的空间，实现空间使用最大化。

问题：上述案例中如何利用 BIM 技术对机电管线进行梳理？

质量管理贯穿建筑生产的各个环节，在施工过程中发挥着至关重要的作用。质量管理是通过系统的管理来确保工程质量符合设计要求、合乎质量标准，从而消灭施工过程中的质量问题。为减少质量事故的产生，管理者需要制定合理的质量管理政策、计划与措施，建立组织管理体系，完善质量管理流程，并落实到项目施工的各个环节，对质量管理中存在的问题及时总结与改进。

2.1 BIM 技术质量管理优势

1. 设计阶段

基于 BIM 技术可以将二维平面图纸转化为三维立体模型，通过三维模型展示设计方案中的各个细节，将设计图纸可视化，有助于各专业设计师之间想法的交流，提高沟通效率；同时，通过 BIM 技术碰撞检测、输出渲染效果图和漫游动画，可以快速定位各专业管线碰撞、标高设计不合理等问题，在设计出图前及时更正，减少设计图纸中的错误，降低图纸会审的工作量，提升设计图纸的质量，同时有助于施工人员正确理解设计意图。

2. 施工阶段

（1）人员管理。

1）通过 BIM 技术可以将施工人员个人信息、合同信息、持证情况、安全教育情况、进退场时间、出勤情况、工资发放情况、体温状况等上传到 BIM 管理平台中，管理人员可随时查看，减少因施工队伍资质审查不严格而导致工期违约现象的发生，降低施工阶段工作人员的管理难度。

2）BIM 管理平台可以对上传的施工图纸、施工规范、技术方案、模型信息、施工现场任务完成情况等内容进行统一管理，并根据上传的信息自动生成施工作业的重难点、质量控制点等，方便管理人员及时查看施工人员有无违规操作，确保工程质量。

（2）材料管理。BIM 三维模型承载着材料信息，可以输出材料信息表及材料用量表。质量人员根据材料信息表对进场材料进行检查，不合格的材料不予进场；进场后的材料根据 BIM 施工场地布置进行放置，避免材料堆放位置不合理影响现场施工。

（3）机械管理。通过 BIM 技术模拟现场施工情况，对施工现场机械设备进行布置，经过不断优化后选择最优的布置方案，如塔式起重机位置的确定；同时，将机械设备操作说明、维保信息、质保信息上传到 BIM 管理平台，方便管理人员及时查看与保养。

（4）施工方案的调整。BIM 施工模拟可以模拟工程施工工艺，对现有施工方案进行优化。通过生长动画展示交叉作业矛盾点，明确施工顺序，展现施工方案中的逻辑问题，有利于技术人员在施工前对可能发生交叉作业的干扰现象进行调整。

（5）环境的控制。施工现场环境受自然因素影响，具有不可控性，突变的天气会影响工程质量。通过 BIM 技术模拟施工环境，采取有效措施进行预防和控制，合理安排施工作业时间，制定应急预案。

3. 运维阶段

BIM 管理平台中集成了以模型为载体的设施设备信息，包含使用性能、保养方法等。在使用过程中安排管理人员日常巡检，针对人工无法检查的部位可以在系统中进行安全检测，实现日常巡检全面覆盖；当使用过程中出现设施设备故障时，利用 BIM 技术可以准确定位故障位置、呈现设备信息，方便管理人员及时制定维修方案、应急措施，提高管理效率、减少时间成本。

2.2 BIM 技术在质量管理中的应用

1. BIM 技术在设计阶段质量管理中的应用

随着社会的发展，工程结构越来越复杂，造型越来越特殊，所涉及的专业众多，设计师在进行图纸设计时难免会出现各专业相互碰撞的现象。而传统的解决方式是各专业设计师将设计完成的 CAD 图纸叠加，凭借经验、想象初步检查图纸中的问题，但是这并不能保证设计图纸的质量。BIM 技术的出现可以将碰撞点可视化展示，设计师可以清晰地定位到碰撞点所在位置及发生碰撞的数量，提高工作效率。

在建筑工程施工图设计阶段，可利用 BIM 技术建立各专业三维模型，并进行各专业间的碰撞检测。碰撞检测分为专业间的碰撞检测及管线综合碰撞检测。在进行碰撞检测时，首先进行土建碰撞检测，再进行设备内部各专业碰撞检测，最后将结构与给水排水、暖、电专业进行碰撞检测。各专业设计人员针对发生碰撞的部位及时调整，优化净空和管线排布方案，彻底消除碰撞，减少在建筑施工阶段出现问题和返工的可能性，减少资金浪费。

2. BIM 技术在施工阶段质量管理中的应用

（1）场地布置。施工现场的场地布置是保障其建造顺利进行的前提与基础，对后期的质量管理有着重要的影响。通过 BIM 技术制作漫游动画，可以直观地测试布局的合理性，从不同的角度、时间节点查看场地布置情况，及时发现场地布置中存在的问题并进行优化。这不仅保障了建筑工程的质量与安全，也为后期的施工提供方便，减少返工和浪费。

（2）技术交底。传统的技术交底是通过二维图纸进行交底，交底内容不够直观，难以精确地表达各结构之间的关联、构件安装的位置等；同时，技术人员表述方式的不同与施工人员理解程度的差异，都会导致施工人员所完成的内容不是技术人员想传达的内容，从而延误工期、影响施工进度。利用 BIM 可视化的特点，针对工程复杂部位建立比例为 1∶1 的三维模型，该三维模型可以高度还原预埋件等细小构件、模拟施工工艺细节。通过三维模型展示图进行技术交底，可以直观、清晰、精确地展现构件间的位置关系，降低沟通障碍，施工人员在最短时间内理解施工要点，减少返工现象，从而提高工作效率。BIM 三维模型技术交底流程如图 7.1 所示。

建立BIM三维模型 标注相关参数 → 制作模型 交底内容 → 通过屏幕 可视化呈现 → 基于BIM三维模型 进行技术交底 → 施工人员 反馈意见

图 7.1　BIM 三维模型技术交底流程

（3）模拟施工。基于 BIM 技术的施工模拟以直观和可修改的方式对施工工艺、方案和资源调度进行预演优化，有效规避建造过程中错误和不合理之处，尽可能地实现建筑施工过程中的"零冲突、零返工、零浪费"，并为建筑工程的质量管理提供有力保障。

利用施工模拟不仅可以实现不同施工方法、施工工艺的比较与优化，还可以发现并提早解决施工过程中资源调度冲突及不合理使用。整个模拟过程主要内容包括施工工序模拟、施工方法模拟及资源调度（主要包括建筑材料、设备及机械）模拟等。

3. BIM 技术在运维阶段质量管理中的应用

（1）日常巡检。利用 BIM 管理平台集成设施设备信息，制定建筑项目常巡检路线，除现场巡检外，还需关联项目楼宇自动化系统和智能系统，展开线上巡检，检查计算机系统是否有报警故障等，不仅可以节省时间，还可以避免人工巡检看不到的质量问题出现，并且保证巡检工作的全覆盖、不留隐患。BIM管理平台不需要工作人员亲自到现场了解设备的状况，只需要从模型链接至该设施设备的数据页面，进行初步的设施修缮判断，同时，编辑报修进度能够使管理员追踪设备修缮的最新状态。

（2）维修保护。管理人员可以利用BIM技术，参考建筑工程资产管理手册，从项目运营的需要去考虑，编制出切实可行的建筑工程维修保养计划；同时，利用BIM技术，根据设备实际情况、安装设施的说明书等，依照计划内的指令展开设施设备的维保工作，保证建筑系统一直处于健康状态。

小　结

本任务主要学习了BIM技术在设计阶段、施工阶段、运维阶段的质量管理优势，以及BIM技术在设计阶段、施工阶段、运维阶段质量管理中的应用。

课外参考资料

1. 南京市城建委员会发布加强南京市BIM示范项目管理的通知。

2. 北京市住建委发布《北京市房屋建筑和市政基础设施工程智慧工地做法清单（2022年版）》，提及应用BIM技术辅助工程建造及质量管理，文件中强调：在深化设计、加工生产、施工过程中，应用BIM技术；开展三维可视化交底、工艺模拟、碰撞检查、质量问题挂接模型等至少2项辅助质量管理。

素质拓展

建筑工程质量管理属于传统项目管理领域，在建筑业信息化背景下，传统质量管理模式亟需革新。BIM是信息化产物，BIM技术在项目管理中的应用已有成功案例，在搜索引擎、医疗服务、零售业、制造业等领域得到广泛应用，但在建筑工程质量管理方面的研究和实践相对较少。针对国内BIM技术在建筑领域应用现状，企业应勇于推动技术创新，努力成为强大的创新主体，重视技术研发和人力资本投入，积极培养有创新精神、科学头脑的BIM人才。

思考题

1. BIM技术在施工阶段的质量管理优势有哪些？
2. 什么是三维模型技术交底？
3. BIM技术在运维阶段的应用包含哪些方面？

实训练习

总结BIM技术在设计阶段、施工阶段、运维阶段的应用

1. 实训目的：通过学习，掌握BIM技术在工程中的应用点，为今后的工作做准备。
2. 能力及要求：注意学习BIM技术在施工阶段的应用价值及应用点。
3. 实训步骤：阅读本书，查找相关资料，撰写学习总结。

第二篇 建筑工程安全管理

模块 8

安全管理基础知识

安全生产是一项极其广泛复杂的工作。多年来积累沉淀的大量安全问题，短期内不可能全部解决，因此，可能发生生产安全事故的高危态势，仍将持续相当长的一段时间。1元事前预防＝5元事后投资。这是安全经济学的基本定量规律，也是指导安全经济活动的重要基础，同时也告诉我们：预防性的"投入产出比"大大高于事故整改的"产出比"。工业实践安全效益的"金字塔法则"也告诉我们：设计时考虑1分的安全性，相当于加工和制造时的10分安全性效果，而能达到运行或投产时的1 000分安全性效果。

在安全管理中，预防性投入的效果大大优于事后型整改效果。这就要求在我们的安全生产管理中，要谋事在先，尊重科学，探索规律，采取有效的事前控制措施，防患于未然，将事故消灭在萌芽状态。

安全生产至关重要，实现安全生产的前提条件是制定一系列安全法规，使之有法可依。通过法律框架下政府对建筑业的管理，采取有效措施，加强对建筑工程的安全生产监督管理，提高建筑业生产安全水平，降低伤亡事故的发生率。从世界各国建筑业的安全管理发展情况来看，这是非常有效的。如美国和英国等发达国家在20世纪70年代相继对包括建筑安全在内的安全管理模式作了根本性的调整，取得了显著成效，伤亡人数大幅下降，带来了不可估量的经济效益和社会效益。从国际环境来看，推进安全生产工作、提高劳动保护水平，符合现阶段国际通行的做法，是我国加入WTO后与国际接轨的一项重要措施。

任务 1　建筑工程安全生产相关法律法规

➡ 知识树

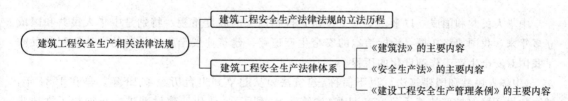

⊕ 内容概况

本任务主要介绍建筑工程安全生产法律法规的立法历程、建筑工程安全生产法律体系，以及《中华人民共和国建筑法》《中华人民共和国安全生产法》《建设工程安全生产管理条例》的相关内容。

📖 知识目标

了解建筑工程安全生产法律法规的立法历程；熟悉建筑工程安全生产法律体系；熟悉《中华人民共和国建筑法》《中华人民共和国安全生产法》《建设工程安全生产管理条例》的主要内容。

⚙ 能力目标

能够运用建筑工程安全生产相关法律法规解决相关工程安全问题。

📖 素质目标

树立安全生产和法律意识，思想上牢固建立安全防线。

📚 引领案例

2007 年 5 月 30 日，安徽省合肥市某市政道路排水工程在施工过程中，发生一起边坡坍塌事故，造成 4 人死亡、2 人重伤，直接经济损失约为 160 万元。该排水工程造价约为 400 万元，沟槽深度约为 7 m，上部宽度为 7 m，沟底宽度为 1.45 m。事发当日，在浇筑沟槽混凝土垫层作业中，东侧边坡发生坍塌，将 1 名工人掩埋。正在附近作业的其余 7 名施工人员立即下到沟槽底部，从南、东、北三个方向围成半月形扒土施救，并用挖掘机将塌落的大块土清出，然后用挖掘机斗抵住东侧沟壁，保护沟槽底部的救援人员。经过约半个小时的救援，被埋人员的双腿已露出。此时，挖掘机司机发现沟槽东侧边坡又开始掉土，立即向沟底的人喊叫，沟底的人听到后，立即向南撤离，但仍有 6 人被塌落的土方掩埋。

根据事故调查和责任认定，对有关责任方作出以下处理：施工单位负责人、项目负责人、监理单位项目总监 4 名责任人移交司法机关依法追究刑事责任；施工单位董事长、施工带班班长、监理单位法人等 13 名责任人分别受到罚款、吊销执业资格证书、记过等行政处罚；施工、监理等单位受到相应经济处罚。

问题：

1. 此事故的发生责任在谁？为什么？对责任者的处理是否得当？依据是什么？
2. 对土方开挖，施工方应有哪些安全措施？

1.1　建筑工程安全生产法律法规的立法历程

中华人民共和国成立以来，安全生产始终得到国家的高度重视。特别是中华人民共和国成立多年来，我国始终在探寻治标治本的安全生产道路。建筑业安全生产活动的立法历程就反映了我国对安全生产工作制度化的历程。

《中华人民共和国建筑法》（以下简称《建筑法》）从起草到出台历经了 13 年。早在 1984 年，城乡建设环境保护部就着手研究和起草《建筑法》。到了 1994 年，建设部进一步加快了立法步伐，并于同年年底将立法草案上报国务院。1996 年 8 月，国务院第 49 次常务会议讨论通过了《建筑法（草案）》，并提请全国人大常委会审议。经全国人大八届常委会第 28 次会议审议，并于 1997 年 11 月 1 日正式颁布，1998 年 3 月 1 日起正式施行。

《全国人民代表大会常务委员会关于修改〈中华人民共和国建筑法〉的决定》由中华人民共和国第十一届全国人民代表大会常务委员会第20次会议于2011年4月22日通过，自2011年7月1日起施行。《建筑法》共八章八十五条，其中共有五章二十五条有关安全管理的规定或涉及安全的内容，并且第五章建筑安全生产管理，就安全生产的方针、原则，安全技术措施，安全工作职责与分工，安全教育和事故报告等作出了明确的规定。在《中华人民共和国安全生产法》出台之前的一段时间内，《建筑法》是规范我国建筑工程安全生产的唯一一部法律。

为了加强安全生产工作，防止和减少生产安全事故，保障人民群众生命和财产安全，促进经济社会持续健康发展，由中华人民共和国第十二届全国人民代表大会常务委员会第10次会议于2014年8月31日通过《中华人民共和国安全生产法》（以下简称《安全生产法》），并于2014年12月1日开始实施。

早在1996年，建设部就起草了《建设工程安全生产管理条例》并上报国务院。1998年，国务院法制办将收到的24个地区和27个部门对《建设工程安全生产管理条例》的修改意见返回建设部。建设部结合《建筑法》《中华人民共和国招标投标法》（以下简称《招标投标法》）、《建设工程质量管理条例》等法律、法规，认真研究了各地区、部门提出的意见，对《建设工程安全生产管理条例》作了相应修改。《安全生产法》颁布后，建设部根据《安全生产法》再次进行了修改，又征求了各地区、各有关部门的意见，并召开了法律界专家、建设活动各责任主体等有关方面人员参加的专家论证会，于2003年1月21日形成《建设工程安全生产管理条例》送审稿。2003年，国务院法制办将其列入立法计划，并在送审稿的基础上，经过反复论证和完善，形成《建设工程安全生产管理条例》草案。2003年11月12日，国务院第28次常务会议讨论并原则通过了该草案，11月24日国务院第393号令予以公布，自2004年2月1日起施行。《建设工程安全生产管理条例》确立了有关建设工程安全生产监督管理的基本制度，明确了参与建设活动各方责任主体的安全责任，确保了参与各方责任主体安全生产利益及建筑工人安全与健康的合法权益，为维护建筑市场秩序、加强建设工程安全生产监督管理提供了重要的法律依据。

《建设工程安全生产管理条例》是我国第一部规范建设工程安全生产的行政法规。它的颁布实施是工程建设领域贯彻落实《建筑法》和《安全生产法》的具体表现，标志着我国建设工程安全生产管理进入法制化、规范化发展的新时期。《建设工程安全生产管理条例》全面总结了我国建设工程安全管理的实践经验，借鉴了国外发达国家建设工程安全管理的成熟做法，对建设活动各方主体的安全责任、政府监督管理、生产安全事故的应急救援和调查处理以及相应的法律责任作了明确规定，确立了一系列符合我国国情以及适应社会主义市场经济要求的建设工程安全管理制度。《建设工程安全生产管理条例》的颁布实施，对于规范和增强建设工程各方主体的安全行为和安全责任意识，强化和提高政府安全监管水平和依法行政能力，保障从业人员和广大人民群众的生命财产安全，具有十分重要的意义。

《生产安全事故报告和调查处理条例》于2007年3月28日国务院第172次常务会议通过，国务院总理于2007年4月9日签署第493号国务院令予以公布，自2007年6月1日起施行。《生产安全事故报告和调查处理条例》是《安全生产法》的重要配套行政法规，对生产安全事故的报告和调查处理作出了全面、明确的具体规定，是各级人民政府、安全生产监督管理部门和负有安全生产监督管理职责的有关部门做好事故报告和调查处理工作的重要依据。

国务院1989年公布施行的《特别重大事故调查程序暂行规定》和1991年公布施行的《企业职工伤亡事故报告和调查处理规定》对规范事故报告和调查处理发挥了重要作用。但是，随着社会主义市场经济的发展，安全生产领域出现了一些新情况、新问题。为了适应安全生产的新形势、新情况，迫切需要在总结经验的基础上，制定一部全面、系统地规范生产安全事故报告和调查处理的行政法规，为规范事故报告和调查处理工作，落实事故责任追究制度，维护事故受害人的合法权益和社会稳定，预防和减少事故发生进一步提供法律保障。

新修订的《安全生产违法行为行政处罚办法》于 2008 年 1 月 1 日起施行。新版对旧版作出了较大幅度的修订，特别是对行政处罚的程序、适用和执行方面作了进一步补充和完善，对法律、行政法规已有明确规定，不需要进一步量化、细化的条文进行了删减，对法律、行政法规已经作出的处罚规定(如对事故责任者的处罚)作出了衔接性规定。

《国家安全监管总局关于修改〈生产安全事故报告和调查处理条例〉罚款处罚暂行规定等四部规章的决定》于 2015 年 1 月 16 日由国家安全生产监督管理总局局长办公会议审议通过，自 2015 年 5 月 1 日起施行，同时《安全生产违法行为行政处罚办法》根据本决定作相应的调整，重新公布。

1.2　建筑工程安全生产法律体系

目前，我国建设工程安全生产法律体系主要由《建筑法》《安全生产法》《建设工程安全生产管理条例》及相关的法律、法规、规章和工程建设强制性标准构成。

在法律层面上，《建筑法》和《安全生产法》是构建建设工程安全生产法规体系的两大基础。《建筑法》是我国第一部规范建筑活动的部门法律，它的颁布施行强化了建筑工程质量和安全的法律保障。《建筑法》总计八十五条，通篇贯穿了质量安全问题，具有很强的针对性，对影响建筑工程质量和安全的各方面因素作了较为全面的规范。

《安全生产法》是安全生产领域的综合性基本法，它是我国第一部全面规范安全生产的专门法律，是我国安全生产法律体系的主体法，是各类生产经营单位及其从业人员实现安全生产所必须遵循的行为准则，是各级人民政府及其有关部门进行监督管理和行政执法的法律依据，是制裁各种安全生产违法犯罪的有力武器。

1.《建筑法》的主要内容

《全国人民代表大会常务委员会关于修改〈中华人民共和国建筑法〉的决定》由中华人民共和国第十一届全国人民代表大会常务委员会第 20 次会议于 2011 年 4 月 22 日通过，自 2011 年 7 月 1 日起施行。

《建筑法》主要规定了建筑许可、建筑工程发包承包、建筑工程监理、建筑安全生产管理、建筑工程质量管理及法律责任等方面的内容。

《建筑法》确立了安全生产责任制度。安全生产责任制度是建筑生产中最基本的安全管理制度，是所有安全规章制度的核心。安全生产责任制度是指将各种不同的安全责任落实到负责有安全管理责任的人员和具体岗位人员身上的一种制度。这一制度是"安全第一，预防为主"方针的具体体现，是建筑安全生产管理的基本制度。

在建筑活动中，只有明确安全责任、分工负责，才能形成完整有效的安全管理体系，激发每个人的安全责任感，严格执行建筑工程安全的法律、法规和安全规程、技术规范，防患于未然，减少和杜绝建筑工程事故，为建筑工程的生产创造一个良好的环境。

《建筑法》确立了群防群治制度。群防群治制度是职工群众进行预防和治理安全的一种制度。这一制度也是"安全第一、预防为主"的具体体现，同时，也是群众路线在安全工作中的具体体现，是企业进行民主管理的重要内容，要求建筑企业职工在施工中遵守有关生产的法律、法规的规定和建筑行业安全规章、规程，不得违章作业，同时，对于危及生命安全和身体健康的行为有权提出批评、检举与控告。

《建筑法》确立了安全生产教育培训制度。安全生产教育培训制度是对广大建筑干部职工进行安全教育培训，提高安全意识，增加安全知识和技能的制度。安全生产，人人有责，只有通过对广大职工进行安全教育、培训，才能使广大职工真正认识到安全生产的重要性、必要性，使广大职工掌握更多、更有效的安全生产的科学技术知识，牢固树立安全第一的思想，自觉遵守各项安全生产和规章制度。

《建筑法》确立了安全生产检查制度。安全生产检查制度是上级管理部门或建筑施工企业，对安全生产状况进行定期或不定期检查的制度。通过检查可以发现问题，查出隐患，从而采取有效措施，堵塞漏洞，把事故消灭在发生之前，做到防患于未然，是"预防为主"的具体体现。通过检查，还可总结出好的经验加以推广，为进一步搞好安全工作打下基础。

《建筑法》确立了伤亡事故处理报告制度。施工中发生事故时，建筑企业应当采取紧急措施减少人员伤亡和事故损失，并按照国家有关规定及时向有关部门报告。事故处理必须遵循一定的程序，做到"四不放过"（事故原因未查清不放过；职工和事故责任人受不到教育不放过；事故隐患不整改不放过；事故责任人不处理不放过）。通过对事故的严格处理，可以总结出经验教训，为制定规程、规章提供第一手素材，指导今后的施工。

《建筑法》还确立了安全责任追究制度。规定建设单位、设计单位、施工单位、监理单位，由于没有履行职责造成人员伤亡和事故损失的，视情节给予相应处理；情节严重的，责令停业整顿，降低资质等级或吊销资质证书；构成犯罪的，依法追究刑事责任。

《建筑法》第五章　建筑安全生产管理

第三十六条　建筑工程安全生产管理必须坚持安全第一、预防为主的方针，建立健全安全生产的责任制度和群防群治制度。

第三十七条　建筑工程设计应当符合按照国家规定制定的建筑安全规程和技术规范，保证工程的安全性能。

第三十八条　建筑施工企业在编制施工组织设计时，应当根据建筑工程的特点制定相应的安全技术措施；对专业性较强的工程项目，应当编制专项安全施工组织设计，并采取安全技术措施。

第三十九条　建筑施工企业应当在施工现场采取维护安全、防范危险、预防火灾等措施；有条件的，应当对施工现场实行封闭管理。

施工现场对毗邻的建筑物、构筑物和特殊作业环境可能造成损害的，建筑施工企业应当采取安全防护措施。

第四十条　建设单位应当向建筑施工企业提供与施工现场相关的地下管线资料，建筑施工企业应当采取措施加以保护。

第四十一条　建筑施工企业应当遵守有关环境保护和安全生产的法律、法规的规定，采取控制和处理施工现场的各种粉尘、废气、废水、固体废物以及噪声、振动对环境的污染和危害的措施。

第四十二条　有下列情形之一的，建设单位应当按照国家有关规定办理申请批准手续：

（一）需要临时占用规划批准范围以外场地的；

（二）可能损坏道路、管线、电力、邮电通信等公共设施的；

（三）需要临时停水、停电、中断道路交通的；

（四）需要进行爆破作业的；

（五）法律、法规规定需要办理报批手续的其他情形。

第四十三条　建设行政主管部门负责建筑安全生产的管理，并依法接受劳动行政主管部门对建筑安全生产的指导和监督。

第四十四条　建筑施工企业必须依法加强对建筑安全生产的管理，执行安全生产责任制度，采取有效措施，防止伤亡和其他安全生产事故的发生。

建筑施工企业的法定代表人对本企业的安全生产负责。

第四十五条　施工现场安全由建筑施工企业负责。实行施工总承包的，由总承包单位负责。

分包单位向总承包单位负责，服从总承包单位对施工现场的安全生产管理。

第四十六条 建筑施工企业应当建立健全劳动安全生产教育培训制度，加强对职工安全生产的教育培训；未经安全生产教育培训的人员，不得上岗作业。

第四十七条 建筑施工企业和作业人员在施工过程中，应当遵守有关安全生产的法律、法规和建筑行业安全规章、规程，不得违章指挥或者违章作业。作业人员有权对影响人身健康的作业程序和作业条件提出改进意见，有权获得安全生产所需的防护用品。作业人员对危及生命安全和人身健康的行为有权提出批评、检举和控告。

第四十八条 建筑施工企业应当依法为职工参加工伤保险缴纳工伤保险费。鼓励企业为从事危险作业的职工办理意外伤害保险，支付保险费。

第四十九条 涉及建筑主体和承重结构变动的装修工程，建设单位应当在施工前委托原设计单位或者具有相应资质条件的设计单位提出设计方案；没有设计方案的，不得施工。

第五十条 房屋拆除应当由具备保证安全条件的建筑施工单位承担，由建筑施工单位负责人对安全负责。

第五十一条 施工中发生事故时，建筑施工企业应当采取紧急措施减少人员伤亡和事故损失，并按照国家有关规定及时向有关部门报告。

2.《安全生产法》的主要内容

《安全生产法》是为了加强安全生产工作，防止和减少生产安全事故，保障人民群众生命和财产安全，促进经济社会持续健康发展而制定的。

《安全生产法》由中华人民共和国第九届全国人民代表大会常务委员会第 28 次会议于 2002 年 6 月 29 日通过，自 2002 年 11 月 1 日起施行。

2014 年 8 月 31 日第十二届全国人民代表大会常务委员会第 10 次会议通过全国人民代表大会常务委员会关于修改《中华人民共和国安全生产法》的决定，自 2014 年 12 月 1 日起施行。

《安全生产法》中提供了四种监督途径，即工会民主监督、社会舆论监督、公众举报监督和社区服务监督。这些监督途径使许多安全隐患及时得以发现，也将使许多安全管理工作中的不足得以改善。《安全生产法》中明确了生产经营单位必须做好安全生产的保证工作，既要在安全生产条件上、技术上符合生产经营的要求，也要在组织管理上建立健全安全生产责任并进行有效落实。《安全生产法》不仅明确了从业人员为保证安全生产所应尽的义务，也明确了从业人员进行安全生产所享有的权利，在正面强调从业人员应该为安全生产尽职尽责的同时，赋予从业人员的权利，也从另一方面有效保障了安全生产管理工作的有效开展。《安全生产法》明确规定了生产经营单位负责人的安全生产责任，因为一切安全管理，归根到底是对人的管理，只有生产经营单位的负责人真正认识到安全管理的重要性并认真落实安全管理的各项工作，安全管理工作才有可能真正有效进行。违法必究是我国法律的基本原则，在《安全生产法》中明确了对违法单位和个人的法律责任追究制度。生产安全事故，特别是重特大生产安全事故往往具有突发性、紧迫性，如果事先没有做好充分准备工作，很难在短时间内组织有效的抢救，防止事故的扩大，减少人员伤亡和财产损失。因此，《安全生产法》明确了要建立事故应急救援制度，制定应急救援预案，形成应急救援预案体系。

3.《建设工程安全生产管理条例》的主要内容

在行政法规层面上，《安全生产许可证条例》和《建设工程安全生产管理条例》是建设工程安全生产法规体系中主要的行政法规。在《安全生产许可证条例》中，我国第一次以法律形式确立了企业安全生产的准入制度，是强化安全生产源头管理，全面落实"安全第一，预防为主"安全生产方针的重大举措。《建设工程安全生产管理条例》是根据《建筑法》和《安全生产法》制定的一部关于建筑工程安全生产的专项法规。它确立了我国关于建设工程安全生产监督管理的基本制度，明确了参与建设活动各方责任主体的安全责任，确保了建设工程参与各方责任主体安全生产利益及建筑从业人员安全与健康的合法权益，为维护建筑市场秩序，加强建设工程安全生产监督管理提供了重要的法律依据。

《建设工程安全生产管理条例》（以下简称《安全条例》）是我国工程建设领域安全生产工作发展历史中一件具有里程碑意义的大事，也是工程建设领域贯彻落实《建筑法》和《安全生产法》的具体表现，标志着我国建设工程安全生产管理进入法制化、规范化发展的新时期。该条例较为详细地规定了建设单位、勘察、设计、工程监理、其他有关单位的安全责任和施工单位的安全责任，以及政府部门对建设工程安全生产实施监督管理的责任等。

（1）建设单位安全责任。《安全条例》中规定了建设单位应当承担以下安全生产责任：

1）建设单位不得对勘察、设计、施工、工程监理单位提出不符合建设工程安全生产法律、法规和强制性标准规范的要求，不得压缩合同约定的工期，违反规定可处罚 20 万～50 万元。

2）在工程概算中确定安全措施费用（责令改正逾期可停工）。

3）建设单位不得明示或暗示施工单位购买、租赁、使用不符合安全施工要求的安全防护用具、机械设备、施工机具及构配件、消防设施和器材，违反规定可处罚 20 万～50 万元。

4）领取施工许可证时，应当向施工单位提供工程所需有关资料，并将安全施工措施报送有关主管部门备案。

5）将拆除工程发包给有施工资质的单位等。

《安全条例》中对建设单位的安全责任规定，完全适应当前及今后建筑安全生产工作发展的需要。

（2）工程勘察、工程设计、工程监理及其他有关单位的安全责任。

勘察单位应当按照法律、法规和工程建设强制性标准进行勘察，提供的勘察文件应当真实、准确，满足建设工程安全生产的需要；勘察单位在勘察作业时，应当严格执行操作规程，采取措施保证各类管线、设施和周边建筑物、构筑物的安全。

设计单位在建设工程设计中应充分考虑施工安全问题，防止因设计不合理产生坍塌等施工安全事故。

1）要对涉及施工安全的重点部位和环节在设计文件中注明，并提出防范事故的指导意见。

2）对于采用新结构、新材料、新工艺及特殊结构的建设工程，应提出保障作业人员安全和防范事故的措施建议。

《安全条例》还规定，设计单位和注册建筑师等注册执业人员应当对其设计负责。

工程监理单位对建设工程应当承担以下三个方面的安全责任：

1）应当审查施工组织设计中的安全技术措施或专项施工方案是否符合工程建设强制性标准。

2）发现存在安全事故隐患，应当要求施工单位整改或暂停施工并报告建设单位。

3）应当按照法律、法规和工程建设强制性标准对建设工程安全生产承担监理责任。

对其他相关单位的安全责任，主要是提供机械设备和配件的单位，应当配备齐全有效的保险、限位等安全设施和装置；禁止出租检测不合格的机械设备和施工机具及配件；安装、拆卸施工起重机械等必须由具有相应资质的单位承担；检验检测机构应对施工起重机械等的检验检测结果负责。

（3）关于施工单位安全责任。建设工程的施工是工程建设的关键环节，《安全条例》从以下几个方面强化了施工单位的安全责任：

1）施工单位在申请领取资质证书时，应当具备国家规定的注册资本、专业技术人员、技术准备和安全生产等条件。

2)施工单位应建立健全安全生产责任制度和安全生产教育培训制度，制定安全生产规章制度和操作规程，对所承担的建设工程进行定期和专项安全检查，并明确规定了施工单位主要责任人和项目负责人的安全生产责任。施工单位主要负责人依法对本单位的安全生产工作全面负责，项目负责人对建设工程项目的安全施工负责。

3)为了从资金上保证安全生产，规定施工单位对列入建设工程概算的安全作业环境及安全施工措施所需费用，应当用于施工安全防护用具及设施的采购和更新、安全施工措施的落实、安全生产条件的改善，不得挪作他用。

4)进一步明确总承包单位与分包单位的安全责任。草案规定：建设工程实施施工总承包的，由总承包单位对施工现场的安全生产负总责，总承包单位依法将建设工程分包给其他单位的，分包合同中应当明确各自安全生产方面的权利和义务，并对分包工程的安全生产承担连带责任。同时，草案规定：分包单位应当服从总承包单位的安全生产管理，分包单位不服从管理导致生产安全事故的，由分包单位承担主要责任。

5)施工单位应当在施工组织设计中编制安全技术措施和施工现场临时用电方案，对一些特殊的工程还需要编制专项施工方案；建设工程施工前，施工单位负责项目管理的技术人员应当对有关安全施工的技术要求向施工作业班组、作业人员作出详细说明，并由双方签字确认。

6)为了保障施工现场作业人员的安全，规定施工单位应当对作业人员进行安全教育培训，向作业人员提供合格的安全防护用具和安全防护服装，书面告知危险岗位的操作规范和违章操作的危害，为施工现场从事危险作业的人员办理意外伤害保险；作业人员有权对施工现场的作业条件、作业程序和作业方式中存在的安全问题提出批评、检举和控告，有权拒绝违章指挥和强令冒险作业；在施工中发生危及人身安全的紧急情况时，作业人员有权立即停止作业或者在采取必要的应急措施后撤离危险区域。同时，为了改善作业人员的生活条件，规定施工单位应当将施工现场的办公、生活区与作业区分开设置，并保持安全距离，职工的膳食、饮水、休息场所等应当符合卫生标准，不得在尚未竣工的建筑物内设置员工集体宿舍。

小　结

近年来，《建筑法》《安全生产法》《安全条例》等法律、法规及部门规章、施工安全技术标准的相继出台，为保障我国建筑业的安全生产提供了有利的法律武器，在建筑业的安全生产工作方面做到了有法可依。但有法可依仅仅是实现安全生产的前提条件，在实际工作中要加以落实还必须要求生产经营单位及其从业人员严格遵守各项安全生产规章制度，做到有法必依，同时，要求各级安全生产监督管理部门执法必严、违法必究。经营单位的从业人员是各项生产经营活动最直接的劳动者，是各项安全生产法律权利和义务的承担者。生产经营单位是安全生产的主体，它的安全设施、设备、作业场所和环境、安全技术装备等是保证安全生产的"硬件"。从业人员能否规范、熟练地操作各种生产经营工具或者作业，能否严格遵守安全规程和安全生产规章制度，往往决定了一个生产经营单位的安全水平。从业人员既是各类生产经营活动的直接承担者，又是生产安全事故的受害者或责任者。只有高度重视和充分发挥从业人员在生产经营活动中的主观能动性，最大限度地提高从业人员的安全素质，才能把不安全因素和事故隐患降到最低限度，从而做到预防事故，减少人身伤亡。对建筑业来说，建筑施工企业主要负责人、项目负责人和专职安全生产管理人员在管理过程中能否按法律规定办事起着至关重要的作用。

1.《中华人民共和国安全生产法》
2.《安全生产管理条例》
3.《安全生产许可证条例》
4.《中华人民共和国劳动法》
5.《中华人民共和国建筑法》

《中华人民共和国安全　　　《建设工程安全
生产法(2014 年修订)》　　生产管理条例》

素质拓展

安全生产

　　安全无小事，安全生产人人有责、人人负责。坚持安全第一、预防为主、综合治理，坚持安全第一、以人为本，认证落实各项安全生产责任制，广泛开展安全生产宣传、培训、教育，为构建和谐社会，维护国家与人民群众的生命财产安全和发展经济，创造一个安全生产的环境。

视频：安全生产

思考题

　　1. 东城建设集团是一大型建筑公司，根据《安全生产法》和《中华人民共和国安全许可证条例》的有关规定应领取安全生产许可证，在领取安全生产许可证后，集团领导不知集团的下列行为是否可行，请回答：

　　(1)若因建筑市场竞争激烈利润太少，东城建设集团决策层决定退出建筑企业，则可以把本企业的安全生产许可证转给别的企业。

　　(2)金一公司的安全生产许可证还未发下，为尽快开始生产可以借用与其有密切关系的东城建设集团的生产许可证。

　　(3)东城建设集团取得安全生产许可证后，不得降低安全生产条件，并应加强日常安全生产管理，接受安全生产许可证颁发管理机关的监督检查。

　　(4)安全生产许可证颁发管理机关在对东城建设集团的监督检查中，发现其不再具备《中华人民共和国安全许可证条例》规定的安全生产条件，应当暂扣或者吊销安全生产许可证。

　　2. 东城建设集团是一大型建筑公司，根据《安全生产法》和《中华人民共和国安全许可证条例》的有关规定应领取安全生产许可证，请判断下列论述是否正确：

　　(1)安全生产许可证由国务院安全生产监督管理部门规定统一的式样。

　　(2)安全生产许可证的有效期为 5 年。

　　(3)安全生产许可证的有效期满需要延期时，东城建设集团应当于期满前 3 个月向原安全生产许可证管理机关办理延期手续。

　　(4)东城建设集团在安全生产许可证有效期内，严格遵守有关安全生产的法律法规，未发生死亡事故的，安全生产许可证的有效期届满时，经原安全生产许可证颁发管理机关同意，不再审查，安全生产许可证有效期延期 5 年。

某高层建筑，建设单位与施工总承包方签订施工总承包合同，并委托了一家具有甲级监理资质的监理单位。依据《安全条例》，监理单位明确了自身的安全生产监理责任，包括：（1）应审查施工组织设计中的安全技术措施或者专项施工方案是否符合工程建设强制性标准。（2）在实施监理过程中，发现存在安全事故隐患的，应当要求施工单位整改；情况严重的，应当要求施工单位暂时停止施工，并及时报告建设单位。施工单位拒不整改或者不停止施工的，工程监理单位应当及时向有关主管部门报告。（3）应按照法律法规和工程建设强制性标准实施监理。

在工程施工过程中，发生了以下事件：

事件1：施工总承包单位按合同规定将脚手架工程分包给了某专业分包单位，该分包单位根据总包单位提供的设计文件编制了脚手架工程专项施工组织方案，随即分包单位立即依照方案组织人员负责脚手架搭设施工。因安全员有急事未到位，该专业分包单位现场安全生产管理工作由负责质量管理工作的人员暂时兼任。

事件2：施工总承包单位、专业分包单位根据建设工程施工的特点、范围，对施工现场易发生重大事故的部位、环节进行监控，各自编制了施工现场生产安全事故应急救援预案。按照应急救援预案，施工总承包单位、专业分包单位共同建立了应急救援组织，配备了救援器材、设备，并定期组织了演练。

问题：

1. 依据《安全条例》，哪些专项施工方案应经施工单位技术负责人、总监理工程师签字后才能实施？

2. 事件1中的做法有无不妥之处？若不妥，写出正确做法。

3. 事件2中的做法有无不妥之处？若不妥，写出正确做法。

4. 依据《安全条例》，监理工程师应承担法律责任的情形有哪些？

任务2　建筑工程安全管理制度

知识树

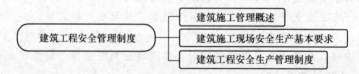

建筑工程安全管理制度	建筑施工管理概述
	建筑施工现场安全生产基本要求
	建筑工程安全生产管理制度

内容概况

本任务主要介绍建筑安全管理的基本概念、建筑施工现场安全生产基本要求及建筑工程安全生产管理制度。

熟悉建筑安全管理的基本概念；理解建筑施工现场安全生产的基本要求；掌握建筑工程安全生产管理制度。

能力目标

能够解释安全管理的概念，编写各项安全生产制度。

素质目标

提高遵守规章制度意识，落实安全生产规范制度，培养严谨踏实、注重细节的工作作风。

引领案例

因效益不好，某建筑工程公司领导决定进行公司改革，减负增效。经研究，决定将公司安全部撤销，安全管理人员 8 人中，4 人下岗，4 人转岗，原安全部承担的工作转由工会中的两个人负责。由于撤销安全部门，整个公司的安全工作仅仅由两名负责工会工作的人员兼任，致使该公司上下对安全生产工作普遍不重视，安全生产管理混乱，经常发生人员伤亡事故。

分析： "安全第一，预防为主"是生产经营单位必须遵守的原则。安全生产是不可能自然出现的，必须有人管，有人负责。在发生的诸多事故中，生产经营单位没有安全生产管理机构和安全生产管理人员，是其中很重要的一个原因。特别是实行市场经济以后，很多生产经营单位为了提高经济效益，在进行改革、减人增效过程中，首先被"改"掉、被"减"掉的常常都是安全生产管理机构或者安全生产管理人员。这样做的影响不仅仅是生产经营单位没有了一个机构和几个人，而是给生产经营单位、社会形成一种误导，即发展经济过程中，安全生产不重要，安全生产管理是可有可无的，其后果必然是事故增多，正所谓"人减下来了，事故升上去了"。本案例中建筑公司出现的情况是很常见的，建筑施工单位本来就是事故多发、危险性较大、生产安全问题比较突出的领域，更应当将安全生产放在首要位置来抓，否则难免出现安全问题甚至发生事故。《安全生产法》第 21 条第 1 款明确规定："矿山、金属冶炼、建筑施工、道路运输单位和危险物品的生产、经营、储存单位，应当设置安全生产管理机构或者配备专职安全生产管理人员。"这样规定，对于提高生产经营单位对安全生产的重视程度，健全生产经营单位安全生产管理机构和管理人员配备具有重要的意义。本案例中，建筑公司领导撤销安全生产管理机构，违反《安全生产法》的上述规定，应当承担相应的法律责任。

问题：

1. 施工单位应建立哪些安全管理制度？
2. 建设法规对各方安全管理有哪些规定？

2.1　建筑安全管理概述

《辞海》将"安全生产"解释为：为预防生产过程中发生人身、设备事故，形成良好劳动环境和工作秩序而采取的一系列措施和活动。《中国大百科全书》将"安全生产"解释为：旨在保护劳动者在生产过程中安全的一项方针，也是企业管理必须遵循的一项原则，要求最大限度地减少劳动者的工伤和职业病，保障劳动者在生产过程中的生命安全和身体健康。后者将安全生产解释为企业生产的一项方针、原则和要求；前者则解释为企业生产的一系列措施和活动。根据现代系统安全工程的观点，一般意义上讲，安全生产是指在社会生产活动中，通过人、机、物料、环境的和谐运作，使生产过程中潜在的各种事故风险和伤害因素始终处于有效控制状态，切实保护劳动者的生命安全和身体健康。

1. 建筑工程项目安全生产管理的定义

建筑工程项目安全生产管理，是指住房城乡建设主管部门、建筑安全监督管理机构、建筑施工企业及有关单位对建筑安全生产过程中的安全工作，进行计划、组织、指挥、控制、监督、调节和改进等一系列致力于满足生产安全的管理活动。

2. 建筑工程施工安全生产的特点

(1)产品的固定性导致作业环境局限性。建设产品坐落在一个固定的位置上，导致了必须在有限的场地和空间上集中大量的人力、物资、机具来进行交叉作业，导致作业环境的局限性，因而容易产生物体打击等伤亡事故。

(2)露天作业导致作业条件恶劣性。建设工程施工大多是在露天空旷的场地上完成的，导致工作环境相当艰苦，容易发生伤亡事故。

(3)体积庞大带来了施工作业高空性。建设产品的体积十分庞大，操作工人大多在十几米，甚至几百米上进行高处作业，因而容易产生高处坠落的伤亡事故。

(4)流动性大、工人素质低带来了安全管理的难度性。由于建设产品的固定性，当这一产品完成后，施工单位就必须转移到新的施工地点去，施工人员流动性大，素质较差，要求安全管理举措必须及时、到位，带来施工安全管理的难度性。

(5)手工操作多、体力消耗大、强度高带来了个体劳动保护的艰巨性。在恶劣的作业环境下，施工工人的手工操作多，体能耗费大，劳动时间和劳动强度都比其他行业要大，其职业危害严重，带来了个人劳动保护的艰巨性。

(6)产品多样性、施工工艺多变性要求安全技术措施和安全管理的保证性。建设产品多样性、施工生产工艺复杂多变性，如一栋建筑从基础、主体至竣工验收，各道施工工序均有其不同的特性，其不安全的因素各不相同。同时，随着工程建设进度的推进，施工现场的不安全因素也在随时变化，要求施工单位必须针对工程进度和施工现场实际情况不断及时地采取安全技术措施和安全管理措施予以保证。

(7)施工场地窄小带来了多工种立体交叉性。近年来，建筑由低向高发展，施工现场却由宽到窄发展，致使施工场地与施工条件要求的矛盾日益突出，多工种交叉作业增加，导致机械伤害、物体打击事故增多。

施工安全生产的上述特点，决定了施工生产的安全隐患多存在于高处作业、交叉作业、垂直运输、个体劳动保护及使用电气工具上，伤亡事故也多发生在高处坠落、物体打击、机械伤害、起重伤害、触电、坍塌等方面。同时，超高层、新、奇、个性化的建筑产品的出现，给建筑施工带来了新的挑战，也给建设工程安全管理和安全防护技术提出了新的要求。

2.2 建筑施工现场安全生产基本要求

长期以来，建筑施工现场总结制定了一些行之有效的安全生产基本要求和规定，主要有以下几个方面。

1. 安全生产六大纪律

(1)进入现场必须戴好安全帽、扣好帽带；并正确使用个人劳动防护用品。

（2）2 m以上的高处、悬空作业无安全设施的，必须系好安全带、扣好保险钩。

（3）高处作业时，不准往下或向上乱抛材料和工具等物件。

（4）各种电动机械设备必须有可靠有效的安全接地和防雷装置，方能开动使用。

（5）不懂电气和机械的人员，严禁使用和玩弄机电设备。

（6）吊装区域非操作人员严禁入内，吊装机械必须完好，拔杆垂直下方不准站人。

2. 施工现场"十不准"

（1）不准从正在起吊、运吊中的物件下通过。

（2）不准从高处往下跳或奔跑作业。

（3）不准在没有防护的外墙和外壁板等建筑物上行走。

（4）不准站在小推车等不稳定的物体上操作。

（5）不得攀登起重臂、绳索、脚手架、井字架、龙门架和随同运料的吊盘及吊装物上下。

（6）不准进入挂有"禁止出入"或设有危险警示标志的区域、场所。

（7）不准在重要的运输通道或上下行走通道上逗留。

（8）未经允许不准私自进入非本单位作业区域或管理区域，尤其是存有易燃易爆物品的场所。

（9）严禁在无照明设施无足够采光条件的区域、场所内行走、逗留。

（10）不准无关人员进入施工现场。

3. 安全生产十大禁令

（1）严禁赤脚，穿拖鞋、高跟鞋及不戴安全帽人员进入施工现场作业。

（2）严禁一切人员在提升架、吊机的吊篮上面及在提升架井口或吊物下操作、站立、行走。

（3）严禁非专业人员私自开动任何施工机械及驳接、拆除电线、电器。

（4）严禁在操作现场（包括在车间、工场）玩耍、吵闹和从高空抛掷材料、工具、砖石及一切物资。

（5）严禁土方工程的凿岩取土及不按规定放坡或不加支撑的深基坑开挖施工。

（6）严禁在不设栏杆或其他安全措施的高空作业和单皮墙、出砖线上面行走。

（7）严禁在未设安全措施的同一部位同时进行上下交叉作业。

（8）严禁带小孩进入施工现场（包括车间、工场）作业。

（9）严禁在高压电源的危险区域进行冒险作业，不穿绝缘鞋进行机械操作；严禁用手直接提拿灯头及电线移动照明。

（10）严禁在有危险品、易燃品的厂房、木工棚场及现场仓库内吸烟、生火。

4. 十项安全技术措施

（1）按规定使用安全"三宝"。

（2）机械设备防护装置一定要齐全、有效。

（3）塔式起重机等起重设备必须限位，保险装置齐全、安全可靠，不准"带病"运转，不准超负荷作业，不准在运转中维修保养。

（4）架设电线线路必须符合《施工现场临时用电安全技术规范》（JGJ 46—2005），电气设备必须全部接零保护。

（5）电动机械和手持电动工具要设置漏电保护装置。

（6）脚手架材料及脚手架的搭设必须符合规范要求。

（7）各种缆风绳及其设置必须符合规范要求。

（8）在建工程的楼梯口、电梯口、预留洞口、通道口，必须有防护设施。

（9）严禁赤脚或穿高跟鞋、拖鞋进入施工现场，高空作业不准穿硬底和带钉易滑的鞋靴。

（10）施工现场的悬崖、陡坡等危险地区应设警示标志，夜间要设红灯示警。

5. 防止违章和事故的十项操作要求

（1）新工人未经三级安全教育，复工换岗人员未经安全岗位教育，不盲目操作。

（2）特殊工种人员、机械操作工未经专门安全培训，无有效安全上岗操作证，不盲目操作。

（3）施工环境和作业对象情况不清，施工前无安全措施或作业安全交底不清，不盲目操作。

（4）新技术、新工艺、新设备、新材料、新岗位无安全措施，未进行安全培训教育、交底，不盲目操作。

（5）安全帽和作业所必需的个人防护用品不落实，不盲目操作。

（6）电焊机、钢筋机械、起重机等设施设备和现场各工序项目施工后，未经验收合格，不盲目操作。

（7）作业场所安全防护措施不落实，安全隐患不排除，威胁人身和国家财产安全时，不盲目操作。

（8）凡上级或管理干部违章指挥，有冒险作业情况时，不盲目操作。

（9）高处作业、带电作业、禁火区作业等其他危险作业的，均应由上级指派，并经安全交底，未经指派批准，未经安全交底和无安全防护措施，不盲目操作。

（10）隐患未排除，有自己伤害自己、自己伤害他人、自己被他人伤害的不安全因素存在时，不盲目操作。

6. 防止触电伤害的十项基本安全操作要求

（1）非电工严禁拆、接电气线路、插头、插座、电气设备、电灯等。

（2）使用电气设备前必须要检查线路、插头、插座、漏电保护装置是否完好。

（3）电气线路或机具发生故障时，应找电工处理，非电工不得自行修理或排除故障。

（4）使用振捣器等手持电动机械和其他电动机械从事湿作业时，要由电工接好电源，安装漏电保护器，操作者必须穿好绝缘鞋、戴好绝缘手套后再进行作业。

（5）搬迁或移动电气设备必须先切断电源。

（6）搬运钢管及其他金属物时，严禁触碰到电线。

（7）禁止在电线上晾晒物料。

（8）禁止使用照明器烘烤、取暖，禁止擅自使用电炉和其他电加热器。

（9）在架空输电线路附近工作时，应停止输电，不能停电时，应有隔离措施，要保持安全距离，防止触碰。

（10）电线必须架空，不得在地面、施工楼面随意乱拖，若必须通过地面、楼面时应有过路保护，物料、车、人不准压、踏、碾磨电线。

7. 起重吊装"十不吊"规定

（1）起重臂和吊起的重物下面有人停留或行走不准吊。

（2）起重指挥应由技术培训合格的专职人员担任，无指挥或信号不清不准吊。

（3）钢筋、型钢、管材等细长和多根物件必须捆扎牢靠，多点起吊。单头"千斤"或捆扎不牢靠不准吊。

（4）多孔板、积灰斗、手推翻斗车不用四点吊或大磨板外挂板，不用卸甲不准吊。预制钢筋混凝土楼板不准双拼吊。

（5）吊砌块必须使用安全可靠的砌块夹具，吊砖必须使用砖笼，并堆放整齐。木砖、预制埋件等零星物件要用盛器堆放稳妥，叠放不齐不准吊。

(6)楼板、大梁等吊物上站人不准吊。

(7)埋入地面的板桩、井点管等以及粘连、附着的物件不准吊。

(8)多机作业，应保证所吊重物距离不小于 3 m，在同一轨道上多机作业，无安全措施不准吊。

(9)六级以上强风区不准吊。

(10)斜拉重物或超过机械允许载荷不准吊。

8. 气割、电焊"十不烧"规定

(1)焊工必须持证上岗，无特种作业人员安全操作证的人员，不准进行焊、割作业。

(2)凡属一、二、三级动火范围的焊、割作业，未经办理动火审批手续，不准进行焊、割。

(3)焊工不了解焊、割现场周围情况，不得进行焊、割。

(4)焊工不了解焊件内部是否安全时，不得进行焊、割。

(5)各种装过可燃气、易燃液体和有毒物质的容器，未经彻底清洗，未排除危险性之前，不准进行焊、割。

(6)用可燃材料作保温层、冷却层、隔声、隔热设备的部件，或火星能飞溅到的地方，在未采取切实可靠的安全措施之前，不准焊、割。

(7)有压力或密封的管道、容器，不准焊、割。

(8)焊、割部位附近有易燃易爆物品，在未作清理或未采取有效的安全措施之前，不准焊、割。

(9)附近有与明火作业相抵触的工种在作业时，不准焊、割。

(10)与外单位相连的部位，在没有弄清楚有无险情，或明知存在危险而未采取有效的措施之前，不准焊、割。

9. 防止机械伤害的"一禁、二必须、三定、四不准"

(1)不懂电器和机械的人员严禁使用与摆弄机电设备。

(2)机电设备应完好，必须有可靠、有效的安全防护装置。

(3)机电设备停电、停工休息时必须拉闸关机，按要求上锁。

(4)机电设备应做到定人操作，定人保养、检查。

(5)机电设备应做到定机管理，定期保养。

(6)机电设备应做到定岗位和岗位职责。

(7)机电设备不准带"病"运转。

(8)机电设备不准超负荷运转。

(9)机电设备不准在运转时维修保养。

(10)机电设备运行时，操作人员不准将头、手、身伸入运转的机械行程范围内。

10. 防止车辆伤害的十项基本安全操作要求

(1)未经劳动、公安等部门培训合格持证人员，不熟悉车辆性能者不得驾驶车辆。

(2)应坚持做好例行保养工作，车辆制动器、喇叭、转向系统、灯光等影响安全的部件，如作用不良不准出车。

(3)严禁翻斗车、自卸车车厢乘人；严禁人货混装；车辆载货应不超载、超高、超宽，捆扎应牢固可靠，应防止车内物体失稳跌落伤人。

(4)乘坐车辆应坐在安全处，头、手、身不得露出车厢外，要避免车辆启动、制动时跌倒。

(5)车辆进出施工现场，在场内掉头、倒车，在狭窄场地行驶时应有专人指挥。

(6)现场行车进场要减速，并做到"四慢"，即道路情况不明要慢，线路不良要慢，起步、会车、停车要慢，在狭路、桥梁弯路、坡路、岔道、行人拥挤地点及出入大门时要慢。

（7）在临近机动车道的作业区及在道路中的路障应加设安全色标、安全标志和防护措施，并要确保夜间有充足的照明。

（8）装卸车作业时，若车辆停在坡道上，应在车轮两侧用楔形木块加以固定。

（9）人员在场内机动车道应避免右侧行走，并做到不平排结队有碍交通；避让车辆时，禁止避让于两车交会之中，不站于旁有堆物无法退让的死角。

（10）机动车辆不得牵引无制动装置的车辆；牵引物体时，物体上不得有人，人不得进入正在牵引的物与车之间；坡道上牵引时，车和被牵引物下方不得有人作业和停留。

2.3 建筑工程安全生产管理制度

2.3.1 建筑施工企业安全生产许可制度

为了严格规范建筑施工企业安全生产条件，进一步加强安全生产监督管理，防止和减少生产安全事故，国家对建筑施工企业实行安全生产许可制度，未取得安全生产许可证的建筑施工企业，不得从事建筑施工活动。《建筑施工企业安全生产许可证管理规定》（2004 年版）（简称《规定》）的主要内容如下。

1. 安全生产许可证的申请条件

建筑施工企业取得安全生产许可证，应当具备下列安全生产条件：

（1）建立健全安全生产责任制，制定完备的安全生产规章制度和操作规程。

（2）保证本单元安全生产条件所需资金的投入。

（3）设置安全生产管理机构，按照国家有关规定配备专职安全生产管理人员。

（4）主要负责人、项目负责人、专职安全生产管理人员经建设主管部门或者其他有关部门考核合格。

（5）特种作业人员经有关业务主管部门考核合格，取得特种作业操作资格证书。

（6）管理人员和作业人员每年至少进行一次安全生产教育培训并考核合格。

（7）依法参加工伤保险，依法为施工现场从事危险作业的人员办理意外伤害保险，为从业人员交纳保险费。

（8）施工现场的办公、生活区及作业场所和安全防护用具、机械设备、施工机具及配件符合有关安全生产法律、法规、标准和规程的要求。

（9）有职业危害防治措施，并为作业人员配备符合国家标准或者行业标准的安全防护用具和安全防护服装。

（10）有对危险性较大的分部分项工程及施工现场易发生重大事故的部位、环节的预防、监控措施和应急方案。

（11）有生产安全事故应急救援预案、应急救援组织或者应急救援人员，配备必要的应急救援器材、设备。

（12）法律、法规规定的其他条件。

2. 安全生产许可证的申请与颁发

（1）建筑施工企业从事建筑施工活动前，应当依照本规定向省级以上建设主管部门申请领取安全生产许可证。中央管理的建筑施工企业（集团公司、总公司）应当向国务院建设主管部门申请领取安全生产许可证。其他建筑施工企业，包括中央管理的建筑施工企业（集团公司、总公司）下属的建筑施工企业，应当向企业注册所在地省、自治区、直辖市建设主管部门申请领取安全生产许可证。

（2）建筑施工企业申请安全生产许可证时，应当向建设主管部门提供下列材料：

1）建筑施工企业安全生产许可证申请表。

2）企业法人营业执照。

3）安全生产许可证的申请条件规定的相关文件、材料。建筑施工企业申请安全生产许可证，应当对申请材料实质内容的真实性负责，不得隐瞒有关情况或者提供虚假材料。

（3）建设主管部门应当自受理建筑施工企业的申请之日起 45 日内审查完毕；经审查符合安全生产条件的，颁布安全生产许可证；不符合安全生产条件的，不予颁发安全生产许可证，书面通知企业并说明理由。企业自接到通知之日起应进行整改，整改合格后方可再次提出申请。

（4）建设主管部门审查建筑施工企业安全生产许可证申请，涉及铁路、交通、水利等有关专业工程时，可以征求铁路、交通、水利等有关部门的意见。

（5）安全生产许可证的有效期为 3 年。安全生产许可证有效期满需要延期的，企业应当于期满前 3 个月向原安全生产许可证颁布管理机关申请办理延期手续。

（6）企业在安全生产许可证有效期内，严格遵守有关安全生产的法律法规，未发生死亡事故的，安全生产许可证有效期届满时，经原安全生产许可证颁布管理机关同意，不再审查，安全生产许可证有效期延期 3 年。

（7）建筑施工企业变更名称、地址、法定代表人等，应当在变更后 10 日内，到原安全生产许可证颁布管理机关办理安全生产许可证变更手续。

（8）建筑施工企业破产、倒闭、撤销的，应当将安全生产许可证交回原安全生产许可证颁发管理机关予以注销。建筑施工企业遗失安全生产许可证，应当立即向原安全生产许可证颁发管理机关报告，并在公众媒体上声明作废后，方可申请补办。

（9）安全生产许可证分正本和副本，正、副本具有同等法律效力。

3. 安全生产许可证的监督管理

（1）县级以上人民政府建设主管部门应当加强对建筑施工企业安全生产许可证的监督管理。建设主管部门在审核发放施工许可证时，应当对已经确定的建筑施工企业是否有安全生产许可证进行审查，对没有取得安全生产许可证的，不得颁发施工许可证。

（2）跨省从事建筑施工活动的建筑施工企业有违反本规定行为的，由工程所在地的省级人民政府建设主管部门将建筑施工企业在本地区的违法事实、处理结果和处理建议抄告原安全生产许可证颁发管理机关。

（3）建筑施工企业取得安全生产许可证后，不得降低安全生产条件，并应当加强日常安全生产管理，接受建设主管部门的监督检查。安全生产许可证颁发管理机关发现企业不再具备安全生产条件的，应当暂扣或者吊销安全生产许可证。

（4）安全生产许可证颁发的管理机关或者其上级行政机关发现有下列情形之一的，可以撤销已经颁发的安全生产许可证：

1）安全生产许可证颁发管理机关工作人员滥用职权、玩忽职守颁发安全生产许可证的。

2）超越法定职权颁发安全生产许可证的。

3）违反法定程序颁发安全生产许可证的。

4）对不具备安全生产条件的建筑施工企业发布安全生产许可证的。

5）依法可以撤销已经颁发的安全生产许可证的其他情形。

依照以上规定撤销安全生产许可证，建筑施工企业的合法权益受到损害的，建设主管部门应当依法给予赔偿。

（5）安全生产许可证颁发管理机关应当建立健全安全生产许可证档案管理制度，定期向社会公布企业取得安全生产许可证的情况，每年向同级安全生产监督管理部门通报建筑施工企业安全生产许可证颁发和管理情况。

（6）建筑施工企业不得转让、冒用安全生产许可证或者使用伪造的安全生产许可证。

（7）建设主管部门工作人员在安全生产许可证颁发、管理和监督检查工作中，不得索取或者接受建筑施工企业的财物，不得谋取其他利益。

（8）任何单位或者个人对违反本规定的行为，有权向安全生产许可证颁发管理机关或者监察机关等有关部门举报。

4. 法律责任

（1）违反《规定》，建设主管部门工作人员有下列行为之一的，给予降级或者撤职的行政处分；构成犯罪的，依法追究刑事责任：

1）向不符合安全生产条件的建筑施工企业颁发安全生产许可证的。

2）发现建筑施工企业未依法取得安全生产许可证擅自从事建筑施工活动，不依法处理的。

3）发现取得安全生产许可证的建筑施工企业不再具备安全生产条件，不依法处理的。

4）接到对违反《规定》行为的举报后，不及时处理的。

5）在安全生产许可证颁发、管理和监督检查工作中，索取或者接受建筑施工企业的财物，或者谋取其他利益的。

由于建筑施工企业弄虚作假，造成第1）项行为的，对建设主管部门工作人员不予处分。

（2）取得安全生产许可证的建筑施工企业，发生重大安全事故的，暂扣安全生产许可证并限期整改。

（3）建筑施工企业不再具备安全生产条件的，暂扣安全生产许可证并限期整改；情节严重的，吊销安全生产许可证。

（4）建筑施工企业未取得安全生产许可证擅自从事建筑施工活动的，责令其在建项目停止施工，没收违法所得，并处10万元以上50万元以下的罚款；造成重大安全事故或者其他严重后果，构成犯罪的，依法追究刑事责任。

（5）安全生产许可证有效期满未办理延期手续，继续从事建筑施工活动的，责令其在建项目停止施工，限期补办延期手续，没收违法所得，并处5万元以上10万元以下的罚款；逾期仍不办理延期手续，继续从事建筑施工活动的，依照《规定》第二十四条的规定处罚。

（6）建筑施工企业转让安全生产许可证的，没收违法所得，处10万元以上50万元以下的罚款，并吊销安全生产许可证；构成犯罪的，依法追究刑事责任；接受转让的，依照《规定》第二十四条的规定处罚。

（7）冒用安全生产许可证或者使用伪造的安全生产许可证的，依照《规定》第二十四条的规定处罚。

（8）建筑施工企业隐瞒有关情况或者提供虚假材料申请安全生产许可证的，不予受理或者不予颁发安全生产许可证，并给予警告，1年内不得申请安全许可证。

（9）建筑施工企业以欺骗、贿赂等不正当手段取得安全生产许可证的，撤销安全生产许可证，3年内不得再次申请安全生产许可证；构成犯罪的，依法追究刑事责任。

（10）暂扣、吊销安全生产许可证的行政处罚，由安全生产许可证的颁发管理机关决定；其他行政处罚，由县级以上地方人民政府建设主管部门决定。

2.3.2 政府安全监督制度

建筑安全生产监督管理是指各级人民政府、住房城乡建设主管部门及其授权的建筑安全生产监督机构对建筑安全生产所实施的行业监督管理。

《建设工程安全生产管理条例》对建设工程安全生产的监督管理作了明确规定，其内容如下所述。

1. 政府安全监督检查的管理体系

(1)国务院负责安全生产监督管理的部门依照《中华人民共和国安全生产法》的规定，对全国建设工程安全生产工作实施综合监督管理。

(2)县级以上地方人民政府负责安全生产监督管理的部门依照《中华人民共和国安全生产法》的规定，对本行政区域内建设工程安全生产工作实施综合监督管理。

(3)国务院住房城乡建设主管部门对全国的建设工程安全生产实施监督管理，国务院铁路、交通、水利等有关部门按照国务院规定的职责分工，负责有关专业建设工程安全生产的监督管理。

(4)县级以上地方人民政府住房城乡建设主管部门对本行政区域内的建设工程安全生产实施监督管理。县级以上地方人民政府交通、水利等有关部门在各自的职责范围内，负责本行政区域内的专业建设工程安全生产的监督管理。

2. 政府安全监督检查的职责与权限

(1)住房城乡建设主管部门和其他有关部门应当将依法批准开工报告的建设工程和拆除工程的有关备案资料主要内容抄送同级负责安全生产监督管理的部门。

(2)住房城乡建设主管部门在审核发放施工许可证时，应当对建设工程是否有安全施工措施进行审查，对没有安全施工措施的，不得颁发施工许可证。

(3)住房城乡建设主管部门或者其他有关部门对建设工程是否有安全施工措施进行审查时，不得收取费用。

(4)县级以上人民政府负有建设工程安全生产监督管理职责的部门在各自的职责范围内履行安全监督检查职责时，有权采取下列措施：

1)要求被检查单位提供有关建设工程安全生产的文件和资料。

2)进入被检查单位施工现场进行检查。

3)纠正施工中违反安全生产要求的行为。

4)对检查中发现的安全事故隐患，责令立即排除；重大安全事故隐患排除前或者排除过程中无法保证安全的，责令从危险区域内撤出作业人员或者暂时停止施工。

(5)住房城乡建设主管部门或者其他有关部门可以将施工现场的监督检查委托给建设工程安全监督机构具体实施。

(6)国家对严重危及施工安全的工艺、设备、材料实行淘汰制度。具体目录由国务院住房城乡建设主管部门会同国务院其他有关部门制定并公布。

(7)县级以上人民政府住房城乡建设主管部门和其他有关部门应当及时受理对建设工程生产安全事故及安全事故隐患的检举、控告和投诉。

2.3.3 安全生产教育培训制度

1. 安全教育和培训的时间

根据建设部(建教〔1997〕83号)《建筑业企业职工安全培训教育暂行规定》，安全教育和培训的时间应满足以下要求：

(1)企业法定代表人、项目经理每年接受安全培训的时间，不得少于30学时。

(2)企业专职安全管理人员每年必须接受安全专业技术业务培训，时间不得少于40学时。

(3)企业其他管理人员和技术人员每年接受安全培训的时间，不得少于20学时。

(4)企业特殊工种每年接受有针对性的安全培训，时间不得少于20学时。

(5)企业其他职工每年接受安全培训的时间，不得少于15学时。

(6)企业待岗、转岗、换岗的职工，在重新上岗前，必须接受一次安全培训，时间不得少于20学时。

(7)建筑业企业新进场的工人，必须接受公司、项目、班组的三级安全培训教育，经考核合格后方能上岗，时间分别不得少于15学时、15学时、20学时。

2. 安全教育和培训的形式及内容

安全教育主要包括安全生产思想、安全知识、安全技能和法制教育四个方面的内容。

施工现场常用的几种安全教育形式如下。

(1)新工人三级安全教育。

1)三级安全教育是企业必须坚持的安全生产基本制度，对新工人(包括新招收的合同工、临时工、学徒工、劳务工及实习和代培人员)都必须进行公司(厂)、项目、班组的三级安全教育。

2)三级安全教育一般由安全、教育和劳资等部门配合组织进行，经教育考试合格者才准许进入生产岗位，不合格者必须补课、补考。

3)对新工人的三级安全教育，要建立档案、职工安全生产教育卡等，新工人工作一个阶段后还应进行重复性的安全再教育，以加深安全的感性和理性认识。

4)三级安全教育的主要内容如下：

①公司(厂)进行安全基本知识、法规、法制教育，主要内容如下：

a. 党和国家的安全生产方针。

b. 安全生产法规、标准和法制观念。

c. 本单位施工(生产)过程及安全生产规章制度、安全纪律。

d. 本单位安全生产的形势及历史上发生的重大事故及应吸取的教训。

e. 发生事故后如何抢救伤员、排险、保护现场和及时报告。

②工程处(项目部、车间)进行现场规章制度和违章守纪教育，主要内容如下：

a. 本单位(工程处、项目部、车间)施工安全生产基本知识。

b. 本单位(包括施工、生产场地)安全生产制度、规定及安全注意事项。

c. 本工种的安全技术操作规程。

d. 机械设备、电气安全及高空作业安全基本知识。

e. 防毒、防尘、防火、防爆知识及紧急境况安全处置和安全疏散知识。

f. 防护用品发放标准及防护用具使用的基本知识。

③班组安全生产教育由班组长主持进行，或由班组安全员及指定技术熟练、重视安全生产的老工人讲解，进行本工种岗位安全操作班组安全制度、纪律教育。主要内容如下：

a. 本班组作业特点及安全操作规程。

b. 班组安全生产活动制度及纪律。

c. 爱护和正确使用安全防护装置(设施)及个人劳动防护用品。

d. 本岗位易发生事故的不安全因素及防范对策。

e. 本岗位作业环境及使用的机械设备、工具的安全要求。

(2)特种作业人员培训。

1)2010年7月1日起实施的《特种作业人员安全技术培训考核管理规定》对特种作业的定义、范围、人员条件和安全技术培训、考核、发证、复审及其监督管理工作都作了明确的规定。

2)特种作业的定义是指容易发生事故，对操作本人、他人的安全健康及设备、设施的安全可能造成重大危害的作业。特种作业的范围由特种目录规定。特种作业人员是指直接从事特种作业的从业人员。

3)特种作业范围的工种有电工、电(气)焊工、架子工、司护工、爆破工、机械操作工、起重工、塔式起重机司机及指挥人员、人货两用电梯司机、信号指挥、厂内车辆驾驶、起重机机械拆装作业人员、物料提升机操作员。

4)从事特种作业的人员，必须经国家规定的有关部门进行安全教育和安全技术培训，并经考核合格取得操作证后，方准独立作业。

(3)经常性教育。

1)经常性的普及教育贯穿于管理工作的全过程，并根据接受教育对象的不同特点，采取多层次、多渠道和多种方法进行，可以取得良好的效果。经常性教育的主要内容如下：

①上级的劳动保护、安全生产法规及有关文件指示。

②各部门、科室和每个职工的安全责任。

③遵章守纪。

④事故案例及教育和安全技术先进经验、革新成果等。

2)采用新技术、新工艺、新设备、新材料和调换工作岗位时，要对操作人员进行新技术操作和新岗位的安全教育，未经教育者不得上岗操作。

3)班组应每周安排一次安全活动日，可利用班前和班后进行，其内容如下：

①学习党、国家和上级主管部门及企业随时下发的安全生产规定文件和操作规程。

②回顾上周安全生产情况，提出下周安全生产要求。

③分析班组工人安全思想动态及现场安全生产形势，表扬好人好事和总结需吸取的教训。

4)适时安全教育。根据建筑施工的生产特点进行"五抓紧"的安全教育。

①工程突击赶任务，往往不注意安全，要抓紧安全教育。

②工程接近尾声时，容易忽视安全，要抓紧安全教育。

③施工条件好时，容易麻痹，要抓紧安全教育。

④季节气候变化的外界不安全因素多，要抓紧安全教育。

⑤节假日前后。思想不稳定，要抓紧安全教育，使之做到警钟长鸣。

5)纠正违章教育。企业对由于违反安全规章制度而导致重大险情或未遂事故的，进行违章纠正教育。教育内容为：违反的规章条文，它的意义及其危害。务必使教育者充分认识自身的过失和吸取教训，对于情节严重的违章事件，除教育责任者本人外，还应通过适当的形式以现身说法，扩大教育面。

2.3.4　特种作业人员持证上岗培训

《建设工程安全生产管理条例》第二十五条规定："垂直运输机械作业人员、安装拆卸工、爆破作业人员、起重信号工、登高架设作业人员等特种作业人员，必须按照国家有关的规定经过专门的安全作业培训，并取得特种作业操作的资格证书后，方可上岗作业。"

1. 特种作业人员应当符合的条件

(1)年满18周岁，且不超过国家法定退休年龄。

(2)经社区或者县级以上医疗机构体检健康合格，并无妨碍从事相应特种作业的器质性心脏病、癫痫病、美尼尔氏症、眩晕症、癔症、帕金森病、精神病、痴呆症，以及其他疾病和生理缺陷。

(3)具有初中及以上文化程度。

(4)具备必要的安全技术知识与技能。

(5)相应特种作业规定的其他条件。

2. 特种作业的培训内容

(1)安全技术理论。

(2)实际操作技能。

3. 特种作业的考核发证

(1)特种作业操作证由安全监管局统一式样、标准及编号，有效期为6年，在全国范围内有效。

（2）特种作业操作证每3年复审1次。特种作业人员在特种作业操作证有效期内，连续从事本工种10年以上，严格遵守有关安全生产法律法规的，经原考核发证机关或者从业所在地考核发证机关同意，特种作业操作的复审时间可以延长至每6年1次。

（3）特种作业操作证申请复审或者延期复审前，特种作业人员应当参加必要的安全培训并考试合格。安全培训时间不少于8个学时，主要培训法律、法规、标准、事故案例和有关新工艺、新技术、新装备等知识。

小　结

在建筑领域中，建筑工程的安全管理始终都是一个世界性的问题。各国建筑工程实施过程中，安全管理都处于至关重要的位置，其不仅关系着建筑工程项目能否顺利推进，同时，也直接影响着参与到工程建设中的每名施工人员的人身安全。

从广义上来看，安全管理主要包含两个方面的内涵：一是对建筑工程本身进行安全管理，核实工程质量是否满足合同要求，是否能够在规划的时间内被安全使用；二是对工程施工所需的人员、设备材料等进行安全管理。因此，对建筑施工企业来讲，建筑工程的安全管理是一项包含内容较多的系统性的管理体系。

课外参考资料

1.《中华人民共和国安全生产法》.
2.《安全生产管理条例》.
3.《安全生产许可证条例》.
4.《中华人民共和国劳动法》.
5.《中华人民共和国建筑法》.

素质拓展

安全意识提升

安全生产无小事，工作中切勿在思想上麻痹大意。安全生产警钟长鸣，人的生命只有一次，坚守以人为本的理念，树立科学发展观。

请同学收集一个因为不落实安全生产制度而导致安全事故的案例，并分析案例具体发生原因，以及如何避免类似事故，并总结事故发生后的教训。

思考题

1. 建筑工程施工安全生产有哪些特点？
2. 政府安全监督检查的职责与权限包括哪些内容？
3.（　　）是建筑施工企业所有安全规章制度的核心。

A. 安全检查制度　　　　　　　　　　B. 安全技术交底制度

C. 安全教育制度　　　　　　　　　　D. 安全生产责任制度

某市一房地产公司投资兴建一幢高层综合楼，工程由该市某建筑工程公司承担施工总包任务。该总包单位又将该工程中的土方工程分包给某专业工程公司。

某年某月某日，该基坑工程在开挖过程中发生大量流砂涌入，引起基坑受损及周边地区地面沉降，造成3幢建筑物严重倾斜及部分防护桩沉陷变形，直接经济损失巨大。因事故处理及时，未造成人员伤亡。经调查，造成事故的原因是分包单位某工程公司采用的施工方案调整存在缺陷，施工过程中没有针对某部位地质基本情况采取支护措施，就进行开挖；分包项目存在漏洞，总包单位也未就施工方案向分包单位作说明，总包单位的质量安全员也很少去施工作业面进行技术、质量安全检查。

问题：

1. 依据《建设工程安全生产管理条例》，施工单位项目负责人对施工项目安全生产的主要职责是什么？

2. 依据《建设工程安全生产管理条例》，施工单位专职安全生产管理人员对施工项目安全生产的主要职责是什么？

3. 总承包单位和分包单位之间的安全生产职责关系如何？该工程项目的安全事故责任由谁承担主要责任？

任务3　施工安全事故处理

知识树

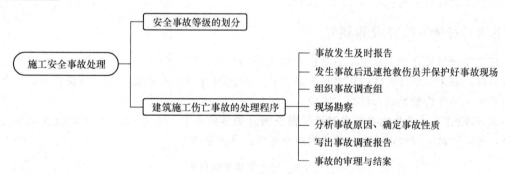

内容概况

本任务主要介绍安全事故等级的划分及其建筑施工伤亡事故的处理程序。

知识目标

了解施工安全事故处理的原则和处理程序；熟悉安全事故等级的划分；掌握加强建筑施工安全管理的对策。

能力目标

能够掌握施工安全事故处理措施及应急救援预案的编制。

生产安全事故报告和
调查处理条例

通过安全事故处理知识的学习，提高安全意识，热爱生命，尊重生命；培养学生在处理事故临危不乱、按程序办事、实事求是的作风。

引领案例

某办公楼工程，建筑面积为 98 000 m²，劲性钢筋混凝土框筒结构，地下 3 层，地上 46 层，建筑高度为 203 m，基础深度为 15 m，桩基为人工挖孔桩，桩长为 18 m，首层大堂高度为 12 m，跨度为 24 m，外墙为玻璃幕墙。吊装施工垂直运输采用内爬式起重机，单个构件吊装最大重量为 12 t。

合同履行过程中，发生了下列事件。

事件 1：施工总承包单位在浇筑首层大堂顶板混凝土时，发生了模板支撑系统坍塌事故，造成 5 人死亡、7 人受伤。事故发生后，施工总承包单位现场有关人员于 2 h 后向本单位负责人进行了报告，施工总承包单位负责人接到报告后 1 h 后向当地政府行政主管部门进行了报告。

事件 2：由于工期较紧，施工总承包单位于晚上 11 点后安排了钢结构构件进场和焊接作业施工。附近居民以施工作业影响夜间休息为由进行了投诉。当地相关主管部门在查处时发现：施工总承包单位未办理夜间施工许可证；检测夜间施工场界噪声值达到 60 dB(A)。

问题：

1. 事件 1 中，依据《生产安全事故报告和调查处理条例》(国务院 493 号令)，此次事故属于哪个等级？纠正事件 1 施工总承包单位报告事故的错误做法。报告事故时应报告哪些内容？

2. 指出事件 2 中施工总承包单位对所查处问题应采取的正确做法，并说明施工现场避免或减少光污染的防护措施。

3.1　安全事故等级的划分

施工安全事故是指工程施工过程中造成人员伤亡、伤害、职业病、财产损失或其他损失的意外事件。如果该意外事件的后果是人员死亡、受伤或身体的损害就称为人员伤亡事故，如果没有造成人员伤亡就是非人员伤亡事故。

国务院《生产安全事故报告和调查处理条例》(国务院令第 493 号)将伤亡事故分为特别重大事故、重大事故、较大事故、一般事故四个等级，具体见表 8.1。

表 8.1　安全事故等级划分

安全事故等级	安全事故特征	备注
特别重大事故	造成 30 人以上死亡，或者 100 人以上重伤(包括急性工业中毒，下同)，或者 1 亿元以上直接经济损失的事故	
重大事故	造成 10 人以上 30 人以下死亡，或者 50 人以上、100 人以下重伤，或者 5 000 万元以上、1 亿元以下直接经济损失的事故	本表所称的"以上"包括本数，所称的"以下"不包括本数
较大事故	造成 3 人以上、10 人以下死亡，或者 10 人以上、50 人以下重伤，或者 1 000 万元以上、5 000 万元以下直接经济损失的事故	
一般事故	造成 3 人以下死亡，或者 10 人以下重伤，或者 1 000 万元以下直接经济损失的事故	

3.2 建筑施工伤亡事故的处理程序

1. 事故发生及时报告

建筑施工现场发生伤亡事故后，负伤人员或最先发现事故的现场人员应立即将事故概况（包括伤亡人数，发生事故的时间、地点、原因）等报告本单位工程项目经理部领导或安全技术人员，单位负责人接到报告后，应当于 1 h 内向事故发生地县级以上人民政府安全生产监督管理部门和负有安全生产监督管理职责的有关部门报告，并有组织、有指挥地抢救伤员、排除险情。安全生产监督管理部门和负有安全生产监督管理职责的有关部门根据事故的严重程度和施工现场情况，用快速办法分别通知和报告公安机关、劳动部门、工会、人民检察院及上级主管部门。事故上报程序流程如图 8.1 所示。

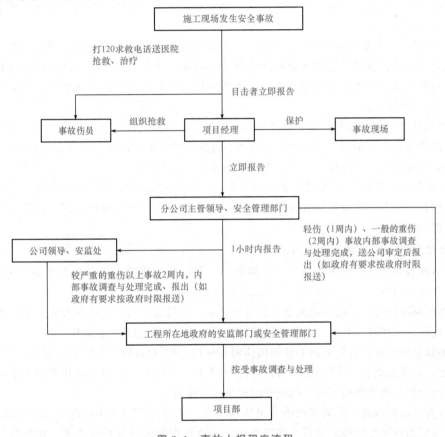

图 8.1　事故上报程序流程

2. 发生事故后迅速抢救伤员并保护好事故现场

事故发生后，首先迅速采取必要措施抢救伤员和排除险情，预防事故的蔓延扩大。同时，为了调查事故、查清事故原因，必须保护好事故现场。因抢救负伤人员和排除险情而必须移动现场物件时，要进行录像、摄影或画清事故现场示意图，并作出标记。因为事故现场是提供有关物证的主要场所，是调查事故原因不可缺少的客观条件，所以要严加保护。要求现场各种物体的位置、颜色、形状及其物理、化学性质等尽可能保持事故发生时的状态，必须采取一切措施，防止人为或自然因素的破坏。

清理事故现场应在调查组确认现场取证完毕，并征得上级劳动安全监察部门、行业主管部门、公安部门、工会等同意后进行。不得借口恢复生产擅自清理现场，将现场破坏。

3. 组织事故调查组

一般事故，由企业负责人或其指定人员组织生产、技术、安全等有关人员以及工会成员组成事故调查组；较大事故，由企业主管部门会同事故发生地的市（或者相当于设区的市一级）劳动安全监察、公安、工会组成的事故调查组对事故进行调查；重大事故，由省、自治区、直辖市主管部门或者国务院有关主管部门会同同级劳动部门、公安部门、监察部门、工会组成事故调查组，进行调查。根据事故性质，可邀请人民检察院派员参加或有关专家、工程技术人员进行鉴定。但与事故有直接利害关系的人员不得参加事故调查组。

4. 现场勘察

在事故发生后，调查组必须到现场进行勘察。现场勘察是一项技术性很强的工作，涉及广泛的科学技术知识和实践经验，对事故的现场勘察必须及时、全面、细致、客观。现场勘察的主要内容包括以下几项：

（1）作出笔录。发生事故的时间、地点、气象等；现场勘查人员的姓名、单位、职务；现场勘查起止时间、勘查过程；能量逸散所造成的破坏情况、状态、程度等；设备损坏或异常情况及事故前后的位置；事故发生前劳动组合、现场人员的位置和行动；散落情况；重要物证的特征、位置及检验情况等。

（2）现场拍照。方位拍照，反映事故现场在周围环境中的位置；全面拍照。反映事故现场各部分之间的联系；中心拍照，反映事故现场中心情况；细目拍照，揭示事故直接原因的痕迹物、致害物等；人体拍照，反映伤亡者主要受伤和造成死亡伤害部位。

（3）现场绘图。根据事故类别和规模以及调查工作的需要应绘出下列示意图：建筑物平面图、剖面图；事故发生时人员位置及疏散（活动）图；破坏物立体图或展开图；涉及范围图；设备或工、器具构造图等。

5. 分析事故原因、确定事故性质

通过事故的调查，分析事故原因，总结教训，制订预防措施，避免类似事故的重复发生；确定事故性质，明确事故的责任人，为依法处理提供证据。

（1）查明事故经过，弄清楚造成事故的各种因素，包括人、物、生产管理和技术管理方面的问题，经过认真、客观、全面、细致、准确地分析，确定事故的性质和责任。

（2）事故分析步骤，首先整理和仔细阅读调查材料，按《企业职工伤亡事故分类》（GB 6441—1986）规定，对受伤部位、受伤性质、起因物、致害物、伤害方法、不安全状态和不安全行为七项内容进行分析，确定直接原因、间接原因和事故责任者。

（3）分析事故原因时，应根据调查所确认的事实，从直接原因入手，逐步深入到间接原因。通过对直接原因和间接原因的分析，确定事故中的直接责任者和领导责任者，再根据其在事故发生过程中的作用，确定主要责任者。

（4）事故的性质，通常分为以下三类：

1）责任事故，即由于人的过失造成的事故。

2）非直接责任事故，即由于人们不能预见或不可抗拒的自然条件变化所造成的事故；或者在技术改造、发明创造、科学试验活动中，由于科学条件限制而发生的无法预料的事故。但是，能够预见并可采取措施加以避免的伤亡事故，或由于没有经过认真研究解决技术问题而造成的事故，不能包括在内。

3）破坏性事故，即为达到既定目的而故意制造的事故。对已确定为破坏性事故的，应由公安机关和企业保卫部门认真追查破案、依法处理。

6. 写出事故调查报告

事故调查组应着重将事故发生经过、原因、责任分析和处理意见以及本次事故教训和改进工作的建议等，按照《死亡、重伤事故调查报告书》规定内容逐项写出文字报告，经调查组全体人员签字后报批。如调查组内部意见有分歧，应在弄清楚事实的基础上，对照政策法规反复研究，统一认识。对于个别同志持有不同意见，允许保留，并在签字时写明自己的意见。事故调查报告提交期限为事故发生之日起 60 日内，特殊情况的延长期限最长不超过 60 日。事故调查报告应当包括下列内容：

1）事故发生单位概况。

2）事故发生经过和事故救援情况。

3）事故造成的人员伤亡和直接经济损失。

4）事故发生的原因和事故性质。

5）事故责任的认定以及对事故责任者的处理建议。

6）事故防范和整改措施。

7. 事故的审理与结案

事故的审理与结案内容主要包括以下几项：

（1）事故的审理和结案的权限和期限。企业及其主管部门负责处理的内容包括：①执行对事故有责任人员的行政处分；②组织防范措施的实施；③做好事故的善后处理。

企业及其主管部门根据事故调查组提出的调查报告中的处理意见和防范措施建议，写出《企业职工伤亡事故调查处理报告书》，报经劳动监察部门审查同意批复后视为结案。

企业在接到对伤亡事故处理的结案批复文件后，要在企业职工中公开宣布批复意见和处理结果。关于对事故责任者的处理，根据其情节轻重和损失大小，按照是主要责任、重要责任、一般责任，还是领导责任等，予以相应处分。对有关人员的处分要存入受处分人的档案。但依法应由司法机关处理的除外。

一般情况下，重大事故、较大事故、一般事故处理应当在 75 天内结案；特别重大事故，在 90 天内结案，特殊情况不得超过 180 天。

（2）事故档案。事故的教训是用鲜血换来的宝贵财富，应予以记载并归档案保存。这是研究改进措施、进行安全教育并展开科学研究难得的资料。因此，要把事故调查处理的文件、图集、照片、录像带、资料等长期完整地保存下来。

当事故处理结案后，应归档的事故资料如下：

1）职工伤亡事故登记表。

2）职工死亡、重伤事故调查报告书及批复材料。

3）现场调查记录、图纸、照片。

4）技术鉴定和试验报告。

5）物证、人证材料。

6）直接和间接经济损失材料。

7）事故责任者的自述材料。

8）医疗部门对伤亡人员的诊断书。

9）发生事故时的工艺条件、操作情况和设计材料。

10）处分决定和受处分人员的检查材料。

11）有关事故的通报、简报及文件。

12）注明参加事故调查的人员姓名、职务、单位等。

小　结

一旦建筑工程发生事故，事故现场有关人员应立即向施工单位负责人报告；施工单位负责人应当于1h内向事故发生地县级以上人民政府建设主管部门和有关部门报告。情况紧急时，事故现场有关人员可以直接向事故发生地县级以上人民政府建设主管部门和有关部门报告。建设主管部门逐级上报事故的时间不得超过2h。

(1)发生人员轻伤、重伤事故，由企业负责人或指定的人员组织施工生产、技术、安全、劳资、工会等有关人员组成事故调查组进行调查。

(2)死亡事故由企业主管部门会同现场所在市(或区)劳动部门、公安部门、人民检察院、工会组成事故调查组进行调查。

(3)重大伤亡事故应按企业的隶属关系，由省、自治区、直辖市企业主管部门或国务院有关主管部门，公安、监察、检察、工会组成事故调查组进行调查，也可邀请有关专家和技术人员参加。

(4)特大事故发生后，按照事故发生单位的隶属关系，由省、自治区、直辖市人民政府或者国务院归口管理部门组织特大事故调查组，负责事故的调查工作；涉及军民两个方面的特大事故，组织事故调查的单位应当邀请军队派员参加事故的调查工作。

课外参考资料

1.《中华人民共和国安全生产法》.
2.《安全生产管理条例》.
3.《安全生产许可证条例》.
4.《中华人民共和国劳动法》.
5.《中华人民共和国建筑法》.
6.《建筑工程质量管理条例》.

素质拓展

"吃一堑，长一智"，吸取教训，杜绝安全事故

提高安全意识与生产意识，提供安全生产保证，避免事故发生；若事故发生时能实事求是地按程序处理并总结教训，则"亡羊而补牢，未为迟也"。

视频：生产安全事故后果

思考题

1. 根据国务院《生产安全事故报告和调查处理条例》(国务院令第493号)，将伤亡事故分为哪几个等级？具体怎么划分？

2. 事故报告应包括哪些内容？

　　某市某工程由 A 建筑集团公司土建总承包，土方由 B 基础公司分包，工地现场正在进行深基坑土方开挖。某日 18 时 15 分，B 基础公司项目经理将 11 名普工交给现场工长；19 点左右，工长向 11 名工人交代了生产任务，11 人全部下基坑，在⑦轴至⑧轴间平台上施工（领班未到现场，电工未到现场）。当晚 20 点左右，⑧轴处土方突然发生滑坡，局部迅速垮塌，当即有 2 人被土方掩埋，另有 2 人埋至腰部以上，其他 7 人迅速逃离至基坑上。现场项目部接到报告后，立即组织抢险营救。20 点 10 分，⑦轴至⑧轴处第二次发生大面积土方滑坡。滑坡土方由⑦轴开始冲至④轴，将另外 2 人也掩埋，并冲断了基坑内水平钢支撑二道。事故发生后，虽经项目部极力抢救，但被土方掩埋的 4 人终因窒息时间过长而死亡。

　　问题：

　　1. 本工程的安全事故可定为哪个等级？该等级事故的评定标准是什么？

　　2. 此事故发生后，与 A 建筑集团公司是否有关系？如果你是 A 公司项目经理，你会如何处理？

模块 9

施工安全技术措施

施工安全技术措施是在施工项目生产活动中，根据工程特点、规模、结构复杂程度、工期、施工现场环境、劳动组织、施工方法、施工机械设备、变配电设施、架设工具以及各项安全防护措施等，针对施工中存在的不安全因素进行预测和分析，找出危险点，为消除和控制危险隐患，从技术和管理上采取措施加以防范，消除不安全因素，防止事故发生，确保项目安全施工。

任务 1　土方工程施工安全技术

➡ 知识树

⊕ 内容概况

本任务主要介绍土方施工工程危险源识别与监控、土方机械挖土的安全技术措施、土方工程开挖安全技术措施、基坑开挖的相关安全技术措施。

📖 知识目标

了解土方施工工程危险源识别与监控、土方机械挖土的安全技术措施；熟悉土方工程开挖安全技术措施、基坑开挖的安全作业条件、边坡的形式、放坡条件及坡度规定。

⚙ 能力目标

具备土方工程现场安全管理和控制能力，能够正确指导工人安全开挖基坑、边坡。

📖 素质目标

通过学习土方工程施工安全技术知识，提高安全生产意识，培养遵守劳动纪律的严谨作风。

一、事故简介

某年 7 月 21 日，××区××大道××××广场 B 区施工工地发生一起基坑坍塌造成 3 人死亡、8 人受伤的重大安全事故，事故调查组一致认为，造成本次事故发生的主要原因是建设单位、施工单位等建设责任主体无视国家法令，故意逃避行政监管，长期无证违法建设，基坑支护受损失效，这是一起责任事故。

二、事故原因分析

1. 施工与设计不符，基坑施工时间过长，基坑支护受损失效，构成重大事故隐患。

2. 南侧岩层向基坑内倾斜，软弱强风化夹层中有渗水流泥现象，施工时未及时调整设计和施工方案，错过排除险情时机。

3. 基坑坡顶严重超载，致使基坑南边支护平衡打破，坡顶出现开裂。

4. 基坑变形量明显增大及裂缝增长时未能及时作加固处理。

问题：

1. 通过本案例，你对土方工程施工安全有哪些认识？

2. 施工中应怎样加强管理，避免安全事故的发生？

土方工程施工中安全是一个很突出的问题，因土方坍塌造成的事故占每年工程死亡人数的 5％左右，成为五大伤亡之一。土方工程是建筑工程中主要的分部分项工程之一，包括土方的挖掘、运输、填筑和压实等主要过程，以及所需的排水、降水和土壁支撑的设计、施工准备的辅助过程。施工中常见的土方工程有基坑（槽）开挖、场地平整、路基填筑、基坑（槽）回填及地坪填土等。其施工常具有量大面广、劳动繁重、施工条件复杂和施工工期长等特点，而且受气候、水文、地质等难以确定的因素影响较多。由于设计、施工、组织等方面的原因，在土方工程施工中安全事故时有发生，并且事故类型较多，这其中最常见的有两种事故，即土方坍塌和地基基础质量事故。在建筑施工安全中坍塌事故近几年来呈上升趋势，并成为继高处坠落、触电、物体打击和机器伤害"四大伤害"后的第五大伤害事故。"五大伤害事故"占建筑安全事故总数的 86.6％，而土方工程中塌方伤害事故占坍塌事故总数的 65％，可见土方坍塌给施工安全带来了严重的危害。

1.1 土方工程

土方工程是建筑工程施工中的主要工程之一，土方工程施工的对象和条件又比较复杂，如地质、地下水、气候、开挖深度、施工现场与设备等，对于不同的工程都不同，因此，在土方施工中需根据现有条件做好确保施工安全的施工方案。

1. 土方施工工程危险源识别与监控

（1）土方施工工程事故的类型。

1）影响周边附近建筑物的安全和稳定。

2）土方塌落伤人。

3）边坡上堆放材料倾落。

4）发生机械事故。

（2）分析引发事故的主要原因。

1）开挖较深，不放坡或者放坡不够；或通过不同土层时没有根据具体的特性分别确定不同

247

的坡度，致使边坡失稳而造成塌方。

2）土方开挖前没做好排水处理，以致地表水、施工用水和生活用水侵入施工现场或冲刷边坡。

3）边坡顶部堆载过大，或受外力震动影响，造成坡体内剪应力增大，土体失稳而塌方。

4）开挖土方土质松软，开挖次序、方法不当而造成塌方。

（3）危险源的监控。

1）根据土的分类、力学性质确定适当的边坡坡度。

2）当基坑较大时，放坡改为直立放坡，并进行可靠的支护。

3）操作人员上下深坑（槽）应预先搭设稳固安全的阶梯，避免上下时发生人员坠落事故。

4）做好地面排水和降低地下水水位的工作。

5）在雨季挖土方，应特别注意边坡的稳定，大雨时应暂停土方工程施工。

2. 土方机械挖土的安全技术措施

（1）机械挖土，启动前应检查离合器、钢丝绳等，经空车试运转正常后再开始作业。

（2）机械操作中进铲不应过深，提升不应过猛。

（3）夜间挖土方时，应尽量安排在地形平坦、施工干扰较少和运输道路畅通的地段，施工场地应有足够的照明。

（4）机械不得在输电线路下工作，在输电线路一侧工作时，无论在任何情况下，机械的任何部位与架空输电线路的最近距离都应符合安全操作规程要求。

（5）机械应停在坚实的地基上，如基础过差，应采取走道板等加固措施，不得将挖土机履带与挖空的基坑平行 2 m 停驶。运土汽车不宜靠近基坑平行行驶，防止塌方翻车。

（6）向汽车上卸土应在车子停稳定后进行，禁止铲斗从汽车驾驶室上越过。

（7）车辆进出门口的人行道下，如有地下管线（道）必须铺设厚钢板，或浇筑混凝土加固。

（8）挖土机械不得在施工中碰撞支撑，以免引起支撑破坏失效或拉损。

3. 土方工程开挖安全技术措施

（1）进入现场必须遵守安全生产纪律。

（2）挖土中发现管道、电缆及其他埋设物应及时报告，不得擅自处理。

（3）挖土时要注意土壁的稳定性，发现有裂缝及倾斜坍塌可能时，人员应立即离开并及时处理。

（4）人工挖土时前后操作人员间距不应小于 2～3 m，推土在 1 m 以外，并且高度不得超过 1.5 m。

（5）每日或雨后必须检查土壁及支撑稳定情况，在确保安全的情况下继续工作，并且不得将土和其他物件堆在支撑上，不得在支撑下行走或站立。

（6）电缆两侧 1 m 范围内应采取人工挖掘。

（7）配合拉铲的清坡、清底工人，不准在机械回转半径下工作。

（8）基坑四周必须设置 1.5 m 高的护栏，要设置一定数量的临时上下施工楼梯。

（9）在开挖杯形基坑时必须采取切实可靠的排水措施，以免基坑积水，影响基坑土的承载力。

（10）基坑开挖前，必须摸清基坑下的管线排列和地质水文资料，以利于考虑开挖过程中意外应急措施。

（11）清坡、清底人员必须根据设计标高做了清底工作，不得超挖。如果超挖，不得将松土回填，以免影响基础质量。

(12)开挖出的土方,应严格按照施工组织设计堆放,不得堆于基坑四周,以免引起地面堆载超荷引起土体位移、板桩位移或支撑破坏。

(13)开挖土方必须有挖土令。

1.2 基坑工程

1. 基坑开挖的安全作业条件

基坑开挖包括人工开挖和机械开挖两类。

(1)适用范围。

1)人工开挖适用范围:一般工业与民用建筑物、构筑物的基槽和管沟等。

2)机械开挖适用范围:工业与民用建筑物、构筑物的大型基坑(槽)及大面积平整场地等。

(2)作业条件。

1)人工开挖安全条件。

①土方开挖前,应摸清地下管线等障碍物,根据施工方案要求,清除地上、地下障碍物。

②建筑物或构筑物的位置或场地的定位控制线、标准水平桩及基槽的灰线尺寸,必须经检验合格。

③在施工区域内,要挖临时排水沟。

④夜间施工时,在危险地段应设置红色警示灯。

⑤当开挖面标高低于地下水水位时,在开挖前采取降水措施,一般要求降至开挖面下500 mm,再进行开挖作业。

2)机械开挖安全作业条件。

①对进场挖土机械、运输车辆及各种辅助设备等应进行维修,按平面图要求堆放。

②清除地上、地下障碍物,做好地面排水工作。

③建筑物或构筑物的位置或场地的定位控制线、标准水平桩及基槽的灰线尺寸,必须经检验合格。

④机械或车辆运行坡度应大于1:6,当坡道路面强度偏低时,应填筑适当厚度的碎石和渣土,以免出现塌陷。

2. 土方开挖施工安全的控制措施

施工安全是土方施工中一个很突出的问题,土方塌方是伤亡事故的主要原因。为此,在土方施工中应采取以下措施预防土方坍塌。

(1)土方开挖前要做好排水处理,防止地表水、施工用水和生活用水侵入施工现场或冲刷边坡。

(2)开挖坑(槽)、沟深度超过1.5 m时,一定要根据土质和开挖深度按规定进行放坡或加可靠支撑。如果既未放坡,也不加支撑,不得施工。

(3)坑(槽)、沟边1 m以内不得堆土、堆料或停放工具;1 m以外堆土,其高度不超过1.5 m。坑(槽)、沟与附近建筑物的距离不得小于1.5 m,危险时必须采取加固措施。

(4)挖土方不得在石头的边坡下或贴近未加固的危险楼房基底下进行。操作时应随时注意上方土壤的变动情况,如发现有裂缝或部分塌落应及时放坡或加固。

(5)操作人员上下深坑(槽)应预先搭设稳固安全的阶梯,避免上下时发生人员坠落事故。

(6)开挖深度超过2 m的坑、槽、沟边沿处,必须设置两道1.2 m高的栏杆和悬挂危险标志,并在夜间挂红色标志灯。严禁任何人在深坑(槽)、悬崖、陡坡下面休息。

(7)在雨季挖土方时,必须保持排水畅通,并应特别注意边坡的稳定,大雨时应暂停土方工程施工。

（8）夜间挖土方时，应尽量安排在地形平坦、施工干扰较少和运输道路畅通的地段，施工场地应有足够的照明。

（9）人工挖大孔径桩及扩底桩施工前，必须制定防坠物、防止人员窒息的安全措施，并指定专人负责实施。

（10）机械开挖后的边坡一般较陡，应用人工进行修整，达到设计要求后再进行其他作业。

（11）土方施工中，施工人员要经常注意边坡是否有裂缝、滑坡迹象，一旦发现情况有异，应立即停止施工，待处理和加固后方可继续进行施工。

3. 边坡的形式、放坡条件及坡度规定

边坡可做成直坡式、折线式和阶梯式三种形式。当地下水水位低于基坑，含水量正常，且淌露时间不长，基坑（槽）深度不超过表9.1的规定时，可挖成直壁。

表9.1 基坑（槽）做成直立壁不加支撑的允许深度

土的类别	深度不超过/m
密实、中密的砂土和碎石类（砂填充）	1.00
硬塑、可塑的轻粉质黏土及粉质黏土	1.25
硬塑、可塑的黏土及碎石类（黏土填充）	1.50
坚硬的黏土	2.00

当地质条件较好，且地下水水位低于基坑，深度超过上述规定，但开挖深度在5 m以内，不加支护的最大允许坡度规定见表9.2；对深度大于5 m的土质边坡，应分级放坡并设置过渡平台。

表9.2 基坑不加支护允许坡度

土的类别	密实度或状态	坡度允许值（高宽比）
碎石土 （硬塑黏性土填充）	密实	1:0.35～1:0.50
	中密	1:0.50～1:0.75
	稍密	1:0.75～1:1.00
粉性土	土的饱和度≤0.5	1:1.00～1:1.25
粉质黏土	坚硬	1:0.75
	硬塑	1:1.00～1:1.25
	可塑	1:1.25～1:1.50
黏土	坚硬	1:0.75～1:1.00
	硬塑	1:1.00～1:1.25
花岗石残积黏性土		1:0.75～1:1.00
		1:0.85～1:1.25
杂填土	中密或密实的建筑垃圾	1:0.75～1:1.00
砂土		1:1.00或自然休止角

4. 土钉墙支护安全技术

（1）适用范围。土钉墙由密集的土钉群、被加固的原位土体、喷射的混凝土面层和必要的防水系统组成，适用范围如下：

1）可塑、硬塑或坚硬的黏性土；胶结或弱胶结的粉土、砂石或角砾；填土、风化岩层等。

2)深度不大于 12 m 的基坑支护或边坡加护。

3)基坑侧壁安全等级为二、三级。

（2）安全作业条件。

1)有齐全的技术文件和完整的施工方案，并已进行交底。

2)挖除工程部位地面以下 3 m 内的障碍物。

3)土钉墙墙面坡度不宜小于 1∶0.1。

4)注浆材料强度等级不宜低于 M10。

5)喷射的混凝土面层宜配置钢筋网，钢筋直径宜为 6～10 mm，间距宜为 150～300 mm，混凝土强度等级不宜低于 C20，面层厚度不宜小于 80 mm。

6)当地下水水位低于基坑底时，应采取降水或截水措施，坡顶和坡脚应设排水措施。

（3）基坑开挖。基坑要按设计要求严格分层开挖，在完成上一段作业面土钉且达到设计强度的 70%时，方可进行下一层土层的开挖。每一层开挖最大深度取决于在支护投入工作前，土壁可以自稳而不发生滑移破坏的能力，实际工作中常取基坑每层挖深与土钉竖向间距相等。每层开挖的水平分段也取决于土壤的自稳能力，一般多为 10～20 m。当基坑面积较大时，允许在距离基坑四周边坡 8～10 m 的基坑中部自由开挖，但应注意与分层作业区的开挖相协调。

挖土要选用对坡面土体扰动小的挖土设备和方法，严禁边壁出现超挖或造成边壁土体松动。坡面经机械开挖后，要采用小型机械或人工进行切削清坡，以使坡度与坡面平整度达到设计要求。

（4）边坡处理。为防止基坑边坡的裸露土体塌陷，对易塌的土体可采取下列措施：

1)对修整后的边坡，立即喷上一层薄的混凝土，混凝土强度等级不宜低于 C20，凝结后再进行钻孔。

2)在作业面上先构筑钢筋网喷射混凝土面层，后进行钻孔和设置土钉。

3)在水平方向上分小段间隔开挖。

4)先将作业深度上的边壁做成斜坡，待钻孔并设置土钉后再清坡。

5)开挖前，沿开挖垂直面击入钢筋或钢管，或注浆加固土体。

（5）土钉作业监控要点。

1)土钉作业面应分层分段开挖和支护，开挖作业面应在 24 h 内完成支护，不宜一次挖两层或全面开挖。

2)锚杆钻孔器在孔口设置定位器，使钻孔与定位器垂直，钻孔的倾斜角与设计相符。土钉打入前按设计斜度制作一操作平台，钢管或钢筋沿平台打入，保证土钉与墙的夹角与设计相符。

3)孔内无堵塞，用水冲出清水后，再按下一节钻杆；最后一节遇有粗砂、砂卵土层时，为防止堵塞，孔深应比设计深 100～200 mm。

4)作土钉的钢管要打扁，钢管伸出土钉墙面 100 mm 左右，钢管四周用钢筋架与钢管焊接，并固定在土钉墙钢筋网上。

5)压浆泵流量经鉴定计量正确，灌浆压力不低于 0.4 MPa，不宜大于 2 MPa。

6)土钉灌浆、土钉墙钢筋网及端部连接通过隐蔽验收后，可进行喷射施工。

7)土钉抗拔力达到设计要求后，方可开挖下部土方。

5. 内支撑系统基坑开挖安全技术

（1）基坑土方开挖是基础工程中的重要分项工程，也是基坑工程设计的主要内容之一。当有支护结构时，支护结构设计先完成，面对土方开挖方案提出一些限制条件。土方开挖必须符合支护结构设计的工况条件。

（2）基坑开挖前，根据基坑设计及场地条件，编写施工组织设计。挖土机械的通道布置，挖土顺序、土方驳运等，应避免对围护结构、基坑内的工程桩、支撑立柱和周围环境等的不利影响。

（3）施工机械进场前必须验收合格后方能使用。

（4）机械挖土，应严格控制开挖面坡度和分层厚度，防止边坡和挖土机下的土体滑移。挖土机的作业半径不得进人，司机必须持证作业。

（5）当基坑开挖深度较大，坑底土层的垂直渗透系数也相应较大时，应验算坑底土体的抗隆起、抗管涌和抗承压水的稳定性。当承压含水层较浅时，应设置减压井，以降低承压水头或采取其他有效的坑底加固措施。

6.地下基坑工程施工安全控制措施

（1）核查降水土方开挖、回填是否按施工方案实施。

（2）检查施工单位对落实基坑施工的作业交底记录和开挖、支撑记录。

（3）检查监测工作包括基坑工程和附属建筑物，基坑边地下管线的地下位移，如监测数据超出报警值应有应急措施。

（4）严禁超挖，改坡要规范，严禁坡顶和基坑周边超重堆载。

（5）必须具备良好的降、排水措施，边挖土边做好纵横明排水沟的开挖工作，并设置足够的排水井和及时抽水。

（6）基坑作业时，施工单位应在施工方案中确定攀登设施及专用通道，作业人员不得攀登模板、脚手架等临时设施。

（7）各类施工机械与基坑（槽）、边坡和基础孔边的距离应根据重量、基坑（槽）边坡和基础桩的支护土质情况确定。

小　结

随着建筑工程规模的不断扩大，在建筑工程中，土石方工程施工也变得越来越重要。可以说，土石方工程施工的难度以及强度都是非常大的，任何一个部位工程的失误都会对整个建筑工程的安全带来严重的影响。所以，在建筑工程土石方工程施工中，必须采取有效的安全技术控制措施，保证工程施工安全。

课外参考资料

1.《中华人民共和国安全生产法》.

2.《安全生产管理条例》.

3.《安全生产许可证条例》.

4.《中华人民共和国建筑法》.

5.《建筑基坑支护技术规程》（JGJ 120—2012）.

素质拓展

安全责任重于泰山

工程质量是事关人民生命财产安全的大事，责任重于泰山，不得有半点马虎。2021年6月15日16时48分左右，位于南京高新区（浦口园）的南京银行科教创新园二期项目北侧基坑发生局部坍塌事故，事故造成2人死亡，2人轻伤，1人轻微伤，1辆渣土车和5台挖掘机被埋，共造成直接经济损失 989.73 万元。

请同学们查阅图书、网络、报纸等，分析事故原因及处理意见。如果你是项目负责人，通过这个事故，你吸取了什么样的教训？日后在工作中该如何预防此类事故的发生？

思考题

1. 分析引发土方工程事故的主要原因。
2. 土方工程开挖安全技术包括哪些措施？

实训练习

某市政工程基础采用明挖基坑施工，基坑挖深为 5.5 m，地下水在地面以下 1.5 m。坑壁采用网喷混凝土加固。基坑附近有高层建筑物及大量地下管线。设计要求每层开挖 1.5 m，即进行挂网喷射混凝土加固。某公司承包了该工程，由于在市区，现场场地狭小，项目负责人（经理）决定把钢材堆放在基坑坑顶附近；为便于出土，将开挖的弃土先堆放在基坑北侧坑顶，然后再装入自卸汽车运出。由于工期紧张，施工单位把每层开挖深度增大为 3.0 m，以加快基坑挖土加快施工的进度。

在开挖第二层土时，基坑变形量显著增大，变形发展速度越来越快。随着开挖深度的增加，坑顶地表面出现许多平行基坑裂缝。但施工单位对此没有在意，继续按原方案开挖。当基坑施工至 5 m 深时，基坑出现了明显的坍塌征兆。项目负责人（经理）决定对基坑进行加固处理，组织人员在坑内抢险，但已经为时过晚，基坑坍塌造成了多人死亡的重大事故，并造成了巨大的经济损失。

问题：

1. 按照《建筑基坑支护技术规程》（JGJ 120—2012），本基坑工程侧壁安全等级应属于哪一级？
2. 本工程基坑应重点监测哪些内容？当出现本工程发生的现象时，监测工作应做哪些调整？
3. 本工程基坑施工时存在哪些重大工程事故隐患？
4. 项目负责人（经理）在本工程施工时犯了哪些重大错误？

任务 2　主体结构施工安全技术

➡ 知识树

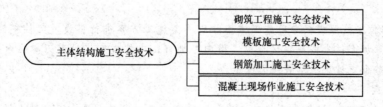

内容概况

本任务主要介绍砌筑工程施工安全技术、模板施工安全技术、钢筋加工施工安全技术、混凝土现场作业施工安全技术。

知识目标

熟悉砌筑工程施工安全技术、模板施工安全技术、钢筋加工施工安全技术、混凝土现场作业施工安全技术。

能力目标

能解释建筑施工安全事故发生的原因，能应用防范事故发生的措施；能对砌体、模板工程、混凝土钢筋工程实施安全管理和安全控制。

素质目标

通过安全技术的学习，树立生命至上、安全第一的思想意识；施工过程中遵守技术规范，采取科学合理的施工方法，树立可持续科学发展观。

引领案例

2008 年 5 月 13 日，天津市经济技术开发区某通信公司新建厂房工程，在施工过程中发生模板坍塌事故，造成 3 人死亡、1 人重伤。

发生事故的厂房东西长 151.6 m，南北宽 18.75 m，建筑面积为 33 074.8 m²，为钢筋混凝土框架结构，地下 1 层，地上 3 层，局部 4 层，层高为 6 m，檐高为 23 m。工程于 2007 年 12 月 18 日开工，2008 年 5 月 7 日已先后完成桩基施工、地下室、首层和二层主体结构。事发当日，在对第 3 层⑥～⑩轴段的柱和顶部梁、板进行混凝土浇筑作业时，已浇筑完的⑧～⑩轴段的 3 层顶部突然坍塌（坍塌面积约为 700 m²），在下面负责观察和加固模板的 4 名木工被埋压。

根据事故调查和责任认定，对有关责任方作出以下处理：总包单位总经理、项目经理、劳务单位法人等 6 名责任人分别受到记过、撤职并停止在津执业 1 年、罚款等行政处罚；总包、劳务分包等单位受到停止在津参加投标活动 6 个月、吊销专业资质、罚款等行政处罚。

原因分析：

1. 直接原因

(1)施工单位在组织施工人员对第 3 层⑥～⑩轴段的柱和梁、板进行混凝土浇筑作业时，擅自改变原有施工组织设计方案及施工技术交底中规定的先浇筑柱，再浇筑梁、板的作业顺序，而是同时实施柱和梁、板浇筑，使在⑧～⑩轴段区域的 6 根柱起不到应有的刚性支撑作用，导致坍塌。

(2)施工单位未按照模板专项施工方案和脚手架施工方案进行搭设，架件搭设间距不统一，水平杆步距随意加大；未按规定设置纵、横向扫地杆；未按规定搭设剪刀撑、水平支撑和横向水平杆，致使整个支撑系统承载能力降低。

2. 间接原因

(1)施工单位编制的模板专项施工方案和脚手架施工方案对主要技术参数未提出具体规定和要求，对浇筑混凝土施工荷载没有规定；在搭设模板支撑系统及模板安装完毕后，没有按照规范、方案要求进行验收，即开始混凝土浇筑作业；压缩工期后，未采取任何相应的安全技术保障措施；施工管理方面，在项目部人员配备不齐，技术人员变更、流动的情况下，以包代管，将工艺、技术、安全生产等工作全部交由分包单位实施。

(2)监理单位未依法履行监理职责，未对工程依法实施安全监理。对施工单位擅自改变施工方案进行作业、模板支撑系统未经验收就进行混凝土浇筑等诸多隐患，没有采取有效措施予以制止，未按《建设工程监理规范》(GB/T 50319—2013)等有关规定下达《监理通知单》或《工程暂停令》。

(3)该开发商在与总包等单位签订压缩合同工期的协议后，未经原设计单位就擅自变更设计方案，且在协议中又约定了以提前后的竣工日期为节点，从而为施工单位盲目抢工期、冒险蛮干起到了助推作用。

问题：

1. 通过此实际案例的分析，你有什么想法和建议？
2. 如果你是管理者，工程建设过程中你会怎么做？

2.1 砌筑工程施工安全技术

砌筑工程是建筑工程施工中的重要工程之一。砌筑工程施工安全因为技术简单、对人身安全造成的危害不大而被忽略，因此，更应引起施工安全管理人员和作业者的重视。

1. 施工前的准备

(1)砂浆搅拌机械必须符合《建筑机械使用安全技术规程》(JGJ 33—2012)及《施工现场临时用电安全技术规范》(JGJ 46—2005)的有关规定，施工中应定期对其进行检查、维修。

(2)悬空作业所用的索具、脚手板、吊篮、吊笼、平台等设备，均需经过技术鉴定或认证方可使用。

(3)保障施工进场道路及运输通道环境符合安全要求并保持畅通。

2. 砌筑安全技术措施

(1)进入现场，必须戴好安全帽、扣好帽带，并正确使用个人劳动防护用具。

(2)操作人员必须身体健康，并经过专业培训考试合格，在取得有关部门颁发的操作证或特殊工种操作证后，方可独立操作，学员必须在师傅的指导下进行操作。

(3)悬空作业处应有牢靠的立足处，并必须视情况，配置防护网、栏杆或其他安全措施。

(4)砌基础时，应检查和经常注意基坑土质变化情况，有无崩裂现象，堆放的砖块材料应离开坑边 1 m 以上。当深基坑装设挡板支撑时，操作人员应设梯级上下，不得攀跳。运行不得碰撞支撑，也不得踩踏砌体和支撑上下。

(5)墙身砌体高度超过地坪 1.2 m 以上，应搭设脚手架。在一层以上或高度超过 4 m 时，应采用里脚手架(必须支搭安全网)、外脚手架(设护身栏和挡脚板)后方可砌筑。

(6)脚手架上堆料量不得超过规定荷载，堆砖高度不得超过 3 皮侧砖，同一块脚手板上的操作人员不得超过 2 人。

(7)在楼层(特别是预制板面)施工时，堆放机械、砖块等物品不得超过使用荷载；如超过荷载时，必须经过验算采取有效加固措施后方可进行堆放和施工。

(8)不准站在墙顶上做画线、刮缝和清扫墙面或检查大角垂直等工作。

(9)不准用不稳固的工具或物体在脚手板面垫高操作，更不准在未经过加固的情况下，在一层脚手架上随意再叠加一层；脚手板不允许有空头现象。

(10)砍砖时应面向内操作，注意碎砖跳出伤人。

(11)使用垂直运输的吊笼、绳索具等，必须满足负荷要求、牢固无损，吊运时不得超载，并须经常检查，发现问题及时修理。

（12）用起重机吊砖要用吊笼，吊砂浆料斗不能装得过满，吊件回转范围内不得有人停留。

（13）砖料运输车辆两车前后距离平道上不小于 2 m，坡道上不小于 10 m，装砖时要先取高处后取低处，防止倒塌伤人。

（14）砌好的山墙，应将临时连系杆（如檩条等）放置在各跨山墙上，使其连系稳定，或采取其他有效的加固措施。

（15）冬期施工时，脚手板上有冰雪、积雪，应先清除后再上架子进行操作。

（16）如遇雨天及每天下班时，要做好防雨措施，以防雨水冲走砂浆，使砌墙倒塌。

（17）在同一垂直面内上下交叉作业时，必须设置安全隔板，下方操作人员必须戴好安全帽。

（18）人工垂直向上或往下（深坑）传递砖块，架子上的站人板宽度应不小于 60 cm。

2.2 模板施工安全技术

随着现代高层建筑增多，钢筋混凝土框架或框架—剪力墙结构越来越多，因此，模板工程成为结构施工中量大而且周转频繁的重要分项工程，技术要求和安全状况也成了施工技术与安全监督的重点和难点。近年来，建筑施工倒塌、坍塌造成安全事故的比例呈逐渐上升趋势，造成较大的损失，因此，有必要了解模板的施工特点，掌握模板支撑施工的技术和安全控制方法，规范现场安全管理行为，防止施工安全事故的发生。

2.2.1 模板工程专项方案

1. 模板专项设计方案

模板使用时需要经过设计计算。模板的结构设计，必须能承受作用在支模结构上的垂直荷载和水平荷载（包括混凝土的侧压力、振捣和倾倒混凝土时产生的侧压力、风荷载等）。在所有可能产生的荷载中要选择最不利的组合验算模板结构，包括模板面、支撑结构、连接配件的强度、稳定性和刚度。在模板结构上，首先必须保证模板支撑系统形成空间稳定的结构体系。模板专项设计的内容如下：

（1）根据混凝土施工工艺和季节性施工措施，明确其构造和所承受的荷载。

（2）绘制模板设计图、支撑设计布置图、细部构造和异形模板大样。

（3）按模板承受荷载的最不利组合对模板进行验算。

（4）制定模板安装及拆除的程序和方法。

（5）编制模板及构件的规格、数量汇总表和周转使用计划。

2. 模板施工方案

根据《建设工程安全生产管理条例》的要求，模板工程施工前应编制专项施工方案。模板工程施工方案主要有以下几个方面内容：

（1）该工程现浇混凝土工程的概况。

（2）拟选定的模板类型。

（3）模板支撑体系的设计计算及布料点的设置。

（4）绘制模板施工图。

（5）模板搭设的程序、步骤及要求。

（6）浇筑混凝土时的注意事项。

（7）模板拆除的程序及要求。

对高度超过 8 m，或跨度超过 18 m，或施工总荷载大于 10 kN/m²，或集中线荷载大于 15 kN/m² 的模板支架，应组织专家论证，必要时应编制应急预案。

2.2.2 模板的安装

(1)模板支架的搭设。底座、垫板准确地放在定位线上，垫板采用厚度不小于 35 mm 的木板，也可采用槽钢。

(2)基础及地下工程模板安装时应符合下列要求：

1)地面以下支模应先检查土壁的稳定情况，当有裂纹及塌方危险迹象时，应采取安全措施后，方可作业，但深度超过 2 m 时，应为操作人员设置上下扶梯。

2)距离基槽(坑)边缘 1 m 内不得堆放模板，向基槽(坑)内运料应使用起重机、溜槽或绳索；上、下人员应互相呼应，运下的模板禁止放于基槽(坑)壁上。

3)斜支撑与侧模的夹角不应小于 45°，支撑在土壁上的斜支撑应加设垫板，底部的楔木应与斜支撑连接牢正，高大、细长基础若采用分层支模时，其下层模板应经就位校正并支撑稳固后，再进行上一层模板的安装。

4)两侧模板间应用水平支撑连成整体。

(3)柱模板的安装应符合下列要求：

1)现场拼装柱模时，应及时加设临时支撑进行固定，4 片柱模就位组拼经对角线校正无误后，应立即自下而上安装柱箍。

2)若为整体预组合柱模，吊装时应采用卡环和柱模连接，不得用钢筋钩代替。

3)柱模校正(用 4 根斜支撑或用连接的柱模顶四角带花篮螺栓的缆风绳，底端与楼板筋拉环固定进行校正)后，应采用斜撑或水平撑进行四周支撑，以确保整体稳定。当高度超过 4 m 时，应群体或成列同时支模，并应将支撑连成一体，形成整体框架体系。单根支模时，柱宽大于 500 mm，应每边在同一标高上不得少于两根斜支撑或水平支撑，与地面的夹角为 45°～60°，下端还应有防滑移的措施。

4)边、角柱模板的支撑，除满足上述要求外，在模板里面还应于外边对应的点设置既能承拉又能承压的斜撑。

(4)墙模板的安装应符合下列要求：

1)用散拼定型模板支模时，应自下而上进行，必须在下一层模板全部紧固后，方准上一层安装。当下层不能独立安设支撑件时，应采取临时固定措施。

2)采用预拼装的大块墙模板进行支模安装时，严禁同时起吊两块模板，并应边就位边校正边连接，固定后方可摘钩。

3)安装电梯井内墙模前，必须于板底下 200 mm 处满铺一层脚手板。

4)模板未安装对拉螺栓前，板面应向后倾一定角度，安装过程应随时拆换支撑或加支撑，以保证墙模随时处于稳定状态。

5)拼接时的 U 形卡应正反交替安装，间距不得大于 300 mm，两块木板对接接缝处的 U 形卡应满装。

6)对拉螺栓与墙模板应垂直、松紧一致，并能保证墙厚尺寸正确。

7)墙模板内外支撑必须坚固、可靠，应确保模板的整体稳定。当墙模板外面无法设置支撑时，应于里面设置能承受拉和压的支撑。多排并列且间距不大的墙模板，当其支撑互成一体时，应有防止浇筑混凝土时引起的邻近模板变形的措施。

(5)独立梁和整体楼盖梁结构模板安装应符合下列要求：

1)安装独立梁模板时，应设操作平台，高度超过 3.5 m 时，应搭设脚手架并设防护栏。严禁操作人员站在独立梁底模或支架上操作及上下通行。

2)底模与横棱应拉结好，横棱与支架、立柱应连接牢固。

3)安装梁侧模时，应边安装边以底模连接。侧模多于两块高时，应设临时斜撑。

4)起拱应在侧模板内外棱连接牢固前进行。

5)单片预组合梁模，钢棱与面板的拉结应按设计规定制作，并按设计吊点，试吊无误后方

257

可正式吊运安装，待侧模与支架支撑稳定后方准摘钩。

6）支架立柱底部基土应按规定处理，单排立柱时，应于单排立柱的两边每隔 3 m 加设斜支撑，且每边不得少于两根。

（6）楼板或平台模板的安装应符合下列要求：

1）预组合模板采用桁架支模时，桁架与支点连接应牢固可靠。同时，桁架支撑应采用平直通长的型钢或方木。

2）预组合模板块较大时，应加钢棱后吊运。当组合模板为错缝拼配时，板下横棱应均匀布置，并应在模板端穿插销。

3）单块木板就位安装，必须待支架搭设稳固，板下横棱与支架连接牢固后进行。

4）U 形卡应按设计规定安装。

（7）其他结构模板的安装应符合下列要求：

1）安装圈梁、阳台、雨篷及挑檐等模板时，其支撑应独立设置，不得支撑在施工脚手架上。

2）安装悬挑结构模板时，应搭设脚手架或悬挑工作台，并应设置防护栏杆和安全网，作业处的下方不得有人通行或停留。

3）在悬空部位作业时，操作人员应系好安全带。

2.2.3 模板拆除

拆模时，混凝土的强度应符合设计要求，模板及其他支架拆除的顺序及安全措施应按施工制作方案执行。模板及其他支架拆除顺序和相应的施工安全措施对避免重大工程事故非常重要，在制订施工技术方案时应考虑周全。模板及其支架拆除时，混凝土结构可能尚未形成设计要求的受力体系，必要时应加设临时支撑。后浇带模板的拆除及支顶易被忽视而造成结构缺陷，应特别注意。

由于过早拆模，混凝土强度不足而造成混凝土结构构件沉降变形，缺棱掉角、开裂，甚至坍塌的情况时有发生，底模拆除时的混凝土强度要求见表 9.3。

不承重的侧模板包括梁、柱、墙的侧模板，只要混凝土强度能保证其表面及棱角不因拆除模板而受损即可拆除。

拆除模板之前必须有拆模申请，并根据同条件养护试块强度记录达到规定时，技术负责人方可批准拆模。

模板拆除的顺序和方法应根据模板设计的规定进行。若无设计规定，可按先支的后拆，后支的先拆，先拆非承重的模板，后拆承重的模板及支架的顺序进行拆除。

拆除的模板必须随拆随清理，以免钉子扎脚，阻碍运行，发生事故。

拆除的模板向下运行传递，不能采取猛敲，以致大片脱落的方法拆除。用起重机吊运拆除的模板时，模板应堆码整齐并捆牢，否则在空中造成"天女散花"是很危险的。拆除的部件及操作平台上的一切物品，均不得从高空抛下。

表 9.3　底模拆除时的混凝土强度要求

构件类型	构件跨度/m	达到设计的混凝土立方体抗压强度 标准值的百分率/%
板	≤2	≥50
	>2，≤8	≥75
	>8	≥100
梁、拱、壳	≤8	≥75
	>8	≥100
悬臂构件	—	≥100

2.3 钢筋加工施工安全技术

1. 钢筋加工场地和加工设备安全要求

(1)钢筋调直、切断、弯曲、除锈、冷拉等各种工序的加工机械必须遵守现行国家标准《建筑机械使用安全技术规程》(JGJ 33—2012)的规定，保证安全装置齐全、有效，动力线路、钢管从地坪下引入，机壳要有保护零线。

(2)施工现场用电必须符合《施工现场临时用电安全技术规范》(JGJ 46—2005)的规定。

(3)室外作业应设置机棚，机旁应有堆放原料、半成品的场地。

(4)钢筋加工场地必须设专人看管，非钢筋加工制作人员不得擅自进入钢筋加工场地。

(5)各种加工机械在作业人员下班后一定要拉闸断电。

(6)制作成型钢筋时，场地要平整，工作台要稳固，照明灯必须加网罩。

2. 钢筋加工安全要求

(1)钢筋切断机械未达到正常运转时，不可切料。

(2)不得剪切直径及强度超过切断机铭牌额定的钢筋和烧红的钢筋。

(3)切断短料时，手和切刀之间的距离应保持在 150 mm 以上。如手握端小于 400 mm 时，应采用套管或夹具将钢筋短头压住或夹牢。

(4)运转中，严禁用手直接清除切刀附近的杂物。钢筋摆动和切刀周围不得停留非操作人员。

(5)钢筋调直在调直块未固定、防护罩未盖好前不得送料。作业中严禁打开各部防护罩及调整间隙。

(6)当钢筋送入后，手与曳轮必须保持一定的距离，不得接近。

(7)钢筋弯曲芯轴、挡铁轴、转盘等应无裂纹和损伤。防护罩坚固可靠，经空运转确认正常后，方可作业。

(8)钢筋弯曲作业时，将钢筋须弯曲一端插入在转盘固定销的间隙内，另一端紧靠机身固定销，并用力压紧，检查机身固定销确实安放在挡住钢筋的一侧，方可开动。

(9)钢筋弯曲作业时，严禁更换芯轴、销子和变换角度以及调速等作业，也不得进行清扫和加油。

(10)对焊机使用前先检查手柄、压力机构、夹具等是否灵活可靠，根据被焊钢筋的规格调好工作电压，通入冷却水并检查有无漏水现象。

(11)调整短路限位开关，使其在对焊焊接到达预定挤压量时能自动切断电源。

(12)电焊机通电后，应检查电气设备、操作机构、冷却系统、气路系统及机体外壳有无漏电等现象。

(13)点焊机工作时，气路系统、水冷却系统应畅通。气体必须保持干燥，排水温度不超过40 ℃，排水量可根据季节调整。

3. 半成品运输及安装安全要求

(1)加工好的钢筋现场堆放应平稳、分散，防止倾倒，塌落伤人。

(2)搬运钢筋时，应防止钢筋碰撞障碍物，防止在搬运中碰撞电线，发生触电事故。

(3)多人运送钢筋时，起、落、转、停动作要一致，人工上下传递时不得在同一垂直线上。

(4)对从事钢筋挤压连接和钢筋直螺纹连接施工的有关人员应经培训、考核后持证上岗，并经常进行安全教育，防止发生人身和设备安全事故。

(5)在高处进行挤压操作，必须遵守现行国家标准《建筑施工高处作业安全技术规范》(JGJ 80—2016)的规定。

（6）在建筑物内的钢筋要分散堆放，高空绑扎、安装钢筋时，不得将钢筋集中堆放在模板和脚手架上。

（7）在高空、深坑绑扎钢筋和安装骨架，必须搭设脚手架和马道。

（8）绑架 3 m 以上的柱钢筋必须搭设操作平台，不得站在钢箍上绑架。已绑扎的柱骨架应用临时支撑拉牢，以防倾倒。

（9）绑扎圈梁、挑檐、外墙、边柱钢筋时，应搭设脚手架或悬挑架，并按规定挂好安全网。脚手架的搭设必须有专业架子工搭设且应符合安全操作规程。

（10）绑架筒式结构（如烟囱、水池等），不得站在钢筋骨架上操作或上下。

（11）雨、雪、风力六级以上（含 6 级）天气不得露天作业。清除积水、积雪后方可作业。

2.4　混凝土现场作业施工安全技术

1. 混凝土搅拌

（1）搅拌机必须安置在坚实的地方用支架或支脚筒架稳，不准用轮胎代替支撑。

（2）搅拌机开机前应检查离合器、制动器、齿轮、钢丝绳等是否良好，滚筒内不得有异物。

（3）进料斗升起时严禁人员在料斗下面通过或停留，机械运转过程中，严禁将工具伸入拌合筒内，工作完毕后料斗用挂钩挂牢。

（4）拌合机发生故障需现场检修时应切断电源，进入滚筒清理时，外面应派人监护。

2. 混凝土运输

（1）使用手推车运送混凝土时，其运输通道应合理布置，使浇灌地点形成回路，避免车辆拥挤堵塞造成事故，运输通道应搭设平坦、牢固，遇钢筋过密时可以用马凳支撑支设，马凳距离一般不超过 2 m。

（2）车向料斗倒料时，不得用力过猛或撒把，并应设有挡车措施。

（3）用井架、龙门架运输时，车把不得超过吊盘之外，车轮前后要挡牢，稳起稳落。

（4）用输送泵泵送混凝土时，管道接头、安全阀必须完好，管架必须牢固，输送前必须试送，检修时必须卸压。

（5）用塔式起重机运送混凝土时，小车必须焊有固定的吊环，吊点不得小于 4 个并保持车身平衡；使用专用吊斗时吊环应牢固可靠，吊索钢筋应符合起重机械安全规程的要求。

3. 混凝土浇筑

（1）浇筑混凝土使用的溜槽及串桶节间必须连接牢靠，操作部位应有护身栏杆，不准直接站在溜槽帮上操作。

（2）浇筑高度 3 m 以上的框架梁、柱混凝土应设操作台，不得站在模板或支撑上操作。

（3）浇筑拱形结构，应自两边拱脚对称同时进行；浇筑圈梁、雨篷、阳台应设防护措施；浇筑料仓下口应先封闭，并铺设临时脚手架，以防人员坠下。

（4）混凝土振捣器应设单一开关，并装设漏电保护器，插座插头应完好无损，电源线不得破皮漏电，操作者应穿胶鞋，湿手不得触摸开关。

（5）预应力灌浆应严格按照规定压力进行，输浆管道应畅通，阀门接头要紧密牢固。

 小　结

主体结构是基于地基基础之上，接受、承担和传递建设工程所有上部荷载，维持上部结构整体性、稳定性和安全性的有机联系的系统体系，它和地基基础一起构成建设工程完整的结构系统，是建设工程安全使用的基础，是建设工程结构安全、稳定、可靠的载体和重要组成部分。所以，主体结构的安全管理尤为重要。

课外参考资料

1.《中华人民共和国安全生产法》.
2.《安全生产管理条例》.
3.《安全生产许可证条例》.
4.《中华人民共和国建筑法》.

素质拓展

安全生产大于天，安全责任重于山

我们要时刻吸取事故教训，认真贯彻党的二十大工作报告提出的"推动公共安全治理模式向事前预防转型"。报告强调要坚持安全第一、预防为主，建立大安全大应急框架，完善公共安全体系。这意味着我们党把公共安全治理的着力点放到源头治理上，从事后补救惩罚向制度化、规范化、科学化、超前化的事前预防转型。

视频：福建泉州
酒店坍塌事故

思考题

1. 混凝土工程施工安全控制的主要内容应包括哪些？
2. 在模板工程施工中，支撑立柱的设计与安装要求有哪些？

实训练习

某社区活动中心工程，3层框架结构，无地下室，总建筑面积为 2 417 m²，层高均为 4.5 m，局部有 1.2 m 深大截面梁。由于地质条件较好，设计为放大基础加地连梁，房心回填土后夯实，之后再做首层地面。

在一层顶梁板施工时，钢筋制安、模板支设完毕，开始浇筑混凝土，当混凝土浇筑约 1/3 时，突遇大暴雨，混凝土浇筑暂停，留置施工缝；待天气好转后，进行剩余混凝土浇筑。

该层模板拆除后，发现整层楼板下陷，两次浇筑的混凝土均出现开裂。经调查，大雨时雨水浸湿一层地面夯实土层，致使模板底支架基础发生沉降，导致整个支撑系统不均匀变形，刚浇筑的楼板均出现下陷且混凝土大量开裂。

问题：

1. 本案例中，第二次浇筑混凝土时施工缝的处理应符合哪些规定？
2. 本工程中柱、梁（主次梁）、板的施工缝应留置在什么位置？
3. 现浇混凝土工程模板与支撑系统部分的安全隐患主要表现形式有哪些？
4. 针对本案例发生的质量问题，简要列出本案例中现浇混凝土模板支撑体系应注意的安全技术措施。

任务 3　拆除工程施工安全技术

知识树

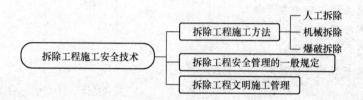

内容概况

本任务主要介绍拆除工程施工方法、拆除工程安全管理的一般规定以及拆除工程文明施工管理。

知识目标

了解拆除工程文明施工管理；熟悉拆除工程施工方法及其拆除工程安全管理的一般规定。

能力目标

具备一般机械设备的拆除技术，能正确指导工人拆装。

素质目标

学规范、用规范，遵规守纪。

引领案例

2007 年 10 月 17 日，某地铁盾构区间实现盾构贯通，随后，承包商着手进行施工机械拆除等收尾工作。11 月 2 日，承包商与河南某公司（以下简称分包商）签订合同，委托对方进行龙门式起重机拆卸工程。2007 年 11 月 14 日上午 8：00 左右，分包商租用 110 t、50 t 汽车起重机各一台，准备拆除左线 45 t 龙门式起重机。承包商在对分包商租用的汽车起重机和作业人员上岗证进行检查时发现两台汽车起重机均没有随车携带安全检验合格证，遂要求分包商停止施工，分包商以证件在保险公司办理保险、工期紧张、保证不会出现问题等为由，不顾禁令仍进行拆除作业。11：30 左右，市安全监督站人员现场检查时发现分包商的资质未在建设行政主管部门备案，遂责令停止施工。承包商收到停工令后立即要求分包商停止施工，但分包商以龙门式起重机大梁螺栓已经拆除，如不吊放到地上存在极大的安全隐患为由继续施工。由于待拆除龙门式起重机大梁长达 21 m，宽 4.5 m，重约 21 t，受场地制约，拆除时需要两台吊车抬吊大梁。12：00 左右，在分包商用两台汽车起重机把大梁吊起来平移的过程中，110 t 的汽车起重机突然倾倒，致使大梁和 110 t 汽车起重机的臂杆一起砸向 50 t 汽车起重机。事故造成 110 t 汽车起重机臂杆变形、驾驶室损坏，50 t 汽车起重机局部受损，汽车驾驶室被砸坏，龙门式起重机大梁变形，无人员伤亡。

（1）事故原因分析。事故发生后，经过多方调查取证，发现：

1）110 t吊车外表比较新，其部件实际比较陈旧，属于翻新车辆。

2）吊车的左前支腿（受力腿）伸出量比左后支腿伸出量少14 cm。

3）分包商对作业人员未进行安全教育和考核，无教育考核记录。

（2）直接原因。

1）分包商在收到停工指令后多次冒险施工。

2）110 t汽车起重机在吊抬大梁过程中，左前支腿油缸突然失压，支腿内锁造成吊车车身失稳，以致吊车向负重侧倾翻。

（3）间接原因。

1）分包商资质未在施工地建设行政主管部门备案，且租用陈旧设备进行施工。

2）承包商对现场管理不力，对分包商的资质审查不严格，在发现分包商租用不合格施工机械后未能禁止其进场。停工指令未得到严格落实。

3）作业人员安全意识淡薄，安全教育未落实到位，未对作业人员进行技术交底。

4）管理人员安全观念不够强烈，心存侥幸心理。

（4）经验教训。

1）加强对分包商的管理，无论是劳务分包还是专业分包，总包方不得将工程分包给不具备相应资质的单位或者个人进行施工；总包方应对分包方进行严格的管理，加大管理的执行力度，确保安全措施落实到位。

2）劳务分包和专业分包属于两个或两个以上企业在同一场地内进行施工，施工前应该签订《安全生产管理协议》或者在分包合同中明确双方的安全管理责任和义务。

3）对所有进场设备进行严格的验收（包括自购设备和分包队伍自带设备）。应对设备进行详细的检查，确认其证照齐全、机械性能合格、安全装置齐全有效、操作人员资质完备。对检查不合格的坚决不允许进入施工现场。

4）严格落实安全生产责任制。将安全生产责任制作为工作的一部分，将安全生产责任制分解到人；将安全生产与员工的收入挂钩，保证全员参与安全管理。

5）加强安全教育。除重视作业人员的安全教育外，管理人员安全教育也非常重要。应通过各种形式多样的学习活动，让员工充分认识到自身的安全生产职责，提高安全生产意识，克服麻痹和侥幸心理。

6）重视特殊施工阶段的安全管理。从以往的经验来看，工程进场、节假日以及附属结构施工等阶段由于管理力量不足等原因往往是生产安全事故多发的时期。本次事故发生在盾构隧道贯通，即将移交场地的时候，再次说明了特殊时期安全管理的重要性。安全生产以结果论成败，在任何一个阶段都丝毫不能松懈，安全管理是全过程的管理。

问题：

1. 拆除工程是危险性较大的工程，法规对此类工程施工有哪些要求？

2. 你对专项方案和专家论证了解吗？

3.1 拆除工程施工方法

建筑拆除工程一般可分为人工拆除、机械拆除和爆破拆除三大类。根据被拆除建筑的高度面积、结构形式，采用不同的拆除方法。由于人工拆除、机械拆除、爆破拆除的方法不同，其特点也各有不同，所以，在安全施工管理上各有侧重点。

1. 人工拆除

人工拆除是指员工采用非动力性工具进行的作业。采用手动工具进行人工拆除的建筑一般为砖木结构，高度不超过 6 m（两层），面积不大于 1 000 m²。拆除施工程序应从上至下，按板、非承重墙、梁、承重墙、柱的顺序依次进行，或依照先非承重结构后承重结构的原则进行拆除。分层拆除时，作业人员应在脚手架或稳固的结构上操作，被拆除的构件应有安全的放置场所。

人工拆除建筑墙体时，不得采用掏掘或推倒的方法。楼板上严禁多人聚集或集中堆放材料，拆除建筑的栏杆、楼梯、楼板等构件，应与建筑结构整体拆除的进度相配合，不得先行拆除。建筑的承重梁、柱，应在其所承载的全部构件拆除后，再进行拆除。拆除施工应分段进行，不得垂直交叉作业，拆除原用于有毒、有害、可燃气体的管道及容器时，必须查清其残留物的种类、化学性质及残留量，采取相应措施后，方可进行拆除施工，以达到确保拆除施工人员安全的目的。拆除的垃圾严禁向下抛掷。

2. 机械拆除

机械拆除是指以机械为主、人工为辅相配合的拆除施工方法。机械拆除的建筑一般为砖混结构，高度不超过 20 m（六层），面积不大于 5 000 m²。

拆除施工程序应从上至下，逐层、逐段进行；应先拆除非承重结构，再拆除承重结构，对只进行部分拆除的建筑，必须先给保留部分加固，再进行分离拆除。在施工过程中，必须由专门人员负责随时监测被拆除建筑的结构状态，并应做好记录，当发现有不稳定状态的趋势时，立即停止作业，采取有效措施，消除隐患，确保施工安全。

机械拆除建筑时，严禁机械超载作业或任意扩大机械使用范围。供机械设备（包括液压剪液压锤等）使用的场地必须稳固并保证足够的承载力，确保机械设备有不发生塌陷、倾覆的工作面；作业中机械设备不得同时做回转、行走两个动作。机械不得带故障运转，当进行高处拆除作业时，对较大尺寸的构件或沉重的材料（楼板、屋架、梁、柱、混凝土结构件等），必须使用起重机具及时吊下，拆卸下来的各种材料应及时清理，分类堆放在指定场所，严禁向下抛掷。

拆除吊装作业的起重司机，必须严格执行操作规程和"十不吊"原则。信号指挥人员必须按照现行国家标准《起重机 手势信号》（GB/T 5082—2019）的规定作业，作业人员使用机具包括风镐、液压锯、水钻、冲击钻等，严禁超负荷使用或带故障运转。

3. 爆破拆除

爆破拆除是利用炸药爆炸瞬间产生的巨大能量进行建筑拆除的施工方法。采用爆破拆除的建筑一般为混凝土结构，高度超过 20 m（六层），面积大于 5 000 m²。

爆破拆除工程根据周围环境条件、拆除对象类别、爆破规模及现行国家标准《爆破安全规程》（GB 6722—2014）分为 A、B、C 三级，不同级别的爆破拆除工程有相应的设计施工难度。爆破拆除工程设置必须按级别经当地有关部门审核，作出安全评估和审查批准后方可实施。

从事爆破拆除工程的施工单位必须持有所在地有关部门核发的《爆发物品使用许可证》，承担相应等级以下级别的爆破拆除工程。爆破拆除设计人员应具有相应级别的爆破工程技术人员作业证，从事爆破拆除施工的作业人员，应持证上岗。

运输爆破器材时，必须向所在地有关部门申请领取《爆破物品运输证》，应按照规定路线运输，并应派专人押送。爆破器材至临时保管地点，必须经当地有关部门批准，严禁同室保管与爆破器材无关的物品。

爆破拆除的预拆除施工应确保建筑安全和稳定。爆破拆除的预拆除是指爆破实施前有必要进行部分拆除的施工。预拆除施工可以减少钻孔和爆破装药量,消除下层障碍物(如非承重的墙体),有利于建筑塌落、破碎、解体。预拆除施工可采用机械和人工方法拆除非承重的墙体或不影响结构稳定的构件。

爆破拆除建筑施工时,应对爆破部位进行覆盖和遮挡防护,覆盖材料和遮挡设施应选用不宜抛散和折断,并能防止碎块穿透的材料,固定方便、牢固可靠。

爆破作业是一项特种施工方法,爆破拆除工程的设计和施工必须按《爆破安全规程》(GB 6722—2014)有关爆破实施操作规定执行。

3.2 拆除工程安全管理的一般规定

(1)从事拆除施工的企业,必须持有政府主管部门核发的资质证书,并按相应的等级规定承接工程作业,杜绝越级承包工程和转包工程。

(2)任何拆除工程,施工前必须编制施工组织设计。施工组织设计必须贯穿安全、快速、经济、扰民小的原则,编制时必须做好以下三个方面工作:

1)通过查阅图纸,踏勘现场,全面掌握拆除工程第一手资料。

2)制定组织有序的、符合安全的施工顺序。

3)制定针对性强的安全技术措施。

在施工过程中,如果必须改变施工方法,调整施工顺序,必须先修改、补充施工组织设计,并以书面形式将修改、补充意见通知施工部门。

(3)有以下情况之一的拆除工程,工组织设计必须通过专家论证:

1)在市区主要地段或临近公共场所等人流稠密的地方,可能影响行人、交通和其他建筑物、构筑物安全的。

2)结构复杂、坚固、拆除技术性很强的。

3)地处文物保护建筑或优秀近代保护建筑控制范围的。

4)临近地下构筑及影响面大的煤气管道,上、下水管道,重要电缆、电信网。

5)高层建筑、码头、桥梁或有毒、有害、易燃等有其他特殊安全要求的。

6)配合市属重点工程的。

7)其他拆除施工管理机构认为有必要进行技术论证的。

技术论证的重点是:施工方法、施工程序、安全措施等是否合理可行,并形成论证意见供施工单位参考执行。

(4)在拆除方法选择上,为了减少伤亡事故,减少噪声、粉尘对市民的危害,应尽量减少人工拆除范围,改用机械拆除和爆破拆除。

(5)拆除施工企业的技术人员、项目负责人、安全员及从事拆除施工的操作人员,必须经过行业主管部门指定的培训机构培训,并取得《拆除施工管理人员上岗证》或《建筑工人(拆除工)上岗证》后,方可上岗。

(6)施工人员进入施工现场,必须戴安全帽、扣紧帽带;高空作业必须系安全带,安全带应高挂低用,挂点牢靠。

(7)施工现场危险区域必须设置醒目的警示标志,采取警戒措施。

(8)拆除现场防火措施应符合市建委、市公安局《施工现场防火规定(试行)》的规定。

(9)拆除施工噪声应符合现行国家《建筑施工场界环境噪声排放标准》(GB 12523—2011)的规定,住宅区域夜间不得进行拆除施工。市政重大工程或采取爆破拆除必须夜间施工的,向当地有关部门提出申请,获准后方可施工。

(10)拆除施工应控制扬尘,对扬尘较大的施工环节应采用湿式作业法。

(11)位于主要路段或临近文化娱乐等公共场所、人流稠密的拆除施工工地，要采用夹板、压型板等轻质材料围栏，如用砖砌围栏，必须按规定砌筑，并作刷白处理。必要时在人行道上方搭隔离棚，以确保行人安全。

(12)施工用脚手架，必须请有资质的专业单位搭设，须拉攀牢靠，经验收合格后方可使用，并随建筑物拆除进度及时拆除。

(13)拆除施工影响范围内的建(构)筑物和管线的保护应符合下列要求：

1)相邻建(构)筑物应作事先检查，采取必要的技术措施，并实行全过程动态监护。

2)相邻管线必须先经管线管理单位采取切断、移位或其他保护措施。

3)机械设备在施工作业时必须与架空线路保持安全距离，如无法保持安全距离时，须对线路进行特殊防护后方可施工。

(14)拆除管道、容器时，应首先查清管道、容器中介质的化学性质，对影响施工安全的必须采取中和、清洗。

(15)拆除项目竣工后，必须有验收手续，达到工完、料清、场地净，并确保周围环境整洁和相邻建筑、管线的安全。

3.3 拆除工程文明施工管理

拆除工程施工现场清运渣土的车辆应在指定地点停放，车辆应封闭或采用毡布覆盖，出入现场时应有专人指挥。清运渣土的作业时间应遵守有关规定。拆除工程施工时，设专人向被拆除的部位洒水降尘，减少对周围环境的扬尘污染。

拆除工程施工现场区域内地下的各类管线，施工单位应在地面上设置明显标志，对检查井、污水井应采取相应的保护措施。

施工单位必须落实防火安全责任制，建立义务消防组织，明确责任人，负责施工现场的日常防火安全管理工作。根据拆除工程施工现场作业环境，应制定相应的消防安全措施；并应保证充足的消防水源，现场消火栓控制范围不宜大于 50 m，配备足够的灭火器材，每个设置点的灭火器数量以 2~5 具为宜。

施工现场应建立健全用火管理制度。施工作业用火时，必须履行动火审批手续，经现场防火负责人审查批准，领取用火证后，方可在指定时间、地点作业。作业时应配备专人监护，作业后必须确认无火源危险后方可离开作业地点。

拆除建筑物时，当遇有易燃、可燃物及保温材料时，严禁明火作业，施工现场应设置不小于 3.5 m 宽的消防车道并保持畅通。

小 结

中华人民共和国国务院第 393 号令颁布的《建设工程安全生产管理条例》中规定，建设单位、监理单位应对拆除工程施工安全负检查监督责任，施工单位应对拆除工程的安全技术管理负直接责任，明确了建设单位、监理单位、施工单位在拆除工程中的安全生产管理责任。

建设单位应负责做好影响拆除工程安全施工的各种管线的切断、迁移工作，当外侧有架空线路或电缆线路时，应与有关部门取得联系，采取措施，确认完成后方可施工。拆除工程的建设单位与施工单位签订施工合同时，应签订安全生产管理协议，明确建设单位与施工单位在拆除工程中所承担的安全生产管理责任。施工单位必须全面了解拆除工程的图纸和资料，根据建筑拆除工程特点，进行实地勘察，并应编制有针对性、安全性及可行性的施工组织设计或方案以及各项安全技术措施，依据《建筑法》为从事拆除作业的人员办理意外伤害保险。依据《安全生产法》的有关规定，制定拆除工程生产安全事故应急救援预案，成立组织机构，配备抢险救援器材，严禁将建筑拆除工程转包。

在拆除工程作业中，施工单位发现不明物体时，必须停止施工，采取相应的应急措施保护现场并应及时向有关部门报告，经过有关部门鉴定后，按照国家和政府有关法规妥善处理。

课外参考资料

1.《中华人民共和国安全生产法》.
2.《安全生产管理条例》.
3.《安全生产许可证条例》.
4.《中华人民共和国建筑法》.

素质拓展

遵纪守法

在社会主义制度下，遵守纪律是每个公民的义务。提高遵守纪律的自觉性，养成遵守纪律的习惯，加强纪律观念，敢于同一切违反纪律的现象进行斗争，是组织纪律修养的重要内容。

守法具体表现为知法、守法、护法三个方面。知法是遵守法律的前提和基础。知法是了解宪法和其他一些基本法律的内容和本质，了解法制在国家建设中的地位和作用，增强守法的自觉性。护法就是在提倡守法的同时，敢于同违法乱纪的行为作斗争，这样才能维护法律的尊严，发挥法律的威力，保证社会的正常秩序。

遵纪守法是每个公民应尽的义务，也是共产主义道德的起码要求，对于加快我国社会主义物质文明和精神文明的建设具有重要意义。

思考题

1. 拆除工程的施工准备工作有哪些?
2. 简述拆除工程安全隐患的主要表现形式。

实训练习

某科技集团新建广场项目，其中一栋4层框架结构原有建筑(外围护墙充墙已砌筑)需先拆除，然后在此基础上重建24层某建筑。总包单位将拆除施工分包给了某公司，该公司采用人工拆除作业，施工过程如下：(1)先沿短向将梁板结构混凝土每隔两个柱距作为一个单元，并从中切开；(2)在首层柱根处实施静力破碎；(3)切断各楼层梁割开处钢筋；(4)用手拉葫芦方向牵引，拉到剥离开的部分；(5)重复上述步骤(1)～(4)，直至全部拆除完毕。

在最后一个单元的拆除过程中，由于外墙砌体没有事先拆除，在安装完手拉葫芦手动牵引时砌体反方向大面积垮塌，将预定方向的另一侧面地面上其他工种的8个工人掩埋，造成2人死亡、3人重伤、3人轻伤的安全事故。事故调查时发现，该公司根本不具备相应的拆除资质，拆除人员也没有经过任何培训，没有编制专项施工方案，作业前也没有对其进行安全、技术交底。

问题：

1. 简要分析本案例中事故的原因。
2. 静力破碎的安全技术措施有哪些？
3. 人工拆除作业的安全技术措施有哪些？

任务4　高处作业与安全防护

知识树

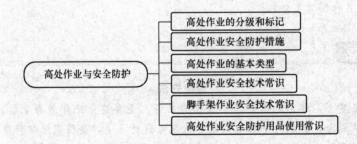

内容概况

本任务主要介绍高处作业的分级和标记、高处作业安全防护措施、高处作业的基本类型、高处作业安全技术常识、脚手架作业安全技术常识、高处作业安全防护用品使用常识。

知识目标

了解高处作业安全防护用品使用常识；熟悉高处作业的分级和标记、高处作业安全防护措施；掌握高处作业的基本类型、高处作业安全技术常识、脚手架作业安全技术常识。

能力目标

具备安全防护意识，能对高处作业进行安全管理和控制；能够正确编制脚手架施工方案，能指导施工人员正确安装、使用和拆除各种脚手架。

素质目标

通过高处作业与安全防护知识的学习，树立安全意识。安全无小事，时刻牢记安全第一。

引领案例

某市新建市民图书馆工程，为全浇框架-剪力墙结构，周圈为框架结构，核心筒为剪力墙体，该图书馆地上12层，施工时核心筒部位进度提前周圈框架一层。

本工程剪力墙采用大钢模，框架部分模板体系采用覆膜多层板。结构施工期间正值秋季大风天气，风力达五级以上，对高处作业安全造成极大影响。考虑到工期紧张，仍继续进行结构施工。

为了抢工期，施工单位拟尽早拆除模板，进入后续施工，监理工程师以施工单位上报模板专项施工方案中缺少模板拆除相关内容为由，不予批准。

问题：

1. 风力达五级时，施工单位继续作业是否妥当？简述理由。

2. 简述高处作业的基本安全要点。

4.1　高处作业的分级和标记

(1)高处作业高度在2～5 m时，划定为一级高处作业，其坠落半径为2 m。

(2)高处作业高度在5～15 m时，划定为二级高处作业，其坠落半径为3 m。

(3)高处作业高度在15～30 m时，划定为三级高处作业，其坠落半径为4 m。

(4)高处作业高度大于30 m时，划定为特级高处作业，其坠落半径为5 m。

高处作业又分为一般高处作业和特殊高处作业，其中特殊高处作业又分为八类。

(1)在阵风风力六级(风速为10.8 m/s)以上的情况下进行的高处作业，称为强风高处作业。

(2)在高温或低温环境下进行的高处作业，称为异温高处作业。

(3)降雪时进行的高处作业，称为雪天高处作业。

(4)降雨时进行的高处作业，称为雨天高处作业。

(5)室外完全采用人工照明时进行的高处作业，称为夜间高处作业。

(6)在接近或接触带电体条件下进行的高处作业，称为带电高处作业。

(7)在无立足点或无牢靠立足点的条件下，进行的高处作业，称为悬空高处作业。

(8)对突然发生的各种灾害事故，进行抢救的高处作业，称为抢救高处作业。

一般高处作业是指除特殊高处作业以外的高处作业。

一般高处作业标记时，写明级别和种类；特殊高处作业标记时，写明级别和类别，种类可省略不写。

例1：一级，强风高处作业。

例2：二级，高温、悬空高处作业。

例3：三级，一般高处作业。

4.2　高处作业安全防护措施

(1)凡是进行高处作业施工的，应使用脚手架、平台、梯子、防护围栏、挡脚板、安全带和安全网等。作业前，应认真检查所用的安全投放是否牢固、可靠。

(2)凡从事高处作业人员应接受高处作业安全知识的教育；特殊高处作业人员应持证上岗，上岗前应依据有关规定进行专门的安全技术交底。采用新工艺、新技术、新材料和新设备的，要按规定对作业人员进行相关安全技术教育。

(3)高处作业人员应经过体检合格后方可上岗。施工单位应为作业人员提供合格的安全帽、安全带等必备的个人安全防护用具，作业人员应按规定正确佩戴和使用。

(4)施工单位应按类别有针对性地将各类安全警示标志悬挂于施工现场各相应部位，夜间应设红灯示警。

(5)高处作业所用工具、材料严禁投掷，上下主体交叉作业确有需要时，中间须设隔离设施。

(6)高处作业应设置可靠扶梯，作业人员应沿着扶梯上下，不得沿着立杆与栏杆攀登。

(7)在雨、雪天应采取防护措施；当风速在 10.8 m/s 以上和雷电、暴风、大雾等气候条件时，不得进行露天高处作业。

(8)高处作业上下应设置联系信号或通信装置，并指定专人负责。

(9)高处作业前，工程项目部应组织有关部门对安全防护设施进行验收，经验收合格签字后方可作业。需要临时拆除或变动安全设施的，应经项目技术负责人审批签字，并组织有关部门验收，经验收合格签字后方可实施。

4.3　高处作业的基本类型

建筑施工中的高处作业主要包括临边、洞口、攀登、悬空和交叉五种基本类型。这些类型的高处作业是高处作业伤亡事故可能发生的主要地点。

1. 临边作业

临边作业是指施工现场中，工作面边沿无围护设施或围护设施高度低于 80 cm 时的高处作业。下列作业条件属于临边作业：

(1)基坑周边，无防护的阳台、料台与挑平台等。

(2)无防护楼层、楼面周边。

(3)无防护的楼梯口和梯段口。

(4)井架、施工电梯和脚手架等的通道两侧面。

(5)各种垂直运输卸料平台的周边。

2. 洞口作业

洞口作业是指孔、洞口旁边的高处作业，包括施工现场及通道旁深度在 2 m 及 2 m 以上的桩孔、沟槽与管道孔洞等边沿作业。

建筑物的楼梯口、电梯口及设备安装预留洞口等(在未安装正式栏杆、门窗等围护结构时)，还有一些施工需要预留的上料口、通道口、施工口等。凡是在 2.5 cm 以上，洞口若没有防护时，就有造成作业人员高处坠落的危险；或者若不慎将物体从这些洞口坠落时，还可能造成下面的人员发生物体打击事故。

3. 攀登作业

攀登作业是指借助建筑结构或脚手架上的登高设施或采用梯子或其他登高设施在攀登条件下进行的高处作业。

在建筑物周围搭拆脚手架、张挂安全网，装拆塔机、龙门架、井字架、施工电梯、桩架，登高安装钢结构构件等作业都属于这种作业。

进行攀登作业时，作业人员由于没有作业平台，只能攀登在可借助物的架子上作业，要借助一手攀、一只脚勾或用腰绳来保持平衡，身体重心垂线不通过脚下，作业难度大，危险性大，若有不慎就可能坠落。

4. 悬空作业

悬空作业是指在周边临空状态下进行的高处作业。其特点是在操作者无立足点或无牢靠立足点条件下进行高处作业。

建筑施工中的构件吊装，利用吊篮进行外装修，悬挑或悬空梁板、雨篷等特殊部位支拆模板、扎筋、浇筑混凝土等项作业都属于悬空作业。由于是在不稳定的条件下施工作业，危险性很大。

5. 交叉作业

交叉作业是指在施工现场的上下不同层次，于空间贯通状态下同时进行的高处作业。现场施工上部搭设脚手架、吊运物料，地面上的人员搬运材料、制作钢筋，或外墙装修下面打底抹灰，上面进行面层装饰等，都是施工现场的交叉作业。在交叉作业中，若高处作业不慎碰掉物料，失手掉下工具或吊运物体散落，都可能砸到下面的作业人员，发生物体打击伤亡事故。

4.4　高处作业安全技术常识

高处作业时的安全措施有设置防护栏杆、孔洞加盖、安装安全防护门、满挂安全平立网，必要时设置安全防护棚等。

1. 高处作业的一般施工安全规定

（1）施工前，应逐级进行安全技术教育及交底，落实所有安全技术措施和个人防护用品，未经落实时不得进行施工。

（2）高处作业中的安全标志、工具、仪表、电气设施和各种设备，必须在施工前加以检查，确认其完好，方能投入使用。

（3）悬空、攀登高处作业以及搭设高处安全设施的人员必须按照国家有关规定经过专门的安全作业培训，并取得特种作业操作资格证书后，方可上岗作业。

（4）从事高处作业的人员必须定期进行身体检查，诊断患有心脏病、贫血、高血压、癫痫病、恐高症及其他不适宜高处作业的疾病时，不得从事高处作业。

（5）高处作业人员应头戴安全帽，身穿紧口工作服，脚穿防滑鞋，腰系安全带。

（6）高处作业场所有可能坠落的物体，应一律先行撤除或予以固定。所用物件均应堆放平稳，不妨碍通行和装卸。工具应随手放入工具袋，拆卸下的物件及余料和废料均应及时清理运走，清理时应采用传递或系绳提溜方式，禁止抛掷。

（7）遇有六级以上强风、浓雾和大雨等恶劣天气，不得进行露天悬空与攀登高处作业。台风暴雨后，应对高处作业安全设施逐一检查。发现有松动、变形、损坏或脱落、漏雨、漏电等现象，应立即修理完善或重新设置。

（8）所有安全防护设施和安全标志等，任何人都不得损坏或擅自移动和拆除。因作业必须临时拆除或变动安全防护设施、安全标志时，必须经有关施工负责人同意，并采取相应的可靠措施，作业完毕后立即恢复。

（9）施工中对高处作业的安全技术设施发现有缺陷和隐患时，必须立即报告，及时解决。危及人身安全时，必须立即停止作业。

2. 高处作业的基本安全技术措施

（1）凡是临边作业，都要在临边处设置防护栏杆，一般上杆离地面高度为 1.0～1.2 m，下杆距离地面高度为 0.5～0.6 m；防护栏杆必须自上而下用安全网封闭，或在栏杆下边设置严密固定的高度不低于 18 cm 的挡脚板或 40 cm 的挡脚笆。

（2）对于洞口作业，可根据具体情况采取设防护栏杆、加盖板、张挂安全网与装栅门等措施。

（3）进行攀登作业时，作业人员要从规定的通道上下，不能在阳台之间等非规定通道进行攀登，也不得任意利用吊车车臂架等施工设备进行攀登。

（4）进行悬空作业时，要设有牢靠的作业立足处，并视具体情况设防护栏杆，搭设脚手架、操作平台，使用马凳，张挂安全网或其他安全措施；作业所用索具、脚手板、吊篮、吊笼、平台等设备，均需经技术鉴定方能使用。

（5）进行交叉作业时，注意不得在上下同一垂直方向上操作，下层作业的位置必须处于依上层高度确定的可能坠落范围之外。不符合以上条件时，必须设置安全防护层。

(6)结构施工自二层起，凡人员进出的通道口（包括井架、施工电梯的进出口），均应搭设安全防护棚。高度超过 24 m 时，防护棚应设双层。

(7)建筑施工进行高处作业之前，应进行安全防护设施的检查和验收。验收合格后，方可进行高处作业。

4.5 脚手架作业安全技术常识

脚手架的搭设、拆除作业属悬空、攀登高处作业，其作业人员必须按照国家有关规定经过专门的安全作业培训，并取得特种作业操作资格证书后，方可上岗作业。其他无资格证书的作业人员只能做一些辅助工作，严禁悬空、登高作业。

1. 脚手架的作用及常用架型

脚手架的主要作用是在高处作业时供堆料、短距离水平运输及作业人员在上面进行施工作业。高处作业的五种基本类型的安全隐患在脚手架上作业中都会发生。脚手架应满足以下基本要求：

(1)要有足够的牢固性和稳定性，保证施工期间在所规定的荷载和气候条件下，不产生变形、倾斜和摇晃。

(2)要有足够的使用面积，满足堆料、运输、操作和行走的要求。

(3)构造要简单，搭设、拆除和搬运要方便。

常用脚手架有扣件式钢管脚手架、门式钢管脚手架、碗扣式钢管架等。另外，还有附着升降脚手架、悬挂式脚手架、吊篮式脚手架、挂式脚手架等。

2. 脚手架作业一般安全技术常识

(1)每项脚手架工程都要有经批准的施工方案。严格按照此方案搭设和拆除，作业前必须组织全体作业人员熟悉施工和作业要求，进行安全技术交底。班组长要带领作业人员对施工作业环境及所需工具、安全防护设施等进行检查，消除隐患后方可作业。

(2)脚手架要结合工程进度搭设。结构施工时，脚手架要始终高出作业面一步架，但不宜一次搭得过高。未完成的脚手架，作业人员离开作业岗位（休息或下班）时，不得留有未固定的构件，并保证架子稳定。脚手架要经验收签字后方可使用。分段搭设时应分段验收。在使用过程中要定期检查，较长时间停用、台风或暴雨过后使用要进行检查加固。

(3)落地式脚手架基础必须坚实。若是回填土时，必须平整夯实，并做好排水措施，以防止地基沉陷引起架子沉降、变形、倒塌。当基础不能满足要求时，可采取挑、吊、撑等技术措施，将荷载分段卸到建筑物上。

(4)设计搭设高度较小时（15 m 以下），可采用抛撑；当设计高度较大时，采用既抗拉又抗压的连墙点（根据规范用柔性或刚性连墙点）。

(5)施工作业层的脚手板要满铺、牢固，距离墙间隙不大于 15 cm，并不得出现探头板；在架子外侧四周设 1.2 m 高的防护栏杆及 18 cm 的挡脚板，且在作业层下装设安全平网；架体外排立杆内侧挂设密目式安全立网。

(6)脚手架出入口须设置规范的通道口防护棚；外侧临街或高层建筑脚手架，其外侧应设置双层安全防护棚。

(7)架子使用中，通常架上的均布荷载不应超过规范规定。人员、材料不要太集中。

(8)在防雷保护范围之外，应按规定安装防雷保护装置。

(9)脚手架拆除时，应设警戒区和醒目标志，有专人负责警戒；架体上材料、杂物等应消除干净；架体若有松动或危险的部位，应予以先行加固，再进行拆除。

(10)拆除顺序应遵循"自上而下，后装的构件先拆、先装的后拆，一步一清"的原则，依次进行。不得上下同时拆除作业，严禁用踏步式、分段、分立面拆除法。

(11)拆下来的杆件、脚手板、安全网等应用运输设备运至地面，严禁从高处向下抛掷。

4.6　高处作业安全防护用品使用常识

由于建筑行业的特殊性，高处作业中发生的高处坠落、物体打击事故的比例最大。许多事故案例都说明，由于正确佩戴了安全帽、安全带或按规定架设了安全网，从而避免了伤亡事故。事实证明，安全帽、安全带、安全网是减少和防止高处坠落和物体打击这类事故发生的重要措施，常称之为"三宝"。作业人员必须正确使用安全帽，调好帽箍，系好帽带；正确使用安全带，高挂低用。

1. 安全帽

安全帽是对人体头部受外力伤害(如物体打击)起防护作用的帽子。使用时应注意以下几点：

(1)选用经有关部门检验合格，其上有"安监"标志的安全帽。

(2)戴帽前先检查外壳是否破损、有无合格帽衬、帽带是否齐全，如果不符合要求立即更换。

(3)调整好帽箍、帽衬(4～5 cm)，系好帽带。

2. 安全带

安全带是高处作业人员预防坠落伤亡的防护用品。使用时应注意以下几点：

(1)选用经有关部门检验合格的安全带，并保证在使用有效期内。

(2)安全带严禁打结、续接。

(3)使用中，要可靠地挂在牢固的地方，高挂低用，且要防止摆动，避免明火和刺割。

(4)2 m以上的悬空作业，必须使用安全带。

(5)在无法直接挂设安全带的地方，应设置挂安全带的安全拉绳、安全栏杆等。

3. 安全网

安全网是用来防止人、物坠落或用来避免、减轻坠落及物体打击伤害的网具。使用时应注意以下几点：

(1)要选用有合格证的安全网。

(2)安全网若有破损、老化应及时更换。

(3)安全网与架体连接不宜绷得太紧，系结点要沿边分布均匀、绑牢。

(4)立网不得作为平网使用。

(5)立网必须选用密目式安全网。

小　结

按照现行国家标准《高处作业分级》(GB/T 3608—2008)的规定："凡在坠落高度基准面2 m以上(含2 m)的可能坠落的高处所进行的作业，都称为高处作业。"

在施工现场高处作业中，如果未防护、防护不好或作业不当都可能发生人或物的坠落。人从高处坠落的事故，称为高处坠落事故；物体从高处坠落砸着下面的人的事故，称为物体打击事故。长期以来，预防施工现场高处作业的高处坠落、物体打击事故始终是施工安全生产的首要任务。

课外参考资料

1.《中华人民共和国安全生产法》。

2.《安全生产管理条例》.

3.《安全生产许可证条例》.

4.《中华人民共和国建筑法》.

5.《建筑基坑支护技术规程》(JGJ 120—2012).

素质拓展

生产作业"三不伤害"

生产作业"三不伤害"即不伤害自己，不伤害他人，不被他人伤害。

由于建筑的特殊性，存在很多高处作业，高处作业存在更多风险和安全隐患，所以高处作业时更应该筑牢安全防线，坚持科学施工，不顶风作业，不冒险作业。

扫描二维码，结合课程和视频内容总结高处作业安全防护方法和方案。

视频：高处作业

思考题

1. 高处作业的安全隐患主要表现在哪些方面？

2. 简述高处作业的安全控制要点。

实训练习

某汽车模具厂厂房工程，建筑面积为 6 000 m²，地上 2 层，首层层高为 13 m，二层为 3.6 m。独立柱基础，现浇混凝土框架结构，首层结构柱一次浇筑。工期 300 日历天，由于工期紧张，现场需要多点交叉施工。

施工过程中发生了如下事件：

事件一：首层施工前，项目部组织了脚手架、平台、梯子等安全设置的检查。监理单位认为检查的安全设置缺项，要求重新检查。

事件二：设备安装过程中，项目部使用钢管和扣件临时搭设了一移动平台用于设备安装作业，该平台高为 6 m，台面面积为 15 m²。

问题：

1. 首层混凝土浇筑作业人员属于高处作业的哪一级？高处作业分级标准内容有哪些？

2. 事件一中，项目部应增加检查的安全设置有哪些？

3. 事件二中，项目部搭设的移动平台高度、台面面积是否合理？并说明理由。作业安全控制要点有哪些？

4. 模板、脚手架作业拆除时，交叉作业的安全控制要点有哪些？

5. 高处作业安全防护设施验收的主要项目有哪些？

任务5 施工防火安全要求

知识树

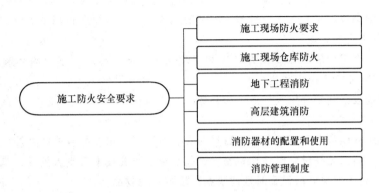

内容概况

本任务主要介绍施工现场防火要求、施工现场仓库防火、地下工程消防、高层建筑消防、消防器材的配置和使用及消防管理制度。

知识目标

了解地下工程消防、高层建筑消防；熟悉施工现场仓库防火、施工现场防火要求、消防器材的配置和使用及消防管理制度。

能力目标

能够对施工安全用火进行指导。

素质目标

提高施工防火安全意识，能够在发生火灾时现场适当处置。

引领案例

某建筑公司所承揽的写字楼项目进入了室内装修阶段。在装饰作业中使用的地板硝基漆散发的大量爆炸性混合气体在室内聚集，达到了很高的密度。此时，一装配电工点燃喷灯做电线接头的防氧化处理，引起混合气体爆燃起火，造成一名职工死亡。经事故调查，该单位安全生产治理工作中缺乏同一性，没有周密的计划，规章制度不健全，致使在多项目、多部位、多工种施工的条件下，工作不能有序地进行。对使用的一些特殊建筑材料性能、使用方法，没有明确地进行技术交底，造成职工缺乏这一方面的知识。没有制订针对性的安全措施（透风设施），易燃、易爆气体在室内大量聚集，导致事故的发生。

问题：

1. 扼要分析造成这起事故的原因。

2. 伤亡事故处理的程序是什么？

3. 三级安全教育的内容是什么？请简要说明。

5.1 施工现场防火要求

1. 施工现场防火的一般要求

(1)在编制施工组织设计时，施工总平面图、施工方法和施工技术均要符合消防安全要求。

(2)建筑工地必须制定防火安全措施，并及时向有关人员、作业班组交底落实，施工现场应做好生产、生活用火的管理。

(3)临时工、合同工等各类新工人进入施工现场，都要进行防火安全教育和防火知识的学习。经考试合格后才能上岗工作。

(4)施工现场应明确划分用火作业，如易燃、可燃材料堆场、仓库，易燃废品集中站和生活区等区域。

(5)施工现场夜间应用照明设备；保持消防车通道畅通无阻，并要安排力量加强值班巡逻。

(6)施工作业期间需搭设临时性建筑物，必须经施工企业技术负责人批准，施工结束应及时拆除。但不得在高压架下面搭设临时性建筑物或堆放可燃物品。

(7)在土建施工时，应先将消防器材和设施配备好，有条件的，应敷设好室外消防水管和消火栓，并指定专人维护、管理、定期更新，保证完整好用。

(8)焊、割作业点与氧气瓶、电石桶和乙炔发生器等危险物品的距离不得少于 10 m，与易燃、易爆物品的距离不得少于 30 m。如达不到上述要求的，应执行动火审批制度，并采取有效的安全隔离措施。

(9)氧气瓶、乙炔发生器等焊割设备的安全附件应完整有效，否则不准使用。乙炔发生器和氧气瓶的存放之间不得少于 2 m，使用时两者的距离不得少于 5 m。

(10)施工现场的焊、割作业，必须符合防火要求，严格执行"十不烧"规定。

(11)施工现场用电，应严格执行市建委《施工现场电气安全管理规定》，加强电源管理，防止发生电气火灾。

2. 雨季和高温季节施工的防火安全要求

雨季来临时，因气候潮湿、雷阵雨时还会发生雷击事故，所以，在雨季前应检查高大机构设备(如塔式起重机、外用电梯)的防雷措施；对外露的电气设备及线路，应加强绝缘破损及遮雨设施的检查，如防漏电起火。对石灰、电石等常用的遇水燃烧物品，应防漏、防潮、垫高存放。高温季节则重点做好对易燃、易爆物品(如汽油、香蕉水)的安全保管及发放使用。

3. 火灾险情的处置

因意外情况发生火灾事故，千万不要惊慌，应一方面迅速电话报警，另一方面组织人力积极扑救。火警电话拨通后，要讲清起火的单位和详细地址，也要讲清起火的部位、燃烧的物质、火灾的程度、着火的周边环境等情况，以便消防部门根据情况派出相应的灭火力量。

5.2 施工现场仓库防火

施工现场仓库(包括库房和露天货场)是建筑材料和施工器具高度集中的场所，一旦发生火灾，就会使大量的物资被烧毁，造成重大的经济损失。因此，施工现场仓库是防火安全工作的重点，搞好仓库防火具有重要的意义。

对易引起火灾的仓库，应将库房内、外按 500 m² 的区域分段设立防火墙，将建筑平面划分为若干个防火单元，以便考虑失火后能阻止火势的扩散。仓库应设在水源充足，消防车能驾驶到的地方。同时，根据季节风向的变化，应设在下风方向。

储量大的易燃仓库，应将生活区、生活辅助区和堆场分开布置。仓库应设两个以上的大门，大门应向外开启。固体易燃物品应当与易燃、易爆的液体分间存放，不得放在同一个仓库内混合储存不同性质的物品。

1. 易燃易爆物品储存注意事项

(1)易燃仓库堆料场和其他建筑物、铁路、道路、高压线的防火间距，应按《建筑设计防火规范(2018年版)》(GB 50016—2014)的有关规定执行。

(2)易燃仓库堆料场物品应当分类、分堆、分组和分垛存放，每个堆垛面积为：木材(板材)不得大于 300 m²；稻草不得大于 150 m²；锯末不得大于 200 m²。堆垛与堆垛之间应留 3 m 宽的消防通道。

(3)易燃露天仓库的四周内，应有不小于 6 m 的平坦空地作为消防通道。通道上禁止堆放障碍物。

(4)有明火的生产辅助区和生活用房与易燃堆垛之间，至少应保持 30 m 的防火间距，有飞火的烟囱应布置在仓库的下风地带。

(5)贮藏的稻草、锯末、煤炭等物品的堆垛，应保持良好通风，注意堆垛内的温度、湿度变化；发现温度超过 38 ℃，或水分过低时，应及时采取措施，防止其自燃起火。

(6)在建的建筑物内不得存放易燃爆物品。尤其是不得将木工加工区设在建筑物内。

(7)仓库保管员应当熟悉储存物品的分类、性质、保管业务知识和防火安全制度，掌握消防器材的操作使用和维修保养方法，做好本岗位的防火工作。

2. 易燃物品的装卸管理

(1)物品入库前应当有专人负责检查，确定无火种等隐患后，方可装卸物品。

(2)拖拉机不得进入仓库、材料场进行装卸作业；其他车辆进入仓库或露天堆料场装卸时，应安装符合要求的火星熄灭防火罩。

(3)在仓库或堆料场内进行吊装作业时，其机械设备必须符合防火要求，严防产生火星，引起火灾。

(4)装过化学危险物品的车，必须清洗干净后方准装运易燃和可燃物品。

(5)装卸作业结束后，应当对库区、库房进行检查，确认安全后方可离开。

3. 易燃仓库的用电管理

(1)仓库或堆料场内一般使用地下电缆；若有困难需设置架空电力线路，架空电力线路与露天易燃堆垛的最小水平距离，不应小于电线高度的 1.5 倍。库房内敷设的配电线路，需穿金属管或用非燃硬塑料管保护。

(2)仓库或堆料场所禁止使用碘钨灯和超过 60 W 以上的白炽灯等高温照明灯具；当使用日光灯等低温照明灯具和其他防燃型照明灯具时，应当对镇流器采取隔热、散热等防火保护措施。照明灯具与易燃堆垛间至少保持 1 m 的距离，安装的开关箱、接线盒，应距离堆垛外缘不小于 1.5 m，不准乱拉临时电气线路。储存大量易燃物品的仓库场地应设置独立的避雷装置。

(3)库房内不准设置移动式照明灯具。照明灯具下方不准堆放物品，其垂点下方与储存物品水平之间距离不得小于 0.5 m。

(4)库房内不准使用电炉、电烙铁、电熨斗等电热器具和电视机、电冰箱等家用电器。

(5)库区的每个库房应当在库房外单独安装开关箱，保管人员离库时，必须拉闸断电。禁止使用不规格的电器保险装置。

5.3 地下工程消防

地下工程是指施工作业地平面低于室外平面的工程。地下工程大都附设在工业与民用建筑内，多为无窗建筑。近年来，随着我国经济的发展，地下建筑越来越多地被用来作为娱乐场所，一旦发生火灾不仅疏散扑救困难，而且烟火还威胁地上建筑的安全。

地下工程除遵守正常施工中的各项防火安全管理制度和要求外，还应遵守以下防火安全要求：

(1)施工现场的临时电源线不宜直接敷设在墙壁或土墙上，应用绝缘材料架空安装。配电箱应采取防水措施，潮湿地段或渗水部位照明灯应采取相应的措施或安装防潮灯具。

(2)施工现场应有不少于两个出入口或坡道；施工距离长时，应当适当增加出入口的数量。施工区面积不超过 50 m²，且施工人员不超过 20 人时，可只设一个直通地上的安全出口。

(3)安全出入口、疏散走道和楼梯的宽度应按其通过人数每 100 人不少于 1 m 的净宽计算。每个出入口的疏散人数不宜超过 250 人。安全出入口、疏散走道、楼梯的最小净宽不应小于 1 m。

(4)疏散走道、楼梯及坡道内，不宜设置凸出物或堆放施工材料和机具。

(5)疏散走道、安全出入口、疏通马道(楼梯)、操作区域等部位，应设置火灾事故照明灯。火灾事故照明灯在上述部位的最低照度应不低于 5 lx。

(6)疏散走道及其交叉口、拐弯处、安全出口处应设置疏散指示标志灯。疏散指示标志灯的距离不易过大，距地面高度应为 1～1.2 m，标志灯正前方 0.5 m 处的地面应不低于 1 lx。

(7)火灾事故照明灯和疏散指示灯工作电源断电后，应能自动投合。

(8)地下工程施工区域应设置消防给水管道和消火栓，消防给水管道可以与施工用水管道合用。特殊地下工程不能设置消防用水时，应配备足够数量的轻便消防器材。

(9)大面积油漆粉刷和喷漆应在地面施工，局部的粉刷可在地下工程内部进行，但一次粉刷的量不宜过多。同时，在粉刷区域内禁止一切火源，加强通风。

(10)禁止在地下工程内部使用及存放中压式乙炔发生器。

(11)制订应急的疏散计划。

5.4 高层建筑消防

随着城市现代化的发展，高层建筑越来越多。由于高层建筑都有建筑高度高、建筑面积大、用电设备多、供电要求高、人员集中等特点，这些都给建筑的防火提出了很高的要求。另外，高层建筑发生火灾时火势蔓延迅速、人员疏散困难、扑救难度大、火灾隐患多，因此，高层建筑的防火安全就成为一个十分重要的问题。近年来，高层火灾事故呈明显上升趋势，给国家和人民生命财产造成了极大的损失。因此，必须贯彻"预防为主，防消结合"的消防工作方针，加强高层建筑工地防火安全工作，从严管理，防患未然。

1. 高层建筑工地火灾的特点

纵观城市高层建筑工地的火灾，一般具有以下特点：

(1)火势蔓延快。高层建筑的楼梯间、电梯井、管道井、风道、电缆井等竖向井道多，如果防火分隔处理不好，发生火灾时就好像一座座高耸的烟囱，成为火势迅速蔓延的途径，尤其是高级宾馆、综合楼和图书馆、办公楼等高层建筑，一般室内可燃物较多，一旦起火燃烧猛烈，蔓延迅速。据测定，在火势初期阶段，因空气对流，在水平方向烟气扩散速度为 3 m/s，在火灾燃烧猛烈阶段，各管井扩散速度则可达 3～4 m/s。假如一座高度为 100 m 的高层建筑发生火灾，在无阻挡的情况下，33 s 左右，烟气就能顺竖向管井扩散到顶层，其扩散速度是水平方向的 10 倍以上。

（2）疏散困难。高层建筑的特点：一是层楼多，垂直距离长，疏散到地面或其他安全场所的时间长；二是人员集中；三是发生火灾时由于各竖井空气流动畅通，火势和烟雾向上蔓延快，增加了疏散的难度。我国有些经济发达城市的消防部门购置了少量的登高消防车，但大多数有高层建筑的城市尚无登高消防车，而且其高度也不能满足安全疏散和扑救的需要。普通电梯在火灾发生时因不防烟火或停电等原因而无法使用，因此，多数高层建筑安全疏散主要是靠楼梯，而楼梯间内一旦窜入烟气，就会严重影响疏散，这些都是高层建筑发生火灾时进行疏散的不利条件。

（3）扑救难度大。高层建筑高达数十米，甚至达数百米，发生火灾时从室外进行扑救相当困难，一般要立足于自救，即主要依靠室内消防设施。但由于目前我国经济条件所限，高层建筑内部的消防设施还不完善，尤其是二类高层建筑仍以消火栓扑救为主。因此，扑救高层建筑火灾往往遇到较大困难，例如，热辐射强、火势蔓延速度、高层建筑的消防用水量不足等。

2. 预防高层建筑工地火灾的对策

根据国家有关部门关于现代高层建筑的消防规范和有关规定，针对当前高层建筑施工现场的实际情况，预防高层建筑工地火灾应该做到以下几点：

（1）必须搞好防火设计。 高层建筑组织设计时，要针对现代化建筑装修、安装各阶段的特点，提出与之相适应的防火设计，力求做到"三有"，即有计划、有措施、有准备。

（2）必须落实规章制度。 高层建筑工地防火一定要建立健全各项行之有效的规章制度，将防火责任切实落实到各个施工单位的具体责任人，可设总的专职现场防火巡查人员，加强监督检查，力求"三早"，即隐患早发现、措施早制定、设施早到位，保证已有的各项防火措施真正落到实处。

（3）必须使用隔火挡板。 在高层建筑施工中，对某些位置实施电焊前，在施焊点近处的一侧或两侧应使用隔火挡板，阻止电焊飞溅火花点燃可燃物材料。隔火挡板的尺寸大小、形状及安装位置，应以保证安全、方便操作的需要而定。有时还可以视情况使用接火斗，从而较好地接住施焊时落下或飞溅的电焊火花。

（4）严禁擅用明火。 高层建筑施工现场要严禁吸烟，严格禁止擅自运用各种形式的明火。因施工必要时，必须事先向现场主管部门申请并办理必要的动火手续，在确保安全的前提下方可进行明火作业。同时，要加强临时用电管理，严禁乱接、乱拉用电，避免电气起火。

（5）必须配齐灭火器材。 高层建筑施工现场的各个楼层和重点防火部位，要配备齐全的灭火器材，可配置适当数量的临时手提式灭火器、消防水桶、消防沙袋等。各种消防器材一定要放在明显和方便提取的位置，并作"消防用品，不得挪用"的明显标志。在设备安装施工阶段，宜最先安装消防水管及其相关设备，必要时提前验收、提前供水。还可在每个楼层储备适当的消防用水，以便发生火灾时能及时就近取水灭火。

（6）必须确保通道畅通。 要在高层建筑工地内设置标明楼间和出入口的临时醒目标志，视情况安装楼梯间和出入通道口的临时照明，及时清理建筑垃圾和障碍物，特别是那些可燃、易燃的更要坚持每天清扫，保证发生火灾时，现场施工人员和消防人员下行、上行畅通快捷。

5.5 消防器材的配置和使用

1. 消防器材的配备

（1）现场仓库消防灭火设施。

1）应有足够的消防水源，其进水口一般不应小于两处。仓库的室外消防用水量，应按照《建筑设计防火规范(2018年版)》(GB 50016—2014)的有关规定执行。

2)消防管道的口径应根据所需最大消防用水量确定,一般应不小于150 mm。消防管道的设置应呈环状。

3)室外消火栓应沿消防车道或堆料场内交通道路的边缘设置,消火栓之间的距离不应大于50 m。

4)采用低压给水系统,管道内的压力在消防用水量达到最大时,不低于0.1 MPa;采用高压给水系统,管道内的压力应保证两支水枪同时布置在堆场内最远和最高处的要求,水枪充实水柱不小于13 m,每支水枪的流量应不小于5 L/s。

5)仓库或堆场内,应分组布置酸碱、泡沫、二氧化碳等灭火器,每组灭火器不应少于4个。每组灭火器的间距不应大于30 m。

(2)施工现场消防器材的配备。

1)大型临时设施总平面超过1 200 m²的,应当按照消防要求配备灭火器,并根据防火的对象、部位,设立一定数量、容积的消防水池。并配备不少于4套的取水桶、消防铣、消防钩。同时,要备有一定数量的黄沙池等器材、设施,并留有消防车道。

2)一般临时设施区域、配电室、动火处、食堂、宿舍等重点防火部位。每100 m²应当配备两个10 L灭火器。

3)临时木工间、油漆间、机具间等,每25 m²应配备一个种类合适的灭火器;油库、危险品仓库、易燃堆料场应配备足够数量的各种大灭火器。

2. 消防器材的使用方法

(1)手提式1211灭火器。手提式1211灭火器使用时,应手提压把,拔出保险销,然后握紧压把,灭火剂即可喷出。当松开压把时,压把在弹簧作用下恢复原位,阀门关闭,停止喷射。使用时应垂直操作,不可平放或倒置,喷嘴要对准火源要部,并向火源边缘左右扫射,快速向前推进,要防止回火、复燃,如遇零星小火,可作点射灭火。

(2)手提式贮压干粉灭火器。手提式贮压干粉灭火器使用方法同1211灭火器基本相同,使用前先将其上下颠倒10次,使筒内干粉松动,然后拔下保险销,一只手握喷嘴,另一只手用力握紧压把,干粉便会喷出。

(3)二氧化碳灭火器。二氧化碳灭火器使用时,如果是鸭嘴开关的,只要拔出保险销,将鸭嘴压下,二氧化碳即可喷出;如果是手轮开关的,应将其逆时针旋转即可喷出灭火。

(4)消防水池。消防水池与建筑物之间的距离,一般不得小于10 m,在水池的周围留有消防车道,在冬季或者寒冷地区,消防水池应有可靠的防冻措施。

5.6 消防管理制度

(1)在防火要害部位设置的消防器材,由该部位的消防职能人负责维修及保管。

(2)对故意损害消防器材的人,按照处罚办法进行处理。

(3)器材保管人员应懂得消防知识,正确使用器材,工作认真负责。

(4)定期检查消防器材,发现超期、缺损的,及时向消防负责人汇报,及时更新。

小 结

随着我国城市化进程的加快,建筑业取得了很快的发展,大量新型建筑材料的应用给施工防火工作增加了难度,提出了新的要求。因此,做好建筑施工现场的防火工作十分重要。

课外参考资料

1.《中华人民共和国消防法》.
2.《中华人民共和国安全生产法》.
3.《安全生产管理条例》.
4.《安全生产许可证条例》.
5.《中华人民共和国建筑法》.

素质拓展

火灾无情人有情

火灾无情人有情，人有情不仅体现在事后事故的处理上，更应体现在事前的预案中，及时消除火灾隐患，切实防止重特大火灾等事故的发生。

收集"上海11·15特大火灾事故"相关资料，分析事故发生原因，吸取事故教训，掌握事故处理流程。

思考题

施工现场防火有什么要求？

实训练习

×年×月×日，某港商独资工艺玩具厂发生特大火灾事故，死亡84人，受伤45人，直接经济损失达260余万元（时价）。

该厂厂房是一栋三层钢筋混凝土建筑。一楼为裁床车间，内用木板和铁栅栏分隔出一个库房。库房内总电闸的保险丝用两根铜丝代替，穿出库房顶部并搭在铁栅栏上的电线上，电线没有用套管绝缘，下面堆放了2m高的布料和海绵等易燃物。二楼是手缝和包装车间及办公室，一间厕所改作厨房，内放有两瓶液化气。三楼是车衣车间。该厂实施封闭式管理。厂房内唯一的上下楼梯平台上还堆放杂物；楼下4个门，2个被封死，1个用铁栅栏与厂房隔开，只有1个供职工上下班进出，还要通过一条0.8m宽的通道打卡；全部窗户外都安装了铁栏杆加铁丝网。

起火原因是库房内电线短路时产生的高温熔珠引燃堆在下面的易燃物所致。起火初期火势不大，有工人试图拧开消火栓和用灭火器灭火，但因不会，操作未果。在一楼东南角敞开式货物提升机的烟囱效应作用下，火势迅速蔓延至二楼、三楼。一楼工人全部逃出。正在二楼办公的厂长不组织工人疏散，自顾逃命。二楼、三楼300多名工人，在无人指挥情况下慌乱逃生。由于要下楼梯、拐弯、再经打卡通道才能逃出厂房。路窄人多，浓烟烈火，致使人员中毒窒息，造成重大伤亡。

经调查确认以下事实：

（1）该厂雇佣无证电工，长期超负荷用电，电线、电器安装不符合有关安全规定要求。

（2）厂方平时未对工人进行安全防火教育培训；发生火灾时，厂长未指挥工人撤离，自顾逃生。

（3）该厂多处违反消防安全规定。对于消防部门所发《火险整改通知书》，未认真整改，留下重大火灾隐患,以向整治小组个别成员行贿等手段取得整改合格证。该厂所在地镇政府对此完全了解,不但不督促整改,还由镇长授意给整治小组送钱说情。

问题:

1. 试根据上述材料,分析火灾的直接原因,造成重大人员伤亡的主要原因和间接原因。
2. 根据有关法律法规,提出处理建议。
3. 提出整改措施。

任务 6　施工安全用电管理

知识树

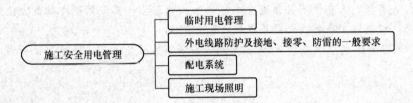

内容概况

本任务主要介绍临时用电管理,外电线路防护及接地、接零、防雷的一般要求,配电系统及其施工现场照明。

知识目标

了解临时用电管理;熟悉外电线路防护及接地、接零、防雷的一般要求;熟悉配电系统及其施工现场照明。

能力目标

能够对工地安全用电进行指导。

素质目标

提高施工安全用电管理意识,科学合理地安排施工现场用电。

引领案例

2019年×月×日17时30分,某地铁工程工地正在进行中间风井出土运输和旋喷桩施工。旋喷桩施工的后配套在进行水泥浆搅拌,现场水泥用量大,水泥空袋比较多。当天下雨,地面比较湿滑,现场负责场内清理杂物的作业人员A赤脚在清理水泥空袋时滑倒,其他现场人员发现A没有立即站起来,当即去搀扶,此时发现A神志尚清醒。现场工人将事情报告项目部后,项目部人员立即拨打120急救电话,并组织进行人工呼吸现场抢救,同时报告项目负责人,并及时联系A的亲属。17时50分医院救护人员赶到出事工地,立即对A开展救护并就近送往医院进行抢救,18时15分救护车将伤者送到医院,A经抢救无效死亡。次日,医院出具电击猝死死亡证明。

问题：

1. 分析事故原因，总结经验教训。
2. 安全用电有哪些要求？

6.1 临时用电管理

1. 临时用电施工组织设计

临时用电施工组织设计是施工现场临时用电安装、架设、维修和管理的重要依据，指导和帮助用电人员准确按照用电施工组织设计的具体要求来实施，确保施工现场临时用电的安全性和科学性。

(1)施工现场临时用电应制订安全用电和电气防火措施，临时用电设备在5台及5台以上或设备总容量在50 kW及50 kW以上者，应编制临时施工组织设计。

(2)施工现场临时用电组织设计的主要内容包括：现场勘测；确定电源进线、变电所或配电室、配电装置、用电设备位置及线路走向；进行负荷计算；选择变压器；设计配电线路，配电装置和接地装置，选择电器、导线和电缆，并绘制临时用电工程图纸；设计防雷装置；确定防护措施；制订安全用电措施和电气防火措施。

(3)临时用电工程图纸应单独绘制；临时用电工程应按图施工。

(4)临时用电组织设计及变更时，必须履行"编制、审核、批准"程序，由电气工程技术人员组织编制，经相关部门审核及具有法人资格企业的技术负责人批准后实施，变更用电设计时应补充有关图纸资料。

(5)临时用电工程必须经编制、审核、批准部门和使用单位共同验收，合格后方可投入使用。

(6)建筑施工现场临时用电工程专用的电源中性点直接接地的220 V/380 V三相四线制低压电力系统，必须符合下列规定：采用三级配电系统；采用TN-S接零保护系统；采用二级漏电保护系统。

2. 暂设电工及用电人员

为保障人身安全和施工电气设备的正常运行，建筑电工和各类用电人员在安装和使用设备时，应当遵守安全操作规程，掌握必要的安全用电基本知识，在工作中采取一定的安全措施，避免安全事故的发生。

(1)电工必须通过现行国家标准的考核，合格后方可持证上岗工作；其他用电人员必须通过相关安全教育培训和技术交底，考核合格后方可上岗工作。

(2)安装、巡查、维修或拆除临时用电设备的线路，必须由电工完成，并应有人监护。

(3)各类用电人员应掌握安全用电基本知识和所用设备的性能，并应符合下列规定：

1)使用电气设备前必须按规定穿戴和配备好相应的劳动防护用品，并应检查电气装置和保护设施，严禁设备带"缺陷"运转。

2)用电人员保管和维护所用设备，发现问题及时报告解决。

3)现场暂时停用设备的开关箱必须分断电源隔离开关，并应关门上锁。

4)用电人员移动电气设备时，必须经电工切断电源并作妥善处理后进行。

3. 用电安全技术档案

施工现场临时用电必须建立用电安全技术档案，并包括以下内容：

(1)用电组织设计的全部资料。

(2)修改用电组织设计资料。

(3)用电技术交底资料。

(4)用电工程检测验收表。

(5)电气设备的试验、检验凭单和调试记录。

(6)接地电阻、绝缘电阻和漏电保护器漏电动作参数测定记录表。

(7)定期检(复)查表。

(8)电工安装、巡检、维修、拆除工作记录。

安全技术档案应由主管该现场的电气技术人员负责建立与管理,其中电工安装、巡检、维修、拆除工作记录可指定电工代管,每周由经理审核认可,并应在临时用电工程拆除后统一归档。

临时用电工程应定期检查。定期检查时,应复查接地电阻值和绝缘电阻值。

临时用电工程定期检查应按分部、分项工程进行,对安全隐患必须及时处理,并应履行复查验收手续。

6.2 外电线路防护及接地、接零、防雷的一般要求

1. 外电线路防护

随着城市美化的需要,越来越多的城市街道已将供电线路沿街暗敷,但由于改造引发的开支费用巨大的原因,仍然有些地方继续选用外电线路。外电线路是指施工现场内原有的架空输电电路,施工企业必须严格按有关规范的要求,妥善处理好外电线路的防护工作,否则极易造成触电事故,而影响工程施工的正常运行。为此,外电线路防护必须符合以下要求:

(1)在建工程不得在外电架空线路正下方施工、搭设作业棚、建造生活设施或堆放构件、架具、材料及其他杂物等。

(2)在建工程(含脚手架)的周边与架空线路的边线之间的最小安全操作距离应符合表9.4的规定。

表 9.4 在建工程(含脚手架)的周边与架空线路的边线之间的最小安全操作距离

外电线路电压等级/kV	<1	1~10	35~110	220	330~500
最小安全操作距离/m	4.0	6.0	8.0	10.0	15.0
注:上、下脚手架的斜道不宜设在有外电线路的一侧。					

(3)施工现场的机动车道与架空线路交叉时,架空线路的最低点与路面的最小垂直距离应符合表9.5的规定。

表 9.5 施工现场的机动车道与架空线路交叉时的最小垂直距离

外电线路电压等级/kV	<1	1~10	35
最小垂直距离/m	6.0	7.0	7.0

(4)起重机严禁越过无防护设施的外电架空线路作业。在外电架空线路附近吊装时,起重机的任何部位或被吊物边缘的最大偏斜与架空线路边线的最小安全距离应符合表9.6的规定。

表 9.6 起重机与架空线路边线的最小安全距离

电压/kV 安全距离/m	<1	10	35	110	220	330	500
沿垂直方向	1.5	3.0	4.0	5.0	6.0	7.0	8.5
沿水平方向	1.5	2.0	3.5	4.0	6.0	7.0	8.5

(5)施工现场开挖沟槽边缘与外电埋地电缆沟槽边缘之间的距离不得小于 0.5 m。

(6)当达不到最小距离的规定时,必须采取绝缘隔离防护措施,并应悬挂醒目的警告标志。架设防护设施时,必须经过有关部门批准,采用线路暂时停电或其他可靠的安全技术措施,并应有电气工程技术人员和专职安全人员监护。防护设施与外电线路之间的最小安全距离不应小于表 9.7 所列数值。防护设施应坚固、稳定,且对外电线路的隔离防护应达到 IP30 级。

表 9.7　防护设施与外电线路之间的最小安全距离

外电线路电压等级/kV	≤10	35	110	220	330	500
最小安全距离/m	1.7	2.0	2.5	4.0	5.0	6.0

(7)防护措施无法实施时,必须与有关部门协商,采取停电、迁移外电线路或改变工程位置等措施,未采取上述措施的严禁施工。

(8)在外电架空线路附近开挖沟槽时,必须会同有关部门采取加固措施,防止外电架空线路倾斜、悬倒。

(9)电气设备现场周围不得存放易燃易爆物、污源和腐蚀介质,否则应予清除或做防护处置,其防护等级必须与环境条件相适应。

(10)电气设备设置场所应能避免物体打击和机械损伤,否则应做防护处置。

2. 接地与防雷

在建筑施工生产过程中,为了电力系统的安全运行,保障人身安全和一些设备的正常进行,需要采取各种各样的接地或接零措施,如工作接地、保护接地、防雷接地、防静电接地、屏蔽接地和保护接零等。

(1)一般规定。

1)在施工现场专用变压器的供电的 TN-S 接零保护系统中,电气设备的金属外壳必须与保护零线连接,保护零线应由工作接地线、配电室(总配电箱)电源侧零线或总漏电保护器电源侧零线处引出,如图 9.1 所示。

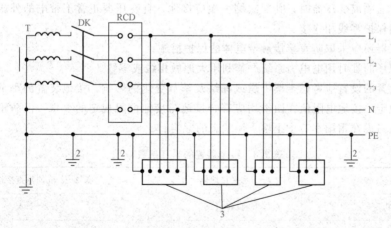

图 9.1　专用变压器供电时 TN-S 接零保护系统示意

1—工作接地;2—PE 线重复接地;

3—电气金属外壳(正常不带电的外露可导电部分);

L$_1$、L$_2$、L$_3$—相线;N—工作零线;PE—保护零线;DK—总电源隔离开关;

RCD—总漏电保护器(兼有短路、过载、漏电保护功能的漏电断路器);T—变压器

2）当施工现场与外电线路共用同一供电系统时，电气设备的接地、接零保护应与原系统保持一致，不得一部分设备做保护接零，另一部分做保护接地。

采用 TN 系统做保护接零时，工作零线（N 线）必须通过总漏电保护器，保护零线（PE 线）必须由电源的进线零线重复接地线处或总漏电保护器电源侧零线处引出形成局部 TN-S 接零保护系统，如图 9.2 所示。

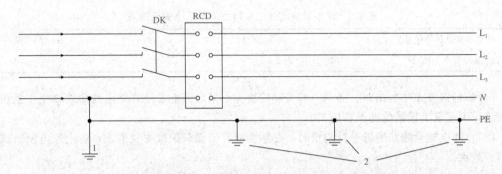

图 9.2　三相四线供电时局部 TN-S 接零保护系统零线引出示意

1—NPE 线重复接地；2—PE 线重复接地；

L_1、L_2、L_3—相线；N—工作零线；PE—保护零线；

DK—总电源隔离开关；RCD—总漏电保护器（兼有短路、过载、漏电保护功能的漏电断路器）

3）在 TN 接零保护系统中，通过总漏电保护器的工作零线与保护零线之间不得再做电气连接。

4）在 TN 接零保护系统中，PE 零线应单独敷设。重复接地线必须与 PE 线相连接，严禁与 N 线相连接。

5）使用一次侧由 50 V 以上电压的接零保护系统供电，二次侧为 50 V 及以下电压的安全隔离变压器时，二次侧不得接地，并应将二次线路用绝缘管保护或采用橡皮护套软线。

当采用普通隔离变压器时，其二次侧一端应接地，且变压器正常不带电的外露可导电部分应与一次回路保护零线相连接。

以上变压器还应采取防直接接触带电体的保护措施。

6）施工现场的临时用电电力系统严禁利用大地做相线或零线。

7）接地装置的设置应考虑土壤干燥或冻结及季节变化的影响，接地装置的季节系数均应符合表 9.8 的规定，接地电阻值在四季均应符合接地与接地电阻规定的要求。但防雷装置的冲击接地电阻值只考虑在雷雨季节中土壤干燥状态的影响。

表 9.8　接地装置的季节系数 ψ 值

埋深/m	水平接地体	长 2～3 m 的垂直接地体
0.5	1.4～1.8	1.2～1.4
0.8～1.0	1.25～1.45	1.15～1.3
2.5～3.0	1.0～1.1	1.0～1.1
注：大地比较干燥时，取表中较小值，比较潮湿时，取表中较大值。		

8）PE 线所用材质与相线、工作零线（N 线）相同时，其最小截面应符合表 9.9 的规定。

表 9.9　PE 线截面与相线截面的关系

相线芯线截面 S/mm^2	PE 线最小截面 $/mm^2$	相线芯线截面 S/mm^2	PE 线最小截面 $/mm^2$
$S \leqslant 16$	5	$S > 35$	$S/2$
$16 \leqslant S \leqslant 35$	16		

9)保护零线必须采用绝缘导线。配电装置和电动机械相连接的 PE 线应为截面不小于 2.5 mm² 的绝缘多股铜线，手持式电动工具的 PE 线应为截面不小于 1.5 mm² 的绝缘多股铜线。

10)PE 线上严禁装设开关或熔断器，严禁通过工作电流，且严禁断线。

11)相线、N 线、PE 线的颜色标记必须符合以下规定：相线 L_1（A）、L_2（B）、L_3（C）相序的绝缘颜色依次为黄、绿、红色；N 线的绝缘颜色为淡蓝色；PE 线的绝缘颜色为绿/黄双色。任何情况下，上述颜色标记严禁混用和互相代用。

(2)保护接零。接零是电气设备与零线连接，接零又可分为工作接零和保护接零。电气设备因运行需要而与工作零线连接，称为工作接零；电气设备正常情况下不带电的金属外壳和机械设备的金属架构与保护零线连接，称为保护接零。

1)在 TN 系统中，下列电气设备不带电的外露可导电部分应做保护接零：

①电机、变压器、电器、照明器具、手持式电动工具的金属外壳。

②电气设备传动装置的金属部件。

③配电柜与控制柜的金属框架。

④配电装置的金属箱体、框架及靠近带电部分的金属围栏和金属门。

⑤电力线路的金属保护管、敷线的钢索、起重机的底座和轨道、滑升模板金属操作平台等。

⑥安装在电力线路杆(塔)上的开关、电容器等电气装置的金属外壳及支架。

2)城防、人防、隧道等潮湿或条件特别恶劣施工现场的电气设备必须采取保护接零。

3)在 TN 系统中，下列电气设备不带电的外露可导电部分，可不做保护接零：

①在木质、沥青等不良导电地坪的干燥房间内，交流电压 380 V 及以下的电气装置金属外壳(当维修人员中可能同时触及电气设备金属外壳和接地金属物件时除外)。

②安装在配电柜、控制柜金属框架和配电箱的金属箱体上，且与其可靠电气连接的电气测量仪表、电流互感器、电器的金属外壳。

(3)接地与接地电阻。

1)单台容量超过 100 kVA 或使用同一接地装置并联运行，且总容量超过 100 kVA 的电力变压器或发电机的工作接地电阻值不得大于 4 Ω。单台容量不超过 100 kVA 或使用同一接地装置并联运行，且总容量不超过 100 kVA 的电力变压器或发电机的工作接地电阻值不得大于 10 Ω。在土壤电阻率大于 1 000 Ω·m 的地区，当达到上述接地电阻值有困难时，工作接地电阻值可提高到 30 Ω。

2)TN 系统中的保护零线除必须在配电室或总配电箱处做重复接地外，还必须在配电系统的中间处和末端处做重复接地。

在 TN 系统中，保护零线每一处重复接地装置的接地电阻值不应大于 10 Ω；在工作接地电阻值允许达到 10 Ω 的电力系统中，所有重复接地的等效电阻值不应大于 10 Ω。

3)在 TN 系统中，严禁将单独敷设的工作零线再做重复接地。

4)每一接地装置的接地线应采用 2 根及以上导体，在不同点与接地体做电气连接。不得采用铝导体做接地体或地下接地线。垂直接地体宜采用角钢、钢管或光面圆钢，不得采用螺纹钢，接地可利用自然接地体，但应保证其电气连接和热稳定。

5)移动式发电机供电的用电设备，其金属外壳或底座应与发电机电源的接地装置有可靠的电气连接。

6)移动式发电机和用电设备固定在同一金属支架上,且不供给其他设备用电时可不做保护接零。

7)不超过2台的用电设备由专用的移动式发电机供电,供、用电设备间距不超过50 m,且供、用电设备的金属外壳之间有可靠的电气连接时,可不另做保护接零。

8)在有静电的施工现场内,对集聚在机械设备上的静电应采取接地泄漏措施,每组专设的静电接地体的接地电阻值不应大于100 Ω,高土壤电阻率地区不应大于1 000 Ω。

6.3 配电系统

施工工地环境较恶劣,配电装置又需随时搬动,因此,对施工工地配电装置的标准有专门规定。

1. 配电室

(1)配电室应该靠近电源,并应设在灰尘少、潮气少、振动小、无腐蚀介质、无易燃易爆及道路通畅的地方;配电室应保持整洁,不得堆放任何妨碍操作、维修的杂物;配电室和控制室应能自然通风,并应采取防止雨、雪侵入和动物进入的措施;配电室的门向外开,并配锁,配电室的照明分别设置正常照明和事故照明。

(2)成列的配电柜和控制柜两端,应与重复接地线及保护零线做电气连接。

(3)配电柜正面的操作通道宽度,单列布置或双列背对背布置不小于1.5 m,双列面对面布置不小于2 m。配电柜侧面的维护通道宽度不小于1 m。

(4)配电柜后面的维护通道宽度,单列布置或双列面对面布置不小于0.8 m,双列背对背不小于1.5 m,若个别地点有建筑物结构凸出的地方,则此点通道宽度可减少0.2 m。

(5)配电室的顶棚与地面的距离不低于3 m,配电装置的上端距顶棚不小于0.5 m,配电室围栏上端与其正上方带电部分的净距不小于0.075 m。

(6)配电室内设置值班或检修室时,该室边缘与配电柜的水平距离大于1 m,并采取屏障隔离。

(7)配电室内的裸母线与地面垂直距离小于2.5 m时,采用遮栏隔离,遮栏下面通道的高度不小于1.9 m。

(8)配电室内的母线涂刷有色油漆,以标志相序。以柜正面方向为基准,其涂色应符合表9.10的规定。

表9.10 母线涂色

相别	颜色	垂直排列	水平排列	引下排列
L₁(A)	黄	上	后	左
L₂(B)	绿	中	中	中
L₃(C)	红	下	前	右
N	淡蓝	—	—	—

(9)配电室的建筑物和构筑物的耐火等级不低于3级,室内配置砂箱和可用于扑灭电气火灾的灭火器。

(10)配电柜应装设电度表,并应装设电流、电压表。电流表与计费电度表不得共用一组电流互感器。

(11)配电柜应装设电源隔离开关及短路、过载、漏电保护电器。电源隔离开关分断时应有明显可见分断点。

（12）配电柜应编号，并应有用途标记；配电柜或配电线路停电维修时，应挂接地线，并应悬挂"禁止合闸、有人工作"的停电标志牌；停送电必须由专人负责。

2. 架空线路

施工现场的配电线路一般可分为室外配电线路和室内配电线路。室外配电线路又可分为架空配电线路和电缆配电线路。

架空线路必须架设在专用电杆上，严禁架设在树干、脚手架或其他设施上。架空线必须采用绝缘导线。

（1）架空导线截面的选择应符合下列要求：

1）导线中的计算负荷电流不大于其长期连续负荷允许载流量。

2）线路末端电压偏移不大于其额定电压的5%。

3）三相四线制线路的N线和PE线截面不小于相线截面的50%，单线线路的零线截面与相线截面相同。

4）按机械强度要求，绝缘铜线截面不小于10 mm²，绝缘铝线沿线截面不小于16 mm²。

5）在跨越铁路、公路、河流、电力线路档距内，绝缘铜线截面不小于16 mm²，绝缘铝线截面不小于25 mm²。

（2）架空线路相序排列应符合下列规定：

1）动力、照明线在同一横担上架设时，导线相序排列是：面向负荷从左侧起依次为L_1、N、L_2、L_3、PE。

2）动力、照明线在二层横担上分别架设时，导线相序排列是：上层横担面向负荷从左侧起依次为L_1、L_2、L_3；下层横担面向负荷从左侧起依次为L_1（L_2、L_3）、N、PE。

（3）架空线路宜采用钢筋混凝土杆或木杆。钢筋混凝土杆不得有露筋、宽度大于0.4 mm的裂纹和扭曲；木杆不得腐朽，其梢径不应小于140 mm。

（4）电杆埋设深度宜为杆长的1/10加0.6 m，回填土应分层夯实。在松软土质处宜加大埋入深度或采用卡盘等加固。

（5）直线杆和15°以下的转角杆，可采用单横担单绝缘子，但跨越机动车道时应采用单横担双绝缘子；15°～45°的转角杆应采用双横担双绝缘子；45°以上的转角杆，应采用十字横担。

（6）电杆的拉线宜采用不小于3根$D4.0$ mm的镀锌钢丝。拉线与电杆的夹角应为30°～45°。拉线埋设深度不得小于1 m。电杆拉线如从导线之间穿过，应在高于地面2.5 m处装设拉线绝缘子。

（7）因受地形环境限制不能装设拉线，可采用撑杆代替拉线，撑杆埋设深度不得小于0.8 m，其底部应垫底盘或石块，撑杆与电杆夹角宜为30°。

3. 电缆线路

（1）电缆中必须包含全部工作芯线和用作保护零线或保护线的芯线。需要三相四线制配电的电缆线路必须采用5芯电缆。5芯电缆必须包含淡蓝、绿/黄两种颜色的绝缘芯线。淡蓝色芯线必须用作N线；绿/黄双色芯线必须用作PE线，严禁混用。

（2）电缆截面的选择应符合《施工现场临时用电安全技术规范》（JGJ 46—2005）的相关规定，根据其长期连续负荷允许载流量和允许电压偏移确定。

（3）电缆线路应采用埋地或架空敷设，严禁沿地面明设，并应避免机械损伤和介质腐蚀，埋地电缆路径应设方位标志。

（4）电缆类型应根据敷设方式、环境条件选择。埋地敷设宜选用铠装电缆；当选用无铠装电缆时，应能防水、防腐。架空敷设宜选用无铠装电缆。

（5）电缆直接埋地敷设的深度不应小于0.7 m，并应在电缆紧邻上、下、左、右侧均匀敷设不小于 50 mm 厚的细砂，然后覆盖砖或混凝土板等硬质保护层。

（6）埋地电缆在穿越建筑物、构筑物、道路、易受机械损伤、介质腐蚀场所及引出地面从 2.0 m 高到地下 0.2 m 处，必须加设防护套管，防护套管内径不应小于电缆外径的 1.5 倍。

（7）埋地电缆与其附近外电电缆和管沟的平行间距不得小于 2 m，交叉间距不得小于 1 m。

（8）在建工程内的电缆线路必须采用电缆埋地引入，严禁穿越脚手架引入，电缆垂直敷设应充分利用在建工程的竖井、垂直孔洞等，并宜靠近电负荷中心，固定点每楼层不得少于一处。电缆水平敷设宜沿墙或门口刚性固定，最大弧垂距地不得小于 2.0 m。

（9）装饰装修工程或其他特殊阶段，应补充编制单项施工用电方案。电源线可沿墙角、地面敷设，但应采取防机械损伤和电火措施。

4. 配电箱及开关箱

（1）配电系统应设置配电柜或总配电箱、分配电箱、开关箱，实行三级配电管理。配电系统宜使用三相负荷平衡，220 V 或 380 V 单相用电设备宜接入 220 V/380 V 三相四线系统；当单相照明线路电流大于 30 A 时宜采用 220 V/380 V 三相四线制供电。

（2）总配电箱以下可设若干个分配电箱；分配电箱以下可以设若干开关箱。总配电箱应设在靠近电源的区域，分配电箱应设在用电设备或负荷相对集中的区域，分配电箱与开关电箱的距离不得超过 30 m，开关箱与其控制的固定式用电设备水平距离不超过 3 m。

（3）每台设备必须有各自专用的开关箱，严禁用同一个开关箱直接控制 2 台及 2 台以上的设备（含插座）。

（4）动力配电箱与照明配电箱宜分别设置，若合并设置为同一配电箱时，动力和照明应分路配电，动力开关箱与照明开关箱必须分设。

（5）配电箱、开关箱应装设在干燥、通风及常温场所，不得装设在有严重损伤作用的瓦斯、烟气、潮气及其他有害介质中，也不得装设在易受外来固体物质撞击、强烈振动、液体浸溅及热源烘烤场所；否则，应予清除或作防护处理。

（6）配电箱、开关箱周围应有足够两人同时工作的空间和通道，不得堆放任何妨碍操作、维修的物品，不得有灌木、杂草。

（7）配电箱、开关箱应采用冷轧钢板或阻燃绝缘材料制作，钢板厚度应为 1.2～2.0 mm，其中，开关箱箱体钢板厚度不得小于 1.2 mm，配电箱箱体厚度不得小于 1.5 mm，箱体表面应作防腐处理。

（8）配电箱、开关箱应装设端正、牢固。固定式配电箱、开关箱的中心点与地面的垂直距离应为 1.4～1.6 m。移动式配电箱、开关箱应装设在坚固、稳定的支架上，其中心点与地面的垂直距离宜为 0.8～1.6 m。

（9）配电箱、开关箱内的电器（含插座），应先安装在金属或非木质阻燃绝缘电器安装板上，然后方可整体紧固在配电箱、开关箱箱体内。

（10）配电箱的电器安装板上必须分设 N 线端子板和 PE 线端子板。N 线端子板必须与金属电器安装板绝缘；PE 线端子板必须与金属电器安装板做电气连接。进出线中的 N 线必须通过 N 线端子板连接；PE 线必须通过 PE 线端子板连接。

（11）配电箱、开关箱内的连接线必须采用铜芯绝缘导线。导线绝缘的颜色标志应按要求配置并排列整齐；导线分支接头不得采用螺栓压接，应采用焊接并做绝缘包扎，不得有外露带电部分。

（12）配电箱、开关箱的金属箱体、金属电器安装板及电器正常不带电的金属底座、外壳等必须通过 PE 线端子板与 PE 线做电气连接，金属箱门与金属箱体必须通过采用编织软铜线做电气连接。

（13）配电箱、开关箱的箱体尺寸应与箱内电器的数量和尺寸相适应，箱内电器安装板板面电器安装尺寸可按照表9.11确定。

表 9.11 配电箱、开关箱内电器安装尺寸选择

间距名称	最小净距/mm
并列电器(含单极熔断器)间	30
电器进、出线瓷管(塑胶管)孔与电器边沿间	15 A，30 20～30 A，50 60 A 及以上，80
上、下排电器进出线瓷管(塑胶管)孔间	25
电器进、出线瓷管(塑胶管)孔至板边	40
电器至板边	40

(14)配电箱、开关箱中导线的进线口和出线口应设在箱体的下底面，并配置固定线卡，进出线应加绝缘护套并成束卡固在箱体上，不得以箱体直接接触。移动式配电箱、开关箱的进、出线应采用橡皮护套绝缘电缆，不得有接头。

6.4 施工现场照明

所有施工现场及其生活区等都应装设电气照明，以保证夜间和白天采光不足时的亮度，以便正常的进行施工生产和生活。因此，合理地配置电气照明是保证安全生产、提高劳动生产率和保护作业人员视力健康的必要条件。

1. 一般规定

在坑、洞、井内作业，夜间施工，或在厂房、道路、仓库、办公室、食堂、宿舍、料具堆放场等自然采光差等场所，应设一般照明、局部照明或混合照明。

现场照明应采用高光效、长寿命的照明光源。对需大面积照明的场所，应采用高压汞灯、高压钠灯或混光用的卤钨灯等。

照明器的选择必须按下列环境条件确定：
(1)正常湿度一般场所，选用开启式照明器。
(2)潮湿或特别潮湿场所，选用密闭型防水照明器或配有防水灯头的开启式照明器。
(3)含有大量尘埃但无爆炸和火灾危险的场所，选用防尘型照明器。
(4)有爆炸和火灾危险的场所，按照危险场所等级选用防爆型照明器。
(5)存在较强振动的场所，选用防振型照明器。
(6)有酸碱等强腐蚀介质场所，选用耐碱酸型照明器。

照明器具和器材的质量应符合现行国家有关强制性标准的规定，不得使用绝缘老化或破损的器具和器材。

无自然采光的地下大空间施工场所，应编制单项照明用电方案。

2. 照明供电

(1)一般场所宜选用额定电压为 220 V 的照明器。
(2)隧道、人防工程、高温、有导电灰尘、比较潮湿或灯具离地面高度低于 2.5 m 等场所的照明，电源电压不大于 36 V。
(3)在潮湿和易触及带电体场所的照明，电源电压不得大于 24 V；在特别潮湿的场所、导电

良好的地面、锅炉或金属容器内的照明，电源电压不得超过 12 V。

（4）使用行灯电源电压不得超过 36 V，灯体与手柄应坚固、绝缘良好并耐热、耐潮湿，灯头与灯体结合牢固，灯头无开关，灯泡外部有金属保护网，金属网、反光罩、悬吊挂钩固定在灯具的绝缘部位上。

（5）远离电源的小面积工作场地、道路照明、警卫照明或额定电压为 12～36 V 的照明场所，其电压偏移值允许为额定电压值的 −10%～5%，其余场所电压允许偏移值为额定电压值的 ±5%。

（6）照明变压器必须使用双绕组型安全隔离变压器，严禁使用自耦变压器。

（7）照明系统宜使三相负荷平衡，其中每一单相回路上，灯具和插座数量不宜超过 25 个，负荷电流不宜超过 15 A。

（8）携带式变压器的一次侧电源引线应采用橡皮护套电缆和塑料套软电缆，其中绿/黄双色线做保护零线用，中间不得有接头，长度不宜超过 3 m，电源插销应选用有保护触头。

（9）单相二线及二相二线线路中，零线截面与相线截面相同。

（10）三相四线制线路中，当照明器为白炽灯时，零线截面不小于相线截面的 50%，当照明器为气体放电时，零线截面与相线截面相等。

3. 照明装置

（1）室外 220 V 灯具距离地面不得低于 3 m，室内 220 V 灯具距离地面不得低于 2.5 m。普通灯具与易燃物距离不宜小于 300 mm；聚光灯、碘钨灯等高热灯具与易燃物距离不宜小于 500 mm，且不得直接照射易燃物。达不到规定安全距离时应采取隔热措施。

（2）路灯的每个灯具应单独装设熔断器保护，灯头线应做防水弯。

（3）碘钨灯及钠、铊、铟等金属卤化物灯具的安装高度宜在 3 m 以上，灯线应固定在接线柱上，不得靠近灯具表面。

（4）投光灯的底座应安装牢固，应按照需要的光轴方向将枢轴拧紧固定。

（5）螺口灯头的绝缘外壳无损伤、无漏电，相线接在与中心触头相连的一端，零线接在与螺纹口相连的一端。

（6）暂设工程的照明灯具宜采用拉线开关控制，拉线开关距离地面高度为 2～3 m，其他开关距离地面高度为 1.3 m，与出入口的水平距离为 0.15～0.2 m，拉线的出口向下。

（7）灯具的相线必须经开光控制，不得将相线直接引入灯具。

（8）对于夜间影响飞机或车辆通行的在建工程及机械设备，必须设置醒目的红色信号灯，其电源应设在施工现场总电源开关的前侧，并应设置外电线路停止供电时的应急自备电源。

小　结

随着现代建筑业的迅猛发展，建筑工程施工现场临时用电的范围日益广泛，规模不断扩大。尽管施工现场临时用电是工程建设的重要组成部分，但由于施工临时用电临时性强、现场情况复杂多变且使用时间短暂，所以施工过程中不如工程用电那样稳定，往往被建设施工单位所忽视，而临时用电设计和施工不规范造成的安全问题、使用问题及经济问题日趋突出，造成临时用电安全隐患严重，安全事故频发。因此，必须加强施工现场临时用电管理，严格执行施工临时用电各项规定和安全技术措施，保障施工现场用电安全，防止触电和电气火灾事故发生，确保工程建设的顺利进行。

课外参考资料

1.《中华人民共和国安全生产法》.
2.《安全生产管理条例》.
3.《安全生产许可证条例》.
4.《中华人民共和国建筑法》.
5.《电业安全工作规程(电力线路部分)》(DL 409—1991).

素质拓展

安全无小事，防患于未然，无危则安，无损则全

现如今施工安全问题无处不在，用电安全问题直接或间接导致人民群众财产损失的事故时有发生。安全来自长期警惕，事故源于巡检麻痹，日常工作中应注意落实各级安全责任，提高安全管理水平。

通过"施工安全用电管理"知识的学习，自查宿舍的用电情况，排查用电隐患，提高安全用电意识。

思考题

1. 简述外电线路防护及接地、接零、防雷的一般要求。
2. 施工现场照明有什么要求？

实训练习

赣州市某商住楼位于市滨江大道东段，建筑面积为 147 000 m²，8 层框混结构，基础采用人工挖孔桩共 106 根。该工程的土方开挖、安放孔桩钢筋笼及浇筑混凝土工程，由某建筑公司以包工不包料形式转包给何某个人之后，何某又转包给民工温某施工。

在该工地的上部距离地面 7 m 左右处，有一条 10 kV 架空线路经东西方向穿过。2000 年 5 月 17 日开始土方回填，至 5 月底完成土方回填时，架空线路距离地面净空只剩 5.6 m，其间施工单位曾多次要求建设单位尽快迁移，但始终未得以解决，而施工单位就一直违章在高压架空线下方不采取任何措施冒险作业。当 2000 年 8 月 3 日承包人温某正违章指挥 12 名民工，将 6 m 长的钢筋笼放入桩孔时，由于顶部钢筋距高压线过近而产生电弧，11 名民工被击倒在地，造成 3 人死亡、3 人受伤的事故。

问题：请根据案例分析事故原因，写出事故原因分析报告(提示：从技术方面和管理方面找原因)。

模块 10

施工现场管理与文明施工

社会生产力的高速发展，加快了城市的建设，在各种工程建设的过程中，造成了一系列的环境污染和破坏。例如，在工程动工的过程，破坏了原有的生态环境，造成水土流失及植被的破坏等一系列问题；又如在施工过程产生的各种噪声、排放的各种废气等；再如建筑工程完成后，由于建筑材料问题引起的污染、建筑物本身的属性而造成的对周围环境的过分掠夺等。这些在影响人类自身的生活质量的同时，也加速了环境污染与破坏，并可能由此而引起循环效应。而随着可持续发展观的贯彻及人们观念的转变，人们也逐渐意识到自身活动对环境的影响，并采取了相应的措施。如施工前先对建筑场地进行踏勘，了解周围环境的情况，并估计施工过程中可能潜在地对环境污染和破坏的问题，预先采取相应的措施；在施工过程中，采用相应的防护措施减少噪声和各种废气、废水排放，从而减少对周边环境的影响。

任务 1 综合治理

➡ 知识树

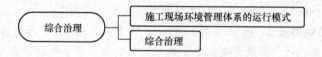

⊕ 内容概况

综合治理是指在各级党委和政府的统一领导下，以政法机关为骨干，依靠人民群众和社会各方面的力量，分工合作，综合运用法律、政治、经济、行政、教育、文化等各种手段，惩罚犯罪，改造罪犯，教育挽救失足者，预防犯罪，达到维护社会治安，保障人民幸福生活，保障社会主义现代化建设顺利进行的目的。

施工现场的综合治理则是社会综合治理的重要组成部分，是针对施工现场这个特殊的环境而提出的。施工现场的综合治理工作的内容主要是：在企业有关部门和项目管理的领导下，充分发挥保卫部门的职能作用，广泛组织全体员工积极参与，依靠群众力量，预防和惩罚违法犯罪行为，建立良好稳定的施工秩序，确保工作建设顺利进行、安全文明施工。

知识目标

了解环境体系的运行模式和综合治理的基本制度。

能力目标

通过对环境程序和施工现场环境保护基本要求的了解，能够编制施工现场综合治理的相关制度。

素质目标

树立节约资源、保护环境的意识，自觉爱护环境、节能环保。

引领案例

某工地日常建筑工程人员有 350 人，日产生的污水量为 80 t，基坑泥水和洗车泥水每天为 50～150 t，用水量大，污水处理费用高，施工单位为节省成本直接排放污水，造成附近土体污染。

问题：

1. 政府对施工现场的环境保护、职业健康有哪些要求？
2. 达不到政府要求，企业会获得什么样的惩罚？

1.1 施工现场环境管理体系的运行模式

《环境管理体系 要求及使用指南》(GB/T 24001—2016)是一个组织内全面管理体系的组成部分，它包括为制定、实施、实现、评审和保持环境方针所需的组织机构、规划活动、机构职责、惯例、程序、过程和资源。职业健康与环境管理也是完全按此模式建立。环境管理体系的运行模式如图 10.1 所示。

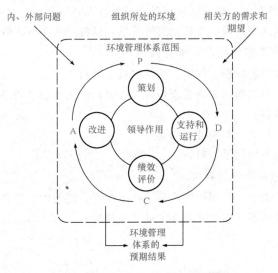

图 10.1 环境管理体系的运行模式

1.2 综合治理

1. 综合治理基本制度

(1)定期议事制度：施工单位应定期召开会议，特殊情况可随时召开，并有会议记录。

(2)履职汇报制度：施工现场人员定期向项目部领导汇报综合治理工作情况。特殊情况随时向公司汇报。

(3)检查考核制度：定期对施工现场消防、夜间巡逻检查等进行检查考核。

(4)法制宣传教育和岗位培训制度：积极宣传和表彰社会治安综合治理工作的先进个人，在工地范围内创造良好的社会舆论环境；定期召开职工法制宣传教育培训班，并组织法制知识考试，对优胜者给予表扬奖励；清除工地内部各种诱发违法犯罪的文化环境，杜绝打架斗殴等现象发生。

(5)信息管理报告制度：施工现场定期收集工地内部违法、违章事件；定期和当地警署、街道综合办开碰头会，及时反映当月在社会治安方面存在的问题；工地内部发生紧急情况，立即报告公司领导小组，并会同相关部门进行处理、解决。

(6)门卫制度：外来人员一律凭证件(介绍信或工作证、身份证)经登记方可出入；外部人员不得从内部道路通过；机动车辆进出，应停车接受查验；因公外来车辆，应按指定部位停靠；自行车进出一律下车推行。

(7)值班巡逻制度：值班巡逻的护卫队员、警卫人员，必须按时到岗，严守岗位，不得迟到、早退和擅离职守；当班的管理人员，应会同护、警卫人员加强对警戒范围内的巡逻检查，尽职尽责，巡查中，发现可疑情况，要及时查明；发现报警要及时处理，查出不安全因素要及时反馈，发现罪犯要奋力擒拿，及时报告。

2. 组织和制度管理

(1)施工现场应确定环境管理目标，并进行定期或不定期环境管理检查并记录。

(2)施工现场应成立以项目经理为第一责任人的文明施工管理组织。分包单位应服从总包单位的文明施工管理组织的统一管理，并接受监督检查。

(3)各项施工现场管理制度应按文明施工的规定，包括个人岗位责任制度、安全文明检查制度、持证上岗制度、会议制度、奖惩制度和各项专业管理制度等。

(4)加强和落实现场文明检查、考核及奖惩管理，以促进文明施工管理工作水平的提高。

3. 建立收集文明施工的资料及其保存措施

(1)上级有关文明施工的标准、规定、法律法规等资料。

(2)施工组织设计中对文明施工的管理规定，各阶段施工现场文明施工的措施。

(3)文明施工自检资料。

(4)文明施工教育、培训、考核计划的资料。

(5)文明施工活动的各项记录资料。

4. 加强文明施工的宣传与教育

(1)在坚守岗位的基础上，采用短期培训、技术交底、岗前教育等方式进行宣传。

(2)专业管理人员应熟悉并掌握文明施工的相关规定。

小 结

本任务主要介绍了施工现场环境管理体系的运行及施工现场综合治理的基本制度。

课外参考资料

《环境管理体系 要求及使用指南》(GB/T 24001—2016).

素质拓展

人与自然和谐共生

人类社会在发展过程中，使地球表层由自然系统转变为复杂的人地关系地域系统。特别是在近代工业化过程中，人类在大量消耗自然资源、矿产资源和能源资源的同时，对环境也造成了严重破坏。由于生存环境发生了突变，使一些生物灭绝率上升。著名哲学家黑格尔指出，当人们欢呼对自然的胜利时，也就是自然对人类惩罚的开始。例如，大量的温室气体排入大气层，使全球气温异常升高，土地干裂，一些生物死亡；严重的酸雨破坏森林。又如，厂矿企业肆意排放污水、污染物等。据有关专家统计，近百年来，有110种哺乳动物、139种鸟类在地球上灭绝。

习近平主席在党的二十大报告中明确指出，我们坚持绿水青山就是金山银山的理念。中国式现代化是人与自然和谐共生的现代化。人与自然是生命共同体，无止境地向自然索取甚至破坏自然必然会遭到大自然的报复。我们坚持可持续发展，坚持节约优先、保护优先、自然恢复为主的方针，像保护眼睛一样保护自然和生态环境，坚定不移走生产发展、生活富裕、生态良好的文明发展道路，实现中华民族永续发展。

思考题

1. 环境管理体系是如何运行的？
2. 施工现场综合治理的制度有哪些？

实训练习

1. 实训目的：通过阅读管理体系，掌握综合治理要求，积累经验，指导今后的实际工作。
2. 能力及要求：注意学习环境保护的内容和施工现场常使用的制度，写出学习体会。
3. 实训步骤：收集有关资料及信息，阅读教材及查阅相关资料，进行分析，撰写学习体会。

任务 2　施工现场管理与文明施工

知识树

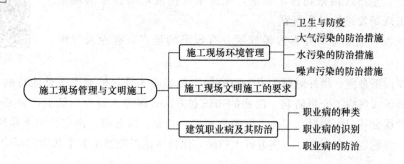

施工现场管理与文明施工是生产的重要组成部分，对于提高工程质量、保证工程进度具有重要的意义，是项目顺利进行的客观要求。

本任务主要介绍施工现场环境管理、文明施工的要求及职业病的种类及防治措施。

知识目标

熟悉施工现场环境管理的内容及防治措施和文明施工的要求；掌握建筑施工常见职业病的种类及预防办法。

能力目标

通过对环境程序和施工现场环境保护基本要求的了解，能够编制文明施工方案，能够对环境保护与环境卫生进行检查验收；能够进行职业病防治的指导，减少职业病的发生。

素质目标

树立环境保护的良好意识，培养爱护环境的美好情感。

引领案例

某市楼盘施工期间为赶工期，未经许可采取 24 h 连续作业。晚上 11：00，楼盘工地内依旧灯火通明，货车进出工地，门口工人们正在装卸装饰建材，工地里楼盘装修正在紧锣密鼓地进行着。这样施工作业已经持续了一个星期的时间。

在距离该楼盘工程不到 20 m 的地方就是一居民小区。灯光的照射、车辆的轰鸣声、工人们的吆喝声、工地里机械安装的敲击声，严重影响了附近居民的生活。该小区居民多次向相关部门反映，但不文明施工的问题一直未得到解决。

问题：

1. 政府对施工现场的环境管理、文明施工有哪些要求？

2. 达不到政府要求，企业会获得惩罚吗？

2.1　施工现场环境管理

1. 卫生与防疫

（1）总体要求。

1）除"四害"要求。防止蚊蝇滋生，同时要落实各项除"四害"措施，控制"四害"滋生。生活区内做到排水畅通，无污水外流或堵塞排水沟现象。有条件的施工现场要进行绿化布置。

2）生活垃圾。生活垃圾要有容器放置并有规定的地点，有专人管理，定时清除。

施工现场环境管理

3）现场要设医务室。做好对职工卫生防病的宣传教育工作，针对季节性流行病、传染病等，要利用板报等形式向职工介绍防病、治病的知识和方法；医务人员对生活卫生要起到监督作用，定期检查食堂饮食等卫生情况。工地上配齐更衣室、食堂、医务室、浴室、厕所和饮用水供应点等生活设施，并制定卫生制度，定期进行大扫除，保持生活设施整洁卫生和周围环境整洁卫生。

4)卫生防疫专门人员、专用设施。必须落实做好卫生防疫专用设施的备存工作。项目部必须加大和加强对卫生防疫的资源投入。各管理部门、各施工岗位都要重视起卫生工作，从自己做起，树立良好的个人卫生及饮食习惯，配合项目部搞好卫生监督工作。卫生防疫用品必要时应与安全应急措施挂靠，列出所需清单。

(2)食堂卫生。

1)厨房环境卫生要符合卫生防疫部门的有关规定，严格执行当地食品卫生管理规定，依法到所属地卫生防疫站办理"卫生许可证"，并确定厨房卫生责任人。

2)厨房的设施必须符合《文明施工管理制度》的环境保护和卫生防疫。

3)炊事员每年必须到防疫站进行身体健康检查，领取健康证才能上岗。

4)食品容器每天进行消毒。保持卫生清洁，每天清洗厨房周围环境卫生，厨房内外排水沟通畅无杂物，抓好除"四害"等卫生工作。

5)一切食品原料要经过验收，并做好登记手续，发现有异，立刻退货。食品附料要分类储存，食物不能存放在地面上，加工好的食品放在有标识的器具内。

6)蔬菜要按"一拣、二浸、三洗、四切、五漂水"处理。粮油、副食品的采购，要到有营业执照的固定档口购买，并向供应商索取质量证明及购货发票，做到可追溯的管理目的，防止食物中毒事故的发生。

7)严格执行《中华人民共和国食品卫生法》，每天做好所供应的食品24 h留样以备检查，发现有变质现象的食品，坚决不能食用，违者将追究厨房卫生责任人的责任。

8)每天提供茶水供应，茶缸必须上锁，锁匙有专人保管。夏季要做好防暑降温工作。

9)注意个人卫生，工作时要穿戴工作衣(围裙)帽、口罩，便后制作食品(饭菜)前要先洗手。

10)不购买腐败、变质、劣质及来源不明的食品。

11)每餐供应完毕后及时清扫厨房及就餐间。

12)炊事员发生腹泻、肝炎、开放性肺结核、皮肤病等不适宜从事炊事工作的疾病时，应立即停止炊事工作。

(3)宿舍、厕所、浴室卫生。

1)按市建委有关规定标准搭设员工宿舍，在每间宿舍门口明显位置贴有明显的管理、卫生、防火责任人的标牌。

2)宿舍内实行清洁轮值制度，每天清扫地面，收拾好被褥。室内日常用品摆设有序，室内不得有卫生死角，不得随便丢垃圾、烟头，保持室内通风无污物和异味。

3)厕所搭设必须通风透气，应与浴室分开搭设。便槽有自动冲水装置，严禁粪便直接排入下水道或河涌。有专人每天清洁，并做到定期喷药，保持清洁无异味。

4)浴室搭设必须通风透气，地面防滑。内设多个间隔，并有足够的水源。

5)浴室禁止大、小便及随地丢垃圾，每天有专人清洁并保持排水通畅。

2. 大气污染的防治措施

(1)施工现场主要道路及堆料场地进行硬化处理。施工现场采取覆盖、固化、绿化、洒水等有效措施，做到不泥泞、不扬尘。

(2)建筑结构内的施工垃圾清运采用封闭式专用垃圾通道或封闭式容器吊运，严禁凌空抛撒。施工现场设密闭式垃圾站，施工垃圾、生活垃圾分类存放。施工垃圾清运时提前适量洒水，并按规定及时清运，减少粉尘对空气的污染。

(3)施工阶段对施工区域进行封闭隔离，建筑主体及装饰装修的施工，从底层外围开始搭设防尘密目网封闭，高度高于施工作业面1.2 m以上。

(4)水泥和其他易飞扬细颗粒建筑材料的运输及渣土和施工垃圾的运输，使用密闭式运输车

299

辆，施工现场出入口处设置冲洗车辆的设施，出场时将车辆清理干净，不得将泥沙带出现场。

（5）严禁在施工现场熔融沥青或者焚烧油毡、油漆以及其他产生有毒有害烟尘和恶臭气体的物质，防止有毒烟尘和恶臭气体产生。

（6）遇四级风以上天气不得进行土方回填、转运以及其他可能产生扬尘污染的施工。

（7）现场使用的施工机械、车辆尾气排放符合环保要求。

（8）施工现场设专人负责环保工作，配备相应的洒水设备，及时洒水，减少扬尘污染。

（9）施工现场砂浆及零星混凝土搅拌机配备有效的防尘降尘装置。

3. 水污染的防治措施

（1）现场道路和材料堆放场地周边，设排水沟，流向大门处冲洗槽沉淀池，沉淀后利用；不能利用的污水，沉淀后方可排入城市小区污水管道。

（2）定时由专人清理排水沟，现场内不得存有污水、烂泥。

（3）厕所、浴室应设置简易有效的化粪池，产生的污水经下水管排放要经过化粪池，排向市政污水管网，化粪池应有专人定期清理。

（4）施工现场临时食堂，要设置简易有效的隔油池，产生的污水经下水管道排放要经过隔油池，平时加强管理，定期掏油，防止污染。

（5）施工现场要设置专用的油漆油料库，油料库内严禁放置其他物资，库房地面和墙面要做防渗漏的特殊处理，储存、使用和保管要专人负责，防止油料的跑、冒、滴、漏、污染水体。

（6）搅拌机的废水排放控制。凡在施工现场进行搅拌作业的，必须在搅拌机及运输车清洗处设置沉淀池；排放的废水要排入沉淀池内，经二次沉淀后，方可排入市污水管线或回收用于洒水降尘；经处理的泥浆水，严禁直接排入城市排水设施和河流。

（7）乙炔发生罐污水排放控制。施工现场由于气焊使用乙炔发生罐产生的污水严禁随地倾倒，要求专用容器集中存放，倒入沉淀池处理，以免污染环境。

（8）防止地下水污染控制。禁止将有毒有害物、废弃物用作土方回填，以免污染地下水和环境。

4. 噪声污染的防治措施

（1）将搅拌机、空气压缩机、木工机具等噪声大的机械，尽可能安排在远离居民区一侧，合理布局。

（2）施工时严禁敲打料斗、钢筋，防止人为产生噪声。

（3）打桩施工时不得随意敲打钻杆，施工噪声控制在85 dB以下，且尽量安排在白天施工。

（4）机械剔凿作业使用低噪声的破碎炮和风镐等剔凿机械。夜间（22：00—6：00）、午休（12：00—14：00）不得进行剔凿作业。

（5）承担夜间材料运输的车辆，进入施工现场严禁鸣笛，装卸材料应做到轻拿轻放。

（6）对混凝土输送泵、振捣棒、木工棚、电锯、钢筋加工等强噪声设备，应设置隔声棚遮挡，实行封闭式隔声处理。

（7）现场混凝土振捣采用低噪声振捣棒，振捣混凝土时，不得振钢筋和模板。

（8）进行夜间施工作业的模板、脚手架支撑、拆除搬运时必须轻拿轻放。

（9）根据噪声防治需要，将外脚手架满挂密目安全网。

（10）施工现场界内应设置噪声监控点，进行噪声监测，施工噪声一旦超标要及时控制。

施工现场文明施工

2.2 施工现场文明施工的要求

(1)施工现场的主要出入口，必须按要求挂设"五牌一图"，出入口及场内主要道路要平整、坚实、畅通，提倡美化、硬化。

(2)施工现场周围必须进行规范围护，做到清洁无损，其高度不得小于 2.5 m，临街围墙必须压顶、抹灰和粉刷。

(3)工地和场地要做到平整、干净、排水畅通、无积水，无蚊蝇滋生，无乱倒垃圾。

(4)机械设备、木、砂石等材料和器具要按施工平面图所布置分类堆放整齐，垃圾定点堆放及时清运。

(5)现场各部位必须分别悬挂有关安全文明的标志及警示标牌。

(6)认真执行"三清六好"，保持各作业场地清洁卫生。

(7)办公室、宿舍、浴室等临时设施及室内必须统一规范搭建和布置，并安全用电。室内墙壁及地面必须抹灰、粉刷，办公室用品(具)、床铺等被褥等要整齐划一、干净卫生，做到制度化和专人管理，禁止睡通铺。

(8)食堂墙地面必须抹灰、粉刷，墙壁四周 1.5 m 以下的灶台必须贴瓷砖，室内上下水畅通，无积水，无蚊蝇，随时保持室内环境和个人卫生，保证食品防病卫生，炊事员必须穿白色工作服和有健康证明。

(9)临时厕所要采用水冲式，必须远离食堂和食品库房，通风良好，水泥地面，墙壁粉刷，要定期清理打扫，无蚊蝇、蛆虫。

(10)施工过程中要尊重友邻，搞好共建，不得扰民。

2.3 建筑职业病及其防治

建筑职业病及其防治

1. 职业病的种类

建筑行业中最容易导致的职业病一般有以下几种：

(1)尘肺(水泥搬运、喷浆作业、气焊作业等)。

(2)中毒(手工电弧焊、气割、气焊容易重金属、氮氧化合物中毒；油漆、装修容易苯、甲苯、二甲苯、五氯酚中毒)。

(3)听力损伤(木工圆锯、无齿锯作业)。

(4)中暑(高温作业)。

(5)手臂振动病(操作混凝土振动棒、风镐作业)。

(6)白血病(油漆作业)。

建筑行业职业病危害因素来源多、种类多，几乎涵盖所有类型的职业病危害因素。既有施工工艺产生的危害因素，也有自然环境、施工环境产生的危害因素，还有施工过程产生的危害因素。既存在粉尘、噪声、放射性物质和其他有毒有害物质等的危害，也存在高处作业、密闭空间作业、高温作业、低温作业、高原(低气压)作业、水下(高压)作业等产生的危害，劳动强度大、劳动时间长的危害也相当突出。一个施工现场往往同时存在多种职业病危害因素，不同施工过程存在不同的职业病危害因素。

职业病危害防护难度大。建筑施工工程的类型有房屋建筑工程、市政基础设施工程、交通工程、通信工程、水利工程、铁道工程、冶金工程、电力工程、港湾工程等；建筑施工地点可以是高原、海洋、水下、室外、室内、箱体、城市、农村、荒原、疫区，小范围的作业点、长距离的施工线等；作业方式有挖方、掘进、爆破、砌筑、电焊、抹灰、油漆、喷砂除锈、拆除和翻修等，有机械施工，也有人工施工等。施工工程和施工地点的多样化，导致职业病危害的多变性，受施工现场和条件的限制，往往难以采取有效的工程控制技术设施。

2. 职业病的识别

(1)施工前识别。

1)施工企业应在施工前进行施工现场卫生状况调查，明确施工现场是否存在排污管道、历史化学废弃物填埋、垃圾填埋和放射性物质污染等情况。

2)项目经理部在施工前应根据施工工艺、施工现场的自然条件对不同施工阶段存在的职业病危害因素进行识别，列出职业病危害因素清单。职业病危害因素的识别范围必须覆盖施工过程中所有活动，包括常规和非常规(如特殊季节的施工和临时性作业)活动、所有进入施工现场人员(包括供货方、访问者)的活动，以及所有物料、设备和设施(包括自有的、租赁的、借用的)可能产生的职业病危害因素。

(2)施工过程识别。项目经理部应委托有资质的职业卫生服务机构根据职业病危害因素的种类、浓度(或强度)、接触人数、频度及时间，职业病危害防护措施和发生职业病的危险程度，对不同施工阶段、不同岗位的职业病危害因素进行识别、检测和评价，确定重点职业病危害因素和关键控制点。当施工设备、材料、工艺或操作堆积发生改变时，并可能引起职业病危害因素的种类、性质、浓度(或强度)发生变化时，或者适用法律及其职业卫生要求变更时，项目经理部应重新组织进行职业病危害因素的识别、检测和评价。

3. 职业病的防治

(1)职业病的防治措施。项目经理部应根据施工现场职业病危害的特点，采取以下职业病危害防护措施：

1)选择不产生或少产生职业病危害的建筑材料、施工设备和施工工艺；配备有效的职业病危害防护设施，使工作场所职业病危害因素的浓度(或强度)符合国家标准的要求。职业病防护设施应进行经常性的维护、检修，确保其处于正常状态。

2)配备有效的个人防护用品。个人防护用品必须保证选型正确，维护得当。建立健全个人防护用品的采购、验收、保管、发放、使用、更换、报废等管理制度，并建立发放台账。

3)制定合理的劳动制度，加强施工过程职业卫生管理和教育培训。

4)可能产生急性健康损害的施工现场设置检测报警装置、警示标识、紧急撤离通道和泄险区域等。

(2)粉尘。

1)技术革新。采取不产生或少产生粉尘的施工工艺、施工设备和工具，淘汰粉尘危害严重的施工工艺、施工设备和工具。

2)采用无危害或危害较小的建筑材料，如不使用石棉、含有石棉的建筑材料。

3)采用机械化、自动化或密闭隔离操作，如挖土机、推土机、刮土机、铺路机、压路机等施工机械的驾驶室或操作室密闭隔离，并在进风口设置滤尘装置。

4)采取湿式作业。如凿岩作业采用湿式凿岩机；爆破采用水封爆破；喷射混凝土采用湿喷；钻孔采用湿式钻孔；隧道爆破作业后立即喷雾洒水；场地平整时，配备洒水车，定时喷水作业；拆除作业时采用湿法作业拆除、装卸和运输含有石棉的建筑材料。

5)设置局部防尘设施和净化排放装置，如焊枪配置带有排风罩的小型烟尘净化器，凿岩机、钻孔机等设置捕尘器。

6)劳动者作业时应在上风向操作。

7)建筑物拆除和翻修作业时，在接触石棉的施工区域设置警示标识，禁止无关人员进入。

8)根据粉尘的种类和浓度为劳动者配备合适的呼吸防护用品，并定期更换。呼吸防护用品的配备应符合国家现行有关标准的要求。例如，在建筑物拆除作业中，可能接触含有石棉的物质(如石棉水泥板或石棉绝缘材料)，为接触石棉的劳动者配备正压呼吸器、防护板；在罐内焊接作业时，劳动者应佩戴送风头盔或送风口罩；安装玻璃棉、消声及保温材料时，劳动者必须佩戴防尘口罩。

9)粉尘接触人员特别是石棉粉尘接触人员应做好戒烟、控烟教育。

(3)噪声。

1)尽量选用低噪声施工设备和施工工艺代替高噪声施工设备和施工工艺。如使用低噪声的混凝土振动棒、风机、电动空压机、电锯等；以液压代替锻压，焊接代替铆接；以液压和电气钻代替风钻和手提钻；物料运输中避免大落差和直接冲击。

2)对高噪声施工设备采取隔声、消声、隔振降噪等措施，尽量将噪声源与劳动者隔开。如气动机械、混凝土破碎机安装消声器；施工设备的排风系统(如压缩空气排放管、内燃发动机废气排放管)安装消声器，机器运行时应关闭机盖(罩)；相对固定的高噪声设施(如混凝土搅拌站)设置隔声控制室。

3)尽可能减少高噪声设备作业点的密度。

4)噪声超过 85 dB(A)的施工场所，应为劳动者配备有足够衰减值、佩戴舒适的护耳器，减少噪声作业，实施听力保护计划。

(4)高温。

1)夏季高温季节应合理调整作息时间，避开中午高温时间施工。严格控制劳动者加班，尽可能缩短工作时间，保证劳动者有充足的休息和睡眠时间。

2)降低劳动者的劳动强度，采取轮流作业方式，增加工间休息次数和休息时间。如实行小换班，增加工间休息次数，延长午休时间，尽量避开高温时段进行室外高温作业等。

3)当气温高于 37 ℃时，一般情况应当停止施工作业。

4)各种机械和运输车辆的操作室和驾驶室应设置空调。

5)在罐、釜等容器内作业时，应采取措施，做好通风和降温工作。

6)在施工现场附近设置工间休息室和浴室，休息室内设置空调或电扇。

7)夏季高温季节为劳动者提供含盐清凉饮料(含盐量为 0.1%～0.2%)，饮料水温应低于 15 ℃。

8)高温作业劳动者应当定期进行职业健康检查，发现有职业禁忌证者应及时调离高温作业岗位。

(5)振动。

1)应加强施工工艺、设备和工具的更新、改造。尽可能避免使用手持风动工具；采用自动、半自动操作装置，减少手及肢体直接接触振动体；用液压、焊接、粘接等代替风动工具的铆接；采用化学法除锈代替除锈机除锈等。

2)风动工具的金属部件改用塑料或橡胶，或加用各种衬垫物，减少因撞击而产生的振动；提高工具把手的温度，改进压缩空气进出口方位，避免手部受冷风吹袭。

3)手持振动工具(如风动凿岩机、混凝土破碎机、混凝土振动棒、风钻、喷砂机、电钻、钻孔机、铆钉机、铆打机等)应安装防振手柄，劳动者应戴防振手套。挖土机、推土机、刮土机、铺路机、压路机等驾驶室应设置减振设施。

4)减少手持振动工具的重量，改善手持工具的作业体位，防止强迫体位，以减轻肌肉负荷和静力紧张；避免手臂上举姿势的振动作业。

5)采取轮流作业方式，减少劳动者接触振动的时间，增加工人休息次数和休息时间。冬季还应注意保暖防寒。

（6）化学毒物。

1)优先选用无毒建筑材料，用无毒材料替代有毒材料、低毒材料替代高毒材料。如尽可能选用无毒水性涂料；用锌钡白、钛钡白替代油漆中的铅白，用铁红替代防锈漆中的铅丹等；以低毒的低锰焊条替代毒性较大的高锰焊条；不得使用国家明令禁止使用或者不符合国家标准的有毒化学品，禁止使用含苯的涂料、稀释剂和溶剂。尽可能减少有毒物品的使用量。

2)尽可能采用可降低工作场所化学毒物浓度的施工工艺和施工技术，使工作场所的化学毒物浓度符合国家标准的要求，如涂料施工时用粉刷或辊刷替代喷涂。在高毒作业场所尽可能使用机械化、自动化或密闭隔离操作，使劳动者不接触或少接触高毒物品。

3)设置有效通风装置。在使用有机溶剂、稀料、涂料或挥发性化学物质时，应当设置全面通风或局部通风设施；电焊作业时，设置局部通风防尘装置；所有挖方工程、竖井、土方工程、地下工程、隧道等密闭空间作业应当设置通风设施，保证足够的新风量。

4)使用有毒化学品时，劳动者应正确使用施工工具，在作业点的上风向施工。分装和配制油漆、防腐、防水材料等挥发性有毒材料时，尽可能采用露天作业，并注意现场通风。工作完毕后，有机溶剂、容器应及时加盖封严，防止有机溶剂的挥发。使用过的有机溶剂和其他化学品应进行回收处理，防止乱丢乱弃。

5)使用有毒物品的工作场所应设置黄色区域警示线、警示标识和中文警示说明。警示说明应载明产生职业中毒危害的种类、后果、预防及应急救援措施等内容。使用高毒物品的工作场所应当设置红色区域警示线、警示标识和中文警示说明，并设置通信报警设备，设置应急撤离通道和必要的泄险区。

6)存在有毒化学品的施工现场附近应设置盥洗设备，配备个人专用更衣箱；使用高毒物品的工作场所还应设置淋浴间，其工作服、工作鞋帽必须存放在高毒作业区域内；接触经皮肤吸收及局部作用危险性大的毒物，应在工作岗位附近设置应急洗眼器和沐浴器。

7)接触挥发性有毒化学品的劳动者，应当配备有效的防毒口罩（或防毒面具）；接触经皮肤吸收或刺激性、腐蚀性的化学品，应配备有效的防护服、防护手套和防护眼镜。

8)拆除使用防虫、防蛀、防腐、防潮等化学物（如有机氯666、汞等）的旧建筑物时，应采取有效的个人防护措施。

9)应对接触有毒化学品的劳动者进行职业卫生培训，使劳动者了解所接触化学品的毒性、危害后果，以及防护措施。从事高毒物品作业的劳动者应当经培训考核合格后，方可上岗作业。

10)劳动者应严格遵守职业卫生管理制度和安全生产操作规程，严禁在有毒有害工作场所进食和吸烟，饭前班后应及时洗手和更换衣服。

11)项目经理部应定期对工作场所的重点化学毒物进行检测、评价。检测、评价结果存入施工企业职业卫生档案，并向施工现场所在地县级卫生行政部门备案并向劳动者公布。

12)不得安排未成年工和孕期、哺乳期的女职工从事接触有毒化学品的作业。

（7）紫外线。

1)采用自动或半自动焊接设备，加大劳动者与辐射源的距离。

2)产生紫外线的施工现场应当使用不透明或半透明的挡板将该区域与其他施工区域分隔，禁止无关人员进入操作区域，避免紫外线对其他人员的影响。

3)电焊工必须佩戴专用的面罩、防护眼镜，以及有效的防护服和手套。

4)高原作业时，使用玻璃或塑料护目镜、风镜，穿长裤长袖衣服。

(8)电离辐射。

1)不选用放射性水平超过国家标准限值的建筑材料，尽可能避免使用放射源或射线装置的施工工艺。

2)合理设置电离辐射工作场所，并尽可能安排在固定的房间或围墙内；综合采取时间防护、距离防护、位置防护和屏蔽防护等措施，使受照射的人数和受照射的可能性均保持在可合理达到的尽量低水平。

3)将电离辐射工作场所划分为控制区和监督区，进行分区管理。在控制区的出入口或边界上设置醒目的电离辐射警告标志，在监督区边界上设置警戒绳、警灯、警铃和警告牌。必要时应设专人警戒。进行野外电离辐射作业时，应建立作业票制度，并尽可能安排在夜间进行。

4)进行电离辐射作业时，劳动者必须佩戴个人剂量计，并佩戴剂量报警仪。

5)电离辐射作业的劳动者经过必要的专业知识和放射防护知识培训，考核合格后持证上岗。

6)施工企业应建立电离辐射防护责任制，建立严格的操作规程、安全防护措施和应急救援预案，采取自主管理、委托管理与监督管理相结合的综合管理措施。严格执行放射源的运输、保管、交接和保养维修制度，做好放射源或射线装置的使用情况登记工作。

7)隧道、地下工程施工场所存在氡及其子体危害或其他放射性物质危害，应加强通风和防止内照射的个人防护措施。

8)工作场所的电离辐射水平应当符合现行国家有关职业卫生标准。当劳动者受照射水平可能达到或超过国家标准时，应当进行放射作业危害评价，安排合适的工作时间和选择有效的个人防护用品。

(9)高原作业和低气压。

1)根据劳动者的身体状况确定劳动定额和劳动强度。初入高原的劳动者在适应期内应当降低劳动强度，并视适应情况逐步调整劳动量。

2)劳动者应注意保暖，预防呼吸道感染、冻伤、雪盲等。

3)进行上岗前职业健康检查，凡有中枢神经系统器质性疾病、器质性心脏病、高血压、慢性阻塞性肺病、慢性间质性肺病、伴肺功能损害的疾病、贫血、红细胞增多症等高原作业禁忌证的人员均不宜进入高原作业。

(10)低温。

1)避免或减少采用低温作业或冷水作业的施工工艺和技术。

2)低温作业应当采取自动化、机械化工艺技术，尽可能减少低温、冷水作业时间。

3)尽可能避免使用振动工具。

4)做好防寒保暖措施，在施工现场附近设置取暖室、休息室等。劳动者应当配备防寒服(手套、鞋)等个人防护用品。

(11)高处作业。

1)重视气象预警信息，当遇到大风、大雪、大雨、暴雨、大雾等恶劣天气时，禁止进行露天高处作业。

2)劳动者应进行严格的上岗前职业健康检查，有高血压、恐高症、癫痫、晕厥史、梅尼埃病、心脏病及心电图明显异常(心律失常)、四肢骨关节及运动功能障碍等职业禁忌证的劳动者禁止从事高处作业。

3)妇女禁忌从事脚手架的组装和拆除作业,怀孕期间禁忌从事高处作业。

(12)生物因素。

1)施工企业在施工前应当进行施工场所是否为疫源地、疫区、污染区的识别,尽可能避免在疫源地、疫区和污染区施工。

2)劳动者进入疫源地、疫区作业时,应当接种相应疫苗。

3)在呼吸道传染病疫区、污染区作业时,应当采取有效的消毒措施,劳动者应当配备防护口罩、防护面罩。

4)在虫媒传染病疫区作业时,应当采取有效的杀灭或驱赶病媒措施,劳动者应当配备有效的防护服、防护帽,宿舍配备有效的防虫媒进入的门帘、窗纱和蚊帐等。

5)在介水传染病疫区作业时,劳动者应当避免接触疫水作业,并配备有效的防护服、防护鞋和防护手套。

6)在消化道传染病疫区作业时,采取"五管一灭一消毒"措施(管传染源、管水、管食品、管粪便、管垃圾,消灭病媒,饮用水、工作场所和生活环境消毒)。

7)加强健康教育,使劳动者掌握传染病防治的相关知识,提高卫生防病知识。

8)根据施工现场具体情况,配备必要的传染病防治人员。

小　结

本任务主要介绍了施工现场环境管理的工作内容与防治措施、职业病的种类及防治措施。通过本任务的学习,学生应能够基本掌握如何实施现场管理与文明施工。

课外参考资料

1.《建设工程施工现场环境与卫生标准》(JGJ 146—2013).
2.《环境管理体系 要求及使用指南》(GB/T 24001—2015).

素质拓展

重视职业健康

建筑业是职业病危害极高的行业,建筑工人每天在环境恶劣的施工场所工作,接触各种有毒有害物质,如喷砂、装饰内墙面、打磨、砌砖等工作,随时都可能吸入粉尘、石英等有害物质。又如建筑进行喷砂作业时,石英会破碎成非常微小的颗粒,如果不穿戴适当的防护用具,操作人员可将直径在5微米以下的硅颗粒吸入肺中,更大的颗粒物质可被吸入鼻腔或咽喉并被吞咽,但这类吸入病症要在5~10年才会出现。企业应依法组织从业人员实施入职、在职和离职前的职业健康检查,为从业人员建立职业健康监护档案;请具有资质的职业卫生鉴定机构定期对作业场所有毒有害物质浓度进行检测,严格控制有害物质浓度以符合国家或地方相关标准,给劳动者提供安全、舒适、健康的工作环境。

思考题

1. 施工现场环境管理的内容有哪些?
2. 施工现场文明施工有哪些要求?
3. 施工中的粉尘污染有哪些防治措施?

实训练习

某工程项目施工地点位于市中心地区。施工过程中出现了如下事件:

事件1:施工期间为赶工期采取24 h连续作业,7月6日夜(高考前夕)12:00,周围居民因施工噪声影响学生复习冲进现场阻止施工,现场工人以领导命令为由不停止施工,造成冲突被迫停工。

事件2:该项工程基坑开挖粉尘量大,施工现场临时道路没有硬化处理,现场出口下水管道被运土车辆碾坏,污水横流,进出场车辆考虑卸土地点较近,没有采取封盖措施。现场附近居民向环境管理机构举报,有关部门对项目经理部罚款,责令批改。

问题:结合上述事件,说明文明施工的主要内容,文明施工现场对周围环境的要求。

文明施工检查评分表

单位(标段)工程名称			施工单位				
检查日期			检查阶段形象进度				
序号	检查项目		扣分标准	应得分数	扣减分数	实得分数	
1		现场围挡	在市区主要路段的工地周围未设置高于 2.5 m 的围挡，扣 10 分； 一般路段的工地周围未设置高于 1.8 m 的围挡，扣 10 分； 围挡材料不坚固、不稳定、不整洁、不美观，扣 5～7 分； 围挡没有沿工地四周连续设置的，扣 3～5 分	10			
2		封闭管理	施工现场进出口无大门的，扣 3 分； 无门卫和无门卫制度的，扣 3 分； 进入施工现场不佩戴工作卡的，扣 3 分； 门头未设置企业标志的，扣 3 分	10			
3	保证项目	施工场地	工地地面未做硬化处理的，扣 5 分； 道路不畅通的，扣 5 分； 无排水设施、排水不通畅的，扣 4 分； 无防止泥浆、污水、废水外流或堵塞下水道和排水河道措施的，扣 3 分； 工地有积水的，扣 2 分； 工地未设置吸烟处、随意吸烟的，扣 2 分； 温暖季节无绿化布置的，扣 4 分	10			
4		材料管理	建筑材料、构件、料具不按总平面布局堆放的，扣 4 分； 料堆未挂名称、品种、规格等标牌的，扣 2 分； 堆放不整齐的，扣 3 分； 未做到工完场地清的，扣 3 分； 建筑垃圾堆放不整齐，未标出名称、品种的，扣 3 分； 易燃易爆物品未分类存放的，扣 4 分	10			
5		现场办公与住宿	在建工程兼作住宿的，扣 8 分； 施工作业区与办公区、生活区不能明显划分的，扣 6 分； 宿舍无保暖和防煤气中毒措施的，扣 5 分； 宿舍无消暑和防蚊虫叮咬措施的，扣 3 分； 无床铺、生活用品放置不整齐的，扣 2 分； 宿舍周围环境不卫生、不安全的，扣 3 分	10			
6		现场防火	无消防措施、制度或无灭火器材的，扣 10 分； 灭火器材配置不合理的，扣 5 分； 无消防水源(高层建筑)或不能满足消防要求的，扣 8 分； 无动火审批手续和动火监护的，扣 5 分	10			
小计				60			

308

序号	检查项目		扣分标准	应得分数	扣减分数	实得分数
7	一般项目	综合治理	生活区未给工人设置学习和娱乐场所的，扣4分； 未建立治安保卫制度的、责任未分解到人的，扣3～5分； 治安防范措施不利，常发生失盗事件的，扣3～5分	10		
8		公示标牌	大门口处挂的五牌一图内容不全，缺一项扣2分； 标牌不规范、不整齐的，扣3分； 无安全标语，扣5分； 无宣传栏、读报栏、黑板报等，扣2～4分	10		
9		生活设施	厕所不符合卫生要求，扣4分； 无厕所，随地大小便，扣8分； 食堂不符合卫生要求，扣8分； 无卫生责任制，扣5分； 不能保证供应卫生饮水的，扣5分； 生活垃圾未及时清理，未装容器、无专人管理的，扣3～5分	10		
10		社区服务	无防粉尘、防噪声措施，扣5分； 夜间未经许可施工的，扣8分； 现场焚烧有毒、有害物质的，扣5分； 未建立施工不扰民措施的，扣5分	10		
小计				40		
检查项目合计				100		
检查人员						

参考文献

[1] 周连起，刘学应 . 建筑工程质量与安全管理[M] . 北京：北京大学出版社，2010.

[2] 张瑞生 . 建筑工程质量与安全管理[M] . 2 版 . 北京：中国建筑工业出版社，2013.

[3] 郝永池 . 建筑工程质量与安全管理[M] . 2 版 . 北京：北京理工大学出版社，2022.

[4] 白锋 . 建筑工程质量检验与安全管理[M] . 北京：机械工业出版社，2017.

[5] 赵艳敏 . 建筑工程质量管理[M] . 北京：北京出版社，2014.

[6] 张贵良 . 建筑工程安全技术与管理[M] . 2 版 . 南京：南京大学出版社，2021.

[7] 张波 . 建筑产业现代化概论[M] . 北京：北京理工大学出版社，2016.

[8] 王鑫，等 . 装配式混凝土建筑施工[M] . 重庆：重庆大学出版社，2018.